“十二五”普通高等教育本科国家级规划教材

普通高等教育“十一五”国家级规划教材

面 向 21 世 纪 课 程 教 材

21世纪高等学校机械设计制造
及其自动化专业系列教材

获全国高等学校机电类专业优秀教材二等奖

机电传动控制

（第五版）

冯清秀　邓星钟
周祖德　邓　坚　编著

华中科技大学出版社
（中国·武汉）

内 容 提 要

《机电传动控制》教材是根据机械制造及其自动化专业“机电传动控制”课程教学大纲编写的。全书共11章，包括拖动基础及传动系统的过渡过程、电动机、继电器接触器控制、可编程控制器、电力电子技术、直流调速系统、交流调速系统、步进电动机驱动系统等。

本书力求突出机电结合、理论联系实际的特点，重点突出各种知识在实际中的应用。课程体系新，内容全面、实用。每章后附有习题和思考题，便于自学。

本书是机械制造及其自动化专业本科生的教材，也可作为机械制造及其自动化专业高职、电大等学生的教材和其他机械类、机电类与近机电类专业本科生或研究生的教材，还可供从事机电一体化工作的工程技术人员参考。

与本书配套的实验指导书是《机电传动控制实验》，学习辅导书是《机电传动控制学习辅导与题解》。本书还配有作者制作的教学课件，需要的任课教师可与责任编辑联系（Tel:027-87548431，Email:xuzhengda@163.com）。

图书在版编目(CIP)数据

机电传动控制(第五版)/冯清秀，邓星钟等编著. —武汉：华中科技大学出版社，2011.6 (2020.8重印)
ISBN 978-7-5609-6818-6

Ⅰ.①机… Ⅱ.①冯… ②邓… Ⅲ.①电力传动控制设备-高等学校-教材 Ⅳ.①TM921.5

中国版本图书馆 CIP 数据核字(2010)第250779号

机电传动控制(第五版)　　冯清秀　邓星钟　等编著

责任编辑：徐正达　　封面设计：潘　群
责任校对：周　娟　　责任监印：周治超

出版发行：华中科技大学出版社(中国·武汉)　　电话：(027)81321913
　　　　　武汉市东湖新技术开发区华工科技园　　邮编：430223

录　　排：华中科技大学惠友文印中心
印　　刷：武汉市洪林印务有限公司
开　　本：710mm×1000mm　1/16
印　　张：22.25
字　　数：487千字
版　　次：2020年8月第5版第46次印刷
定　　价：36.00元

21 世纪高等学校
机械设计制造及其自动化专业系列教材

编审委员会

21 世纪高等学校
机械设计制造及其自动化专业系列教材

总　序

“中心藏之,何日忘之”,在新中国成立60周年之际,时隔“21世纪高等学校机械设计制造及其自动化专业系列教材”出版9年之后,再次为此系列教材写序时,《诗经》中的这两句诗又一次涌上心头,衷心感谢作者们的辛勤写作,感谢多年来读者对这套系列教材的支持与信任,感谢为这套系列教材出版与完善作过努力的所有朋友们。

追思世纪交替之际,华中科技大学出版社在众多院士和专家的支持与指导下,根据1998年教育部颁布的新的普通高等学校专业目录,紧密结合“机械类专业人才培养方案体系改革的研究与实践”和“工程制图与机械基础系列课程教学内容和课程体系改革研究与实践”两个重大教学改革成果,约请全国20多所院校数十位长期从事教学和教学改革工作的教师,经多年辛勤劳动编写了“21世纪高等学校机械设计制造及其自动化专业系列教材”。这套系列教材共出版了20多本,涵盖了机械设计制造及其自动化专业的所有主要专业基础课程和部分专业方向选修课程,是一套改革力度比较大的教材,集中反映了华中科技大学和国内众多兄弟院校在改革机械工程类人才培养模式和课程内容体系方面所取得的成果。

这套系列教材出版发行9年来,已被全国数百所院校采用,受到了教师和学生的广泛欢迎。目前,已有13本列入普通高等教育“十一五”国家级规划教材,多本获国家级、省部级奖励。其中的一些教材(如《机械工程控制基础》、《机电传动控制》、《机械制造技术基础》等)已成为同类教材的佼佼者。更难得的是,“21世纪高等学校机械设计制造及其自动化专业系列教材”也已成为一个著名的丛书品牌。9年前为这套教材作序的时候,我希望这套教材能加强各兄弟院校在教学改革方面的交流与合作,对机械工程类专业人才培养质量的提高起到积极的促进作用，现在看来，这一目标很好地达到了，让人倍感欣慰。

李白讲得十分正确："人非尧舜，谁能尽善？"我始终认为，金无足赤，人无完人，文无完文，书无完书。尽管这套系列教材取得了可喜的成绩，但毫无疑问，这套书中，某本书中，这样或那样的错误、不妥、疏漏与不足，必然会存在。何况形势总在不断地发展，更需要进一步来完善，与时俱进，奋发前进。较之9年前，机械工程学科有了很大的变化和发展，为了满足当前机械工程类专业人才培养的需要，华中科技大学出版社在教育部高等学校机械学科教学指导委员会的指导下，对这套系列教材进行了全面修订，并在原基础上进一步拓展，在全国范围内约请了一大批知名专家，力争组织最好的作者队伍，有计划地更新和丰富"21世纪机械设计制造及其自动化专业系列教材"。此次修订可谓非常必要，十分及时，修订工作也极为认真。

"得时后代超前代，识路前贤励后贤。"这套系列教材能取得今天的成绩，是众多机械工程教育工作者和出版工作者共同努力的结果。我深信，对于这次计划进行修订的教材，编写者一定能在继承已出版教材优点的基础上，结合高等教育的深入推进与本门课程的教学发展形势，广泛听取使用者的意见与建议，将教材凝练为精品；对于这次新拓展的教材，编写者也一定能吸收和发展同类教材的优点，结合自身的特色，写成高质量的教材，以适应"提高教育质量"这一要求。是的，我一贯认为我们的事业是集体的，我们深信由前贤、后贤一定能一起将我们的事业推向新的高度！

尽管这套系列教材正开始全面的修订，但真理不会穷尽，认识决无终结，进步没有止境。"嘤其鸣矣，求其友声"，我们衷心希望同行专家和读者继续不吝赐教，及时批评指正。

是为之序。

中国科学院院士

2009.9.9

第五版前言

邓星钟教授于1987年率先在华中工学院机械系(现华中科技大学机械学院)开设了“机电传动控制”课程,确定了课程的基本内容,撰写了《机电传动控制》教材(1992年正式出版)。承蒙同行专家们的赞同,原国家教委高教司在1993年颁布的普通高等学校本科专业目录和专业简介中,“机电传动控制”被定为机械电子工程专业的必修主干课。《机电传动控制》教材被先后列入普通高等教育“九五”国家级重点教材,“十五”、“十一五”国家级规划教材,并被教育部批准为高等教育“面向21世纪课程教材”。华中科技大学“机电传动控制”课程被教育部列为新世纪网络课程,被湖北省列为省精品课程。

本教材于1992年正式出版后,近二十年来已经改版四次、重印了三十余次,年发行量在两万册以上,目前仍然有两百多所高等院校在使用。

随着科学技术的不断发展,传动控制装置和机械设备已成为一个不可分割的整体。本课程的任务是使学生了解电机传动控制的一般知识,掌握电动机、电器、晶闸管等电气元件的工作原理、特性,以及应用和选用的方法,掌握常用的开环、闭环控制系统的工作原理、特点、性能及应用范围,了解最新控制技术在机械设备中的应用。

本教材的历次修改在内容上体现了与时俱进,在保持了原创特色的基础上,充分反映了电子技术、控制技术等领域的发展,主要思路是根据机械设计制造及自动化等非电类专业的需要,处理好原理与应用、元件与系统、定性与定量、继承与创新、掌握与了解等几个方面的辩证关系。

本教材所用电气图形符号选自国家标准GB/T 4728—2008,量和单位选自国家标准GB 3100～3102—1993。

本课程的前修课程是高等数学、物理、电路基础和电子技术,后续课程是数控机床、微机控制系统等。

本教材是机械电子工程专业本科生的教材,可作为机械制造专业本科生和这两个专业电大、函大、夜大、职大生的教材,也可供从事机电一体化工作的工程技术人员参考。

本教材虽经多次修改,但限于作者的水平,一定还存在很多不足甚至错误,仍然恳请采用本教材的教师和读者批评指正。

编　者

2010年10月

第一至四版前言

第一版前言

“机电传动控制”课程是机械电子工程专业的一门必修的专业基础课，它是机电一体化人才所需电知识结构的躯体。由于电力传动控制装置和机械设备是一个不可分割的整体，所以本课程的任务是使学生了解机电传动控制的一般知识，掌握电机、电器、晶闸管等的工作原理、特性、应用和选用的方法，掌握常用的开环、闭环控制系统的工作原理、特点、性能及应用场所，了解最新控制技术在机械设备中的应用。

本书的组成系统是根据机械电子工程专业的需要而独自建立的，内容比较全面，在编写时着重考虑了以下几个辩证关系的处理：

(1) 原理与应用——两者并重，注意理论与实际应用相结合。

(2) 元件与系统——两者紧密结合，但元件着重外部特性，为在系统中应用服务。

(3) 定性与定量——重在定性，但建立必要的数量概念。

(4) 保旧与建新——既要保旧，以反映我国机电传动控制技术的现状；又要建新，以适应当前机电传动控制新技术发展的需要。

(5) 掌握与了解——对现有正在广泛应用的知识要掌握，对现已出现并开始应用的新技术要了解。

书中所用图形符号采用中华人民共和国国家标准 GB4728-85，文字符号采用 GB7159-87，量和单位采用 GB3100～3102-86。

本课程的前修课是高等数学、物理、电路基础和电子技术，它又要为后续课数控机床、微机控制系统打下基础。

本书是机械电子工程专业本科生的教材，并可作为机械制造专业本科生和这两个专业电大、函大、夜大、职大生的教材，也可供从事机电一体化工作的工程技术人员参考。

本书原稿于 1988 年 10 月作为内部教材印出后，除经华中理工大学机械电子工程专业几届学生使用外，还在其他几所学校使用过，受到了从事机电一体化工作的教授、专家和学生们的热情支持和鼓励，华中理工大学王离九教授、徐恕宏教授、林奕鸿教授、熊有伦教授、胡乾斌副教授，合肥工业大学方维坤副教授、王孝武副教授，上海机械学院赵松年副教授，广东工学院孙健教授，成都科技大学张奇鹏副教授，长沙职工大学罗伯强副教授，湖南大学黄义源副教授，西北工业大学马慎兴副教授等对本书提出了许多宝贵意见，指导和促进了本书的修改。在此，作者对他们表示衷心的感谢。

本书第十二、十三章由周祖德编写，邓星钟编写其余各章并负责全书的统编和定稿。

限于编者的水平，书中定有缺点和错误，恳请读者批评指正。

编者

1991.5

第二版前言

“机电传动控制”课程现已由全国高等学校机械工程类专业教学指导委员会定为“机械工程及自动化”专业的主干技术基础课,《机电传动控制》教材已被定为机械工业部的“九五”规划教材。

本教材第一版于1992年7月出版发行,经6次印刷,被全国几十所高等院校有关专业采用,并于1993年获中南地区高校出版社优秀图书二等奖,1996年获国家机械电子工业部优秀教材二等奖,特别是有关教师通过教学实践后给我们提出了许多宝贵意见,这使我们受到极大的鼓舞,并获得极深的教益。我们衷心感谢兄弟院校有关教师及所有读者的热心支持和充分信任,衷心感谢出版社与有关领导部门的真挚关心和鼓励。

根据大家提出的宝贵意见和我们五年来的教学实践,并考虑到本学科近年来的发展情况和专业的要求,对第一版进行了修订,其修订的主要内容如下:

1. 第六章增加了直线电动机;
2. 第九章删去了顺序控制器,重新编写了可编程序控制器;
3. 第十一章增加了微型计算机控制的直流传动系统;
4. 对其他章节也作了少量修改;
5. 增附了部分习题与思考题的答案或提示。

参加第二版修订工作的有邓星钟(修改第一、二、四、六、七、十、十一章)、周祖德(修改第十二、十三章)、邓坚(修改第三、五、八章并负责重新编写第九章),邓星钟负责全书修订的组织和最后定稿。

修改后的本书有较明显的改进和提高,但与教学改革形势发展的要求尚有差距,编者敬希读者予以批评和指出。

编者
1998.1

第三版前言

《机电传动控制》教材第二版于1998年4月出版发行,该教材已经10次印刷,现已被教育部批准为高等教育“面向21世纪课程教材”。为了进一步提高本教材的质量,以适应21世纪高等教育人才培养的需要,特聘请上海交通大学朱承高教授担任本教材的主审,朱教授对本教材进行了全面的审阅,并提出了许多宝贵的意见,作者根据朱教授的意见对本教材进行了认真的修改。在此,我们对朱教授表示衷心的感谢。我们也仍然期待着同行们和广大读者的不吝赐教。

编者
2000年12月

第四版前言

编者于1987年在全国首次开设“机电传动控制”课程,并于1992年正式出版《机电传动控制》教材。承蒙同行专家们的赞同,国家教委高教司于1993年颁布的普通高等学校本科专业目录和专业简介中,“机电传动控制”被定为机械电子工程专业的必修主干课程;同时《机电传动控制》被先后列入普通高等教育“九五”国家级重点教材、“十五”国家级规划教材，并被教育部批准为高等教育“面向21世纪课程教材”及“21世纪高等学校机械设计制造及其自动化专业系列教材”。本教材十多年来已重印了二十余次，年发行量在两万册以上，目前仍在两百多所高等院校使用。

近年来，科学技术的发展异常迅速，这对本教材提出了更高的要求。本教材所涉及的技术进步内容(也是本教材这次修订的依据)主要有以下四个方面：

1. 在电力电子技术中，以晶闸管为主的可控器件在很多方面已被MOSFET和IGBT等功率开关器件取代，脉宽调制(PWM)技术比相位控制用得更为普遍，集成模块日益普及。

2. 交流传动控制技术更为完善，交流传动控制系统已逐步取代直流传动控制系统。

3. 以数控机床为主的机械位置伺服系统用得愈来愈多，步进电动机控制系统以及交、直流传动控制系统中的检测元件用得更多了。

4. 由于PLC的广泛应用和电力半导体器件功率的增大，继电器、接触器控制逐步减少。

本次修订主要体现了与时俱进的思想，反映了以上四方面的进步，但全书仍然以伺服驱动系统为主导，以控制为线索，将元器件与伺服控制系统科学有机地结合起来。在内容处理上保持前三版的特色，主要思路仍然是根据机械设计制造及自动化等非电类专业的需要，处理好原理与应用、元器件与系统、定性与定量、保旧与建新、掌握与了解等几个辩证关系。修订的具体内容如下：重点改编了第12章交流传动控制系统和第13章步进电动机传动控制系统；为了给这两章提供基本理论和方法，改编了第10章电力电子技术和5.5节三相异步电动机的调速方法与特性，并增加了第7章机电传动控制系统中常用的检测元件；第11章仍以双闭环控制系统为重点，因为它也是交流传动控制系统的基础；对第8章继电器-接触器控制作了大量的删改；对其他的章节仅作了少量的修改；由于第三版中第7章机电传动控制系统中电动机的选择主要是供今后实际设计参考的，它与全书的其他章节内容没有直接的联系，所以把它放到了本版的最后一章。

参加第四版修订工作的是：邓星钟修改绪论，冯清秀、邓星钟、周祖德合作修改第12章和第13章，其他章节均由邓坚编写和修改，邓星钟负责全书修订的组织和最后定稿。

在本书第四版定稿之时，作者特别对使用本书前三版后给我们提出宝贵意见的教师们表示衷心的感谢，也对本书所附“参考文献”的作者深表谢意。

虽经多次修订，但限于作者的水平，加之修订时间较仓促，书中一定还有很多不足甚至错误，仍然恳请采用本教材的教师和读者批评指正。

编者

2006年10月

目 录

第1章 绪论

1.1 机电系统的组成

在现代工业中,机电传动不仅包括拖动生产机械的电动机,而且还包括控制电动机的一整套控制系统,以满足生产过程自动化的要求。也就是说,现代机电传动是和各种控制元件组成的自动控制系统联系在一起的。机电系统一般可分为图1.1所示的三大部分。

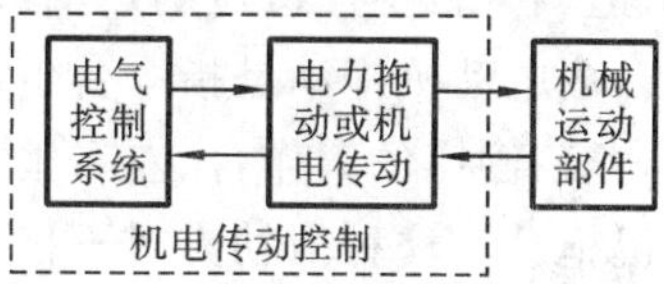

图1.1 机电系统的一般组成

机械运动部件是机电系统完成生产任务的基础,机电传动(又称电力传动或电力拖动)是指驱动生产机械运动部件的原动机(这里是指各种电动机)的总称,电气控制系统是指控制电动机的系统。所以机电传动控制是指驱动生产机械的电动机和控制电动机的一整套电气系统。

1.2 机电传动控制的目的和任务

机电传动控制的目的是将电能转变为机械能,实现生产机械的启动、停止以及速度调节,满足各种生产工艺过程的要求,保证生产过程正常进行。

从现代化生产的要求出发,机电传动控制所要完成的任务,从广义上讲,就是要使生产机械设备、生产线、车间甚至整个工厂都实现自动化;从狭义上讲,则专指控制电动机驱动生产机械,实现产品数量的增加、产品质量的提高、生产成本的降低、工人劳动条件的改善以及能源的合理利用。

生产工艺的发展对机电传动控制系统提出的要求愈来愈高。例如:一些精密机床要求加工精度达百分之几毫米,甚至几微米;重型镗床为保证加工精度和控制表面粗糙度,要求能在极慢的速度下稳速进给,即要求能在很宽的范围内调速;可逆式轧机及其辅助机械操作频繁,要求在不到一秒的时间内就能完成从正转到反转的过程,即要求能迅速地启动、制动和反转;对于电梯和提升机,要求它启动和制动平稳,并能准确地停在给定的位置上;对于冷、热轧机及造纸机的各部分,要求它们的转速保持一定的比例关系,以便进行协调运转;为了提高效率,要求对由数台或数十台设备组成的生产自动线实行统一控制和管理。诸如此类的要求,都是靠电动机及其控制系统和机械传动装置来实现的。

1.3 机电传动控制的发展概况

机电传动控制总是随着社会生产的发展而发展的。单就机电传动而言,它的发展大体上经历了成组拖动、单电动机拖动和多电动机拖动三个阶段。

成组拖动是指一台电动机拖动一根天轴,然后再由天轴通过带轮和传动带分别拖动各生产机械。这种拖动方式生产效率低,劳动条件差,一旦电动机发生故障,将造成成组的生产机械停车。

单电动机拖动是指用一台电动机拖动一台生产机械,它虽较成组拖动前进了一步,但当一台生产机械的运动部件较多时,机械传动机构十分复杂。

多电动机拖动是指一台生产机械的每一个运动部件都有专门的电动机拖动,例如,龙门刨床的工作台、左右垂直刀架与侧刀架、横梁及其夹紧机构均分别由一台电动机拖动。这种拖动方式不仅大大简化了生产机械的传动机构,而且控制灵活,为生产机械的自动化提供了有利的条件。所以,现代化机电传动基本上均采用这种拖动方式。

控制系统伴随控制器件的发展而发展。随着功率器件、放大器件的不断更新,它主要经历了四个阶段:①最早的机电传动控制系统出现在20世纪初,它借助接触器与继电器等控制电器来实现对控制对象的启动、停车以及有级调速等控制,它的控制速度慢,控制精度差。②30年代出现了电动机放大机控制,它使控制系统从断续控制发展到连续控制,连续控制系统可随时检查控制对象的工作状态,并根据输出量与给定量的偏差对控制对象进行自动调整,它的快速性及控制精度都大大超过了最初的断续控制,并简化了控制系统,减少了控制电路中的触点,提高了可靠性,使生产效率大为提高。40年代到50年代出现了磁放大器控制和大功率可控水银整流器控制。③50年代末出现了大功率固体可控整流元件——晶闸管。晶闸管控制很快就取代了水银整流器控制,也正是晶闸管的应用,才使得交流电动机变频调速成为可能。继晶闸管出现以后,又陆续推出了其他种类的器件,诸如门极可关断晶闸管(GTO)、电力功率晶体管(GTR)、电力场效应晶体管(P-MOSFET)、绝缘栅双极型晶体管(IGBT)等。这些器件的电压、电流定额及其他电气特性均得到很大的改善,具有效率高、控制特性好、反应快、寿命长、可靠性高、维护容易、体积小、重量轻等优点,由此开辟了机电传动控制的新纪元。④随着数控技术的发展和计算机的应用,特别是微型计算机的出现和应用,控制系统又发展到一个新阶段——采样控制。它也是一种断续控制,但是和最初的断续控制不同,它的控制间隔(采样周期)比控制对象的变化周期短得多，因此，在客观上完全等效于连续控制，它把电力电子技术与微电子技术、计算机技术紧密地结合在一起，赋予机电传动控制新的内容。

当今世界正处在网络时代，信息化的电动机自动控制系统已经出现。这种控制系统采用嵌入式控制器，在嵌入式操作系统的软件平台上工作，控制系统自身就具有局域网甚至互联网的上网功能，这样就为远程监控和远程故障诊断及维护提供了方便。机电传动控制技术已进入一个崭新的发展阶段，它以电力半导体变流器件的应用为基础，以电动机为控制对象，以自动控制理论为指导，以电子技术和微处理器控制及计算机辅助设计为手段，并且与检测技术和数据通信技术相结合，构成一门具有相对独立性的技术。在生产设备和过程自动化中，它发挥着愈来愈重要的作用。

20 世纪 70 年代初，计算机数字控制（CNC）系统开始应用于数控机床和加工中心，这不仅提高了机床的自动化程度，而且提高了机床的通用性和加工效率。工业机器人的诞生，为实现机械加工全面自动化创造了物质基础。80 年代以来，出现了由数控机床、工业机器人、自动搬运车等组成的统一由中心计算机控制的机械加工自动线——柔性制造系统（FMS），它是实现自动化车间和自动化工厂的重要组成部分。机械制造自动化高级阶段是走向设计、制造一体化，即利用计算机辅助设计（CAD）与计算机辅助制造（CAM）形成产品设计和制造过程的完整系统，对产品构思和设计直至装配、试验和质量管理这一全过程实现自动化。为了实现制造过程的高效率、高柔性、高质量，研制计算机集成制造系统（CIMS）是人们现今的任务。

1.4 课程的性质和任务

机电一体化产品质量和技术水平是当今世界衡量一个国家实力和国际地位的重要标志。实现产品的高质量和技术的高水平，其关键是机电一体化技术人才的培养。高等学校应培养能够更好地适应社会主义现代化建设需要、基础扎实、知识面宽、能力强、素质高、具有创新精神和实践能力的“机电复合型”人才，这就要求学生学习并掌握机、电、液、计算机等综合控制系统的技术。综合控制系统中的电控系统主要包含弱电控制（如计算机控制）和强电控制（如伺服驱动控制）系统。对强电控制的内容，有些学校在教学培养计划中是安排在几门课程（如电工技术、可编程序控制器、机床电气控制技术、自动控制系统或伺服驱动技术、电力电子技术等）中讲授，这种处理方法易使各门课程的内容重复，缺乏互相联系，需要的学时多，而且很不系统。而“机电传动控制”课程的创建就建立了一个崭新的课程体系，它包括驱动电动机、电力拖动、继电器-接触器控制、可编程序控制器、电力电子技术、直流伺服系统、交流伺服系统、步进电动机伺服系统等强电控制的内容。它根据学科的发展和内在规律，以伺服驱动系统为主导，以控制为线索，将元器件与伺服控制系统科学、有机地结合起来，即把机电一体化技术所需的强电控制知识都集中在这一门课程中。这不仅避免了不必要的重复，节省了学时，加强了系统性，而且理论联系实际，学以致用，使学生对机电一体化产品中电控技术的强电控制部分有个全面、系统的了解和掌握。

1.5 课程的内容安排

本书共分 11 章。第 1 章为绪论。第 2 章重点介绍了机电传动系统的动力学基础。基于电动机是机电传动的动力与电气控制的对象,故第 3 章、第 4 章分别介绍了直流电动机和交流电动机的工作原理及其特性。随着机电传动控制技术的发展,控制电动机作为重要的检测、控制元件,用得愈来愈多,故第 5 章介绍了各类常用控制电动机的结构特点、工作原理、性能和应用。由于继电器-接触器控制目前在大功率、简单的控制中仍有广泛应用,故第 6 章介绍了继电器-接触器控制中用到的常用电器和基本控制线路。随着微型计算机的出现和迅速发展,可编程序控制器(PLC)已广泛应用在生产实际中,故第 7 章介绍了 PLC。电力电子技术改变了闭环控制系统的面貌,因此第 8 章较全面地介绍了电力电子器件、各种变流电路及其控制等。调速系统是机电传动控制系统中最重要的组成部分,因此第 9 章、第 10 章、第 11 章分别介绍了各类常用直、交流调速系统和步进电动机控制系统的组成、工作原理及性能。

本书是按课程学时为 72 而编写的,内容基本上概括了当前机电传动控制系统中常用的元器件、各种典型电路和各种典型控制系统。如果有的学校专业课程学时较少,对次要章节可以有选择地讲授,或启发式讲授后让学生自学,有些内容也可不讲。

“机电传动控制”是一门实践性很强的课程,实验是本课程必不可少的重要环节,它可以随课程的进程内容安排,也可以单独开设实验课,实验的学时和内容由各学校根据自身的教学实验设备而定。这里推荐一种由华中科技大学机械学院研制生产的 HTD 机电传动控制实验系统,它由计算机、电气控制系统、机械平台等组成。实验内容包括基于 PC 的电动机性能测试实验、继电器接触器基本控制及 PLC 基本逻辑控制实验、PLC 应用实验、自动控制系统(包括直流调速系统、交流变频调速系统、步进电动机控制系统、伺服控制系统)实验、综合应用实验等五大部分。其中大部分内容为“机电传动控制”课程的基本实验内容,有些实验可作为学生的课外学习、课程设计、毕业设计、创新设计等的实验内容。实验教材为《机电传动控制实验》。

本书各章后面均有习题与思考题。为本书配的学习辅导用书《机电传动控制学习辅导与题解》可作为学习参考书。

第 2 章

机电传动系统的动力学基础

本章要求掌握机电传动系统的运动方程式及其含义，掌握多轴拖动系统中转矩折算的基本原则和方法，了解几种典型生产机械的机械特性，了解机电传动系统稳定运行的条件并学会用它来分析系统的稳定平衡点，在了解过渡过程产生的原因和研究过渡过程的实际意义的基础上，掌握机电传动系统在启动、制动过程中转速、转矩和电流的变化规律，掌握机电时间常数的物理意义及缩短过渡过程的途径。

2.1 机电传动系统的运动方程式

图 2.1 所示为一单轴拖动系统。电动机 M 产生转矩 T_M，用来克服负载转矩 T_L，带动生产机械以角速度 ω（或转速 n）运动。转矩 T_M、T_L 与角速度 ω（或转速 n）之间的函数关系称为运动方程式。

根据动力学原理，单轴拖动系统的运动方程式为

$$T_M - T_L = J\frac{d\omega}{dt} \tag{2.1}$$

式中，T_M——电动机产生的转矩（N·m）；

T_L——单轴传动系统的负载转矩（N·m）；

J——单轴传动系统的转动惯量（kg·m²）；

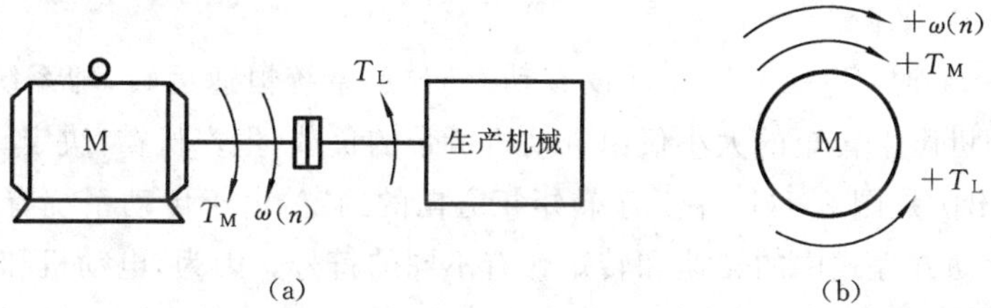

(a)　　(b)

图 2.1　单轴拖动系统

(a) 传动系统图　(b) 转矩、转速的正方向

ω——单轴传动系统的角速度(rad/s);

t——时间(s)。

在实际工程计算中,往往用转速 n 代替角速度 ω,用飞轮惯量(常称为飞轮转矩)GD^2代替转动惯量 J,由于 $J=m\rho^2=mD^2/4$,其中,ρ 和 D 分别定义为惯性半径和惯性直径,而质量 m 和重力 G 的关系是 $G=mg$,g 为重力加速度,所以,J 与 GD^2 的关系是

$$J = \frac{1}{4}mD^2 = \frac{1}{4}\frac{G}{g}D^2 = \frac{1}{4}\frac{GD^2}{g} \tag{2.2}$$

或

$$GD^2 = 4gJ$$

且

$$\omega = \frac{2\pi}{60}n \tag{2.3}$$

将式(2.2)和式(2.3)代入式(2.1),就可得运动方程式的实用形式

$$T_M - T_L = \frac{GD^2}{375}\frac{dn}{dt} \tag{2.4}$$

式中,常数 375 包含着 $g=9.81\ m/s^2$,故它有加速度的量纲;GD^2是个整体物理量。

运动方程式是研究机电传动系统最基本的方程式,它决定着系统运动的特征。当 $T_M=T_L$时,加速度 $a=dn/dt=0$,传动系统为稳速,称为静态;当 $T_M>T_L$时,加速度$a=dn/dt$为正,传动系统为加速运动;当 $T_M<T_L$ 时,$a=dn/dt$ 为负,传动系统为减速运动。系统处于加速或减速的运动状态称为动态。处于动态时,系统中必然存在一个动态转矩

$$T_d = \frac{GD^2}{375}\frac{dn}{dt} \tag{2.5}$$

它使系统的运动状态发生变化。这样,运动方程式(2.1)或式(2.4)也可写成转矩平衡方程式

$$T_M - T_L = T_d$$

或

$$T_M = T_L + T_d \tag{2.6}$$

就是说,在任何情况下,电动机所产生的转矩总是由轴上的负载转矩(即静态转矩)和动态转矩之和所平衡。

当 $T_M=T_L$ 时,$T_d=0$,这表示没有动态转矩,系统恒速运转,即系统处于稳态。稳态时,电动机产生转矩的大小仅由电动机所带的负载(生产机械)决定。

值得指出的是图 2.1(b)中关于转矩正方向的约定:由于传动系统有多种运动状态,相应的运动方程式中的转速和转矩就有不同的符号。因为,电动机和生产机械以共同的转速旋转,所以,一般以转动方向为参考来确定转矩的正负。设电动机某一转动方向的转速 n 为正,则约定电动机转矩 T_M与 n 一致的方向为正向,负载转矩T_L与 n 相反的方向为正向。

根据上述约定，可以从转矩与转速的符号来判定 T_M 与 T_L 的性质：若 T_M 与 n 符号相同（同为正或同为负），则表示 T_M 的作用方向与 n 相同，T_M 为拖动转矩；若 T_M 与 n 符号相反，则表示 T_M 的作用方向与 n 相反，T_M 为制动转矩。而若 T_L 与 n 符号相同，则表示 T_L 的作用方向与 n 相反，T_L 为制动转矩；若 T_L 与 n 符号相反，则表示 T_L 的作用方向与 n 相同，T_L 为拖动转矩。

例 2.1　如图 2.2 所示，在提升重物过程中，试判定卷扬机启动和制动时电动机转矩 T_M 和负载转矩 T_L 的符号。

解　设重物提升时电动机旋转方向为 n 的正方向。

启动时（见图 2.2(a)），电动机拖动重物上升，T_M 与 n 正方向一致，T_M 取正号；T_L 与 n 方向相反，T_L 亦取正号。这时的运动方程式为

$$T_M - T_L = \frac{GD^2}{375}\frac{dn}{dt}$$

要能提升重物，必存在 $T_M > T_L$，即动态转矩 $T_d = T_M - T_L$ 和加速度 $a = dn/dt$ 均为正，系统加速运行。

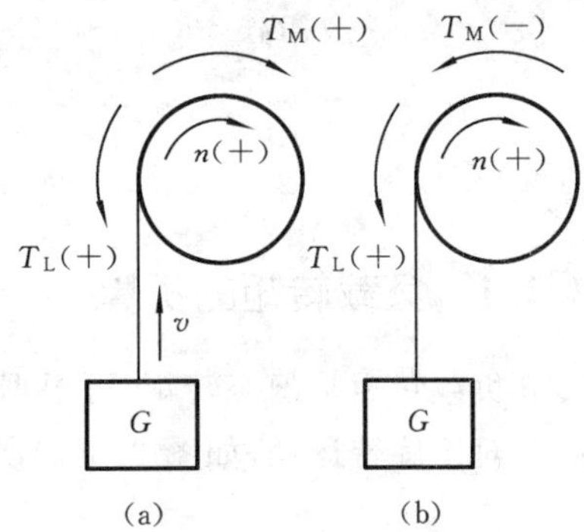

图 2.2　T_M、T_L 符号的判定

(a)启动时　(b)制动时

制动（见图 2.2(b)）仍是提升过程，n 为正，只是此时要电动机制止系统运动，所以，T_M 与 n 方向相反，T_M 取负号，而重物产生的转矩总是向下，和启动过程一样，T_L 仍取正号，这时运动方程式为

$$-T_M - T_L = \frac{GD^2}{375}\frac{dn}{dt}$$

可见，此时动态转矩和加速度都是负值，它使重物减速上升，直到停止。制动过程中，系统中动能产生的动态转矩由电动机的制动转矩和负载转矩所平衡。

2.2　负载转矩、转动惯量和飞轮转矩的折算

2.1 节介绍的是单轴拖动系统及其运动方程式，但实际的拖动系统一般是多轴拖动系统，如图 2.3 所示。这是因为许多生产机械要求低速运转，而电动机一般具有较高的额定转速。这样，电动机与生产机械之间就得装设减速机构，如减速齿轮箱、蜗轮蜗杆、传动带等。在这种情况下，为了列出这个系统的运动方程，必须先将各转动部分的转矩和转动惯量或直线运动部分的质量都折算到某一根轴上，一般折算到电动机轴上，即折算成图 2.1 所示的最简单的典型单轴系统。折算的基本原则是，折算前的多轴系统同折算后的单轴系统在能量关系上或功率关系上保持不变。

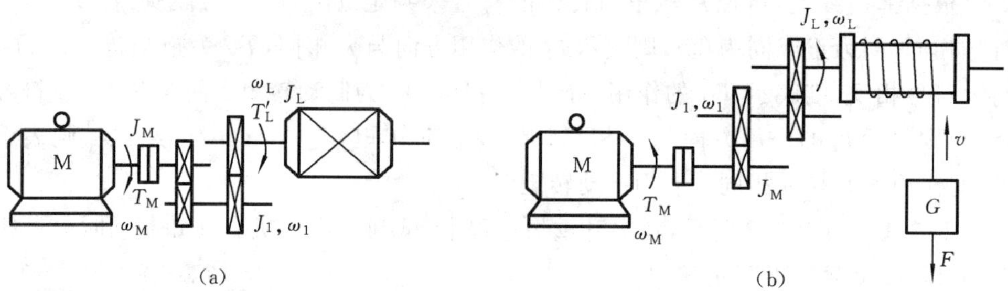

图 2.3　多轴拖动系统

(a) 旋转运动　(b) 直线运动

2.2.1　负载转矩的折算

负载转矩是静态转矩,可根据静态时功率守恒原则进行折算。

对于旋转运动,如图 2.3(a)所示,当系统匀速运动时,生产机械的负载功率为

$$P'_L = T'_L \omega_L$$

式中,T'_L——生产机械的负载转矩;

ω_L——生产机械的旋转角速度。

设 T'_L 折算到电动机轴上的负载转矩为 T_L,则电动机轴上的负载功率为

$$P_M = T_L \omega_M$$

式中,ω_M——电动机转轴的角速度。

传动机构在传递功率的过程中存在着损耗,这个损耗可以用传动效率 η_C 来表示,即

$$\eta_C = \frac{P'_L}{P_M} = \frac{T'_L \omega_L}{T_L \omega_M}$$

式中,P'_L——输出功率;

P_M——输入功率。

于是可得折算到电动机轴上的负载转矩为

$$T_L = \frac{T'_L \omega_L}{\eta_C \omega_M} = \frac{T'_L}{\eta_C j} \tag{2.7}$$

式中,η_C——电动机拖动生产机械运动时的传动效率;

j——传动机构的速比,$j = \omega_M / \omega_L$。

对于直线运动,如图 2.3(b)所示的卷扬机构就是一例。若生产机械直线运动部件的负载力为 F,运动速度为 v,则所需的机械功率为

$$P'_L = Fv$$

它反映在电动机轴上的机械功率为

$$P_M = T_L \omega_M$$

式中，T_L——负载力 F 在电动机轴上产生的负载转矩。

如果是电动机拖动生产机械旋转或移动，则传动机构中的损耗应由电动机承担，根据功率平衡关系，有

$$T_L\omega_M=\frac{Fv}{\eta_C}$$

将 $\omega_M=\frac{2\pi}{60}n_M$ 代入上式可得

$$T_L=\frac{9.55Fv}{\eta_C n_M}\tag{2.8}$$

式中，n_M——电动机轴的转速。

如果是生产机械拖动电动机旋转（例如在卷扬机下放重物时，电动机处于制动状态），则传动机构中的损耗由生产机械的负载来承担，于是有

$$T_L\omega_M=Fv\eta'_C$$

或

$$T_L=\frac{9.55\eta'_C Fv}{n_M}\tag{2.9}$$

式中，η'_C——生产机械拖动电动机运动时的传动效率。

2.2.2　转动惯量和飞轮转矩的折算

由于转动惯量和飞轮转矩与运动系统的动能有关，因此，可根据动能守恒原则进行折算。对于旋转运动（见图2.3(a)），折算到电动机轴上的总转动惯量为

$$J_Z=J_M+\frac{J_1}{j_1^2}+\frac{J_L}{j_L^2}\tag{2.10}$$

式中，J_M、J_1、J_L——电动机轴、中间传动轴、生产机械轴上的转动惯量；

j_1——电动机轴与中间传动轴之间的速比，$j_1=\omega_M/\omega_1$；

j_L——电动机轴与生产机械轴之间的速比，$j_L=\omega_M/\omega_L$；

ω_M、ω_1、ω_L——电动机轴、中间传动轴、生产机械轴上的角速度。

折算到电动机轴上的总飞轮转矩为

$$GD_Z^2=GD_M^2+\frac{GD_1^2}{j_1^2}+\frac{GD_L^2}{j_L^2}\tag{2.11}$$

式中，GD_M^2、GD_1^2、GD_L^2——电动机轴、中间传动轴、生产机械轴上的飞轮转矩。

当速比 j 较大时，中间传动机构的转动惯量 J_1 或飞轮转矩 GD_1^2，在折算后占整个系统的比重不大。为计算方便起见，实际工程中多用适当加大电动机轴上的转动惯量 J_M 或飞轮转矩 GD_M^2 的方法，来考虑中间传动机构的转动惯量 J_1 或飞轮转矩 GD_1^2 的影响，于是有

$$J_Z=\delta J_M+\frac{J_L}{j_L^2}\tag{2.12}$$

或

$$GD_Z^2=\delta GD_M^2+\frac{GD_L^2}{j_L^2}\tag{2.13}$$

一般 δ=1.1～1.25。

对于直线运动(见图 2.3(b)),设直线运动部件的质量为 m,折算到电动机轴上的总转动惯量为

$$J_Z = J_M + \frac{J_1}{j_1^2} + \frac{J_L}{j_L^2} + m\frac{v^2}{\omega_M^2} \tag{2.14}$$

总飞轮转矩为

$$GD_Z^2 = GD_M^2 + \frac{GD_1^2}{j_1^2} + \frac{GD_L^2}{j_L^2} + 365\frac{Gv^2}{n_M^2} \tag{2.15}$$

依照上述方法,就可把具有中间传动机构带有旋转运动部件或直线运动部件的多轴拖动系统,折算成等效的单轴拖动系统,将所求得的 T_L、GD_Z^2代入式(2.4),就可得到多轴拖动系统的运动方程式

$$T_M - T_L = \frac{GD_Z^2}{375}\frac{dn_M}{dt} \tag{2.16}$$

以此可研究机电传动系统的运动规律。

2.3 机电传动系统的负载特性

在上面所讨论的机电传动系统运动方程式中,负载转矩 T_L 可能是不变的常数,也可能是转速 n 的函数。同一转轴上负载转矩和转速之间的函数关系称为机电传动系统的负载特性,也就是生产机械的负载特性,有时也称生产机械的机械特性。为了便于和电动机的机械特性配合起来分析传动系统的运行情况,今后提及生产机械的负载特性时,除特别说明外,均指电动机轴上的负载转矩和转速之间的函数关系,即 $n=f(T_L)$。

不同类型的生产机械在运动中受阻力的性质不同,其负载特性曲线的形状也有所不同。典型的负载特性大体上可以归纳为以下几种。

1. 恒转矩型负载特性

这一类型负载特性的特点是负载转矩为常量,如图 2.4 所示。属于这一类的生产机械有提升机构、提升机的行走机构、带式运输机及金属切削机床等。

依据负载转矩与运动方向的关系,可以将恒转矩型的负载转矩分为反抗性转矩和位能性转矩。

1) 反抗性恒转矩负载

反抗性转矩也称摩擦转矩,是由摩擦,非弹性体的压缩、拉伸,扭转等作用所产生的负载转矩,机床加工过程中切削力所产生的负载转矩就是反抗性转矩。反抗性转矩的方向恒与运动方向相反,运动方向发生改变时,负载转矩的方向也会随着改变,因而它总是阻碍运动的。按 2.1 节中关于转矩正方向的约定可知,反抗性转矩恒与转速 n 取相同的符号,即 n 为正方向时 T_L为正,特性曲线在第一象限;n 为反方向时 T_L为

负，特性曲线在第三象限(见图 2.4(a))。

2) 位能性恒转矩负载

位能性转矩与反抗性转矩不同，它是由物体的重力和弹性体的压缩、拉伸与扭转等作用所产生的负载转矩，卷扬机提升重物时重力所产生的负载转矩就是位能性转矩。位能性转矩的作用方向恒定，与运动方向无关，它在某方向阻碍运动，而在相反方向便促进运动。由于重力的作用，卷扬机提升重物时方向永远向着地心，所以，由它产生的负载转矩永远作用在使重物下降的方向。当电动机拖动重物上升时，T_L 与 n 方向相反；而当重物下降时，T_L 则与 n 方向相同。不管 n 为正向还是反向，T_L 都不变，特性曲线在第一、第四象限(见图 2.4(b))。不难理解，在运动方程中，反抗性转矩 T_L 的符号总是正的；位能性转矩 T_L 的符号则有时为正，有时为负。

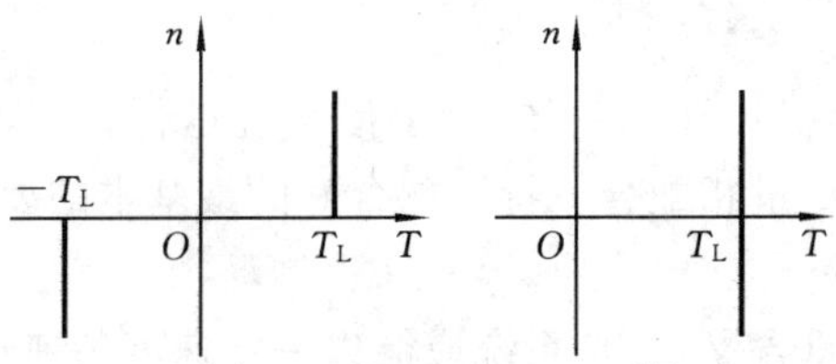

(a) (b)

图 2.4 两种恒转矩型负载特性

(a) 反抗性转矩 (b) 位能性转矩

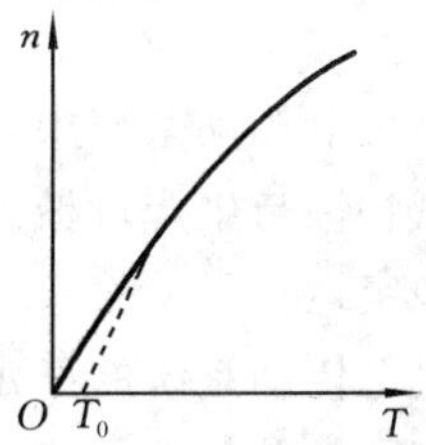

图 2.5 离心式通风机型负载特性

2. 离心式通风机型负载特性

这一类型的负载是按离心力原理工作的，如离心式鼓风机、水泵等的负载转矩 T_L 与 n 的二次方成正比，即 $T_L = Cn^2$，C 为常数，如图 2.5 所示。

3. 直线型负载特性

直线型负载的负载转矩 T_L 随 n 的增加而成正比地增大，即 $T_L = Cn$，C 为常数，如图2.6所示。

实验室中作模拟负载用的他励直流发电机，当励磁电流和电枢电阻固定不变时，其电磁转矩与转速即成正比。

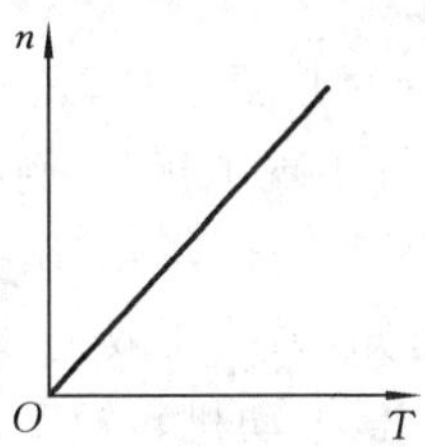

图 2.6 直线型负载特性

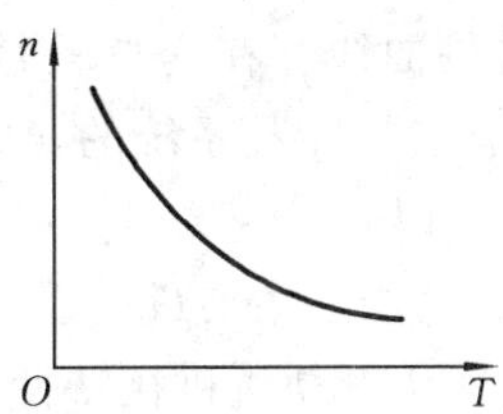

图 2.7 恒功率型负载特性

4. 恒功率型负载特性

恒功率型负载的负载转矩 T_L 与转速 n 成反比，即 $T_L = K/n$，或 $K = T_L n \propto P$(P 为常量)，如图2.7所示。例如车床加工，在粗加工时，切削量大，负载阻力大，开低速；

在精加工时，切削量小，负载阻力小，开高速。当选择这样的方式加工时，不同转速下切削功率基本不变。

除了上述几种类型的负载特性外，还有一些生产机械具有各自的负载特性，如：带曲柄连杆机构的生产机械，它们的负载转矩随转角的变化而变化；球磨机、碎石机等生产机械，其负载转矩则随时间的变化作无规律的随机变化；等等。

还应指出，实际使用中的负载可能是单一类型的，也可能是几种类型的综合。例如，实际使用中的通风机除了主要是通风机型的负载特性外，轴上还有一定的摩擦转矩 T_0，所以，它的负载特性应为 $T_L=T_0+Cn^2$，如图 2.5 中的虚线所示。

2.4 机电传动系统稳定运行的条件

在机电传动系统中，电动机与生产机械连成一体，为了使系统运行合理，电动机的机械特性与生产机械的负载特性应尽量相配合。特性配合好的最基本的要求是系统能稳定运行。

机电传动系统的稳定运行包含两重含义：一是系统应能以一定速度匀速运转；二是系统受某种外部干扰作用(如电压波动、负载转矩波动等)而使运行速度稍有变化时，应保证系统在干扰消除后能恢复到原来的运行速度。

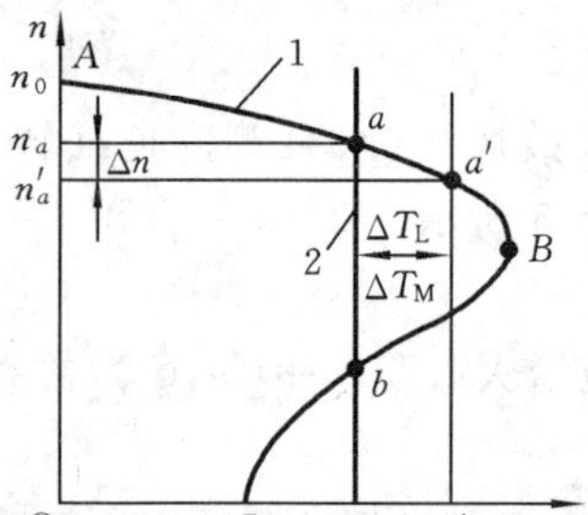

图 2.8 稳定工作点的判别

保证系统匀速运转的必要条件是电动机轴上的拖动转矩 T_M 与折算到电动机轴上的负载转矩 T_L 大小相等，方向相反，相互平衡。从 TOn 坐标面上看，这意味着电动机的机械特性曲线 $n=f(T_M)$和生产机械的负载特性曲线 $n=f(T_L)$必须有交点，如图 2.8 所示。图中，曲线 1 表示异步电动机的机械特性，曲线 2 表示电动机拖动的生产机械的负载特性(恒转矩型的)，两特性曲线有交点 a 和 b。交点常称为拖动系统的平衡点。

但是，两特性曲线存在交点只是保证系统稳定运行的必要条件，还不是充分条件。实际上只有点 a 才是系统的稳定平衡点，因为在系统出现干扰时，例如负载转矩突然增加了 ΔT_L 时，T_L 变为 T'_L。这时，电动机转速来不及变化，仍工作在原来的点 a，其转矩为 T_M，于是 $T_M<T'_L$。由拖动系统运动方程可知，系统要减速，即 n 要下降到 $n'_a=n_a-\Delta n$。从电动机机械特性曲线的 AB 段可看出，电动机转矩 T_M 将增大为 $T'_M=T_M+\Delta T_M$，电动机的工作点转移到点 a'。当干扰消除($\Delta T_L=0$)后，必有 $T'_M>T_L$，迫使电动机加速，转速 n 上升，而T_M又要随 n 的上升而减小，直到 $\Delta n=0$，$T_M=T_L$，系统重新回到原来的运行点 a。反之，若T_L突然减小，则 n 上升，当干扰消除后，也能回到点 a 工作，所以点 a 是系统的稳定平衡点。在点 b，若 T_L 突然增大，则 n 下降，从电动机机械特性曲线的 BC 段可看出，T_M 要减小。当干扰消除后，有 $T_M<$

T_L，又使得 n 下降，T_M 随 n 的下降而进一步减小，促使 n 进一步下降，一直到 $n=0$，电动机停转。反之，若 T_L 突然减小，则 n 上升，使 T_M 增大，促使 n 进一步上升，直至越过点 B 进入 AB 段的点 a 工作。所以，点 b 不是系统的稳定平衡点。由上可知，对于恒转矩负载，电动机的 n 增加时，必须具有向下倾斜的机械特性曲线，系统才能稳定运行，若特性曲线上翘，便不能稳定运行。

从以上分析可以总结出如下机电传动系统稳定运行的充分必要条件。

(1) 电动机的机械特性曲线 $n=f(T_M)$ 和生产机械的负载特性曲线 $n=f(T_L)$ 有交点（即拖动系统的平衡点）。

(2) 当转速大于平衡点所对应的转速时，$T_M<T_L$。即若干扰使转速上升，当干扰消除后应有 $T_M-T_L<0$；当转速小于平衡点所对应的转速时，$T_M>T_L$，即若干扰使转速下降，当干扰消除后应有 $T_M-T_L>0$。

只有满足上述两个条件的平衡点，才是拖动系统的稳定平衡点，即只有这样的特性配合，系统在受到外界干扰后，才具有恢复到原平衡状态的能力而进入稳定运行状态。

例如，当异步电动机拖动直流他励发电机工作，具有图2.9所示的特性时，点 b 便符合稳定运行条件，因此，在此情况下，点 b 是稳定平衡点。

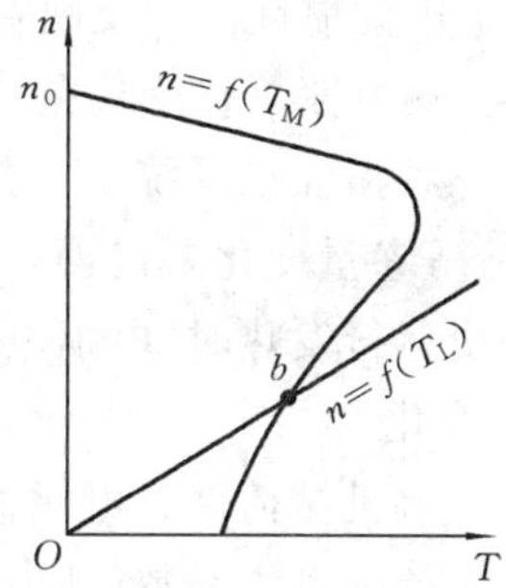

图 2.9　异步电动机拖动直流他励发电机工作时的特性

2.5　机电传动系统的过渡过程

机电传动系统有两种运行状态：静态（稳态）和动态（暂态）。前者动态转矩为零，系统以恒速运转；后者存在动态转矩，速度处于变化之中。当系统中电动机的转矩 T_M 或负载转矩 T_L 发生变化时，系统就要由一个稳定运转状态变化到另一个稳定运转状态，这个变化过程称为过渡过程。在过渡过程中，电动机的转速、转矩和电流都要按一定的规律变化，它们都是时间的函数。

2.5.1　研究机电传动系统过渡过程的实际意义

除了长时间运转、不经常启动和制动的工作机械，如通风机、水泵等外，大多数生产机械对机电传动系统过渡过程都提出了要求，如：龙门刨床的工作台、可逆式轧钢机、轧钢机的辅助机械等在工作中需要经常启动、制动、反向和调速，因此，都要求过渡过程尽量快，以缩短生产周期中的非生产时间，提高生产率；升降机、载人电梯、地铁机车、电车等生产机械则要求启动、制动过程平滑，运行加速度变化不能过大，以保证安全和舒适；造纸机、印刷机等生产机械也必须限制其运行加速度的大小，如果超过允许值，则可能损坏机器部件或生产出次品。另外，在过渡过程中能量损耗的大小、系统的准确停止与协调运转等,都对机电传动系统的过渡过程提出不同的要求。为满足这些要求,必须研究过渡过程的基本规律,研究系统各参量对时间的变化规律,如转速、转矩、电流等对时间的变化规律,这样才能正确地选择机电传动装置,为机电传动自动控制系统提供控制原则,设计出完善的自动控制线路,从而改善产品质量,提高生产率和减轻劳动强度。这就是研究过渡过程的目的和实际意义。

2.5.2 机电传动系统过渡过程的分析

机电传动系统之所以产生过渡过程,是因为存在以下惯性。

(1) 机械惯性。它反映在转动惯量 J 或飞轮转矩 GD^2 上,使转速 n 不能突变。

(2) 电磁惯性。它反映在电动机绕组的电感上,使电流和励磁磁通不能突变。

(3) 热惯性。它反映在温度上,使温度不能突变。

这三种惯性在系统中虽然是互相影响的,但是由于热惯性较大,温度变化较转速、电流等参量变化要慢得多,一般可不考虑,而只考虑机械惯性和电磁惯性。如直流电动机运行发热时,电枢电阻和励磁绕组电阻都会变化,从而会引起电流 I_a 和磁通 Φ 的变化。

由于有机械惯性和电磁惯性,当对机电传动系统进行控制(如启动、制动、反向和调速)、系统中电气参数(如电压、电阻、频率)发生突然变化及传动系统的负载突然变化时,传动系统的转速、转矩、电流、磁通等不能马上跟着变化,其变化都要经过一定的时间,因而形成机电传动系统的电气机械过渡过程。在有些情况下,如直流他励电动机电枢回路不串接电感,电磁惯性影响也不大,则可只考虑机械惯性。在这种过渡过程中,仅转速 n 不能突变,而电枢电流 I_a 和转矩 T_M 是可以突变的。现仅就此类过渡过程进行分析。

研究过渡过程与电路基础中研究电路的动态过程的方法一样,一般是先列出反映变化规律的基本方程式,在此基础上使用数学解析法,或者使用图解法及实验方法来求得过渡过程的解答。下面仅用数学解析法进行分析。

机电传动系统的运动方程式

$$T_M - T_L = \frac{GD^2}{375}\frac{\mathrm{d}n}{\mathrm{d}t}$$

是研究机电传动系统过渡过程的基本方程式,用它可得到转速 n、转矩 T_M 与电流 I_a 的变化规律及过渡过程的时间。

若已知 T_M、T_L、GD^2 与 n 的关系,由上式即可求解。T_M 与 n 的关系即电动机的机械特性 $n=f(T_M)$,T_L 与 n 的关系即生产机械的负载转矩特性 $T_L=f(n)$,而 GD^2 一般是不随转速的变化而变化的。

对于常用的交流异步电动机和直流他(并)励电动机拖动系统,T_M 与 n 有近似线性关系。若所拖动的是恒转矩负载,即 T_L 为常数,在此情况下,n 的变化过程可用下述方法计算。

设 $n=f(T_M)$ 如图 2.10 所示，根据解析几何直线方程的截距式，$n=f(T_M)$ 可写成

$$\frac{T_M}{T_{st}}+\frac{n}{n_0}=1$$

即 $$T_M=T_{st}\left(1-\frac{n}{n_0}\right)$$

式中，T_{st}——$n=0$ 时的转矩；

n_0——理想空载转速。

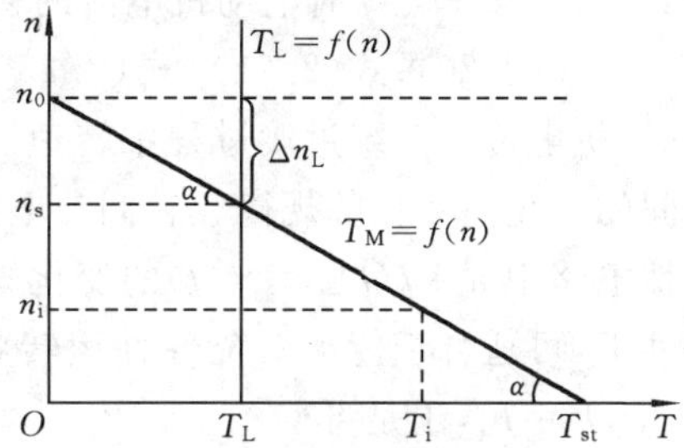

图 2.10　T_M、T_L 与 n 的关系

同理 $$T_L=T_{st}\left(1-\frac{n_s}{n_0}\right)$$

式中，n_s——T_L 为恒转矩时系统稳定运行的稳态转速。

将上面 T_M、T_L 的表达式代入式(2.4)，得

$$T_{st}\left(1-\frac{n}{n_0}\right)-T_{st}\left(1-\frac{n_s}{n_0}\right)=\frac{GD^2}{375}\frac{dn}{dt}$$

整理后得 $$T_{st}\left(\frac{n_s-n}{n_0}\right)=\frac{GD^2}{375}\frac{dn}{dt}$$

即 $$n_s-n=\frac{GD^2}{375}\frac{n_0}{T_{st}}\frac{dn}{dt}$$

式中，T_{st}、n_0、GD^2 为常数。

令 $$\frac{GD^2}{375}\frac{n_0}{T_{st}}=\tau_m \tag{2.17}$$

τ_m 是反映机电传动系统机械惯性的物理量，通常称为机电传动系统的机电时间常数，于是有

$$\tau_m\frac{dn}{dt}+n=n_s \tag{2.18}$$

这是一个典型的一阶线性常系数非齐次微分方程。它的全解是

$$n=n_s+Ce^{-t/\tau_m} \tag{2.19}$$

式中，C——积分常数，由初始条件决定。

当过渡过程开始即 $t=0$ 时，$n=n_i$，将它代入式(2.19)，可得

$$C=n_i-n_s$$

所以 $$n=n_s+(n_i-n_s)e^{-t/\tau_m} \tag{2.20}$$

同样，若对式(2.19)求导数，并将结果代入传动系统的运动方程式，可得

$$T_M=T_L-\frac{GD^2}{375}\frac{C}{\tau_m}e^{-t/\tau_m} \tag{2.21}$$

若以 $t=0$ 时，$T_M=T_i$ 代入上式求出 C，则式(2.21)就变为

$$T_M=T_L+(T_i-T_L)e^{-t/\tau_m} \tag{2.22}$$

如果电动机的电流 $I\propto T$，也可得

$$I_a=I_L+(I_i-I_L)e^{-t/\tau_m} \tag{2.23}$$

式中,I_i——$t=0$ 时电动机电流的初始值。

式(2.20)、式(2.22)、式(2.23)分别表示当 T_L 为常数、$n=f(T_M)$是线性关系时,机电传动系统过渡过程中转速、转矩、电流对时间的动态特性,即 n、T_M、I_a 随时间的变化而变化的规律。它们与电路基础中讨论过的、只含一个储能元件的一阶线性电路中 $u=f(t)$、$i=f(t)$的变化规律是完全一致的。这些关系式在不同的初始条件下,可适合于传动系统各种运转状态。以启动过程为例,即 $t=0$ 时,$n_i=0$,$T_i=T_{st}$,$I_i=I_{st}$,于是可得

$$n = n_s(1-e^{-t/\tau_m}) \tag{2.24}$$

$$T_M = T_L + (T_{st}-T_L)e^{-t/\tau_m} \tag{2.25}$$

$$I_a = I_L + (I_{st}-I_L)e^{-t/\tau_m} \tag{2.26}$$

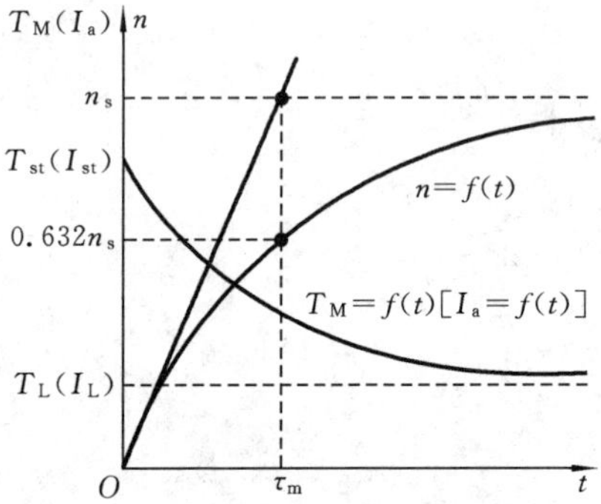

图 2.11 启动时过渡过程曲线

启动时,这些关系式所对应的过渡过程曲线如图 2.11 所示。它们所反映的物理过程是,启动开始($t=0$)时,$T_M=T_{st}$,动态转矩 T_d($T_d=T_M-T_L$)最大,电动机加速度也最大,转速 n 迅速上升。随着 n 上升,T_M 与 T_d 相应减小,系统的加速度减小,速度上升也随之减慢。当 $T_M=T_L$ 时,达到稳态转速 n_s。理论上要 $t=\infty$,过渡过程才算结束,而实际上,当 $t=(3\sim5)\tau_m$ 时,就可以认为转速已经达到稳态转速 n_s。

当停车即 $n_s=0$ 时,式(2.20)变为

$$n = n_i e^{-t/\tau_m} \tag{2.27}$$

这表示电动机从 n_i开始的自由停车过程中,转速也按指数规律变化。

2.5.3 机电时间常数

机电时间常数 τ_m直接影响机电传动系统过渡过程的快慢。τ_m大,则过渡过程进行得慢;反之,τ_m小,则过渡过程进行得快。所以,τ_m是机电传动系统中非常重要的动态参数。

将式(2.24)在 $t=0$ 处求导,可得 $t=0$ 时的加速度为

$$\left.\frac{dn}{dt}\right|_{t=0} = \frac{n_s}{\tau_m} \tag{2.28}$$

式(2.28)表明,τ_m在数值上等于转速 n 以 $t=0$ 时的加速度直线上升到稳态转速 n_s时所需时间,如图 2.11 所示。

由式(2.24)也不难算出,τ_m就是转速达到稳态值的 63.2%所经历的时间。

在机电传动系统中 τ_m有几种常用的表达式。除了式(2.17)外,从图 2.10 可看出

$$\tau_m = \frac{GD^2}{375}\frac{\Delta n_L}{T_L} \tag{2.29}$$

和
$$\tau_m = \frac{GD^2}{375}\frac{n_s}{T_{st} - T_L} = \frac{GD^2}{375}\frac{n_s}{T_d} \tag{2.30}$$

这几种表达式建立了作为系统动态参数的τ_m与作为系统静态特性的机械特性之间的联系，也表示了机电时间常数τ_m的几何意义。

对他励直流电动机而言，有

$$\Delta n = \frac{R_{ad} + R_a}{K_e K_t \Phi_N^2} T$$

令
$$R = R_{ad} + R_a$$

一般情况下，对应于T_L，有

$$\Delta n_L = \frac{R}{K_e K_t \Phi^2} T_L$$

即
$$\frac{\Delta n_L}{T_L} = \frac{R}{K_e K_t \Phi^2}$$

将上式代入式(2.29)，并考虑到常数375中包含$g=9.81\ \mathrm{m/s^2}$，于是就可得

$$\tau_m = \frac{GD^2}{375}\frac{R}{K_e K_t \Phi} \tag{2.31}$$

式(2.31)表达了机电时间常数τ_m的物理意义，它既与机械量GD^2有关，又与电气量R、Φ有关。

2.5.4　加快机电传动系统过渡过程的方法

将式(2.4)写成

$$\mathrm{d}t = \frac{GD^2}{375}\frac{\mathrm{d}n}{T_M - T_L}$$

对上式两边积分，得到过渡过程时间的表达式，即

$$t = \int \frac{GD^2}{375}\frac{\mathrm{d}n}{T_M - T_L} = \int \frac{GD^2}{375}\frac{\mathrm{d}n}{T_d} \tag{2.32}$$

如果在从起始转速n_1到终了转速n_2的过渡过程中始终保持动态转矩T_d不变，即$T_d = T_M - T_L$为常数，则系统便为等加速或等减速运动，在此情况下，过渡过程的时间为

$$t = \int_{n_1}^{n_2} \frac{GD^2}{375}\frac{\mathrm{d}n}{T_d} = \frac{GD^2}{375 T_d}(n_2 - n_1) \tag{2.33}$$

由$n_1=0$启动至n_2的启动时间为

$$t_{st} = \frac{GD^2}{375}\frac{n_2}{T_d}$$

由n_1降至$n_2=0$的制动时间为

$$t_b = \frac{GD^2}{375}\frac{-n_1}{T_d} \qquad (\text{此时 } T_d = T_M - T_L < 0)$$

自由停车(当 $T_M=0$)的时间为

$$t_r=\frac{GD^2}{375}\frac{n_1}{T_L}$$

由以上所述可以看出,机电传动系统过渡过程的时间都与系统的飞轮转矩GD^2和速度改变量成正比,而与动态转矩成反比。所以,要有效地缩短过渡过程的时间,应设法减小GD^2和加大动态转矩 T_d。

1. 减少系统的飞轮转矩 GD^2

由式(2.13)可知,系统的飞轮转矩 GD_Z^2中大部分是电动机转子的飞轮转矩GD_M^2,因此,减小 GD_M^2就成为缩短过渡过程的重要措施。龙门刨床的工作台采用两台电动机同轴运行,其目的之一就在于此。因在输出功率和运行速度都相同的情况下,选用两台电动机时,总的GD^2要比选用一台电动机时小。例如,一台 46 kW、转速为 580 r/min 的直流电动机,其 GD^2为 216 N·m²。但如采用两台 23 kW、转速为 600 r/min 的直流电动机同轴运行,则其 GD^2为 92 N·m²×2=184 N·m²,与采用一台电动机时相比,GD^2减小了 15%。

有的场合采用小惯量直流电动机。这种电动机电枢做得细而长,转动惯量小,即 GD^2小,且启动转矩大,因此 T_{st}/GD^2很大,系统的 dn/dt 很大,启动快,从而加速了过渡过程,提高了系统的快速响应性能。

2. 增加动态转矩 T_d

(1) 从电动机方面考虑。目前,大惯量直流电动机(亦称宽调速直流力矩电动机)已在很多场合取代了小惯量直流电动机。这种电动机电枢做得粗而短,即 D/l 较大,GD^2较大,但它的最大转矩 T_{max}一般为额定转矩 T_N 的 5~10 倍,即 T_d($T_d=T_{max}-T_L$)大,所以,快速性指标T_{max}/GD^2仍然很好,不比小惯量电动机差。其低速时转矩大,可直接驱动生产机械,而不用齿轮减速机构。这样,它与生产机械匹配就容易得多,结构简化,没有齿隙存在,使系统精度提高。另外,因电枢粗而短,散热好,过载持续时间可以较长,性能好的力矩电动机在 3 倍于额定转矩(或电流)的过载条件下工作 30 min 仍能正常运行。所以,大惯量直流电动机在快速直流拖动系统中已得到广泛应用。

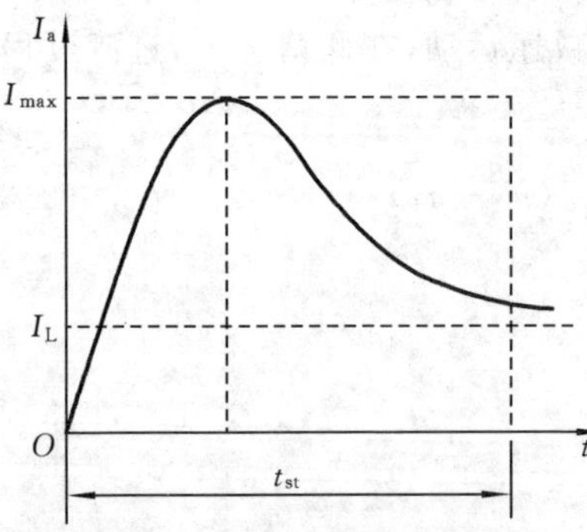

图 2.12 启动电流的充满系数

(2) 从控制系统方面考虑。动态转矩 T_d($T_d=T_M-T_L$)越大,系统的加速度就越大,过渡过程的时间也就越短。因此,希望在整个过渡过程中电流(或转矩)要大,以加快过渡过程,但又要限制其最大值,使它不要超过电动机所允许的最大电流 I_{max}或最大转矩 T_{max}。如图2.12所示,若电流曲线与横坐标所包围的面积 $\int_0^{t_{st}} I_a dt$ 越接近矩形面积 $I_{max}t_{st}$,即在启动过程中,平均启动电流越大,

则启动进行得越快。通常以充满系数 K 来衡量启动曲线对矩形曲线的接近程度，其表达式为

$$K=\frac{\int_0^{t_{st}} I_a \mathrm{d}t}{I_{max} t_{st}} \tag{2.34}$$

充满系数的大小表明了启动过程快速性程度，K 越接近于 1 越好。若 $K=1$，则说明在整个动态过程中电流保持在最大值不变，即动态转矩保持最大值不变，从而可获得最短的过渡过程。常把这种条件下的过渡过程称为最优过渡过程。

在发电机（或电机放大机）-电动机系统中，为了加快过渡过程，还常采用强迫励磁的方法，即在电动机启动、制动或反向时，设法使发电机的励磁过程加快，从而缩短系统过渡过程的时间。

习题与思考题

2.1　试表述机电传动系统运动方程式中的拖动转矩、静态转矩和动态转矩的概念。

2.2　从运动方程式怎样看出系统是处于加速的、减速的、稳定的和静止的各种工作状态？

2.3　试列出如题 2.3 图所示几种情况下系统的运动方程式，并说明系统的运行状态是加速、减速还是匀速。（图中箭头方向表示转矩的实际作用方向。）

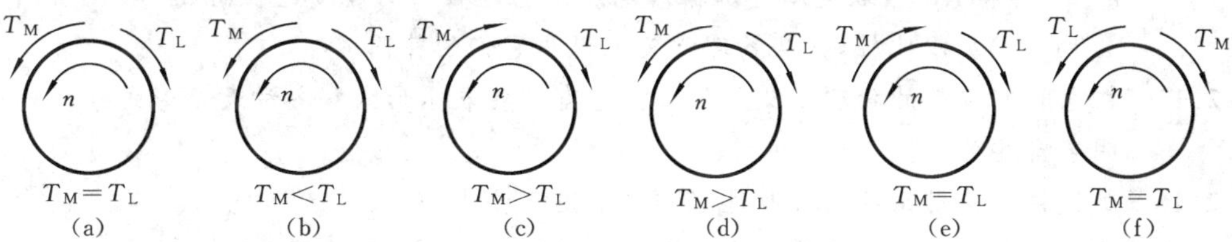

题 2.3 图

2.4　多轴拖动系统为什么要折算成单轴拖动系统？转矩折算为什么依据折算前后功率不变的原则？转动惯量折算为什么依据折算前后动能不变的原则？

2.5　为什么机电传动系统中低速轴转矩大，高速轴转矩小？

2.6　为什么机电传动系统中低速轴的 GD^2 比高速轴的 GD^2 大得多？

2.7　如图 2.3(a)所示，电动机轴上的转动惯量 $J_M=2.5\ \mathrm{kg\cdot m^2}$，转速 $n_M=900$ r/min；中间传动轴的转动惯量 $J_1=2\ \mathrm{kg\cdot m^2}$，转速 $n_1=300$ r/min；生产机械轴的转动惯量 $J_L=16\ \mathrm{kg\cdot m^2}$，转速 $n_L=60$ r/min。试求折算到电动机轴上的等效转动惯量。

2.8　如图 2.3(b)所示，电动机转速 $n_M=950$ r/min，齿轮减速箱的传动比 $j_1=j_2=4$，卷筒直径 $D=0.24$ m，滑轮的减速比 $j_3=2$，起重负荷力 $F=100$ N，电动机的飞轮转矩 $GD_M^2=1.05\ \mathrm{N\cdot m^2}$，齿轮、滑轮和卷筒总的传动效率为 0.83。试求

提升速度 v 和折算到电动机轴上的静态转矩 T_L 以及折算到电动机轴上整个拖动系统的飞轮转矩 GD_Z^2。

2.9 一般生产机械按其运动受阻力的性质来分可有哪几种类型的负载?

2.10 反抗静态转矩与位能静态转矩有何区别?各有什么特点?

2.11 在题 2.11 图中,曲线 1 和曲线 2 分别为电动机的机械特性和电动机所拖动的生产机械的负载特性,曲线 1 与曲线 2 交于一点。试判断哪些是系统的稳定平衡点,哪些不是。

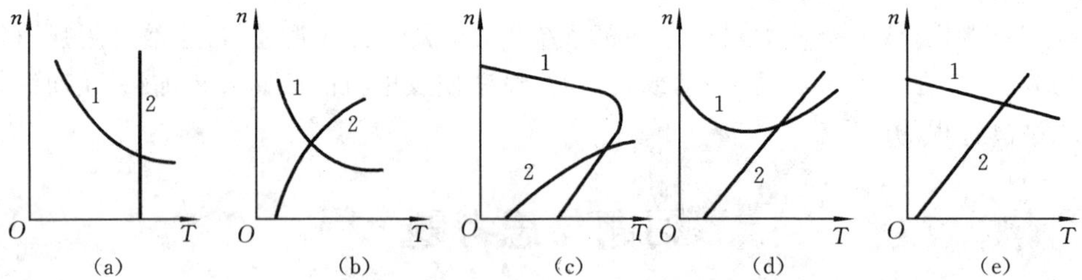

题 2.11 图

2.12 什么叫过渡过程?什么叫稳定运行过程?试举例说明之。

2.13 研究过渡过程有什么实际意义?试举例说明之。

2.14 若不考虑电枢电感,试将电动机突加电枢电压启动的过渡过程曲线 $I_a=f(t)$、$n=f(t)$ 和 RC 串联电路突加输入电压充电过程中的过渡过程曲线 $i_C=f(t)$、$u_C=f(t)$ 加以比较,并从物理意义上说明它们的异同。

2.15 机电时间常数的物理意义是什么?它有哪些表示形式?各种表示形式分别说明了哪些关系?

2.16 加快机电传动系统的过渡过程一般采用哪些办法?

2.17 为什么大惯量电动机反而比小惯量电动机更为人们所采用?

2.18 具有矩形波电流图的过渡过程为什么称为最优过渡过程?它为什么能加快机电传动系统的过渡过程?

第3章

直流电机的工作原理及特性

本章要求掌握直流电机的基本工作原理及特性，特别是直流电动机的机械特性；掌握直流电动机启动、调速和制动的各种方法及各种方法的优缺点和应用场合。

电动机有直流电动机和交流电动机两大类，直流电动机虽不像交流电动机那样结构简单、制造容易、维护方便、运行可靠，但由于交流电动机的调速问题长期未能得到满意的解决，因此在过去一段时间内，直流电动机显示出交流电动机所不能比拟的良好的启动性能和调速性能。目前，虽然交流电动机的调速问题已经解决，但是，速度调节要求较高，正、反转和启、制动频繁或多单元同步协调运转的生产机械，仍采用直流电动机拖动。

直流电机既可用做电动机(将电能转换为机械能)，也可用做发电机(将机械能转换为电能)。直流发电机主要作为直流电源，例如，供给直流电动机、同步电动机的励磁及化工、冶金、采矿、交通运输等部门的直流电源。目前，由于晶闸管等整流设备的大量使用，直流发电机已逐步被取代。但从电源的质量与可靠性来说，直流发电机优点明显，现仍有一定的应用范围。

3.1 直流电机的基本结构和工作原理

3.1.1 直流电机的基本结构

直流电机的结构包括定子和转子两部分。定子和转子之间由空气隙分开。定子又称磁极，它的作用是产生主磁场和在机械上支撑电机，由主磁极、换向极、机座、端盖和轴承等组成，电刷用电刷座固定在定子上。转子又称电枢，它的作用是产生感应电动势及产生机械转矩以实现能量的转换，由电枢铁芯、电枢绕组、换向器、轴、风扇等组成。图3.1为直流电机结构图，图3.2为二极直流电机的剖面图。

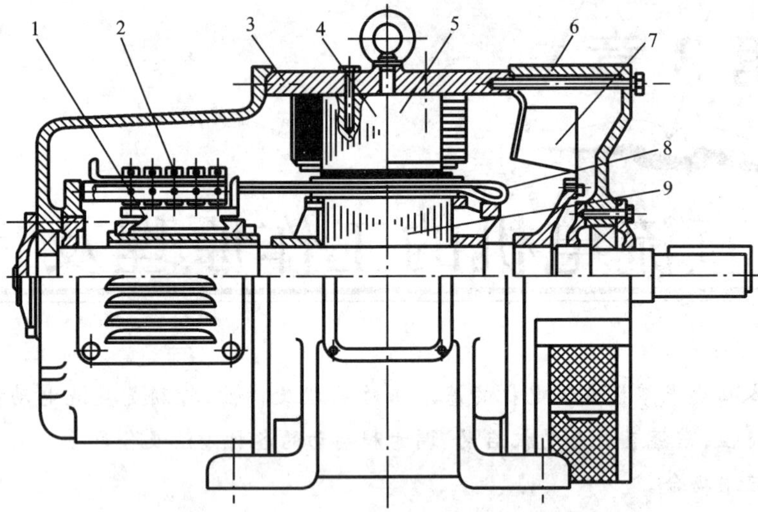

图 3.1　直流电机结构

1—换向器　2—电刷装置　3—机座　4—主磁极　5—换向极　6—端盖
7—风扇　8—电枢绕组　9—电枢铁芯

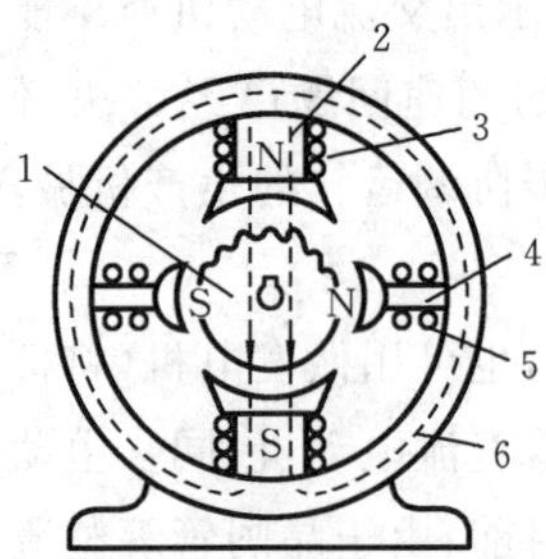

图 3.2　二极直流电机的剖面图

1—电枢　2—主磁极　3—励磁绕组
4—换向极　5—换向极绕组　6—机座

1. 主磁极

主磁极包括主磁极铁芯和套在上面的励磁绕组，其主要任务是产生主磁场。磁极下面扩大的部分称为极靴，它的作用是使通过空气隙中的磁通分布最为合适，并使励磁绕组能牢固地固定在铁芯上。磁极是磁路的一部分，采用1.0～1.5 mm的硅钢片叠压而成。励磁绕组用绝缘铜线绕成。

2. 换向极

换向极用来改善电枢电流的换向性能。它也是由铁芯和绕组构成，用螺杆固定在定子的两个主磁极的中间。

3. 机座

一方面，机座用来固定主磁极、换向极和端盖等，并作为整个电机的支架，用地脚螺栓将电机固定在基础上；另一方面，它是电机磁路的一部分，故用铸钢或钢板压成。

4. 电枢铁芯

电枢铁芯是主磁通磁路的一部分，用硅钢片叠成，呈圆柱形，表面冲了槽，槽内嵌放电枢绕组。为了加强铁芯的冷却，电枢铁芯上有轴向通风孔，如图 3.3 所示。

5. 电枢绕组

电枢绕组是直流电机产生感应电动势及电磁转矩以实现能量转换的关键部分。绕组一般由铜线绕成，包上绝缘层后嵌入电枢铁芯的槽中。为了防止离心力将绕组甩出槽外，用槽楔将绕组导体揳在槽内。

6. 换向器

对发电机而言，换向器的作用是将电枢绕组内感应的交流电动势转换成电刷间的直流电动势；对电动机而言，换向器的作用则是将外加的直流电流转换为电枢绕组的交流电流，并保证每一磁极下电枢导体的电流方向不变，以产生恒定的电磁转矩。换向器由很多彼此绝缘的铜片组合而成，这些铜片称为换向片，每个换向片都和电枢绕组连接。图 3.4 所示的是换向器的结构。

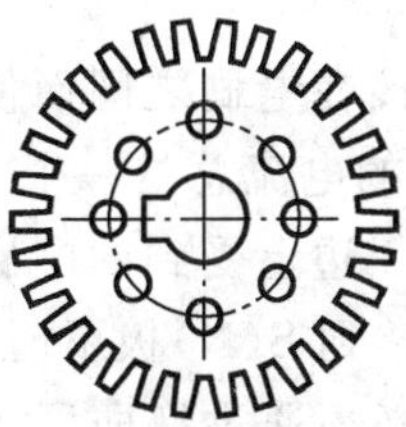

图 3.3 电枢铁芯钢片

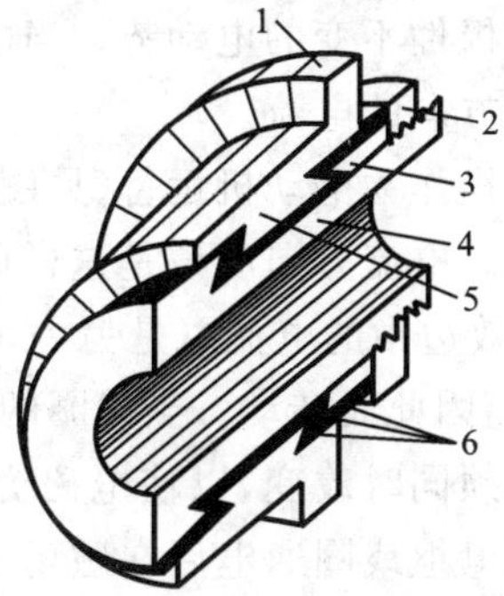

图 3.4 换向器

1—片间云母 2—螺母 3—V 形环
4—套筒 5—换向片 6—云母

7. 电刷装置

电刷装置包括电刷及电刷座，它们固定在定子上，电刷与换向器保持滑动接触，以便将电枢绕组和外电路接通。

3.1.2 直流电机的基本工作原理

任何电机的工作原理都是建立在电磁力和电磁感应这个基础上的，直流电机也是如此。

为了讨论直流电机的工作原理，可把复杂的直流电机简化为图 3.5 和图 3.6 所示的简单结构。电机具有一对磁极，电枢绕组只是一个线圈，线圈两端分别连在两个

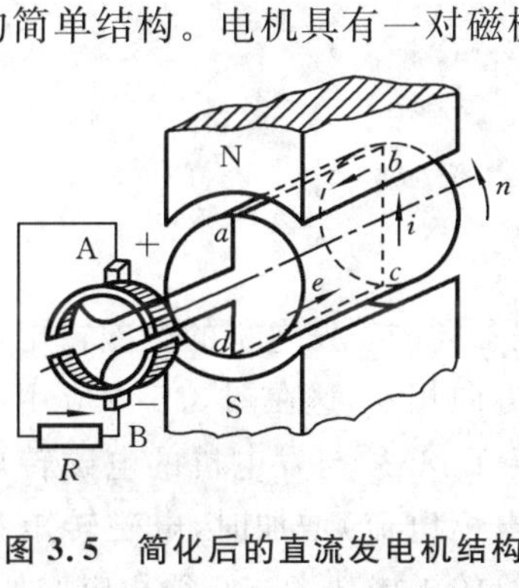

图 3.5 简化后的直流发电机结构

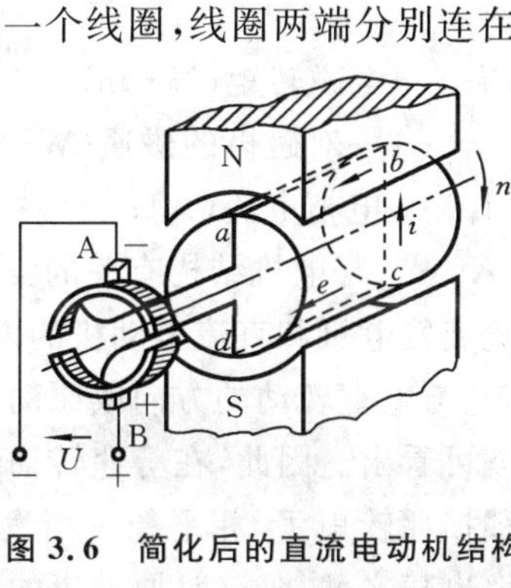

图 3.6 简化后的直流电动机结构

换向片上,换向片上压着电刷A和电刷B。

直流电机作为发电机运行(见图3.5)时,电枢由原动机驱动而在磁场中旋转,在电枢线圈的两根有效边(切割磁力线的导体部分)中便感应出电动势 e。显然,每一有效边中的电动势是交变的,即在N极下是一个方向,当它转到S极下时是另一个方向。但是,由于电刷A总是同与N极下的有效边相连的换向片接触的,而电刷B总是同与S极下的有效边相连的换向片接触的,因此,在电刷间就出现一个极性不变的电动势或电压,所以,换向器的作用在于将发电机电枢绕组内的交流电动势变换成电刷之间的极性不变的电动势。当电刷之间接有负载时,在电动势的作用下,电路中就产生一定方向的电流。

直流电机作为电动机运行(见图3.6)时,将直流电源接在电刷之间而使电流通入电枢线圈。电流方向应该是这样的:N极下的有效边中的电流总是一个方向,而S极下的有效边中的电流总是另一个方向,这样才能使两个边上受到的电磁力的方向一致,电枢因此而转动。当线圈的有效边从N(S)极下转到S(N)极下时,其中电流的方向必须同时改变,以使电磁力的方向不变,而这也必须通过换向器才得以实现。电动机电枢线圈通电后在磁场中受力而转动,这是问题的一个方面;另外,当电枢在磁场中转动时,线圈中也要产生感应电动势 e,这个电动势的方向(由右手定则确定)与电流或外加电压的方向总是相反的,所以称为反电动势。它与发电机中电动势的作用是不同的。

直流电机电刷间的电动势常用下式表示:

$$E = K_e \Phi n \tag{3.1}$$

式中,E——电动势(V);

Φ——一对磁极的磁通(Wb);

n——电枢转速(r/min);

K_e——与电机结构有关的常数。

直流电机电枢绕组中的电流与磁通 Φ 相互作用,产生电磁力和电磁转矩。直流电机的电磁转矩常用下式表示:

$$T = K_t \Phi I_a \tag{3.2}$$

式中,T——电磁转矩(N·m);

Φ——一对磁极的磁通(Wb);

I_a——电枢电流(A);

K_t——与电机结构有关的常数,$K_t = 9.55K_e$。

直流发电机和直流电动机的电磁转矩的作用是不同的。发电机的电磁转矩是阻转矩,它与电枢转动的方向或原动机的驱动转矩的方向相反,这在图3.5中应用左手定则就可看出。因此,在等速转动时,原动机的转矩 T_1 必须与发电机的电磁转矩 T 及空载损耗转矩 T_0 相平衡。当发电机的负载(即电枢电流)增加时,电磁转矩和输出功率也随之增加,这时原动机的驱动转矩和所供给的机械功率亦必须相应增加,以保持转矩之间及功率之间的平衡，而转速基本上不变。电动机的电磁转矩是驱动转矩，它使电枢转动。因此，电动机的电磁转矩 T 必须与机械负载转矩 T_L 及空载损耗转矩 T_0 相平衡。当轴上的机械负载发生变化时，电动机的转速、电动势、电流及电磁转矩将自动进行调整，以适应负载的变化，保持新的平衡。比如，当负载增加，即阻转矩增加时，电动机的电磁转矩便暂时小于阻转矩，所以转速开始下降。随着转速的下降，当磁通 Φ 不变时，反电动势 E 必减小，而电枢电流 $I_a=(U-E)/R_a$ 增加，于是电磁转矩也随着增加，直到电磁转矩与阻转矩达到新的平衡后，转速不再下降。而电动机以较原先为低的转速稳定运行，这时的电枢电流已比原先的大，也就是说，从电源输入的功率增加了(电源电压保持不变)。

从以上分析可知，直流电机作发电机运行和作电动机运行时，虽然都产生电动势 E 和电磁转矩 T，但二者的作用正好相反，如表 3.1 所示。

表 3.1 电机在不同运行方式下 E 和 T 的作用

电机运行方式	E 与 I_a 的方向	E 的作用	T 的性质	转矩之间的关系
发电机	相同	电源电动势	阻转矩	$T_1=T+T_0$
电动机	相反	反电动势	驱动转矩	$T=T_L+T_0$

3.2 直流发电机

直流发电机的运行情况受励磁绕组连接方法的影响，因此，直流发电机通常按励磁方法来分类，分为他励、并励、串励和复励发电机，图 3.7 是它们的结构图。他励发

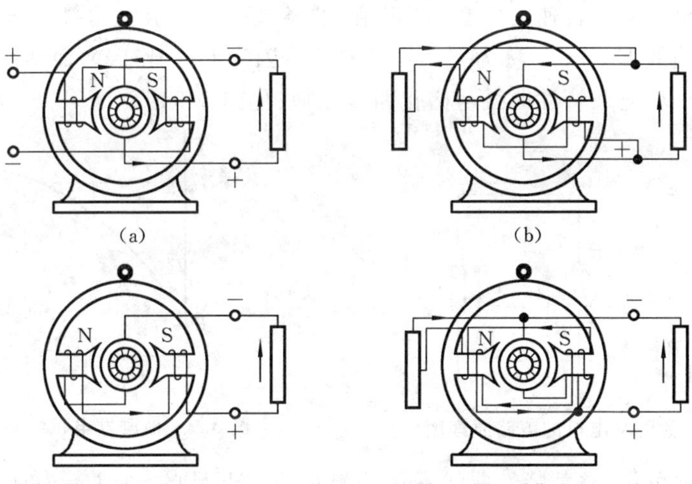

图 3.7 直流发电机的结构

(a) 他励 (b) 并励 (c) 串励 (d) 复励

电机的励磁绕组是由外电源供电的,励磁电流不受电枢端电压或电枢电流的影响。其余三种发电机的励磁电流即为电枢电流或为电枢电流的一部分,所以也称之为自励发电机。

并励绕组与电枢并联,它的导线较细而匝数较多,因而电阻较大,其中通过的电流较小;串励绕组与电枢串联,其中通过的电枢电流较大,故它的导线较粗而匝数较少,电阻很小。

此外,在某些特殊设备中的直流发电机也有用永久磁铁来产生所需磁场的,这种直流发电机称为永磁式发电机。

3.2.1 他励发电机

他励发电机的电路原理图为图 3.8。图中,R 是负载电阻,I 是负载电流,R_f'是励磁调节电阻,R_a 是电枢电阻,I_a 是电枢电流。E 和 U 分别为发电机的电动势和端电压。

他励发电机中,电压与电流间的关系可用下列各式表示:

$$U = E - I_aR_a$$

即

$$I_a=(E-U)/R_a \tag{3.3}$$

$$I_a = I \tag{3.4}$$

$$I = U/R \tag{3.5}$$

当发电机空载时,$I_a=0$,发电机的电动势等于其空载端电压 U_0,即

$$U_0 = E = K_e\Phi n$$

磁通 Φ 的大小取决于励磁电流 I_f,而 I_f 是可以通过改变电阻 R_f'来调节的。

在发电机空载及转速为常数(额定值)的条件下,表示电动势 E 与励磁电流 I_f 之间关系的曲线 $E=f(I_f)$称为空载特性曲线。因为 E 正比于 Φ,而 $\Phi=f(I_f)$是一条磁化曲线,所以,空载特性曲线与磁化曲线相似(见图 3.9)。

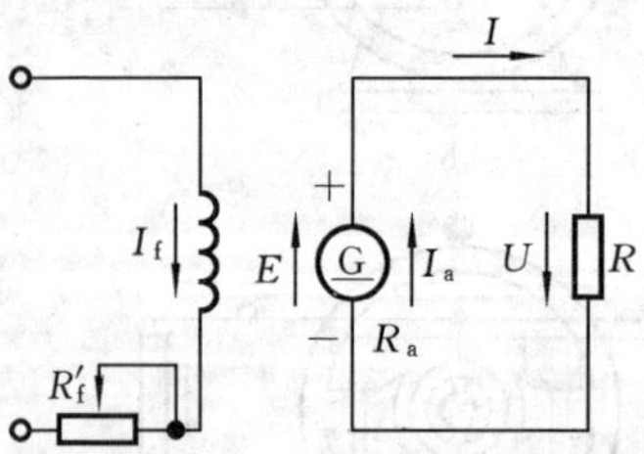

图 3.8 他励发电机的电路原理图

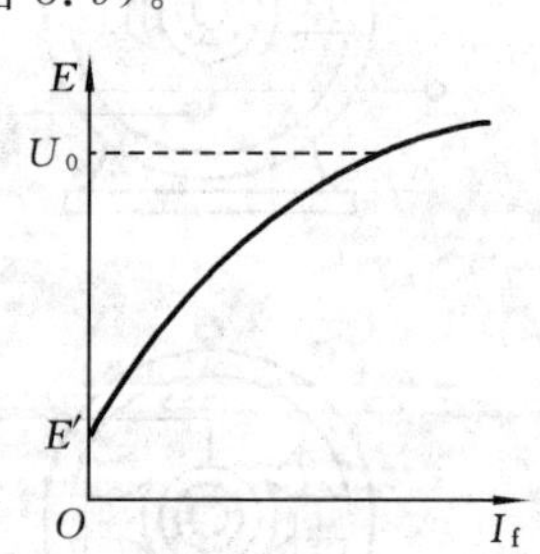

图 3.9 他励发电机的空载特性

由图 3.9 可见,空载特性曲线不是从坐标原点开始的,在 $I_f=0$ 时,已有一个数值不大的电动势 E'(一般为额定电压的 2%~5%),它是由磁极的剩磁产生的。特性曲线的开始部分近乎一条直线,因为这时发电机磁路尚未饱和;而后逐渐向横轴方向弯曲,最后又较平坦,这是由于发电机磁路渐趋饱和的缘故。

空载特性是发电机的基本运行特性之一，它表明可利用改变励磁电流的方法来获得所需的电压。发电机的工作点通常都在空载特性曲线的中段弯曲部分。

保持发电机的转速 n 为额定值，调节励磁电流以获得所需的空载电压 U_0，然后接上负载，当负载逐渐增加时，发电机的端电压也逐渐下降。在发电机的转速 n 和励磁电流 I_f 为常数的条件下，表示发电机端电压 U 与负载电流 I 之间关系的曲线称为外特性曲线 $U=f(I)$，如图 3.10 所示。

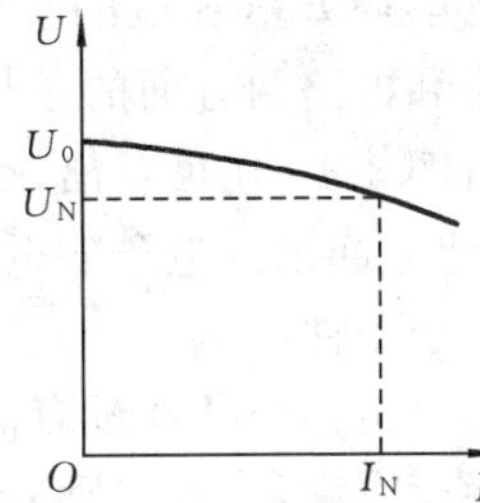

图 3.10　他励发电机的外特性

由式(3.3)可知，当他励发电机的负载电流增加时，电枢电压降 I_aR_a 增加，端电压 U 下降。图 3.10 中，U_N 和 I_N 是发电机电压和电流的额定值。在他励发电机中，从空载到满载(额定负载)电压的变化率为

$$\Delta U = \frac{U_0 - U_N}{U_N} \times 100\% \tag{3.6}$$

ΔU 一般为 5%～10%，如欲保持端电压不变，必须相应增加励磁电流。

3.2.2　并励发电机

并励发电机的电路原理图为图 3.11，励磁绕组与电枢并联。并励发电机的电压与电流间的关系可用下列各式表示：

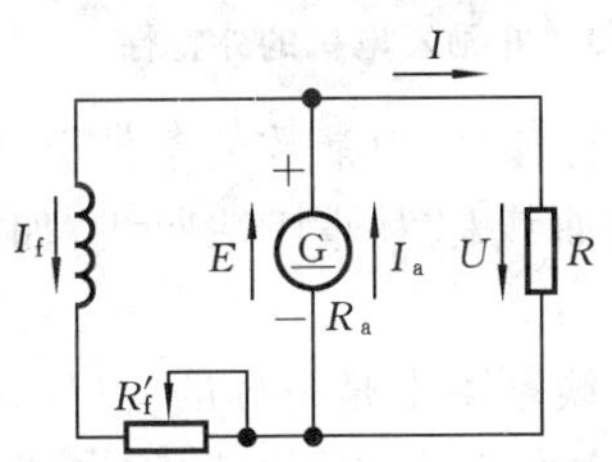

图 3.11　并励发电机电路原理图

$$U = E - I_aR_a$$

即

$$I_a = (E-U)/R_a \tag{3.7}$$

$$I_f = U/R_f \tag{3.8}$$

$$I = U/R \tag{3.9}$$

$$I_a = I + I_f \approx I \tag{3.10}$$

由于励磁电路的电阻 R_f(包括励磁绕组的电阻和励磁调节电阻 R_f')通常是几百欧，而电枢电路的电阻 R_a 一般不到 1 Ω，所以，励磁电流 I_f 较电枢电流小得多，可认为 $I_a \approx I$。

并励发电机与他励发电机的励磁方法不同，所以，二者电压的建立也不同。他励发电机的励磁电流由外电源供给，电压的建立是容易理解的。

并励发电机电压能建立的首要条件是发电机的磁极要有剩磁，发电机被原动机驱动而以恒定转速转动时，电枢绕组切割剩磁磁力线而在其中产生一个很小的电动势 E'，于是，在此电动势的作用下，励磁电路中产生一个小小的起始励磁电流，这就是并(自)励发电机中励磁电流的由来。

电压能建立的第二个条件是起始励磁电流所产生的磁场的方向与剩磁磁场的方向相同，这样，磁场才能加强。磁场的加强使电动势随之增大，电动势的增大使励磁电流增大，进而再使磁通及电动势增大，如此反复下去。电动势和励磁电流的反复增

大不是没有止境的，由于磁饱和现象，它们最终会稳定下来。这可从图 3.12 看出，图中的曲线$E=f(I_f)$是并励发电机的空载特性曲线，它符合磁化规律。直线 $E=I_fR_f$ 是从励磁电路得出的(因 $R_a \ll R_f$)，它符合欧姆定律。两条线的交点就决定了建立起来的电动势 E 和相应的励磁电流 I_f 的大小，因为只有这一交点，E 和 I_f 才能同时满足磁化和电路两方面的条件。

由图 3.12 还可看出，交点的位置与电阻 R_f值有关。R_f增大时，直线斜率 $\tan\alpha$ 也增大，建立起来的电压要低些；当 R_f过大时，电压就建立不起来。这是电压能否建立的第三个条件。

如果第一个条件没有满足，可将励磁绕组接到其他直流电源上去充磁；如果第二个条件没有满足，可将励磁绕组两端接线对调以改变励磁电流的方向；如果第三个条件没有满足，可将励磁调节电阻 R_f'减小。

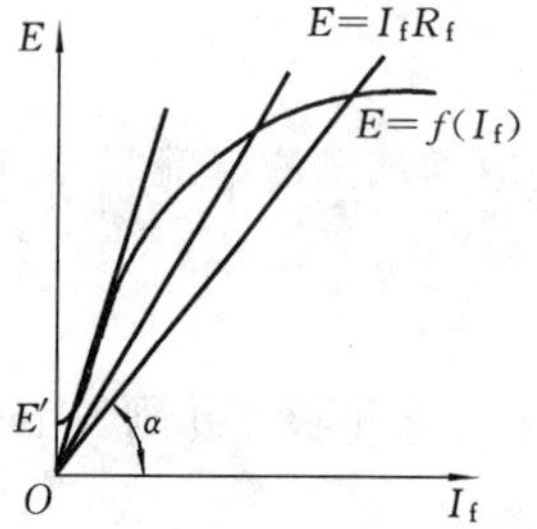

图 3.12　并励发电机电压的建立

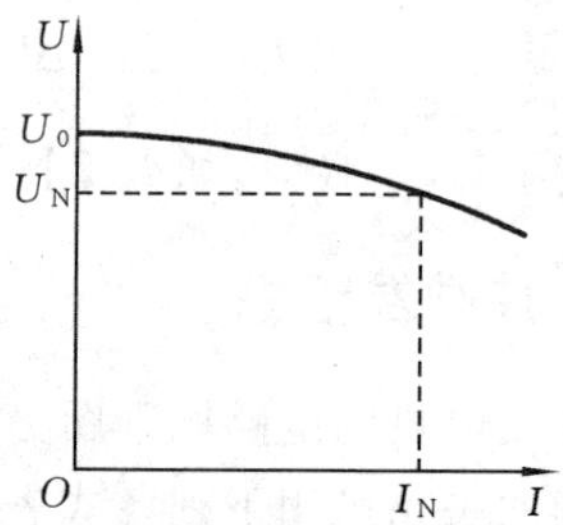

图 3.13　并励发电机的外特性

并励发电机与负载接通后，在转速 n 及励磁电路的电阻 R_f 为常数的条件下，表示发电机端电压 U 与负载电流 I 之间关系的 $U=f(I)$ 曲线称为外特性曲线，如图 3.13所示。

并励发电机的外特性曲线与他励发电机的外特性曲线基本上是一样的。但由于前者励磁电路的电压就是电枢的端电压，其值随负载增大而减小，因此，励磁电流也随负载的增大而减小。这样，发电机的端电压将下降得更多一些。

3.2.3　复励发电机

如果在发电机磁极上除绕上并励绕组之外，再绕上一个与电枢串联的串励绕组，则它就成为一台复励发电机，其电路原理图为图 3.14。在复励发电机的这两个励磁绕组中通入电流后，它们产生之磁场的方向通常是相同的。

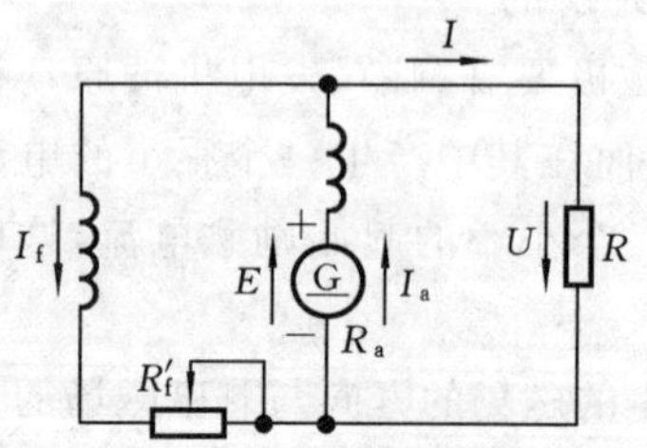

图 3.14　复励发电机的电路原理图

在并励发电机中，其端电压随着负载电流的增大而下降。但在复励发电机中，当负载电流增大时，串励绕组能自动增加磁通，以补偿端电压的下降。所以，在复励发电机的正常运行范围内，其端电压变化不大，这是它的优点。

3.3　直流电动机的机械特性

直流电动机也按励磁方法分为他励、并励、串励和复励四类，它们的运行特性也不尽相同。

3.3.1　他励直流电动机的机械特性

图 3.15 为他励直流电动机与并励直流电动机的电路原理图。电枢回路中的电压平衡方程式为

$$U = E + I_a R_a \tag{3.11}$$

以 $E=K_e\Phi n$ 代入式(3.11)并略加整理后，得

$$n = \frac{U}{K_e\Phi} - \frac{R_a}{K_e\Phi}I_a \tag{3.12}$$

式(3.12)称为直流电动机的转速特性 $n=f(I_a)$，再以 $I_a=T/(K_t\Phi)$ 代入式(3.12)，即可得直流电动机机械特性的一般表达式，即

$$n = \frac{U}{K_e\Phi} - \frac{R_a}{K_e K_t \Phi^2}T = n_0 - \Delta n \tag{3.13}$$

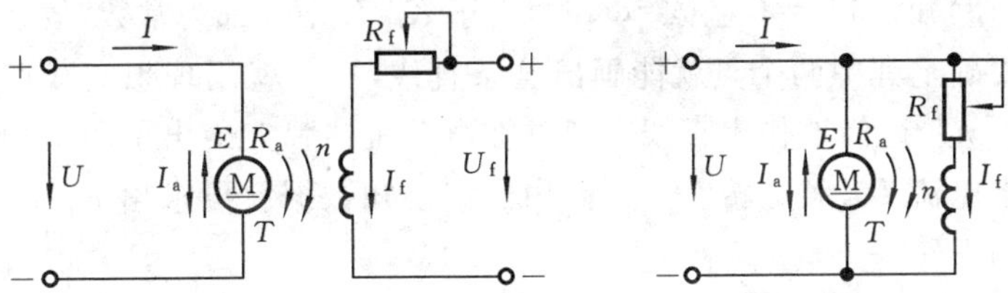

(a)　　(b)

图 3.15　直流电动机电路原理图

(a) 他励　(b) 并励

由于电动机的励磁方式不同，磁通 Φ 随 I_a 和 T 变化的规律也不同，所以在不同励磁方式下，式(3.13)所表示的机械特性曲线就有差异。对他励与并励而言，当 U_f 与 U 同属一个电源且不考虑供电电源的内阻时，这两种电动机励磁电流 I_f（或磁通 Φ）的大小均与电枢电流 I_a 无关，因此，它们的机械特性是一样的。他励电动机的机械特性如图 3.16 所示。

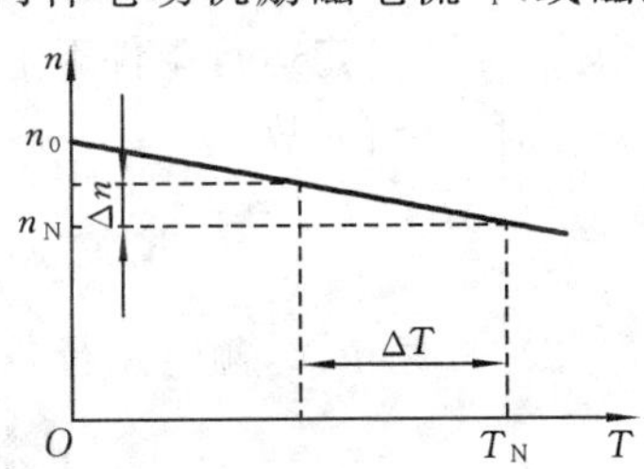

图 3.16　他励电动机的机械特性

式(3.13)中，$T=0$ 时的转速 $n_0=U/(K_e\Phi)$ 称为理想空载转速。实际上，电动机总存在空载制动转矩，靠电动机本身的作用是不可能使其转速上升到 n_0 的，“理想”的含义就在这里。

为了衡量机械特性的平直程度，引进机械特性硬度 β 的概念，其定义为

$$\beta=\frac{\mathrm{d}T}{\mathrm{d}n}=\frac{\Delta T}{\Delta n}\times 100\% \tag{3.14}$$

即转矩变化 dT 与所引起的转速变化 dn 的比值。根据 β 值的不同，可将电动机机械特性分为以下三类：

(1) 绝对硬特性($\beta\to\infty$)，如交流同步电动机的机械特性；

(2) 硬特性($\beta>10$)，如他励直流电动机的机械特性，交流异步电动机机械特性的上半部；

(3) 软特性($\beta<10$)，如串励直流电动机和复励直流电动机的机械特性。

在生产实际中，应根据生产机械和工艺过程的具体要求来决定选用何种特性的电动机。例如，一般金属切削机床、连续式冷轧机、造纸机等需选用硬特性的电动机，而起重机、电车等则需选用软特性的电动机。

1. 固有机械特性

电动机的机械特性有固有特性和人为特性之分。固有特性又称自然特性，是指在额定条件下的 $n=f(T)$ 曲线。对于直流他励电动机，就是指在额定电压 U_N 和额定磁通 Φ_N 下，电枢电路内不外接任何电阻时的 $n=f(T)$ 曲线。直流他励电动机的固有机械特性可以根据电动机的铭牌数据来绘制。

由式(3.13)知，当 $U=U_N$、$\Phi=\Phi_N$ 时，由于 K_e、K_t、R_a 都为常数，故 $n=f(T)$ 是一条直线。只要确定其中两个点就能画出这条直线，一般就用理想空载点$(0,n_0)$和额定运行点(T_N,n_N)近似地作出直线。通常在电动机铭牌上给出了额定功率 P_N、额定电压 U_N、额定电流 I_N、额定转速 n_N 等，由这些已知数据就可求出 R_a、$K_e\Phi_N$、n_0、T_N，其计算步骤如下。

(1) 估算电枢电阻 R_a。电动机在额定负载下的铜耗 $I_a^2R_a$ 一般占总损耗 $\sum\Delta P_N$ 的50%～75%。因

$$\begin{aligned}\sum\Delta P_N&=\text{输入功率}-\text{输出功率}\\&=U_NI_N-P_N=U_NI_N-\eta_NU_NI_N\\&=(1-\eta_N)U_NI_N\end{aligned}$$

故

$$I_a^2R_a=(0.50\sim0.75)(1-\eta_N)U_NI_N$$

式中，η_N——额定运行条件下电动机的效率，$\eta_N=P_N/(U_NI_N)$。

此时 $I_a=I_N$，故

$$R_a=(0.50\sim0.75)\left(1-\frac{P_N}{U_NI_N}\right)\frac{U_N}{I_N} \tag{3.15}$$

(2) 求 $K_e\Phi_N$。额定运行条件下的反电动势 $E_N=K_e\Phi_Nn_N=U_N-I_NR_a$，故

$$K_e\Phi_N=\frac{U_N-I_NR_a}{n_N} \tag{3.16}$$

(3) 求理想空载转速，即

$$n_0 = \frac{U_N}{K_e \Phi_N}$$

(4) 求额定转矩，即

$$T_N = \frac{P_N}{\omega} = 9.55\frac{P_N}{n_N} \tag{3.17}$$

根据$(0, n_0)$和(T_N, n_N)两点，就可以作出他励电动机近似的机械特性曲线$n=f(T)$。

前面讨论的是他励直流电动机正转时的机械特性，它的曲线在 TOn 直角坐标系的第一象限内。实际上电动机既可正转，也可反转，若将式(3.13)两边反号，即得电动机反转时的机械特性表示式。因为 n 和 T 均为负，故其特性曲线应在 TOn 直角坐标平面的第三象限中，如图 3.17 所示。

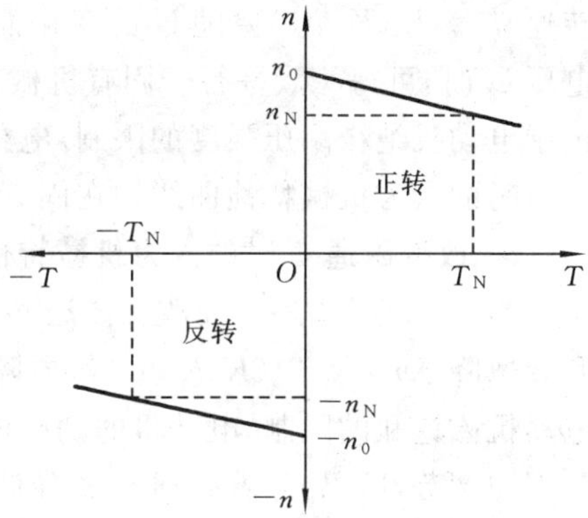

图 3.17　直流他励电动机正反转时的固有机械特性

2. 人为机械特性

人为机械特性就是指式(3.13)中供电电压 U 或磁通 Φ 不是额定值、电枢电路串接附加电阻 R_{ad}时的机械特性，亦称人为特性。

1) 电枢回路中串接附加电阻时的人为机械特性

如图 3.18(a)所示，当$U=U_N$、$\Phi=\Phi_N$、电枢回路中串接附加电阻 R_{ad}时，以 $R_{ad}+R_a$ 代替式(3.13)中的 R_a，就可求得人为机械特性方程式，即

$$n = \frac{U_N}{K_e\Phi_N} - \frac{R_{ad}+R_a}{K_e K_t \Phi_N^2}T = n_0 - \Delta n \tag{3.18}$$

将式(3.18)与固有机械特性方程式(3.13)比较可看出，当 U 和 Φ 都是额定值时，二者的理想空载转速 n_0 是相同的，而转速降 Δn 却变大了，即特性变软。R_{ad}越大，特性越软，在不同的 R_{ad}值时，可得一族由同一点$(0, n_0)$出发的人为机械特性曲线，如图 3.18(b)所示。

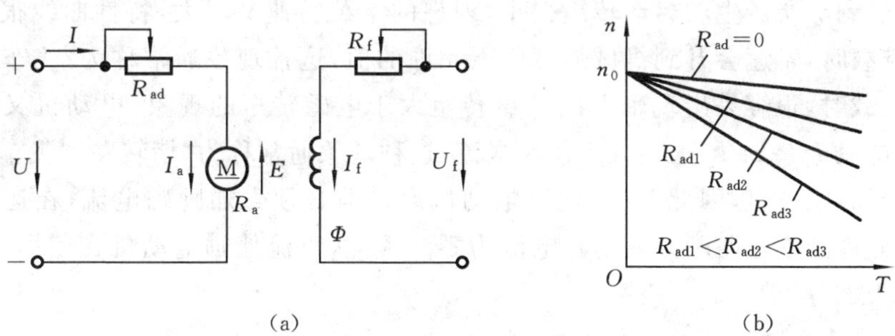

图 3.18　电枢回路中串接附加电阻的他励电动机的电路原理图和机械特性

(a) 电路原理图　(b) 机械特性

2) 改变电枢电压 U 时的人为机械特性

当$\Phi=\Phi_N$、$R_{ad}=0$ 而改变电枢电压 U(即 $U\neq U_N$)时，由式(3.13)可见，理想空载

转速 $n_0=U/(K_e\Phi_N)$要随 U 的变化而变化,但转速降 Δn 不变,所以,在不同的电枢电压 U 时,可得一族平行于固有机械特性曲线的人为机械特性曲线,如图3.19所示。由于电动机绝缘耐压强度的限制,电枢电压只允许在其额定值以下调节,所以,不同 U 值时的人为机械特性曲线均在固有机械特性曲线之下。

3) 改变磁通 Φ 时的人为机械特性

当 $U=U_N$、$R_{ad}=0$ 而改变磁通 Φ 时,由式(3.13)可见,理想空载转速$U_N/(K_e\Phi)$和转速降 $\Delta n=R_aT/(K_eK_t\Phi^2)$都要随磁通 Φ 的改变而变化。由于励磁线圈发热和电动机磁饱和的限制,电动机的励磁电流和它对应的磁通 Φ 只能在低于其额定值的范围内调节,所以,随着磁通 Φ 的降低,理想空载转速 n_0 和转速降 Δn 都要增大。又因为在 $n=0$ 时,由电压平衡方程式 $U=E+I_aR_a$ 和 $E=K_e\Phi n$ 知,电枢电流 $I_{st}=U/R_a$为常数,故与其对应的电磁转矩 $T_{st}=K_t\Phi I_{st}$随 Φ 的降低而减小。根据以上所述,就可得不同磁通 Φ 值下的人为机械特性曲线族,如图 3.20 所示。

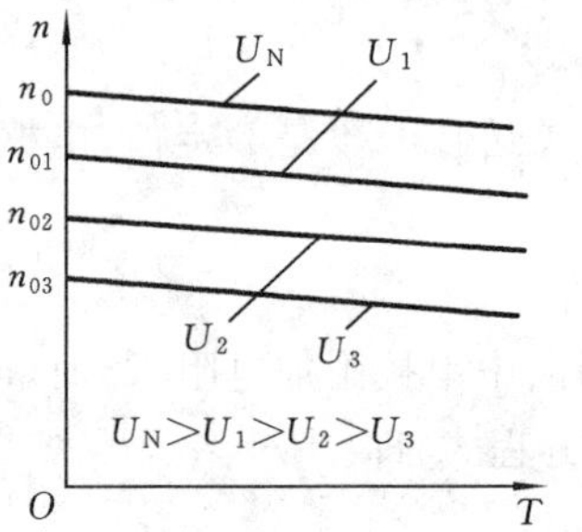

图 3.19 改变电枢电压的人为机械特性

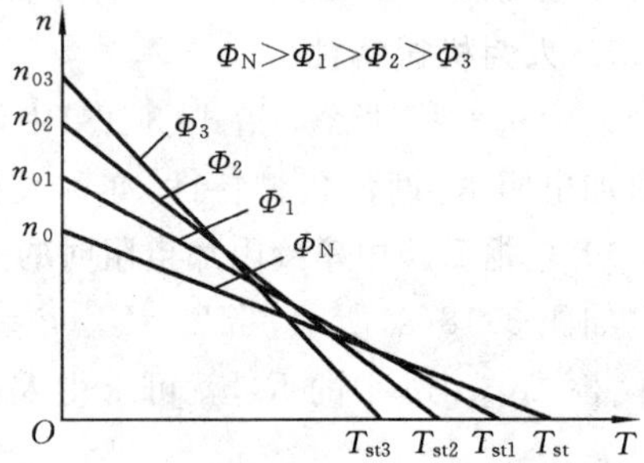

图 3.20 改变磁通 Φ 的人为机械特性

必须注意的是:当磁通过分削弱后,如果负载转矩不变,电动机电流将大大增加而使电动机严重过载。

更值得注意的是,当 $I_f=0$ 时,从理论上讲有 $\Phi=0$,但实际上定子铁芯还有比较小的剩磁,剩磁所产生的启动转矩很小,理想的空载转速又很大,特性曲线很陡。当电动机空载时,转速会升到机械强度所不允许的值,这种现象通常称为“飞车”;当电动机带负载时,很容易出现轴上的负载转矩大于电磁转矩的现象,电动机又不能启动,电枢电流 $I_{st}=U/R_a$远远大于额定电流,这种现象通常称为“堵转”。“飞车”和“堵转”都会损坏电动机,因此,直流他励电动机启动前必须先加励磁电流,在运转过程中,绝不允许励磁电路断开或励磁电流为零。为此,直流他励电动机在使用中,一般都设有“失磁”保护。

3.3.2 串励电动机的机械特性

串励电动机的电路原理图为图 3.21(a),它的主要特点是励磁电流就是它的电枢电流,因而,电动机的每极磁通 Φ 是电枢电流的函数,当然也是电动机转矩的函数,所以,它的机械特性曲线$n=f(T)$与他励电动机的大不一样。若近似地绘出它的曲线，可以将曲线分为两段来考虑。

第一段，在电动机负载较轻、电枢电流（即励磁电流）较小时，电动机磁路的饱和程度不高，因此，可以近似认为每极磁通 Φ 和电枢电流 I_a 成正比，即 $\Phi=CI_a$，C 为比例常数，并且

$$T = K_t\Phi I_a = K_t\Phi^2/C$$

或

$$\Phi = \sqrt{CT/K_t} \tag{3.19}$$

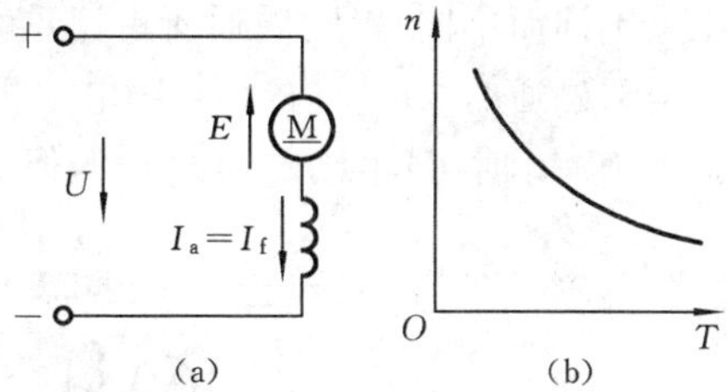

图 3.21　串励电动机的电路原理图和机械特性

(a) 电路原理图　(b) 机械特性

将式(3.19)代入式(3.13)得

$$n = \frac{U_N}{K_e\sqrt{CT/K_t}} - \frac{R_a}{K_eC} = \frac{U_N}{C_1\sqrt{T}} - \frac{R_a}{C_2} \tag{3.20}$$

式中，C_1、C_2——常数，$C_1=K_e\sqrt{C/K_t}$，$C_2=K_eC$。

式(3.20)表明，电动机负载较轻、电枢电流较小时机械特性曲线具有双曲线的特征，n 轴是它的一条渐近线，理想空载转速 n_0 趋于无穷大。

第二段，在电动机负载较重、电枢电流较大时，磁路趋于饱和，可以近似地认为 Φ 为常数，由式(3.13)知，此时机械特性曲线近似于一条直线。

两段特性曲线组合在一起，就构成了串励电动机完整的机械特性曲线，如图3.21(b)所示。从图中可看出，串励电动机机械特性的硬度要比他励电动机的小得多，即为软特性。串励电动机负载的大小对电动机的转速影响甚大，当负载转矩较大时，电动机转速较低，当负载较轻时，转速又能很快上升。这对于牵引机车一类的运输机械来说是一个可贵的特性，因为它重载时可以自动降低运行速度以确保运行安全，而轻载时又可自动升高运行速度以提高生产率。它的另一个优点是，启动时的励磁电流大，因为 $\Phi=CI_a$，$T=K_t\Phi I_a=K_tCI_a^2\propto I_a^2$，在电网或电动机容许启动电流为一定值时，串励电动机的启动转矩较他励电动机的要大。所以，串励电动机多用于起重运输机械，如城市内、矿区内的电气机车等。

值得注意的是：串励电动机绝不允许空载运行，因为这时电动机转速极高，所产生的离心力足以将绕组元件甩出槽外，这是非常危险的。另外，串励电动机也可反向运转，但不能用改变电源极性的方法，因为这时电枢电流 I_a 与磁通 Φ 同时反向，使电磁转矩 T 依然保持原来方向，导致电动机不可能反转。改变电枢或励磁绕组的接线极性可使其反转，反转时机械特性与正转时的相同，但位于第三象限。

3.3.3　复励电动机的机械特性

复励电动机具有他励和串励两个励磁绕组，其电路原理图为图 3.22(a)。工业上常用的是积复励电动机，即他励绕组和串励绕组所产生的磁通方向一致，复励电动机同时具有他励电动机和串励电动机的性质，故复励电动机的机械特性介于它们二者之间，如图 3.22(b)所示。复励电动机的机械特性曲线的形状依串励磁通所占的

比重不同而不同，串励磁通所占比重大时机械特性较软，一般串励磁通在额定负载时占全部磁通的30%左右。复励电动机的机械特性有确定的理想空载转速 n_0，这是因为当 $I_a=0$ 时，虽串励磁通 $\Phi_s=0$，但仍有一定的他励磁通 Φ_{es} 的缘故。

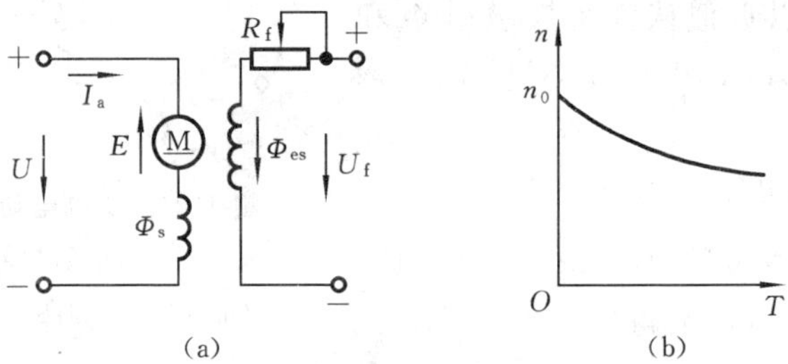

图 3.22　复励电动机的电路原理图和机械特性

(a) 电路原理图　(b) 机械特性

3.4　他励直流电动机的启动特性

电动机的启动是指施电于电动机，使电动机转子转动起来，达到所要求的转速后正常运转的过程。对直流电动机而言，由式(3.11)知，电动机在未启动之前 $n=0$，$E=0$，而 R_a 很小，所以，将电动机直接接入电网并施加额定电压时，启动电流

$$I_{st}=U_N/R_a$$

将很大，一般情况下能达到其额定电流的10～20倍。这样大的启动电流会使电动机在换向过程中产生危险的火花，甚至烧坏整流子。而且，过大的电枢电流产生过大的电动应力，可能引起绕组的损坏。同时，产生与启动电流成正比例的启动转矩，会在机械系统和传动机构中产生过大的动态转矩冲击，使机械传动部件损坏。对由电网供电的电动机来说，过大的启动电流将使保护装置动作，从而切断电源，使得生产机械停止工作，或者引起电网电压的下降，影响其他负载的正常运行。因此，直流电动机是不允许直接启动的，即在启动时必须设法限制电枢电流，例如，对于普通的 Z_2 型直流电动机，规定电枢的瞬时电流不得大于额定电流的2倍。

限制直流电动机的启动电流，一般有以下两种方法。

(1) 降压启动。在启动瞬间，降低供电电压。随着转速 n 的升高，反电动势 E 增大，再逐步提高供电电压，最后达到额定电压 U_N 时，电动机达到所要求的转速。直流发电机-电动机组和晶闸管整流装置-电动机组等就是采用这种降压方式启动的。

(2) 在电枢回路内串接外加电阻启动。此时启动电流

$$I_{st}=\frac{U_N}{R_a+R_{st}}$$

将受到外加启动电阻 R_{st} 的限制。随着电动机转速 n 的升高，反电动势 E 增大，再逐步切除外加电阻一直到全部切除，电动机达到所要求的转速。

生产机械对电动机启动的要求是有差异的。例如，城市无轨电车的直流电动机传动系统要求平稳慢速启动，启动过快会使乘客感到不舒适；而一般生产机械则要求有足够的启动转矩，以缩短启动时间，提高生产效率。从技术上来说，一般希望平均启动转矩大些，以缩短启动时间，这样启动电阻的段数就应多些；而从经济上来看，则要求启动设备简单、可靠，这样启动电阻的段数就应少些，如图 3.23(a)所示(图中只有一段启动电阻)。若启动后将启动电阻一下全部切除，则启动特性如图 3.23(b)所示，此时由于电阻被切除，工作点将从特性曲线 1 切换到特性曲线 2 上。由于在切除电阻的瞬间，机械惯性的作用使电动机的转速不能突变，在此瞬间 n 维持不变，即从点 a 切换到点 b，此时冲击电流仍会很大。为了避免这种情况，通常采用逐级切除启动电阻的方法来启动。

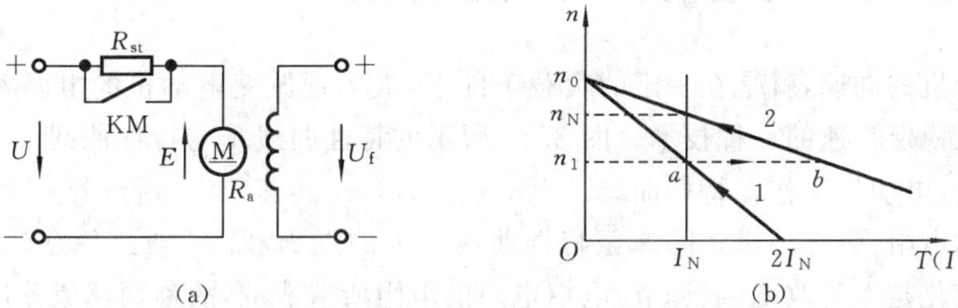

图 3.23　具有一段启动电阻的他励电动机的电路原理图和启动特性

(a) 电路原理图　(b) 启动特性

图 3.24 为具有三段启动电阻的他励电动机的启动特性和电路原理图，T_1、T_2 分别称为尖峰(最大)转矩和换接(最小)转矩。启动过程中，接触器 KM1、KM2、KM3 依次将外接电阻 R_1、R_2、R_3 短接，其启动特性如图3.24(a)所示，n 和 T 沿着箭头方

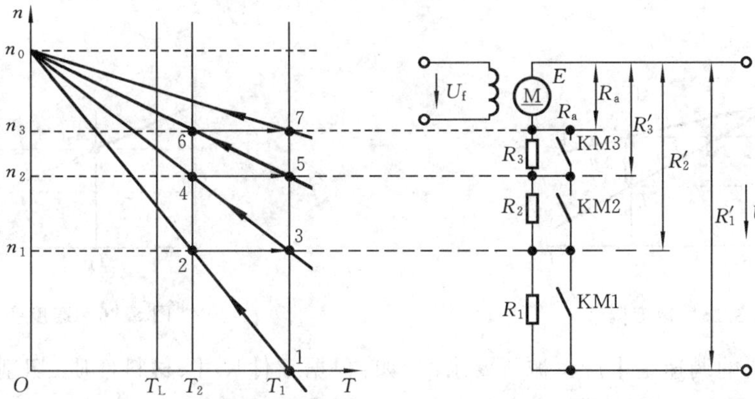

图 3.24　具有三段启动电阻的他励电动机的启动特性和电路原理图

(a) 启动特性　(b) 电路原理图

向在各条特性曲线上变化。

可见,启动级数愈多,T_1、T_2 与平均转矩 $T_{av}=\dfrac{T_1+T_2}{2}$ 愈接近,启动过程就愈快愈平稳,但所需的控制设备也就愈多。我国生产的标准控制柜都是按快速启动原则设计的,一般启动电阻为三段或四段。

多级启动时,T_1、T_2 的数值需按照电动机的具体启动条件决定,一般原则是保持每一级的最大转矩 T_1(或最大电流 I_1)不超过电动机的允许值,而每次切换电阻时的 T_2(或 I_2)也基本相同,一般选择

$$T_1=(1.6\sim 2)T_N,\quad T_2=(1.1\sim 1.2)T_N$$

3.5　他励直流电动机的调速特性

电动机的调速,就是在一定的负载条件下,人为地改变电动机的电路参数,以改变电动机稳定转速的一种技术。图 3.25 所示的特性曲线 1 与特性曲线 2,在负载转矩一定时,电动机工作在特性曲线 1 上的点 A,以 n_A 转速稳定运行;若人为地增加电枢电路的电阻,则电动机将降速至特性曲线 2 上的点 B,以 n_B转速稳定运行。这种转速的变化是人为改变(或调节)电枢电路的电阻所造成的,故称调速或速度调节。

注意,速度调节与速度变化是两个完全不同的概念。所谓速度变化是指由于电动机负载转矩发生变化(增大或减小)而引起的电动机转速变化(下降或上升),如图 3.26 所示。当负载转矩由 T_1 增加到 T_2 时,电动机的转速由 n_A 降低到 n_B,它是沿某一条机械特性发生的转速变化。总之,速度变化是在某条机械特性下,由于负载改变而引起的;而速度调节则是在某一特定的负载下,靠人为改变机械特性而得到的。

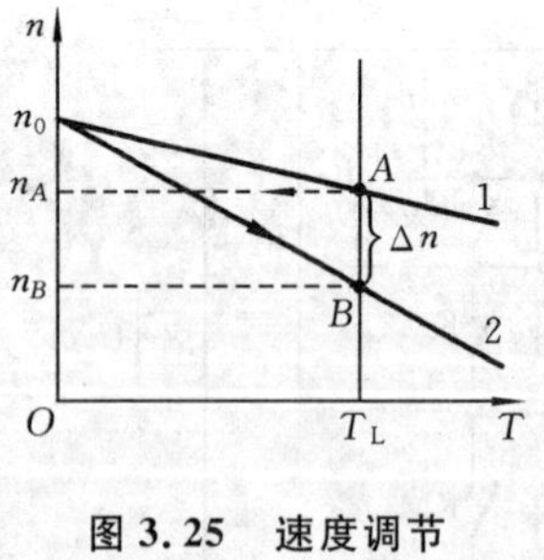

图 3.25　速度调节

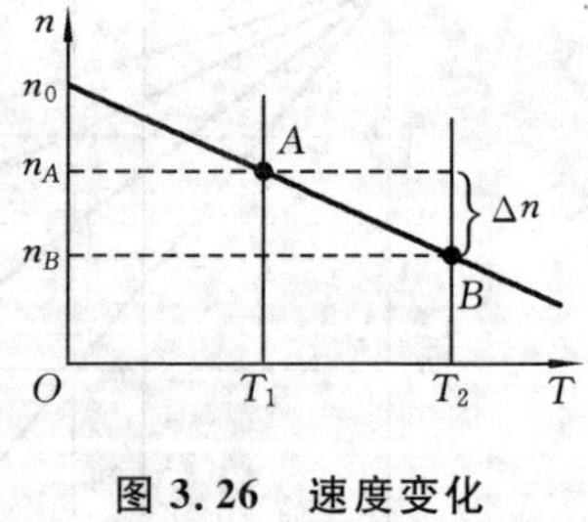

图 3.26　速度变化

电动机的调速是生产机械所要求的,如:根据工件尺寸、材料性质、切削用量、刀具特性、加工精度等的不同,金属切削机床需要选用不同的切削速度,以保证产品质量和提高生产效率;电梯或其他要求稳速运行或准确停止的生产机械,要求在启动和制动时速度要慢或停车前降低运转速度,以实现准确停止。实现生产机械的调速可以采用机械的、液压的或电气的方法。有关电力传动调速系统的共性问题和直流调

速系统的详细分析将在第9章讨论。下面仅就他励直流电动机的调速方法作一般性的介绍。

从他励直流电动机机械特性方程式

$$n=\frac{U}{K_{e}\Phi}-\frac{R_{a}+R_{ad}}{K_{e}K_{t}\Phi^{2}}T \tag{3.21}$$

可知,改变串入电枢回路的电阻 R_{ad}、电枢供电电压 U 或主磁通 Φ,都可以得到不同的人为机械特性,从而在负载不变时可以改变电动机的转速,达到速度调节的要求。直流电动机调速的方法有以下三种。

3.5.1 改变电枢电路串接电阻

前已介绍,直流电动机电枢电路串接电阻 R_{ad} 后,可以得到人为机械特性(见图3.18),并可用此法进行启动控制(见图3.24)。同样,用这个方法也可以进行调速。图3.27所示为改变电枢电路串接电阻调速的特性。从图中可看出,在一定的负载转矩 T_L 下,串接不同的电阻可以得到不同的转速,如在电阻分别为 R_a、R_3'、R_2'、R_1' 的情况下,可以得到对应于点 A、C、D、E 的转速 n_A、n_C、n_D、n_E。在不考虑电枢电路的电感时,电动机调速时的机电过程(如降低转速)沿图中 $A\to B\to C$ 的方向进行,即从稳定转速 n_A 调至新的稳定转速 n_C。这种调速方法存在不少的缺点,如:机械特性较软,电阻愈大则特性愈软,稳定度愈低;在空载或轻载时调速范围不大;实现无级调速困难;在调速电阻上消耗大量电能;等等。值得特别注意的是,启动电阻不能当调速电阻用,否则将被烧坏。

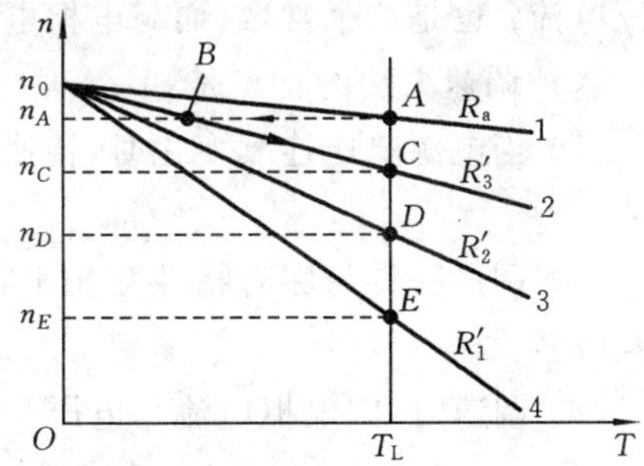

图3.27 改变电枢电路串接电阻调速的特性

正因为缺点不少,这种调速方法目前已很少采用,仅在有些起重机、卷扬机等低速运转时间不长的传动系统中采用。

3.5.2 改变电动机电枢供电电压

改变电枢供电电压 U 可得到人为机械特性(见图3.28),从图中可看出,在一定负载转矩 T_L 下,加上不同的电压 U_N、U_1、U_2、U_3,可以得到不同的转速 n_a、n_b、n_c、n_d,即改变电枢电压可以达到调速的目的。

现以电压由 U_1 突然升高至 U_N 为例,说明其升速的机电过程。电压为 U_1 时,电动机工作在 U_1 特性的点 b,稳定转速为 n_b,当电压突然上升为 U_N 的一瞬间,由于系统机械惯性的作用,转速 n 不能突变,相应的反电动势 $E=K_e\Phi n$ 也不能突变,仍为 n_b 和 E_b。在不考虑电枢电路的电感时,电枢电流将随 U 的突然上升由 $I_L=\frac{U_1-E_b}{R_a}$

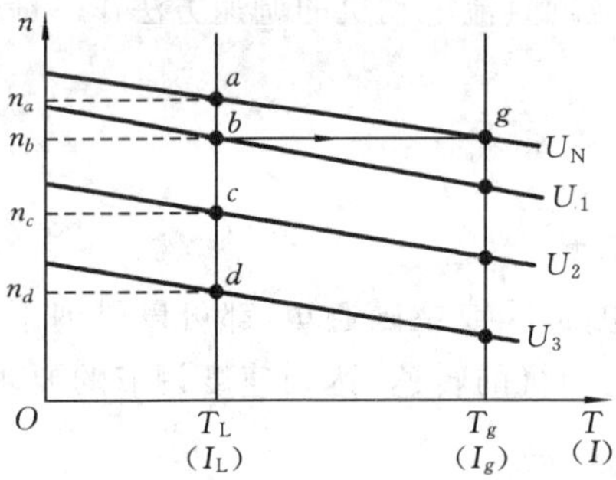

图 3.28 改变电枢供电电压调速的特性

突然增至$I_g=\dfrac{U_N-E_b}{R_a}$,则电动机的转矩也由 $T=T_L=K_t\Phi I_L$ 突然增至$T'=T_g=K_t\Phi I_g$,即在U突增的这一瞬间,电动机的工作点由U_1特性的点b过渡到U_N特性的点g(实际上平滑调节时,I_g是不大的)。由于$T_g>T_L$,所以系统开始加速,反电动势E也随转速n的上升而增大,电枢电流则逐渐减小,电动机转矩也相应减小,电动机的工作点将沿U_N特性由点g向点a移动,直到$n=n_a$时T又下降到$T=T_L$,此时电动机已工作在一个新的稳定转速n_a。

由于调压调速过程中$\Phi=\Phi_N$为常数,所以,当T_L为常数时,稳定运行状态下的电枢电流I_a也是一个常数,而与电枢电压U的大小无关。

这种调速方法的特点是:

(1) 当电源电压连续变化时,转速可以平滑无级调节,一般只能在额定转速以下调节;

(2) 调速特性与固有特性互相平行,机械特性硬度不变,调速的稳定度较高,调速范围较大;

(3) 调速时,因电枢电流与电压U无关,且$\Phi=\Phi_N$,故电动机转矩$T=K_t\Phi_N I_a$不变,属恒转矩调速,适合于对恒转矩型负载进行调速;

(4) 可以靠调节电枢电压而不用启动设备来启动电动机。

3.5.3 改变电动机主磁通

改变电动机主磁通Φ的机械特性重示于图3.29中,从特性可看出,在一定的负载功率P_L下,不同的主磁通Φ_N、Φ_1、Φ_2可以得到不同的转速n_a、n_b、n_c,即改变主磁通Φ可以达到调速的目的。

在不考虑励磁电路的电感时,电动机调速时的机电过程如图3.29所示。降速时沿$c\to d\to b$进行,即从稳定转速n_c降至稳定转速n_b;升速时沿$b\to e\to c$进行,即从n_b升至n_c。这种调速方法的特点是:

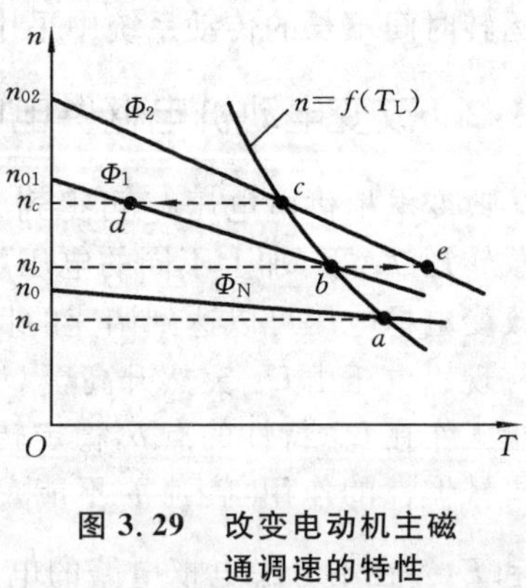

图 3.29 改变电动机主磁通调速的特性

(1) 可以平滑无级调速,但只能弱磁调速,即在额定转速以上调节。

(2) 调速特性较软,且受电动机换向条件等的限制,普通他励电动机的最高转速不得超过额定转速的1.2倍,所以,调速范围不大。若使用特殊制造的“调速电动机”,调速范围可以增加,但这种调速电动机的体积和所消耗的材料量都比普通电动机大得多。

(3) 调速时维持电枢电压 U 和电枢电流 I_a 不变,即功率 $P=UI_a$ 不变,属恒功率调速,所以它适合于对恒功率型负载进行调速。在这种情况下电动机的转矩 $T=K_t\Phi I_a$ 要随主磁通 Φ 的减小而减小。

基于弱磁调速范围不大,它往往是和调压调速配合使用,即在额定转速以下,用降压调速,而在额定转速以上,则用弱磁调速。

3.6 他励直流电动机的制动特性

电动机的制动是与启动相对的一种工作状态,启动是从静止加速到某一稳定转速的一种运转状态,而制动则是从某一稳定转速减速到停止或是限制位能负载下降速度的一种运转状态。

注意,电动机的制动与自然停车是两个不同的概念。自然停车是电动机脱离电源,靠很小的摩擦阻转矩消耗机械能,使转速慢慢下降,直到转速为零而停车。这种停车过程需时较长,不能满足生产机械的要求。为了提高生产效率,保证产品质量,生产机械需要加快停车过程,实现准确停车等,从而要求电动机运行在制动状态。这个过程简称为电动机的制动。

就能量转换的观点而言,电动机有两种运转状态,即电动状态和制动状态。

电动状态是电动机最基本的工作状态,其特点是电动机的输出转矩 T 的方向与转速 n 的方向相同。如图 3.30(a)所示,当卷扬机提升重物时,电动机将电源输入的电能转换成机械能,使重物以速度 v 上升。

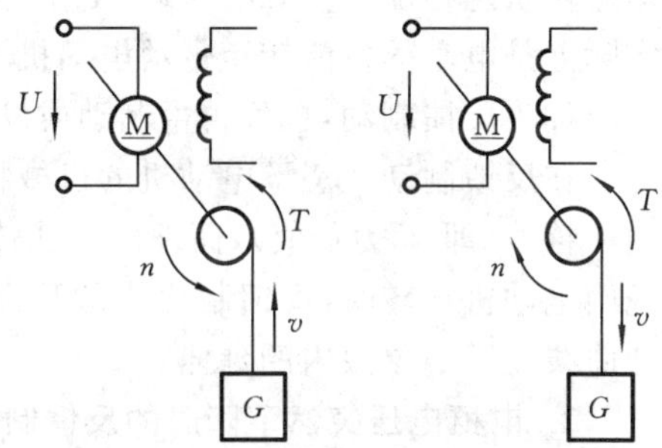

图 3.30 直流他励电动机的工作状态

(a) 电动状态 (b) 制动状态

电动机也可工作在制动状态,其特点是电动机的输出转矩 T 与转速 n 方向相反的状态。图 3.30(b)所示就是电动机的制动状态。此时,为使重物匀速下降,电动机必须发出与转速方向相反的转矩,以吸收或消耗重物的位能,否则重物由于重力作用,下降速度将愈来愈快。又如,当生产机械要由高速运转迅速降到低速运转或生产机械要求迅速停车时,也需要电动机产生与旋转方向相反的转矩,以吸收或消耗机械能,使它迅速制动。

从上述分析可知,电动机的制动状态有两种形式:一是在卷扬机下放重物时为限制位能负载的运动速度,电动机的转速不变,以保持重物的匀速下降,这属于稳定的制动状态;二是在降速或停车制动时,电动机的转速是变化的,这属于过渡的制动状态。

两种制动状态的区别在于转速是否变化。它们的共同点是,电动机发出的转矩

T 与转速 n 方向相反，电动机工作在发电机运行状态，电动机吸收或消耗机械能(位能或动能)，并将其转化为电能反馈回电网或消耗在电枢电路的电阻中。

根据他励直流电动机处于制动状态时的外部条件和能量传递情况，它的制动状态分为反馈制动、反接制动、能耗制动三种形式。

3.6.1　反馈制动

若电动机为正常接线，在外部条件作用下，电动机的实际转速 n 大于其理想空载转速 n_0，此时电动机运行于反馈制动状态。

1. 电车下坡时的反馈制动

电车由直流电动机拖动，前进时速度 n 为正。设电车与地面的摩擦转矩为 T_r，与前进方向相反，为阻转矩，机械特性曲线在 TOn 面的第一象限；下坡时电车所产生的位能转矩为 T_p，与前进方向相同，为拖动转矩，且 $T_p>T_r$，总负载转矩为 $T_p-T_r>0$，与前进方向相同，机械特性曲线在 TOn 面的第二象限。电车走下坡路时反馈制动的机械特性如图 3.31 所示。

电车走平路时，电动机工作在电动状态，电磁转矩 T 克服摩擦性负载转矩 T_r，并以 n_a 转速稳定在点 a 工作。当电车下坡时，电车位能负载转矩 T_p 使电车加速，转速 n 增加，越过 n_0 继续加速，使 $n>n_0$，感应电动势 E 大于电源电压 U，故电枢中电流 I_a 的方向便与电动状态时的方向相反，转矩的方向也由于电流方向的改变而变得与电动运转状态相反，直到 $T_p=T+T_r$ 时，电动机以 n_b 的稳定转速控制电车下坡。这时实际上是电车的位能转矩带动电动机发电，把机械能转变成电能，向电源馈送。这种情况称为反馈制动，也称再生制动或发电制动。

在反馈制动状态下电动机的机械特性表达式仍是式(3.21)，所不同的仅是 T 改变了符号(即 T 为负值)，而理想空载转速和特性的斜率均与电动状态下的一致。这说明电动机正转时，反馈制动状态下的机械特性是第一象限中电动状态下的机械特性曲线在第二象限内的延伸。

2. 电枢电压突然下降时的反馈制动

在电动机电枢电压突然降低使电动机转速降低的过程中，也会出现反馈制动状态。例如，原来电压为 U_1，相应的机械特性为图 3.32 中的曲线 1，在某一负载下以

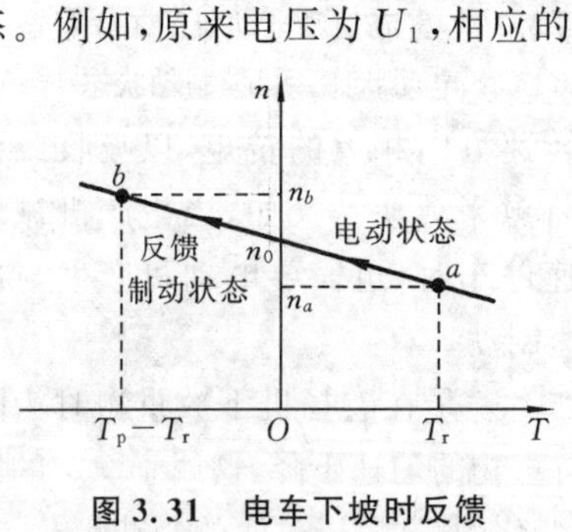

图 3.31　电车下坡时反馈制动的机械特性

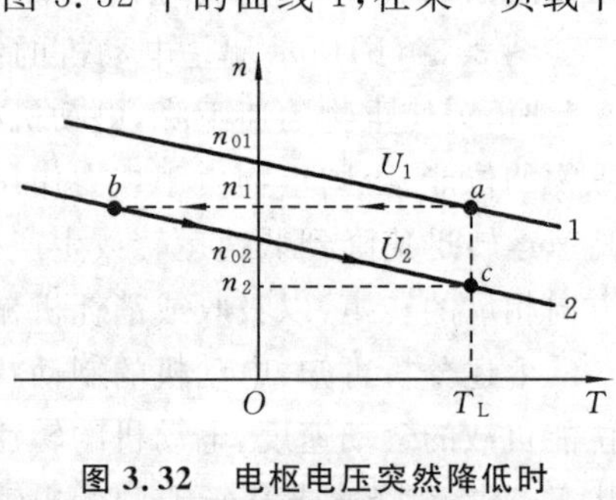

图 3.32　电枢电压突然降低时反馈制动的机械特性

n_1运行在电动状态，当电枢电压由 U_1 突降为 U_2 时，对应的理想空载转速为 n_{02}，机械特性变为曲线 2。但由于电动机转速和由它所决定的电枢电动势不能突变，若不考虑电枢电感的作用，则电枢电流将由

$$I_a=\frac{U_1-E}{R_a+R_{ad}}$$

突然变为

$$I_b=\frac{U_2-E}{R_a+R_{ad}}$$

当 $n_{02}<n_1$，即 $U_2<E$ 时，电流 I_b 为负值并产生制动转矩，即电压 U 突降的瞬间，系统的状态在第二象限中的点 b。从点 b 到 n_{02} 这段特性上，电动机进行反馈制动，转速逐步降低，转速下降至 $n=n_{02}$ 时，$E=U_2$，电动机的制动电流和由它建立的制动转矩下降为零，反馈制动过程结束。此后，在负载转矩 T_L 的作用下转速进一步下降，电磁转矩又变为正值，电动机又重新运行于第一象限的电动状态，直至达到点 c 时 $T=T_L$，电动机又以 n_2 的转速在电动状态下稳定运行。

同样，电动机在弱磁状态用增加磁通 Φ 的方法来降速时，也能产生反馈制动过程，以实现迅速降速的目的。

3. 卷扬机下放重物时的反馈制动

卷扬机下放重物时，也能产生反馈制动过程，以保持重物匀速下降，制动状态下的原理图和相应的机械特性如图 3.33 所示。设电动机正转时提升重物，机械特性曲线在第一象限。若改变加在电枢上的电压极性，其理想空载转速为 $-n_0$，特性曲线在第三象限，电动机反转，在电磁转矩 T 与负载转矩（位能负载）T_L 的共同作用下重物迅速下降，且愈来愈快，使电枢电动势 $E=K_e\Phi n$ 增加，电枢电流 $I_a=(U-E)/(R_a+R_{ad})$ 减小，电动机转矩 $T=K_t\Phi I_a$ 亦减小，传动系统的状态沿其特性由点 a 向点 b 移动。由于电动机和生产机械的特性曲线在第三象限没有交点，系统不可能建立稳定平衡点，所以系统的加速过程一直进行到 $n=-n_0$ 和 $T=0$ 时仍不会停止，而在重力作用下继续加速。当 $|n|>|-n_0|$ 时，$E>U$，I_a 改变方向，电动机转矩 T 变为正值，其方

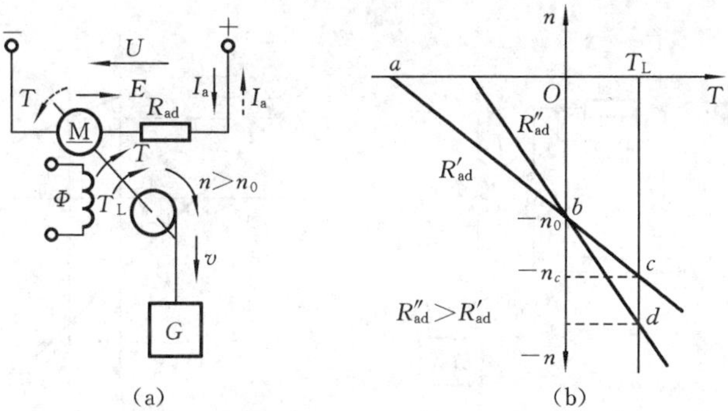

图 3.33　下放重物时反馈制动的电路原理图和机械特性

(a) 电路原理图　(b) 机械特性

向与 T_L 相反,系统的特性曲线进入第四象限,电动机进入反馈制动状态。在 T_L 的作用下,状态由点 b 继续向点 c 移动,电枢电流和它所建立的电磁制动转矩 T 随转速的上升而增大,直到 $n=-n_c$、$T=T_L$ 时为止。此时系统的稳定平衡点在第四象限中的点 c,电动机以 $n=-n_c$ 的转速在反馈制动状态下稳定运行,以保持重物匀速下降。若改变电枢电路中串接的附加电阻 R_{ad} 的大小,也可以调节反馈制动状态下电动机的转速,但与电动状态下的情况相反。反馈制动状态下附加电阻越大,电动机转速越高(见图 3.33(b)中的点 c、d)。为使重物下降速度不致过高,串接的附加电阻不宜过大。但即使不串接任何电阻,重物下放过程中电动机的转速仍高于 n_0,如果下放的重物较重,采用这种制动方式运行是不太安全的。

3.6.2　反接制动

当他励电动机的电枢电压 U 或电枢电动势 E 中的任一个在外部条件作用下改变了方向,即二者由方向相反变为方向一致时,电动机都将运行于反接制动状态。把改变电枢电压 U 的方向所产生的反接制动称为电源反接制动,而把改变电枢电动势 E 的方向所产生的反接制动称为倒拉反接制动。

1. 电源反接制动

若电动机运行在正向电动状态,则电动机电枢电压 U 的极性如图 3.34(a)的虚箭线所示,电枢回路不串接附加电阻 R_{ad} 时,电动机稳速运行在第一象限中特性曲线 1 的点 a,转速为 n_a。电枢电压 U 的极性突然反接,如图 3.34(a)的实箭线所示,并且电枢回路串接电阻 R_{ad} 时,电动势平衡方程式为

$$E=-U-I_a(R_a+R_{ad}) \tag{3.22}$$

注意,电动势 E、电枢电流 I_a 的方向为电动状态下假定的正方向。以 $E=K_e\Phi n$,$I_a=T/(K_t\Phi)$ 代入式(3.22),便可得到电源反接制动状态的机械特性表达式

$$n=\frac{-U}{K_e\Phi}-\frac{R_a+R_{ad}}{K_eK_t\Phi^2}T \tag{3.23}$$

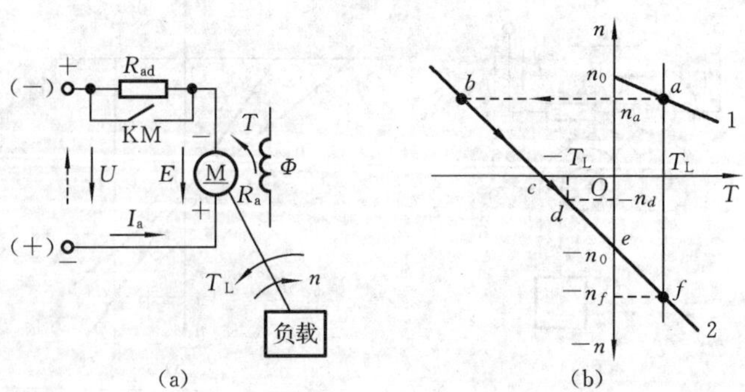

图 3.34　电源反接制动状态下的电路原理图和机械特性

(a) 电路原理图　(b) 机械特性

可见，当理想空载转速 n_0 变为 $-n_0=-U/(K_e\Phi)$ 时，电动机的机械特性曲线为图 3.34(b)中的曲线 2，其反接制动特性曲线在第二象限。由于在电源极性反接的瞬间，电动机的转速和它所决定的电枢电动势不能突变，若不考虑电枢电感的作用，此时系统的状态由曲线 1 的点 a 变到曲线 2 的点 b，电动机输出与转速 n 方向相反的转矩 T(即 T 为负值)，它与负载转矩共同作用，使电动机转速迅速下降，制动转矩将随 n 的下降而减小，系统的状态沿曲线 2 自点 b 向点 c 移动。当 n 下降到零时，反接制动过程结束。这时若电枢还不从电源拉开，电动机将反向启动，并将在点 d(T_L 为反抗转矩时)或点 f(T_L 为位能转矩时)建立系统的稳定平衡点。

由于在反接制动期间，电枢电动势 E 和电源电压 U 是串联相加的，因此，为了限制电枢电流 I_a，电动机的电枢电路中必须串接足够大的限流电阻 R_{ad}。

电源反接制动一般应用在生产机械要求迅速减速、停车和反向的场合及要求经常正反转的机械上。

2. 倒拉反接制动

倒拉反接制动状态下的电路原理图和机械特性如图 3.35 所示。在进行倒拉反接制动以前，设电动机处于正向电动状态，以 n_a 转速稳定运转，提升重物。若欲下放重物，则需在电枢电路内串接附加电阻 R_{ad}，这时电动机的运行状态将由固有特性曲线 1 的点 a 过渡到人为特性曲线 2 的点 c，电动机转矩 T 远小于负载转矩 T_L，因此，传动系统转速下降(提升重物上升的速度减慢)，即沿着特性曲线 2 向下移动。由于转速下降，电动势 E 减小，电枢电流增大，故电动机转矩 T 相应增大，但仍比负载转矩 T_L 小，所以，系统速度继续下降，即重物提升速度愈来愈慢，当电动机转矩 T 沿特性曲线 2 下降到点 d 时，电动机转速为零，即重物停止上升，电动机反电动势也为零。但是，此时电枢在外加电压 U 的作用下仍有很大电流，此电流产生堵转转矩 T_{st}，由于此时 T_{st} 仍小于 T_L，故 T_L 拖动电动机的电枢开始反方向旋转，即重物开始下降，电动机工作状态进入第四象限。这时电动势 E 的方向也反过来，E 和 U 同方向，所以，

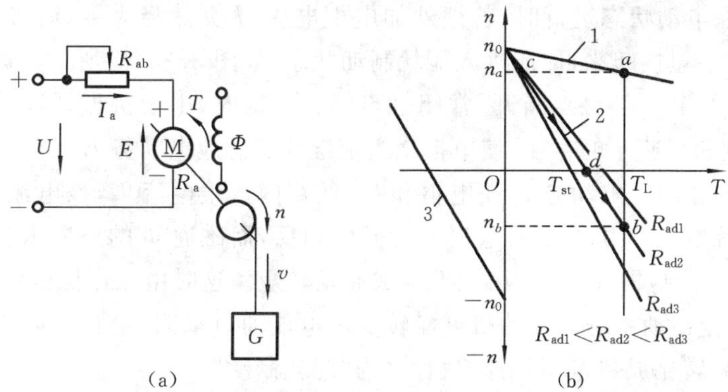

图 3.35　倒拉反接制动状态下的电路原理图和机械特性

(a) 电路原理图　(b) 机械特性

电流增大,转矩 T 增大。随着转速在反方向增大,电动势 E 增大,电流和转矩也增大,直到转矩 $T=T_L$ 的点 b,此时转速不再增加,而以稳定的速度 n_b 下放重物。由于这时重物是靠位能负载转矩 T_L 的作用下放,而电动机转矩 T 是阻碍重物下放的,故电动机这时起制动作用。这种工作状态称为倒拉反接制动或电动势反接制动状态。

适当选择电枢电路中附加电阻 R_{ad} 的大小可得到不同的下降速度,附加电阻越小,下降速度越低。这种下放重物的制动方式弥补了反馈制动的不足,它可以得到极低的下降速度,从而保证了生产的安全。故倒拉反接制动常用在控制位能负载的下降速度,使之不致在重物作用下有愈来愈大的加速度。其缺点是,若对 T_L 的大小估计不准,则本应下降的重物可能向上升的方向运动。另外,其机械特性硬度小,因而较小的转矩波动就可能引起较大的转速波动,即速度的稳定性较差。

由于图 3.35(a)中,电压 U、电动势 E、电流 I_a 都是电动状态下假定的正方向,所以,倒拉反接制动状态下的电动势平衡方程式、机械特性在形式上均与电动状态下的相同,即分别为

$$E = U - I_a(R_a + R_{ad}) \tag{3.24}$$

$$n = \frac{U}{K_e\Phi} - \frac{R_a + R_{ad}}{K_e K_t \Phi^2}T \tag{3.25}$$

因在倒拉反接制动状态下电枢反向旋转,故上列各式中的转速 n、电动势 E 应是负值。可见倒拉反接制动状态下的机械特性曲线实际上是第一象限中电动状态下的机械特性曲线在第四象限中的延伸。若电动机反向运转在电动状态,则倒拉反接制动状态下的机械特性曲线就是第三象限中电动状态下的机械特性曲线在第二象限的延伸,如图 3.35(b)的曲线 3 所示。

3.6.3 能耗制动

电动机在电动状态运行时,若把外加电枢电压 U 突然降为零,而将电枢串接一个附加电阻 R_{ad} 短接起来,便能进入能耗制动状态,如图 3.36(a)所示。即制动时,接触器 KM 断电,其常开触点断开,常闭触点闭合。这时,由于机械惯性,电动机仍在旋转,磁通 Φ 和转速 n 的存在,使电枢绕组上继续有感应电动势 $E=K_e\Phi n$,其方向与电动状态方向相同。电动势 E 在电枢和 R_{ad} 回路内产生电流 I_a,该电流方向与电动状态下由电源电压 U 所决定的电枢电流方向相反,而磁通 Φ 的方向未变,故电磁转矩 $T=K_t\Phi I_a$ 反向,即 T 与 n 反向,T 变成制动转矩。这时由工作机械的机械能带动电动机发电,使传动系统储存的机械能转变成电能通过电阻(电枢电阻 R_a 和附加的制动电阻 R_{ad})转化成热量消耗掉,故称之为“能耗制动”。

由图 3.36(a)可看出,电压 $U=0$,电动势 E、电流 I_a 仍为电动状态下假定的正方向,故能耗制动状态下的电动势平衡方程式为

$$E = -I_a(R_a + R_{ad}) \tag{3.26}$$

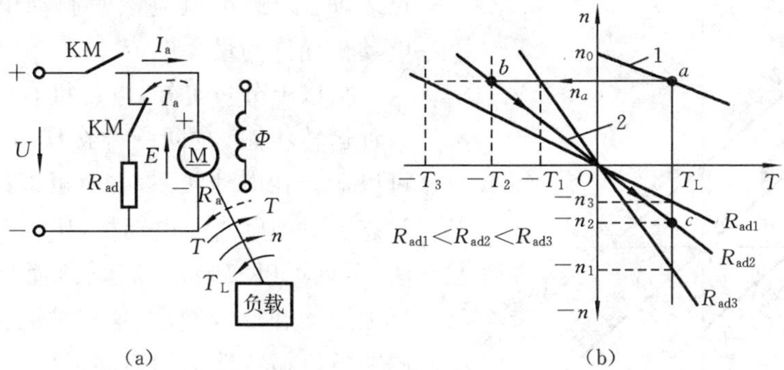

图 3.36 能耗制动状态下的电路原理图和机械特性

(a) 电路原理图 (b) 机械特性

因
$$E = K_e \Phi n,\quad I_a = T/(K_t \Phi)$$

故
$$n = -\frac{R_a + R_{ad}}{K_e K_t \Phi^2} T \tag{3.27}$$

其机械特性如图 3.36(b)的曲线 2 所示，它是通过原点、且位于第二象限和第四象限的一条直线。

如果电动机带动的是反抗性负载，它只具有惯性能量(动能)，能耗制动的作用是消耗掉传动系统储存的动能，使电动机迅速停车，从图 3.36(b)可分析其制动过程。设电动机原来运行在点 a，转速为 n_a，刚开始制动时 n_a 不变，但制动特性为曲线 2，工作点由点 a 转到点 b。这时电动机的转矩 T 为负值(因此时在电动势 E 的作用下，电枢电流 I_a 反向)，是制动转矩，在制动转矩和负载转矩共同作用下，拖动系统减速。电动机工作点沿特性曲线 2 上的箭头方向变化，随着转速 n 的下降，制动转矩也逐渐减小，直至 $n=0$ 时，电动机产生的制动转矩也下降到零，制动作用自行结束。这种制动方式的优点之一是，不像电源反接制动那样存在着电动机反向启动的危险。

如果是位能负载，则在制动到 $n=0$ 时，重物还将拖着电动机反转，使电动机向重物下降的方向加速，即电动机进入第四象限的能耗制动状态。随着转速的升高，电动势 E 增加，电流和制动转矩也增加，系统的状态由能耗制动特性曲线 2 的点 O 向点 c 移动，当 $T=T_L$ 时，系统进入稳定平衡状态。电动机以 $-n_2$ 转速使重物匀速下降。采用能耗制动下放重物的主要优点是，不会出现像倒拉反接制动那样因对 T_L 的大小估计错误而引起重物上升的事故，运行速度也较反接制动时稳定。

能耗制动通常应用于拖动系统需要迅速而准确地停车及卷扬机重物的匀速下放的场合。

改变制动电阻 R_{ad} 的大小，可得到不同斜率的特性，如图 3.36(b)所示。在一定负载转矩 T_L 作用下，不同大小的 R_{ad}，便有不同的稳定转速(如 $-n_1$、$-n_2$、$-n_3$)；或者在一定转速 n_a 下，可使制动电流与制动转矩不同(如 $-T_1$、$-T_2$、$-T_3$)。R_{ad} 愈小，制动特性曲线愈平缓，即制动转矩愈大，制动效果愈强烈。但需注意，为避免电枢电流

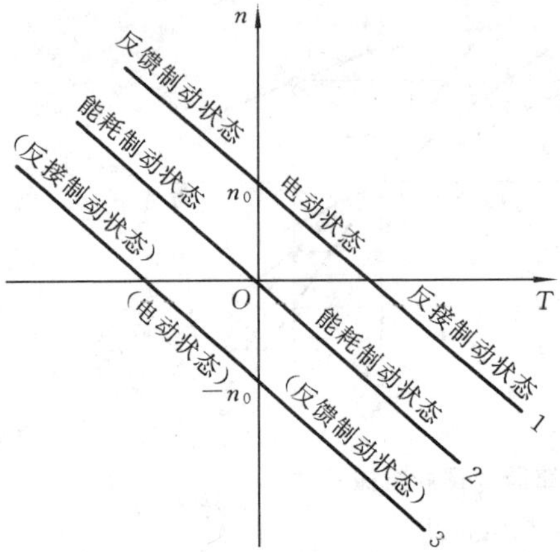

图 3.37 他励直流电动机各种运行状态下的机械特性

过大,R_{ad}的最小值应该使制动电流不超过电动机允许的最大电流。

从以上分析可知,电动机有电动和制动两种运转状态,在同一种接线方式下,有时可以运行在电动状态,有时可以运行在制动状态。对他励直流电动机,用正常的接线方法,不仅可以实现电动运转,而且可以实现反馈制动和反接制动,这三种运转状态处在同一条机械特性上的不同区域,如图3.37的曲线 1 与曲线 3 所示(分别对应于正、反转方向)。能耗制动时的接线方法稍有不同,其特性如图3.37的曲线 2 所示,第二象限对应于电动机原处于正转状态时的情况,第四象限对应于反转时的情况。

习题与思考题

3.1 为什么直流电机的转子要用表面有绝缘层的硅钢片叠压而成?

3.2 并励直流发电机正转时可以自励,反转时能否自励?为什么?

3.3 一台他励直流电动机所拖动的负载转矩 T_L 为常数,当电枢电压或电枢附加电阻改变时,能否改变其稳定运行状态下电枢电流的大小?为什么?这时拖动系统中哪些量必然发生变化?

3.4 一台他励直流电动机在稳态下运行时,电枢反电动势 $E=E_1$,如负载转矩 T_L 为常数,外加电压和电枢电路中的电阻均不变,问:减弱励磁使转速上升到新的稳态值后,电枢反电动势将如何变化?是大于、小于还是等于 E_1?

3.5 一台直流发电机,其部分铭牌数据为:$P_N=180$ kW,$U_N=230$ V,$n_N=1450$ r/min,$\eta_N=89.5\%$,试求:

① 该发电机的额定电流;

② 电流保持为额定值而电压下降为 100 V 时原动机的输出功率(设此时 $\eta=\eta_N$)。

3.6 一台他励直流电动机的铭牌数据为:$P_N=7.5$ kW,$U_N=220$ V,$n_N=1500$ r/min,$\eta_N=88.5\%$,试求该电动机的额定电流和额定转矩。

3.7 一台他励直流发电机的技术数据为:$P_N=15$ kW,$U_N=230$ V,$I_N=65.3$ A,$n_N=2850$ r/min,$R_a=0.25\ \Omega$,其空载特性如题 3.7 表所示。今需在额定电流下得到 150 V 和 220 V 的端电压,其励磁电流分别应为多少?

题 3.7 表

U_0/V	115	184	230	253	265
I_f/A	0.442	0.802	1.2	1.686	2.10

3.8　一台他励直流电动机的铭牌数据为：$P_N=5.5$ kW，$U_N=110$ V，$I_N=62$ A，$n_N=1000$ r/min，试绘出它的固有机械特性曲线。

3.9　一台并励直流电动机的技术数据为：$P_N=5.5$ kW，$U_N=110$ V，$I_N=61$ A，额定励磁电流 $I_{fN}=2$ A，$n_N=1500$ r/min，电枢电阻 $R_a=0.2\ \Omega$，若忽略机械磨损和转子的铜耗、铁耗，认为额定运行状态下的电磁转矩近似等于额定输出转矩，试绘出它近似的固有机械特性曲线。

3.10　一台他励直流电动机的技术数据为：$P_N=6.5$ kW，$U_N=220$ V，$I_N=34.4$ A，$n_N=1500$ r/min，$R_a=0.242\ \Omega$，试计算出此电动机的如下特性：

①固有机械特性；

②电枢附加电阻分别为 3 Ω 和 5 Ω 时的人为机械特性；

③电枢电压为 $U_N/2$ 时的人为机械特性；

④磁通 $\Phi=0.8\Phi_N$ 时的人为机械特性。

并绘出其特性的图形。

3.11　为什么直流电动机直接启动时启动电流很大？

3.12　他励直流电动机启动过程中有哪些要求？如何实现？

3.13　他励直流电动机启动时，为什么一定要先把励磁电流加上？若忘了先合励磁绕组的电源开关就把电枢电源接通，这时会产生什么现象（试从 $T_L=0$ 和 $T_L=T_N$ 两种情况加以分析）？当电动机运行在额定转速下，若突然将励磁绕组断开，此时又将出现什么情况？

3.14　直流串励电动机能否空载运行？为什么？

3.15　一台他励直流电动机的技术数据为：$P_N=2.2$ kW，$U_N=U_f=110$ V，$n_N=1500$ r/min，$\eta_N=0.8$，$R_a=0.4\ \Omega$，$R_f=82.7\ \Omega$。

① 求额定电枢电流 I_{aN}；

② 求额定励磁电流 I_{fN}；

③ 求励磁功率 P_f；

④ 求额定转矩 T_N；

⑤ 求额定电流时的反电动势；

⑥ 求直接启动时的启动电流；

⑦ 如果要使启动电流不超过额定电流的 2 倍，那么启动电阻为多少？此时启动转矩又为多少？

3.16　直流电动机用电枢电路串电阻的办法启动时，为什么要逐渐切除启动电阻？如切除太快，会带来什么后果？

3.17　转速调节(调速)与固有的速度变化在概念上有什么区别?

3.18　他励直流电动机有哪些方法进行调速?它们的特点是什么?

3.19　直流电动机的电动与制动两种运转状态的根本区别何在?

3.20　他励直流电动机有哪几种制动方法?它们的机械特性如何?试比较各种制动方法的优缺点。

3.21　一台他励直流电动机拖动一台卷扬机,在电动机拖动重物匀速上升时将电枢电源突然反接,试利用机械特性从机电过程上说明:

① 从反接开始到系统达到新的稳定平衡状态之间,电动机经历了几种运行状态?最后在什么状态下建立系统新的稳定平衡点?

② 各种状态下转速变化的机电过程怎样?

第4章 交流电动机的工作原理及特性

本章要求在了解异步电动机的基本结构和旋转磁场的产生等基础上，着重掌握异步电动机的工作原理、机械特性，以及启动、调速和制动的方法，学会用机械特性的四个象限来分析异步电动机的运行状态；掌握单相异步电动机的启动方法和工作原理；了解同步电动机的结构特点、工作原理、运行特性及启动方法；掌握各种异步电动机和同步电动机的使用场合。

常用的交流电动机有三相异步电动机（或称感应电动机）和同步电动机（同步电机既可作发电机使用，也可作电动机使用）。异步电动机结构简单，维护容易，运行可靠，价格便宜，具有较好的稳态和动态特性，因此，它是工业中使用得最为广泛的一种电动机。

本章主要介绍三相异步电动机的工作原理，启动、制动、调速的特性和方法。

4.1 三相异步电动机的结构和工作原理

4.1.1 三相异步电动机的基本结构

三相异步电动机主要由定子和转子两个部分组成，定子是静止不动的部分，转子是旋转部分，在定子和转子之间有一定的气隙，如图 4.1 所示。

1. 定子

定子由铁芯、绕组及机座组成。

定子铁芯是磁路的一部分，它由 0.5 mm 的硅钢片叠压而成为一个整体固定于机座上，片与片之间是绝缘的，以减少涡流损耗。定子铁芯的内圆冲有定子槽，槽中安放线圈，如图 4.2 所示。

定子绕组是电动机的电路部分。三相电动机的定子绕组分为三个部分对称地分布在定子铁芯上，称为三相绕组，分别用 AX、BY、CZ 表示，其中，A、B、C 称为首端，X、Y、Z 称为末端。三相绕组接入三相交流电源，三相绕组中的电流在定子铁芯中产生旋转磁场。

机座主要用来固定与支撑定子铁芯。中小型异步电动机一般采用铸铁机座。根据不同的冷却方式采用不同的机座。

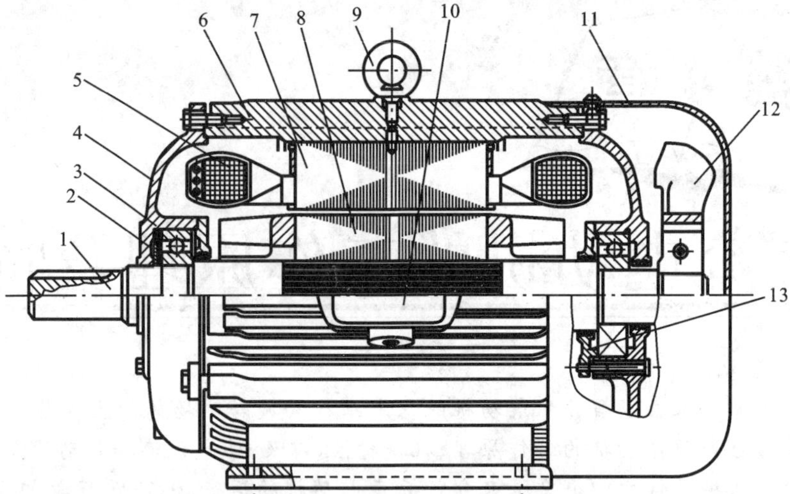

图 4.1　三相异步电动机的结构

1—轴　2—弹簧片　3—轴承　4—端盖　5—定子绕组　6—机座　7—定子铁芯
8—转子铁芯　9—吊环　10—出线盒　11—风扇盖　12—风扇　13—轴承内盖

2. 转子

转子由铁芯与绕组组成。

转子铁芯也是电动机磁路的一部分,由硅钢片叠压而成为一个整体装在转轴上。转子铁芯的内圆冲有转子槽,槽中安放线圈,如图 4.2 所示。

异步电动机转子多采用绕线式和鼠笼式两种形式。因此异步电动机按绕组形式的不同分为绕线异步电动机和笼型异步电动机两种。绕线电动机和笼型电动机的转子构造虽然不同,但工作原理是一致的。转子的作用是产生转子电流,即产生电磁转矩。

绕线异步电动机转子绕组是由线圈组成,三相绕组对称放入转子铁芯槽内。转子绕组通过轴上的滑环和电刷在转子回路中接入外加电阻,用以改善启动性能与调节转速,如图 4.3 所示。

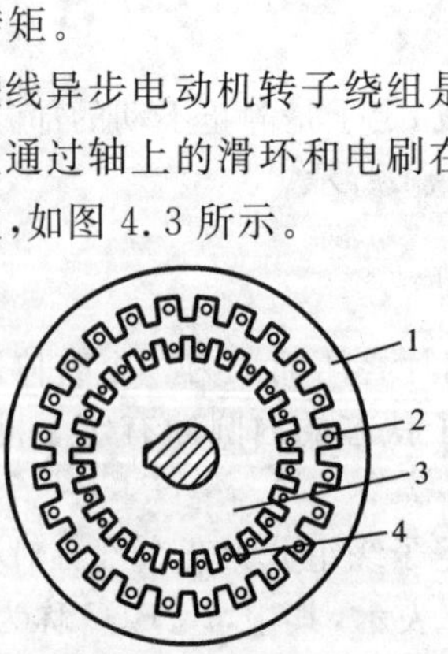

图 4.2　定子和转子的硅钢片

1—定子铁芯硅钢片　2—定子绕组
3—转子铁芯硅钢片　4—转子绕组

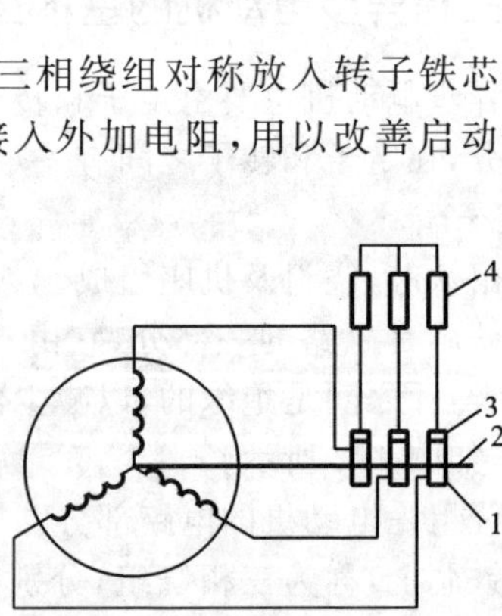

图 4.3　绕线式转子绕组与外接变阻器的连接

1—滑环转子绕组　2—轴　3—电刷　4—变阻器

笼型异步电动机转子绕组是在转子铁芯槽里插入铜条，再将全部铜条两端焊在两个铜端环上而组成，如图 4.4 所示。小型鼠笼式转子绕组多用铝离心浇铸而成，转子铁芯如图 4.5 所示。

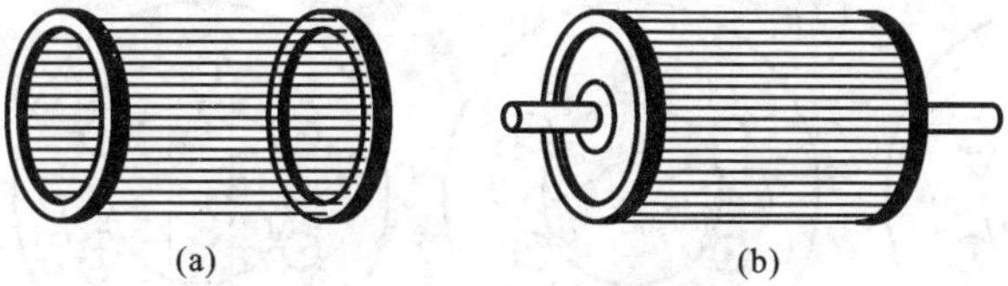

图 4.4　鼠笼式转子

(a) 绕组　(b) 外形

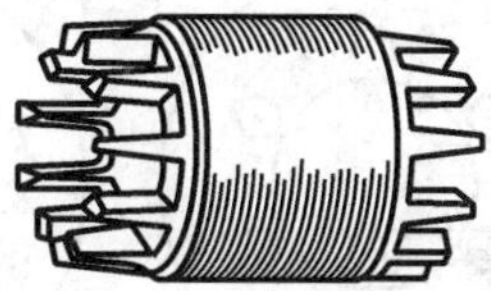

图 4.5　转子铁芯

4.1.2　三相异步电动机的旋转磁场

1. 定子旋转磁场

为简便起见，假设每相绕组只有一个线匝，分别嵌放在定子内圆周的 6 个凹槽之中。现将三相绕组的末端 X、Y、Z 相连，首端 A、B、C 接三相交流电源。三相绕组分别称为 A、B、C 相绕组，如图 4.6 所示。

定子绕组中电流的正方向规定为从首端流向末端，且 A 相绕组的电流 i_A 作为参考正弦量，即 i_A 的初相位为零，则三相绕组 A、B、C 的电流(相序为 A→B→C)的瞬时值为

$$i_A = I_m \sin\omega t \tag{4.1}$$

$$i_B = I_m \sin\left(\omega t - \frac{2\pi}{3}\right) \tag{4.2}$$

$$i_C = I_m \sin\left(\omega t - \frac{4\pi}{3}\right) \tag{4.3}$$

图 4.7 所示是这三相电流的波形。

下面分析不同时间的合成磁场。

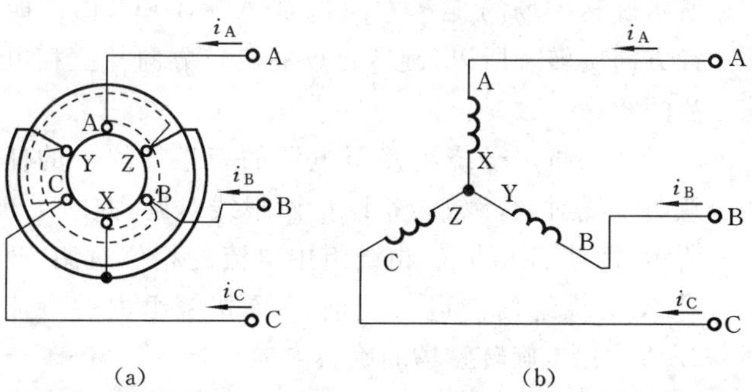

图 4.6　定子三相绕组

(a) 嵌放情况　(b) 星形连接接线图

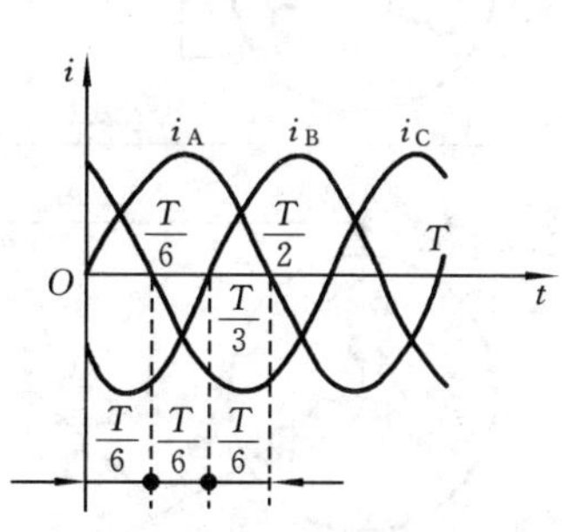

图 4.7　三相电流的波形

在 $t=0$ 时：$i_A=0$；i_B 为负，电流实际方向与正方向相反，即电流从 Y 端流到 B 端；i_C 为正，电流实际方向与正方向一致，即电流从 C 端流到 Z 端。

按右手螺旋法则确定三相电流产生的合成磁场，如图 4.8(a)箭头所示。

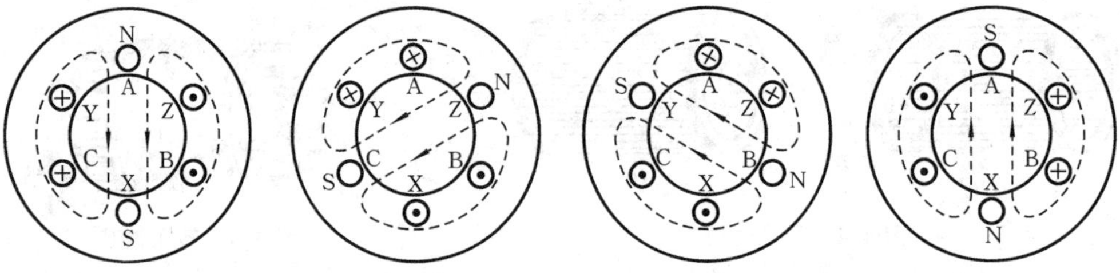

(a)　(b)　(c)　(d)

图 4.8　两极旋转磁场

(a) $t=0$　(b) $t=T/6$　(c) $t=T/3$　(d) $t=T/2$

在 $t=T/6$ 时：$\omega t=\omega T/6=\pi/3$，$i_A$ 为正，电流从 A 端流到 X 端；i_B 为负，电流从 Y 端流到 B 端；$i_C=0$。此时的合成磁场如图 4.8(b)所示，合成磁场已从 $t=0$ 瞬间所在位置顺时针方向旋转了 $\pi/3$。

在 $t=T/3$ 时：$\omega t=\omega T/3=2\pi/3$，$i_A$ 为正，$i_B=0$，i_C 为负。此时的合成磁场如图 4.8(c)所示，合成磁场已从 $t=0$ 瞬间所在位置顺时针方向旋转了 $2\pi/3$。

在 $t=T/2$ 时：$\omega t=\omega T/2=\pi$，$i_A=0$，i_B 为正，i_C 为负。此时的合成磁场如图 4.8(d)所示，合成磁场从 $t=0$ 瞬间所在位置顺时针方向旋转了 π。

以上分析可以说明：当三相电流随时间的变化而不断变化时，合成磁场的方向在空间也不断旋转，这样就产生了旋转磁场。

2. 旋转磁场的旋转方向

从图 4.6 和图 4.7 可见，A 相绕组内的电流超前于 B 相绕组内的电流 $2\pi/3$，而 B 相绕组内的电流又超前于 C 相绕组内的电流 $2\pi/3$，同时图 4.8 所示旋转磁场的旋转方向也是 A→B→C，即顺时针方向旋转。所以，旋转磁场的旋转方向与三相电流的相序一致。

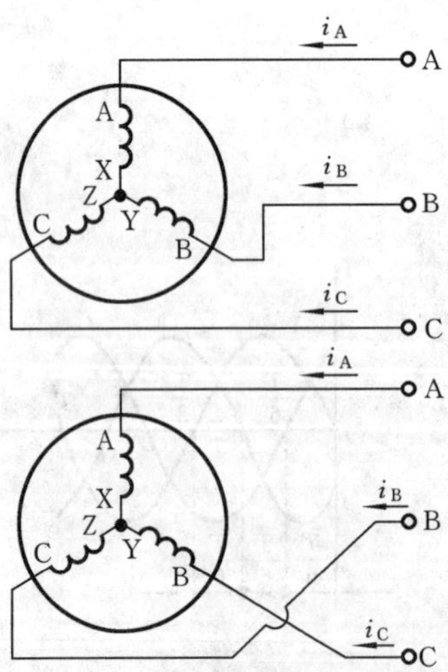

图 4.9　将 B、C 两根线对调，改变绕组中的电流相序

如果将定子绕组接至电源的三根导线中的任意两根线对调，例如，将 B、C 两根线对调，如图 4.9 所示，即使 B 相与 C 相绕组中电流的相位对调，此时 A 相绕组内的电流超前于 C 相绕组内的电流 $2\pi/3$，因此，旋转磁场的旋转方向也将变为 A→C→B，逆时针方向旋转，如图4.10所示，即与未对调前的旋转方向相反。

由此可见，若要改变旋转磁场的旋转方向(亦

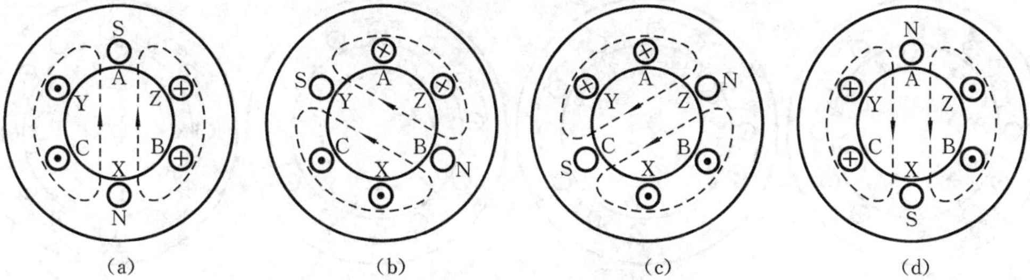

图 4.10　逆时针方向旋转的两极旋转磁场

(a) $t=0$　(b) $t=T/6$　(c) $t=T/3$　(d) $t=T/2$

即改变电动机的旋转方向)，只要把定子绕组接到电源的三根导线中的任意两根对调即可。

3. 旋转磁场的极数与旋转速度

在交流电动机中，旋转磁场的旋转速度被称为同步转速。

以上讨论的旋转磁场具有一对磁极(磁极对数用 p 表示)，即 $p=1$。从上述分析可以看出，电流变化经过一个周期(变化 360°电角度)，旋转磁场在空间也旋转了一周(旋转了 360°机械角度)。若电流的频率为 f，旋转磁场每分钟将旋转 $60f$ 周，以 n_0 表示旋转磁场的转速，即

$$n_0 = 60f$$

如果把定子铁芯的槽数增加 1 倍(12 个槽)，制成如图 4.11 所示的三相绕组，其中，每相绕组由两个部分串联组成，再将这三相绕组接到对称三相电源，使其通过对称三相电流(见图4.7)，便产生具有两对磁极的旋转磁场。从图 4.12 可以看出，对应于不同时刻，旋转磁场在空间转到不同位置，此情况下电流变化半个周期，旋转磁场在空间只转过了 $\pi/2$，即 1/4 转，电流变化一个周期，旋转磁场在空间只转了 1/2 周。

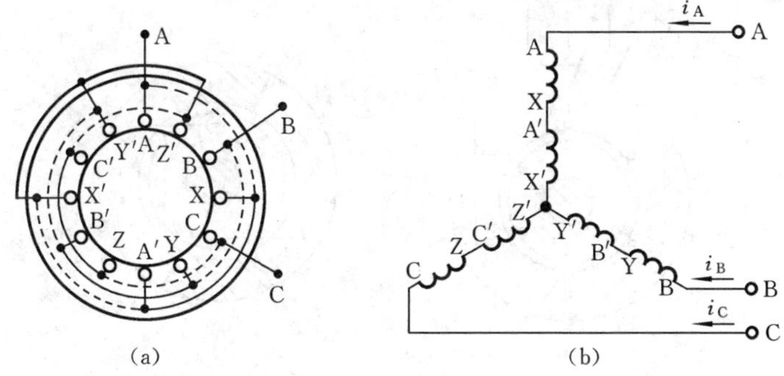

图 4.11　产生四极旋转磁场的定子绕组嵌放情况和接线图

(a) 嵌放情况　(b) 接线图

由此可知，当旋转磁场具有两对磁极($p=2$)时，其旋转速度仅为一对磁极时的一半，即每分钟 $60f/2$ 周。依此类推，当有 p 对磁极时，其转速为

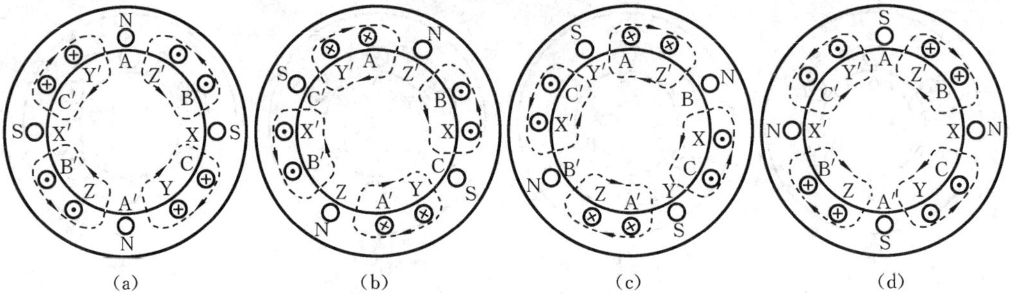

图 4.12　四极旋转磁场

(a) $t=0$　(b) $t=T/6$　(c) $t=T/3$　(d) $t=T/2$

$$n_0 = 60f/p \tag{4.4}$$

所以,同步转速 n_0 与电流的频率成正比而与磁极对数成反比。在我国,因为标准工业频率(即电流频率)为 50 Hz,所以,对应于 p 等于 1、2、3、4 时,同步转速分别为 3000 r/min、1500 r/min、1000 r/min、750 r/min。

实际上,旋转磁场不仅可以由三相电流来获得,任何两相以上的多相电流,流过相应的多相绕组,都能产生旋转磁场。

4.1.3　三相异步电动机的工作原理

三相异步电动机的工作原理,基于定子旋转磁场(定子绕组内三相电流所产生的合成磁场)和转子电流(转子绕组内的电流)的相互作用。

如图 4.13(a)所示,当定子的对称三相绕组接到三相电源上时,绕组内将通过对称三相电流,并在空间产生旋转磁场,该磁场沿定子内圆周方向旋转。图 4.13(b)所示为具有一对磁极的旋转磁场,我们可以假想磁极位于定子铁芯内画有阴影线的部分。

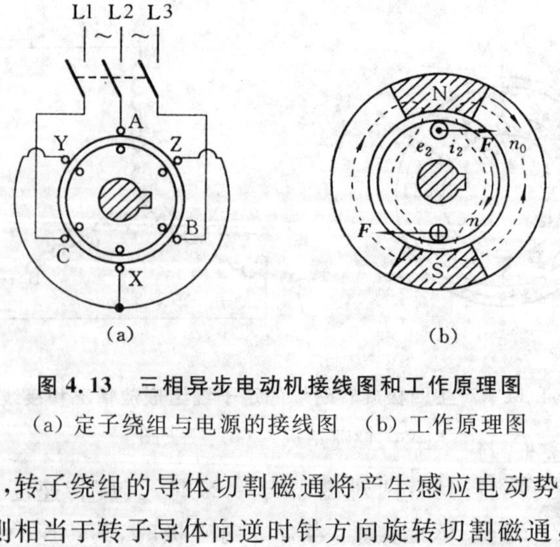

图 4.13　三相异步电动机接线图和工作原理图

(a) 定子绕组与电源的接线图　(b) 工作原理图

当磁场旋转时,转子绕组的导体切割磁通将产生感应电动势 e_2,假设旋转磁场顺时针方向旋转,则相当于转子导体向逆时针方向旋转切割磁通,根据右手定则,在

N极下转子导体中感应电动势的方向系由图面指向读者，而在S极下转子导体中感应电动势方向则由读者指向图面。

由于电动势 e_2 的存在，转子绕组中将产生转子电流 i_2。根据安培电磁力定律，转子电流与旋转磁场相互作用将产生电磁力 $\boldsymbol{F}$(其方向由左手定则决定，这里假设 i_2 和 e_2 同相)，该力在转子的轴上形成电磁转矩，且转矩的作用方向与旋转磁场的旋转方向相同，转子受此转矩作用，便按旋转磁场的旋转方向旋转起来。但是，转子的旋转速度 n(即电动机的转速)恒比同步转速 n_0 小，因为如果两种转速相等，转子和旋转磁场没有相对运动，转子导体不切割磁通，便不能产生感应电动势 e_2 和电流 i_2，也就没有电磁转矩，转子将不会继续旋转。因此，转子和旋转磁场之间的转速差是保证转子旋转的主要因素。

由于转子转速不等于同步转速，所以把这种电动机称为异步电动机，而把转速差 n_0-n 与同步转速 n_0 的比值称为异步电动机的转差率，用 S 表示，即

$$S=\frac{n_0-n}{n_0} \tag{4.5}$$

转差率 S 是分析异步电动机运行情况的主要参数。

当转子旋转时，如果在轴上加有机械负载，则电动机输出机械能。从物理本质上来分析，异步电动机的运行和变压器相似，即电能从电源输入定子绕组(原绕组)，通过电磁感应的形式，以旋转磁场作媒介，传送到转子绕组(副绕组)，而转子中的电能通过电磁力的作用变换成机械能输出。由于在这种电动机中，转子电流的产生和电能的传递是基于电磁感应现象的，所以异步电动机又称为感应电动机。

通常，异步电动机在额定负载时，n 接近于 n_0，转差率 S 很小，一般为 0.015～0.060。

4.2　异步电动机的额定参数

4.2.1　定子绕组的连接方式

定子绕组的首端和末端通常都接在电动机接线盒内的接线柱上，一般按图 4.14 所示的方法排列。按照我国电工专业标准规定，定子三相绕组出线端的首端是 U1、V1、W1，末端是 U2、V2、W2。

三相电动机的定子绕组有星形(Y)和三角形(△)两种不同的接法，分别如图 4.15和图 4.16 所示。连接方式(Y 或△)的选择和普通三相负载一样，需视电源的线电压而定。如果接入电动机电源的线电压等于电动机的额定相电压(即每相绕组的额定电压)，那么，它的绕组应该接成三角形；如果电源的线电压是电动机额定相电压的 $\sqrt{3}$ 倍，那么，它的绕组就应该接成星形。通常电动机的铭牌上标有符号△/Y 和数字 220/380，前者表示定子绕组的接法，后者表示对应于不同接法应加的线电压值。

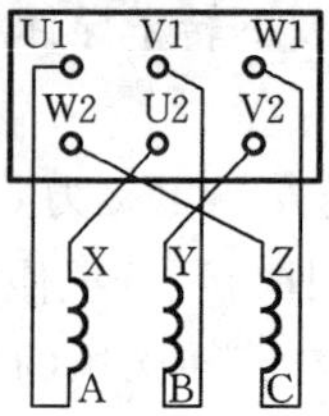

图 4.14　出线端的排列

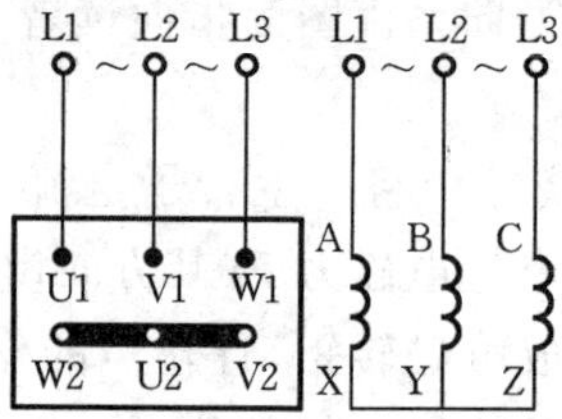

图 4.15　星形连接

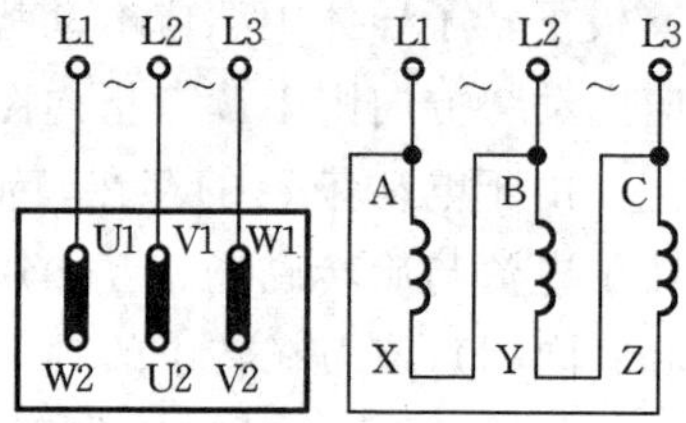

图 4.16　三角形连接

例 4.1　电源线电压为 380 V,现有两台电动机,其铭牌数据如下,试选择定子绕组的连接方式。

(1) Y90S-4,功率 1.1 kW,电压 220/380 V,连接方法△/Y,电流 4.67/2.7 A,转速 1400 r/min,功率因数 0.79。

(2) Y112M-4,功率 4.0 kW,电压 380/660 V,连接方法△/Y,电流 8.8/5.1 A,转速 1440 r/min,功率因数 0.82。

解　(1) Y90S-4 电动机应接成星形(Y),如图 4.17(a)所示。

(2) Y112M-4 电动机应接成三角形(△),如图 4.17(b)所示。

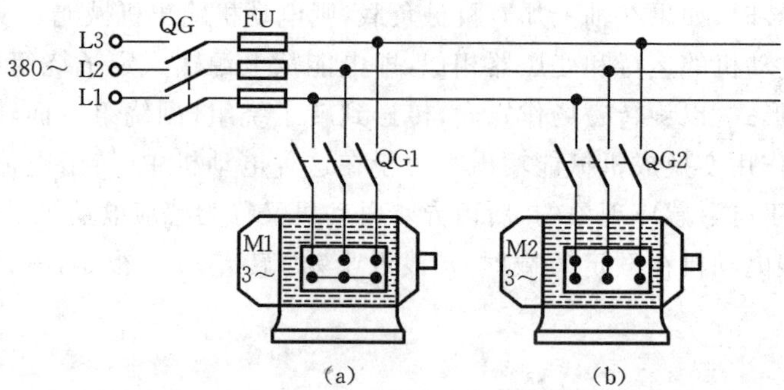

图 4.17　电动机定子绕组的连接法

(a) 星形接法　(b) 三角形接法

4.2.2　三相异步电动机的额定参数

电动机在制造工厂所拟定的情况下工作,称为电动机的额定运行,通常用额定值来表示其运行条件,这些数据大部分都标明在电动机的铭牌上。使用电动机时,必须看懂铭牌。

电动机的铭牌上通常标有下列数据。

(1) 型号。

(2) 额定功率 P_N,即在额定运行情况下,电动机轴上输出的机械功率。

(3) 额定电压 U_N,即在额定运行情况下,定子绕组端应加的线电压值。如标有两种电压值(例如 220/380 V),则对应于定子绕组采用△/Y 连接时应加的线电压值。一般规定电动机的外加电压不应高于或低于额定值的 5%。

(4) 额定频率 f_N，即在额定运行情况下，定子外加电压的频率(f_N=50 Hz)。

(5) 额定电流 I_N，即在额定频率、额定电压和轴上输出额定功率时，定子的线电流值。如标有两种电流值(例如 10.35/5.9 A)，则对应于定子绕组为△/Y 连接的线电流值。

(6) 额定转速 n_N，即在额定频率、额定电压和电动机轴上输出额定功率时，电动机的转速。与此转速相对应的转差率称为额定转差率 S_N。

(7) 工作方式(定额)。

(8) 温升(或绝缘等级)。

(9) 电动机重量。

一般不标在电动机铭牌上的几个额定值如下。

(1) 额定功率因数 $\cos\varphi_N$，即在额定频率、额定电压和电动机轴上输出额定功率时，定子相电流与相电压之间相位差的余弦。

(2) 额定效率 η_N，即在额定频率、额定电压和电动机轴上输出额定功率时，电动机输出机械功率与输入电功率之比，其表达式为

$$\eta_N=\frac{P_N}{\sqrt{3}U_N I_N\cos\varphi_N}\times 100\%$$

(3) 额定负载转矩 T_N，即电动机在额定转速下输出额定功率时轴上的负载转矩。

(4) 绕线异步电动机转子静止时的滑环电压和转子的额定电流。

通常手册上给出的数据就是电动机的额定值。

4.2.3　三相异步电动机的能流图

三相异步电动机的功率和损耗可用图 4.18 所示的能流图来说明。

从电源输送到定子电路的电功率为

$$P_1=\sqrt{3}U_1 I_1\cos\varphi_1$$

式中，U_1——定子绕组的线电压；

I_1——定子绕组的线电流；

$\cos\varphi_1$——电动机的功率因数。

P_1 为异步电动机的输入功率，其中，除去定子绕组的铜耗 ΔP_{Cu1} 和定子铁芯的铁耗 ΔP_{Fe1} 外，剩下的电功率 P_e 借助于旋转磁场从定子电路传递到转子电路，这部分功率称为电磁功率。

从电磁功率中减去转子绕组的铜耗 ΔP_{Cu2}(转子铁耗忽略不计，因为转子铁芯中交变磁化的频率 f_2 是很低的)后，剩下的即转换为电动机的机械功率 P_m。

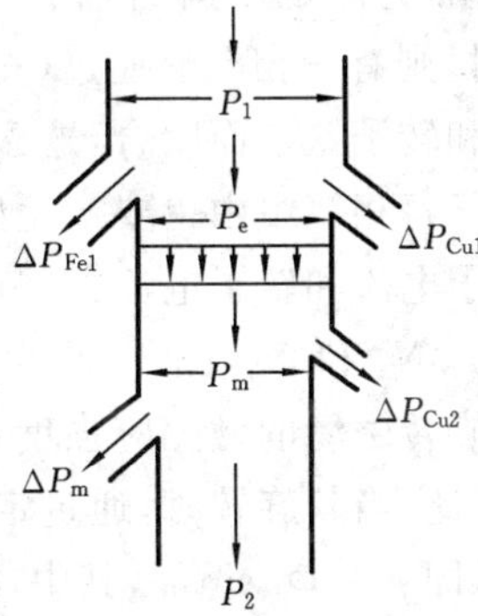

图 4.18　三相异步电动机的能流图

在机械功率中减去机械损失功率 ΔP_m 后，即为电动机的输出(机械)功率 P_2，异步电动机的铭牌上所标的就是P_2的额定值。

输出功率与输入功率的比值称为电动机的效率，即

$$\eta = \frac{P_2}{P_1} = \frac{P_1 - \sum \Delta P}{P_1}$$

式中，$\sum \Delta P$—— 电动机的总损失功率。

电动机在轻载时效率很低，随着负载的增大，效率逐渐增高，通常在接近额定负载时，效率达到最高值。一般异步电动机在额定负载时的效率为 0.7～0.9。容量愈大，其效率也愈高。

若 ΔP_{Cu2} 和 ΔP_m 忽略不计，则

$$P_2 = T_2\omega \approx P_e = T\omega$$

式中，T——电动机的电磁转矩；

T_2——电动机轴上的输出转矩，且

$$T_2 = \frac{P_2}{\omega} = 9.55\,\frac{P_2}{n}$$

电动机的额定转矩则可由铭牌上所标的额定功率和额定转速根据该式求得。

4.3　三相异步电动机的转矩与机械特性

电磁转矩(以下简称转矩)是三相异步电动机最重要的物理量之一。机械特性是它的主要特性。

4.3.1　三相异步电动机的定子电路和转子电路

1. 定子电路的分析

三相异步电动机与变压器的电磁关系类似，定子绕组相当于变压器的原绕组，转子绕组(一般是短接的)相当于副绕组。当定子绕组接上三相电源电压(相电压为u_1)时，则有三相电流通过(相电流为i_1)，定子三相电流产生旋转磁场，其磁力线通过定子和转子铁芯而闭合，这磁场不仅在转子每相绕组中要产生感应电动势 e_2，而且在定子每相绕组中也要产生感应电动势e_1(实际上三相异步电动机中的旋转磁场是由定子电流和转子电流共同产生的)，如图 4.19 所示。定子和转子每相绕组的匝数分别为 N_1 和 N_2，图 4.20 为三相异步电动机的一相电路图。

旋转磁场的磁感应强度沿定子与转子间空气隙的分布是近于按正弦规律分布的，因此，当其旋转时，通过定子每相绕组的磁通也是随时间的变化而按正弦规律变化的，即 $\phi_1 = \Phi_m \sin\omega t$，其中，$\Phi_m$是通过每相绕组的磁通最大值，在数值上等于旋转磁场的每极磁通 Φ，即为空气隙中磁感应强度的平均值与每极面积的乘积。

定子每相绕组中产生的感应电动势为

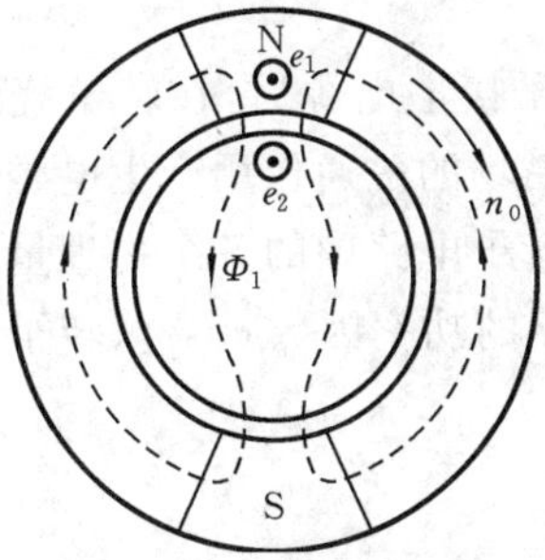

图 4.19　感应电动势的产生

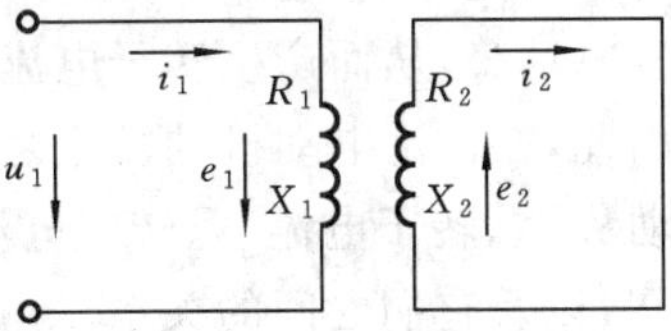

图 4.20　三相异步电动机的一相电路图

$$e_1 = -N_1 \frac{d\phi_1}{dt}$$

它也是正弦量，其有效值为

$$E_1 = 4.44 K f_1 N_1 \Phi$$

式中，f_1——e_1的频率；

K——绕组系数，$K \approx 1$，常略去。

因此

$$E_1 = 4.44 f_1 N_1 \Phi \tag{4.6}$$

因为旋转磁场和定子间的相对转速为 n_0，所以

$$f_1 = \frac{pn_0}{60} \tag{4.7}$$

它等于定子电流的频率，即 $f_1 = f$。

定子电流除产生旋转磁通(主磁通)外，还产生漏磁通 Φ_{L1}。该漏磁通只围绕某一相的定子绕组，而与其他相定子绕组及转子绕组不交链。因此，在定子每相绕组中还要产生漏磁电动势 e_{L1}，有

$$e_{L1} = -L_{L1} \frac{di_1}{dt}$$

变压器原绕组的情况一样，加在定子每相绕组上的电压也分成三个分量，即

$$u_1 = i_1 R_1 + (-e_{L1}) + (-e_1) = i_1 R_1 + L_{L1} \frac{di_1}{dt} + (-e_1) \tag{4.8}$$

如用复数(相量式)表示，则为

$$\dot{U}_1 = \dot{I}_1 R_1 + (-\dot{E}_{L1}) + (-\dot{E}_1) = \dot{I}_1 R_1 + j\dot{I}_1 X_1 + (-\dot{E}_1) \tag{4.9}$$

式中，R_1——定子每相绕组的电阻；

X_1——定子每相绕组的漏磁感抗，$X_1 = 2\pi f_1 L_{L1}$。

由于 R_1 和 X_1(或漏磁通 Φ_{L1})较小，其上电压降与电动势 E_1 比较起来常可忽略，于是

$$\dot{U}_1 \approx -\dot{E}_1$$

$$U_1 \approx E_1 \tag{4.10}$$

2. 转子电路的分析

如前所述,异步电动机之所以能转动,是因为定子接上电源后,在转子绕组中产生感应电动势,从而产生转子电流,而这电流同旋转磁场的磁通作用产生电磁转矩之故。因此,在讨论电动机的转矩之前,必须先弄清楚转子电路中的各个物理量——转子电动势 e_2、转子电流 i_2、转子电流频率 f_2、转子电路的功率因数 $\cos\varphi_2$、转子绕组的感抗 X_2 以及它们之间的关系。

旋转磁场在转子每相绕组中感应出的电动势为

$$e_2 = -N_2 \frac{\mathrm{d}\phi_1}{\mathrm{d}t}$$

其有效值为

$$E_2 = 4.44 f_2 N_2 \Phi \tag{4.11}$$

式中,f_2——转子电动势 e_2 或转子电流 i_2 的频率。

因为旋转磁场和转子间的相对转速为 $n_0 - n$,所以

$$f_2 = \frac{p(n_0 - n)}{60} = \frac{n_0 - n}{n_0} \frac{pn_0}{60} = Sf_1 \tag{4.12}$$

可见转子频率 f_2 与转差率 S 有关,也就是与转速 n 有关。

在 $n=0$,即 $S=1$(电动机开始启动瞬间)时,转子与旋转磁场间的相对转速最大,转子导体被旋转磁力线切割得最快,所以这时 f_2 最高,即 $f_2 = f_1$。异步电动机在额定负载时,$S=1.5\%\sim6\%$,则 $f_2=(0.75\sim3)$ Hz ($f_1=50$ Hz)。

将式(4.12)代入式(4.11),得

$$E_2 = 4.44 S f_1 N_2 \Phi \tag{4.13}$$

在 $n=0$,即 $S=1$ 时,转子电动势为

$$E_{20} = 4.44 f_1 N_2 \Phi \tag{4.14}$$

这时,$f_2 = f_1$,转子电动势最大。

由式(4.13)和式(4.14)得出

$$E_2 = SE_{20} \tag{4.15}$$

可见转子电动势 E_2 与转差率 S 有关。

和定子电流一样,转子电流也要产生漏磁通 Φ_{L2},从而在转子每相绕组中还要产生漏磁电动势 e_{L2},有

$$e_{L2} = -L_{L2} \frac{\mathrm{d}i_2}{\mathrm{d}t}$$

因此,对于转子每相电路,有

$$e_2 = i_2 R_2 + (-e_{L2}) = i_2 R_2 + L_{L2} \frac{\mathrm{d}i_2}{\mathrm{d}t} \tag{4.16}$$

如用复数表示,则为

$$\dot{E}_2 = \dot{I}_2 R_2 + (-\dot{E}_{L2}) = \dot{I}_2 R_2 + \mathrm{j}\dot{I}_2 X_2 \tag{4.17}$$

式中,R_2、X_2——转子每相绕组的电阻、漏磁感抗。

X_2与转子频率 f_2有关，即

$$X_2 = 2\pi f_2 L_{L2} = 2\pi S f_1 L_{L2} \tag{4.18}$$

在 $n=0$，即 $S=1$ 时，转子感抗为

$$X_{20} = 2\pi f_1 L_{L2} \tag{4.19}$$

这时 $f_2=f_1$，转子感抗最大。

由式(4.18)和式(4.19)得出

$$X_2 = SX_{20} \tag{4.20}$$

可见转子感抗 X_2与转差率 S 有关。

转子每相电路的电流可由式(4.17)得出，即

$$I_2 = \frac{E_2}{\sqrt{R_2^2+X_2^2}} = \frac{SE_{20}}{\sqrt{R_2^2+(SX_{20})^2}} \tag{4.21}$$

可见，转子电流 I_2也与转差率 S 有关。当 S 增大，即转速 n 降低时，转子与旋转磁场间的相对转速 n_0-n 增加，转子导体被磁力线切割的速度提高，于是 E_2增加，I_2也增加。I_2和 $\cos\varphi_2$与 S 的关系可用图 4.21 所示的曲线表示。当 $S=0$，即 $n_0-n=0$ 时，$I_2=0$；当 S 很小时，$R_2 \gg SX_{20}$，$I_2 \approx \frac{SE_{20}}{R_2}$，即与 S 近似地成正比；当 S 接近于 1 时，$SX_{20} \gg R_2$，$I_2 \approx \frac{E_{20}}{X_{20}}$为常数。

由于转子有漏磁通 Φ_{L2}，相应的感抗为 X_2，因此，I_2比 E_2滞后 φ_2角，因而转子电路的功率因数为

$$\cos\varphi_2 = \frac{R_2}{\sqrt{R_2^2+X_2^2}} = \frac{R_2}{\sqrt{R_2{}^2+(SX_{20})^2}} \tag{4.22}$$

它也与转差率 S 有关。当 S 很小时，$R_2 \gg SX_{20}$，$\cos\varphi_2 \approx 1$；当 S 增大时，X_2也增大，于是 $\cos\varphi_2$减小；当 S 接近于 1 时，$\cos\varphi_2 \approx R_2/X_{20}$。$\cos\varphi_2$与 S 的关系也表示在图 4.21 中。

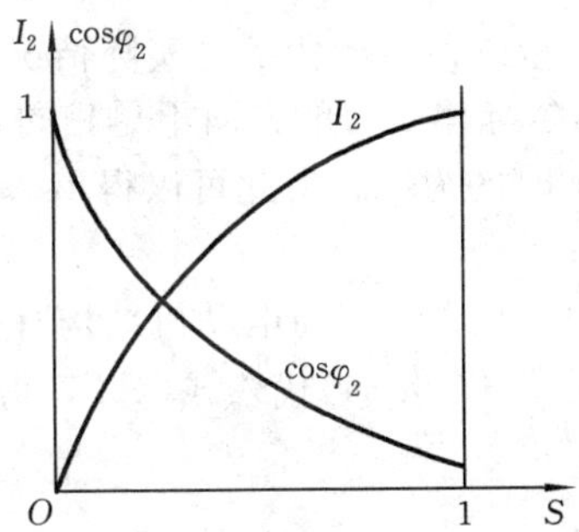

图 4.21　I_2和 $\cos\varphi_2$与转差率 S 的关系

由上可知，转子电路的各个物理量，如电动势、电流、频率、感抗及功率因数等都与转差率有关，亦即与转速有关。

4.3.2　三相异步电动机的转矩

三相异步电动机的转矩是由旋转磁场的每极磁通 Φ 与转子电流 I_2相互作用而产生的，它与 Φ 和 I_2的乘积成正比。此外，它还与转子电路的功率因数 $\cos\varphi_2$有关，图 4.22 所示为 $\cos\varphi_2$对转矩的影响。图 4.22(a)所示是假设转子感抗与其电阻相比可以忽略不计，即 $\cos\varphi_2=1$ 的情况，在图中旋转磁场用虚线所示的磁极表示，根据

右手定则不难确定转子导体中感应电动势 e_2 的方向(用外层记号表示)。在这种情况下,$\dot{I}_2$ 与 $\dot{E}_2$ 同相,所以,i_2 的方向(用内层的记号表示)与 e_2 的方向一致,再应用左手定则确定转子各导体受力的方向。由图可见,在 $\cos\varphi_2=1$ 的情况下,所有作用于转子导体的力将产生同一方向的转矩。

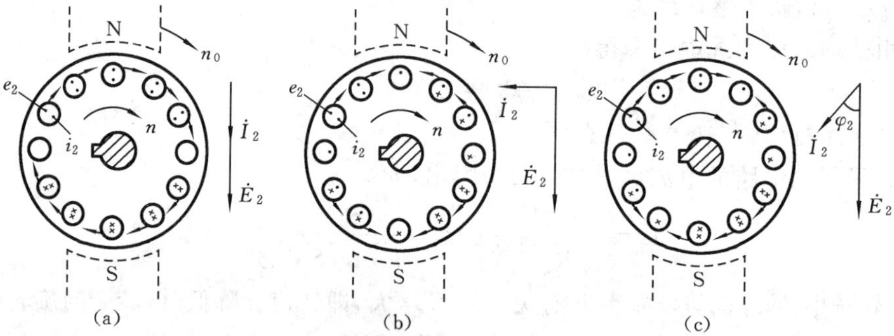

图 4.22　功率因数 $\cos\varphi_2$ 对转矩 T 的影响

(a) $\cos\varphi_2=1$　(b) $\cos\varphi_2=0$　(c) $\cos\varphi_2<1$

图 4.22(b)所示是假设转子电阻与其感抗相比可以忽略不计,即 $\cos\varphi_2=0$ 的情况,这时 $\dot{I}_2$ 比 $\dot{E}_2$ 滞后 90°。由图可见,在这种情况下,作用于转子各导体的力正好互相抵消,转矩为零。

图 4.22(c)所示是实际情况,电流 $\dot{I}_2$ 比电动势 $\dot{E}_2$ 滞后 φ_2 角,即 $\cos\varphi_2<1$。这时,各导体受力的方向不尽相同,在同样的电流和旋转磁通之下,产生的转矩较 $\cos\varphi_2=1$ 时的为小。由此可以得出

$$T=K_t\Phi I_2\cos\varphi_2 \tag{4.23}$$

式中,K_t——仅与电动机结构有关的常数。

将式(4.14)代入式(4.21)得

$$I_2=\frac{S\times 4.44f_1N_2\Phi}{\sqrt{R_2{}^2+(SX_{20})^2}} \tag{4.24}$$

再将式(4.24)和式(4.22)代入式(4.23),并考虑到式(4.6)和式(4.10),则得出转矩的另一个表示式,即

$$T=K\frac{SR_2U^2}{R_2^2+(SX_{20})^2} \tag{4.25}$$

式中,K——与电动机结构参数、电源频率有关的一个常数,$K\propto 1/f_1$;

U——电源电压;

R_2——转子每相绕组的电阻;

X_{20}——电动机不动($n=0$)时转子每相绕组的感抗。

4.3.3　三相异步电动机的机械特性

式(4.25)所表示的电磁转矩 T 与转差率 S 的关系 $T=f(S)$ 通常称为 T-S 曲线。

在异步电动机中，转速 $n=(1-S)n_0$，为了符合习惯画法，可将 T-S 曲线换成转速与转矩之间的关系 n-T 曲线，即 $n=f(T)$称为异步电动机的机械特性。它有固有机械特性和人为机械特性之分。

1. 固有机械特性

异步电动机在额定电压和额定频率下，用规定的接线方式，定子和转子电路中不串联任何电阻或电抗时的机械特性称为固有（自然）机械特性，根据式(4.25)和式(4.5)可得到三相异步电动机的固有机械特性，如图 4.23 所示。从特性曲线可以看出，其上有四个特殊点可以决定特性曲线的基本形状和异步电动机的运行性能，这四个特殊点如下。

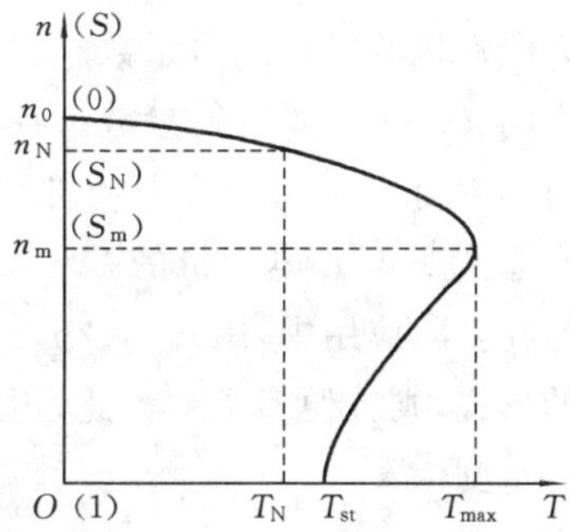

图 4.23　异步电动机的固有机械特性

(1) $T=0, n=n_0(S=0)$，为电动机的理想空载工作点，此时电动机的转速为理想空载转速 n_0。

(2) $T=T_N, n=n_N(S=S_N)$，为电动机的额定工作点，此时额定转矩和额定转差率分别为

$$T_N = 9.55\frac{P_N}{n_N} \tag{4.26}$$

$$S_N=\frac{n_0-n_N}{n_0} \tag{4.27}$$

式中，P_N——电动机的额定功率；

n_N——电动机的额定转速，一般 $n_N=(0.94\sim0.985)n_0$；

S_N——电动机的额定转差率，一般 $S_N=0.06\sim0.015$；

T_N——电动机的额定转矩。

(3) $T=T_{st}, n=0\ (S=1)$，为电动机的启动工作点。

将 $S=1$ 代入式(4.25)，可得

$$T_{st} = K\frac{R_2U^2}{R_2^2+X_{20}^2} \tag{4.28}$$

可见，异步电动机的启动转矩 T_{st}与 U、R_2 及 X_{20} 有关。当施加在定子每相绕组上的电压 U 降低时，启动转矩会明显减小；当转子电阻适当增大时，启动转矩会增大；而转子电抗增大时，启动转矩则会大为减小，这是我们所不需要的。通常把在固有机械特性上启动转矩与额定转矩之比 $\lambda_{st}=T_{st}/T_N$ 作为衡量异步电动机启动能力的一个重要数据，一般 $\lambda_{st}=1.0\sim1.2$。

(4) $T=T_{max}, n=n_m\ (S=S_m)$，为电动机的临界工作点。欲求转矩的最大值，可由式(4.25)令 $dT/dS=0$，而得临界转差率为

$$S_m = R_2/X_{20} \tag{4.29}$$

再将 S_m 代入式(4.25)，即可得

$$T_{max} = K\frac{U^2}{2X_{20}} \tag{4.30}$$

从式(4.30)和式(4.29)可看出：最大转矩 T_{max} 的大小与定子每相绕组上所加电

压 U 的二次方成正比,这说明异步电动机对电源电压的波动是很敏感的。电源电压过低,会使轴上输出转矩明显下降,甚至小于负载转矩,而造成电动机停转。最大转矩 T_{max}的大小与转子电阻 R_2 的大小无关,但临界转差率 S_m 却正比于 R_2,这对线绕式异步电动机而言,在转子电路中串接附加电阻,可使 S_m 增大,而 T_{max}却不变。

异步电动机在运行中经常会遇到短时冲击负载,如果冲击负载转矩小于最大电磁转矩,电动机仍然能够运行,而且电动机短时过载也不会引起剧烈发热。通常把在固有机械特性上最大电磁转矩与额定转矩之比

$$\lambda_m = T_{max}/T_N \tag{4.31}$$

称为电动机的过载能力系数。它表征了电动机能够承受冲击负载的能力大小,是电动机的又一个重要运行参数。各种电动机的过载能力系数在国家标准中有规定,如普通的 Y 系列笼型异步电动机的 $\lambda_m=2.0\sim2.2$,供起重机械和冶金机械用的 YZ 和 YZR 型绕线异步电动机的 $\lambda_m=2.5\sim3.0$。

在实际应用中,用式(4.25)计算机械特性非常麻烦,如把它化成用 T_{max}和 S_m 表示的形式,则方便多了。为此,用式(4.25)除以式(4.30),并代入式(4.29),经整理后就可得到

$$T = 2T_{max}\Big/\left(\frac{S}{S_m}+\frac{S_m}{S}\right) \tag{4.32}$$

式(4.32)为转矩-转差率特性的实用表达式,也叫规格化转矩-转差率特性。

2. 人为机械特性

由式(4.25)知,异步电动机的机械特性与电动机的参数有关,也与外加电源电压、电源频率有关,将关系式中的参数人为地加以改变而获得的特性称为异步电动机的人为机械特性,即改变定子电压 U、定子电源频率 f、定子电路串入电阻或电抗、转子电路串入电阻或电抗等,都可得到异步电动机的人为机械特性。

1) 降低电动机电源电压时的人为机械特性

由式(4.4)、式(4.29)和式(4.30)可以看出,电压 U 的变化对理想空载转速 n_0 和临界转差率 S_m 不发生影响,但最大转矩 T_{max}与 U^2成正比,当降低定子电压时,n_0 和 S_m 不变,而T_{max}大大减小。在同一转差率情况下,人为机械特性与固有机械特性的转矩之比等于相对应电压的二次方之比。因此在绘制降低电压的人为机械特性时,是以固有机械特性为基础,在不同的 S 处,取固有机械特性上对应的转矩乘以降低电压与额定电压比值的二次方,即可得到人为机械特性,如图 4.24 所示。当 $U_a=U_N$ 时,$T_a=T_{max}$;当$U_b=0.8\ U_N$ 时,$T_b=0.64\ T_{max}$;当$U_c=0.5U_N$时,$T_c=0.25T_{max}$。可见,电压愈低,人

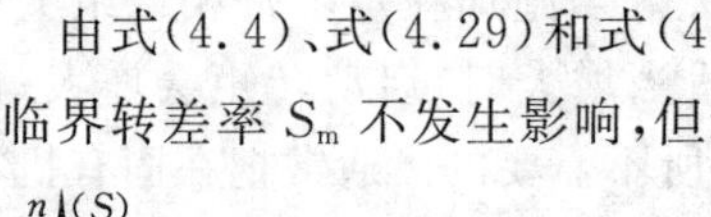

图 4.24 改变电源电压时的人为机械特性

为机械特性曲线愈往左移。异步电动机对电网电压的波动非常敏感，运行时，如电压降低太多，它的过载能力与启动转矩会大大降低，电动机甚至会发生带不动负载或者根本不能启动的现象。例如，电动机运行在额定负载 T_N 下，即使 $\lambda_m=2$，若电网电压下降到 $70\%U_N$，则由于这时

$$T_{max}=\lambda_m T_N\left(\frac{U}{U_N}\right)^2=2\times0.7^2T_N=0.98T_N$$

电动机也会停转。此外，电网电压下降，在负载转矩不变的条件下，将使电动机转速下降，转差率 S 增大，电流增加，引起电动机发热甚至被烧坏。

2）定子电路串接电阻或电抗时的人为机械特性

在电动机定子电路中串接电阻或电抗后，电动机端电压为电源电压减去定子串接电阻上或电抗上的压降，致使定子绕组相电压降低，这种情况下的人为机械特性与降低电源电压时的相似，如图4.25所示。图中，实线1为降低电源电压的人为机械特性，虚线2为定子电路串接电阻 R_{1s} 或电抗 X_{1s} 的人为机械特性。可以看出，定子串入 R_{1s} 或 X_{1s} 后的最大转矩要比直接降低电源电压时的最大转矩大一些，这是因为随着转速的上升和启动电流的减小，在 R_{1s} 或 X_{1s} 上的压降减小，加到电动机定子绕组上的端电压自动增大，致使最大转矩较大；而降低电源电压的人为机械特性在整个启动过程中，定子绕组的端电压是恒定不变的。

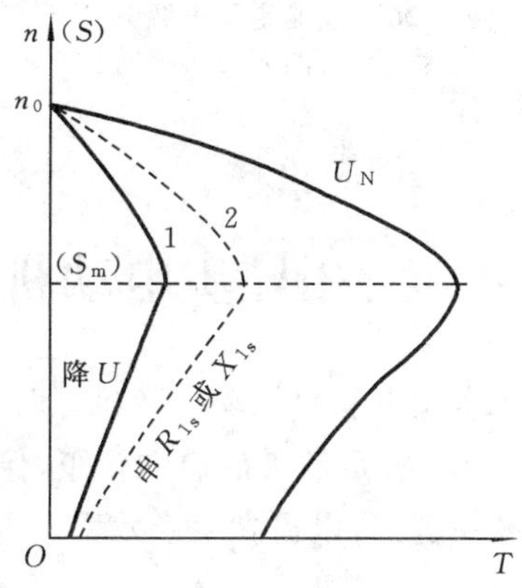

图4.25 定子电路串接电阻或电抗时的人为机械特性

3）改变定子电源频率时的人为机械特性

改变定子电源频率 f 对三相异步电动机机械特性的影响是比较复杂的，下面仅定性地分析 $n=f(T)$ 的近似关系。根据式(4.4)、式(4.28)至式(4.30)，并注意到上列式中 $X_{20}\propto f$，$K\propto 1/f$，且一般变频调速采用恒转矩调速，即希望最大转矩 T_{max} 保持为恒值，为此在改变频率 f 的同时，电源电压 U 也要作相应的变化，使 U/f 等于常数，这实质上是使电动机气隙磁通保持不变。在上述条件下就存在 $n_0\propto f$，$S_m\propto 1/f$，$T_{st}\propto 1/f$ 和 T_{max} 不变的关系，即随着频率的降低，理想空载转速 n_0 要减小，临界转差率要增大，启动转矩要增大，而最大转矩基本维持不变，如图4.26所示。

4）转子电路串接电阻时的人为机械特性

在三相绕线异步电动机的转子电路中串接电阻 R_{2r}（见图4.27(a)）后，转子电路中的电阻为 R_2+R_{2r}。由式(4.5)、式(4.29)和式(4.30)可看出，R_{2r} 的串接对理想空载转速 n_0、最大转矩 T_{max} 没有影响，但临界转差率 S_m 则随着 R_{2r} 的增大而增大，此时的人为机械特性将是比固有机械特性更软的一条曲线，如图4.27(b)所示。

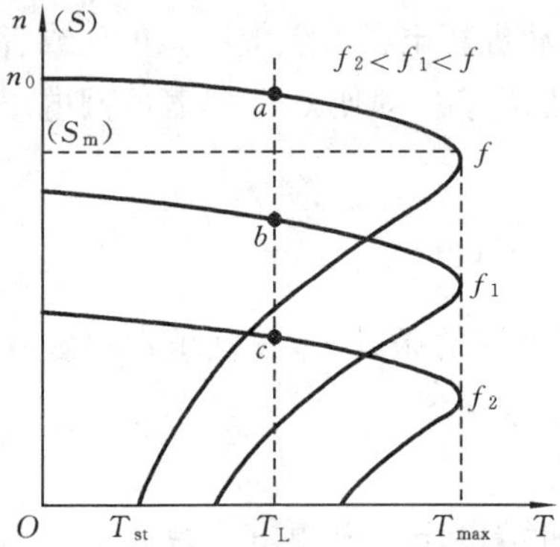

图 4.26 改变定子电源频率时的人为机械特性

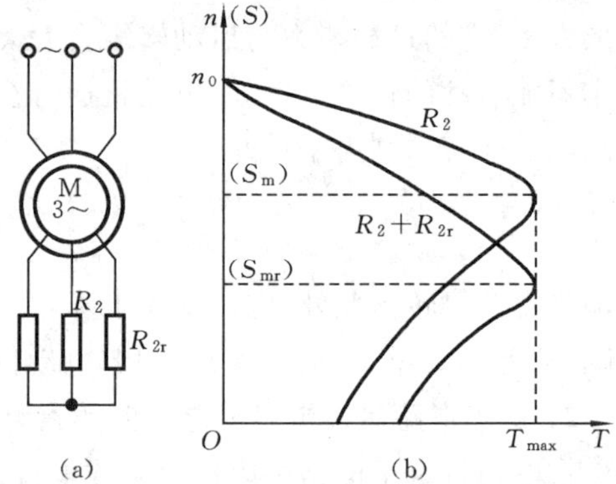

图 4.27 绕线异步电动机转子电路串接电阻时的电路原理图和人为机械特性

(a) 电路原理图 (b) 人为机械特性

4.4 三相异步电动机的启动特性

采用电动机拖动生产机械时,对电动机启动的主要要求如下。

(1) 有足够大的启动转矩,保证生产机械能正常启动。一般场合下希望启动速度越快越好,以提高生产效率。电动机的启动转矩必须大于负载转矩,否则电动机不能启动。

(2) 在满足启动转矩要求的前提下,启动电流越小越好。因为过大的启动电流冲击,对电网和电动机本身都是不利的。对电网而言,它会引起较大的线路压降,特别是电源容量较小时,电压下降太多,会影响接在同一电源上的其他负载,例如影响到其他异步电动机的正常运行甚至停止转动;对电动机本身而言,过大的启动电流将在绕组中产生较大的损耗,引起绕组发热,加速电动机绕组绝缘层老化,且在大电流冲击下,电动机绕组端部受电动力的作用,有发生位移和变形的可能,容易造成短路事故。

(3) 要求启动平滑,即要求启动时平滑加速,以减小对生产机械的冲击。

(4) 启动设备安全可靠,力求结构简单,操作方便。

(5) 启动过程中的功率损耗越小越好。

其中,(1) 和(2)是衡量电动机启动性能的两条主要技术指标。

异步电动机在接入电网启动的瞬时,由于转子处于静止状态,定子旋转磁场以最快的相对速度(即同步转速)切割转子导体,在转子绕组中感应出很大的转子电动势和转子电流,从而引起很大的定子电流。一般启动电流 I_{st} 可达额定电流 I_N 的 5~7 倍。但因启动时转差率 $S_{st}=1$,转子功率因数 $\cos\varphi_2$ 很低,因而启动转矩 $T_{st}=$

$K_t \Phi I_{2st} \cos\varphi_{2st}$ 却不大，一般 $T_{st}=(0.8\sim1.5)T_N$。异步电动机的固有启动特性如图 4.28 所示。

显然，异步电动机的这种启动性能与生产机械对电动机的要求是相矛盾的。为了解决这个矛盾，必须根据具体情况，采取不同的启动方法。

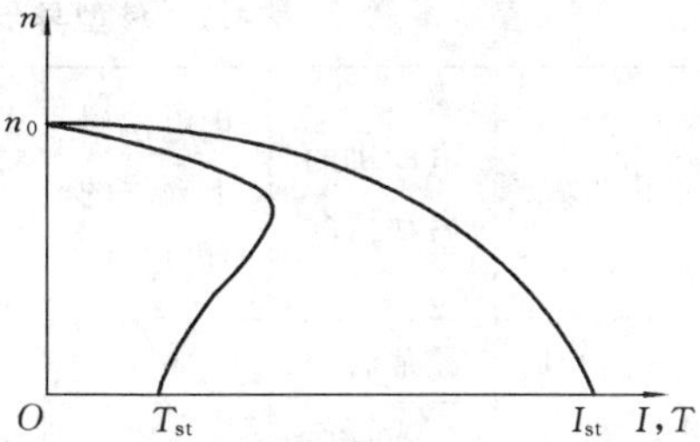

图 4.28　异步电动机的固有启动特性

4.4.1　笼型异步电动机的启动方法

在一定的条件下，笼型异步电动机可以直接启动，在不允许直接启动时，则采用限制启动电流的降压启动。

1. 直接启动(全压启动)

所谓直接启动，是指将电动机的定子绕组通过闸刀开关或接触器直接接入电源，在额定电压下进行启动，图 4.29 为其电路原理图。由于直接启动的启动电流很大，因此，在什么情况下才允许采用直接启动，主要取决于电动机的功率与供电变压器的容量之比值，对此，有关供电、动力部门都有规定。一般在有独立变压器供电(即变压器供动力用电)的情况下，若电动机启动频繁，则电动机功率小于变压器容量的 20%时允许直接启动；若电动机不经常启动，则电动机功率小于变压器容量的 30%时也允许直接启动。如果在没有独立的变压器供电(即与照明共用电源)的情况下，电动机启动比较频繁，则常按经验公式来估算，满足下列关系即可直接启动：

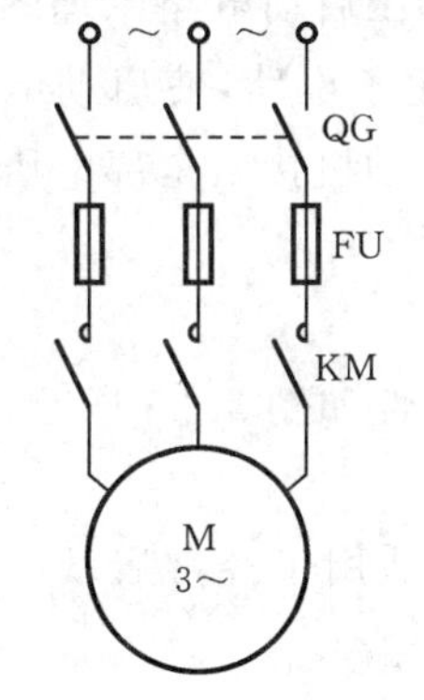

图 4.29　直接启动的电路原理图

$$\frac{\text{启动电流 } I_{st}}{\text{额定电流 } I_N} \leqslant \frac{3}{4}+\frac{\text{电源总容量}}{4\times\text{电动机功率}} \tag{4.33}$$

例 4.2　一台要求经常启动的笼型异步电动机，其$P_N=20$ kW，$I_{st}/I_N=6.5$。如果供电变压器(电源)容量为560 kV·A，且有照明负载，问：电动机可否直接启动？同样的 I_{st}/I_N 值，功率为多大的电动机不允许直接启动？

解　根据式(4.33)算出

$$\frac{3}{4}+\frac{560}{4\times20}=7.75,\quad \frac{I_{st}}{I_N}=6.5$$

满足式(4.33)的关系，故允许直接启动。

由 $6.5\leqslant\frac{3}{4}+\frac{560}{4\times P_N}$ 可算出，额定功率大于 24 kW 的电动机不允许直接启动。

笼型异步电动机直接启动的经验数据如表 4.1 所示。

表 4.1　笼型异步电动机直接启动的经验数据

供电方式	电动机的启动情况	供电网络上允许的电压降	供电变压器容量/(kV·A)					
			100	180	320	560	750	1000
			直接启动电动机的最大功率/kW					
动力与照明混合	经常启动	2%	4.2	7.5	13.3	23	31	42
	不经常启动	4%	8.4	15	27	47	62	84
动力专用	—	10%	21	37	66	116	155	210

直接启动因无须附加启动设备，且操作和控制简单、可靠，所以，在条件允许的情况下应尽量采用。考虑到目前在大中型厂矿企业中，变压器容量已足够大，因此，绝大多数中、小型笼型异步电动机都可采用直接启动。

2. 电阻或电抗器降压启动

图 4.30 为异步电动机采用定子串接电阻或电抗器的降压启动电路原理图。启动时，接触器 KM1 断开，KM 闭合，将启动电阻 R_{st} 串接于定子电路，使启动电流减小；待转速上升到一定程度后再将 KM1 闭合，R_{st} 被短接，电动机接上全部电压而趋于稳定运行。

这种启动方法的缺点是：

(1) 启动转矩随定子电压的二次方关系下降，其机械特性如图 4.25 所示，故它只适用于空载或轻载启动的场合。

(2) 不经济。在启动过程中，电阻器上消耗能量大，不适用于经常启动的电动机，若采用电抗器代替电阻器，则所需设备费较贵，且体积大。

3. Y-△降压启动

图 4.31 为 Y-△降压启动电路原理图。启动时，接触器 KM 和 KM1 闭合，KM2 断开，将定子绕组接成星形；待转速上升到一定程度后再将 KM1 断开，KM2 闭合，将定子绕组接成三角形，电动机启动过程完成而转入正常运行。这适用于运行时定

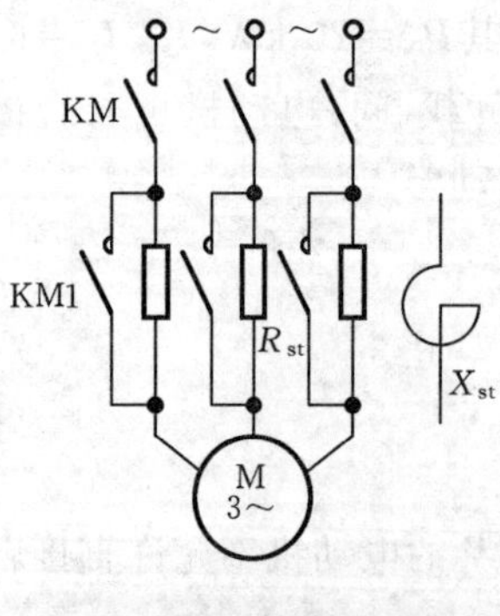

图 4.30　定子串接电阻或电抗的降压启动电路原理图

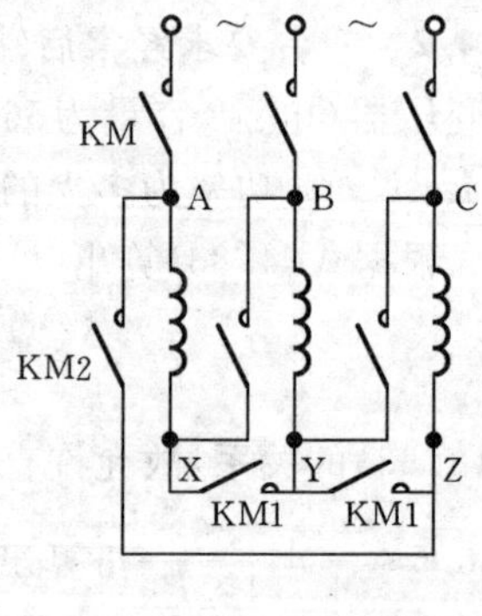

图 4.31　Y-△降压启动电路原理图

子绕组接成三角形的情况。

设 U_1 为电源线电压，I_{stY} 及 $I_{st\triangle}$ 为定子绕组分别接成星形及三角形的启动电流（线电流），Z 为电动机在启动时每相绕组的等效阻抗，则有

$$I_{stY}=U_1/(\sqrt{3}Z),\quad I_{st\triangle}=\sqrt{3}U_1/Z$$

所以 $I_{stY}=I_{st\triangle}/3$，即定子绕组接成星形时的启动电流等于接成三角形时启动电流的 1/3，而接成星形时的启动转矩 $T_{stY}\propto(U_1/\sqrt{3})^2=U_1^2/3$，接成三角形时的启动转矩 $T_{st\triangle}\propto U_1^2$，所以，$T_{stY}=T_{st\triangle}/3$，即星形连接降压启动时的启动转矩只有三角形连接直接启动时的 1/3。

Y-△降压启动除了可用接触器控制外，还有一种专用的手操式 Y-△启动器。

Y-△降压启动的优点是设备简单、经济、启动电流小，缺点是启动转矩小，且启动电压不能按实际需要调节，故只适用于空载或轻载启动的场合，并只适用于正常运行时定子绕组按三角形连接的异步电动机。由于这种方法应用广泛，我国规定 4 kW 及以上的三相异步电动机，其定子额定电压为 380 V，连接方法为三角形连接。当电源线电压为 380 V 时，它们就能采用 Y-△降压启动。

4. 自耦变压器降压启动

图 4.32(a)为自耦变压器降压启动的电路原理图。启动时 KM1、KM2 闭合，KM 断开，三相自耦变压器 T 的三个绕组接成星形，并与三相电源相接，使接于自耦变压器副边的电动机降压启动，当转速上升到一定值后，KM1、KM2 断开，自耦变压器 T 被切除，同时 KM 闭合，电动机接上全电压运行。

图 4.32(b)所示为自耦变压器启动时的一相电路。由变压器的工作原理知，此时，副边电压与原边电压之比为 $K=U_2/U_1=N_2/N_1<1$，$U_2=KU_1$，启动时加在电动机定子每相绕组的电压是全压启动时的 K 倍，因而电流 I_2 也是全压启动时的 K 倍，即 $I_2=KI_{st}$（注意，I_2 为变压器副边电流，I_{st} 为全压启动时的启动电流）。而变压器原边电流 $I_1=KI_2=K^2I_{st}$，即此时从电网吸取的电流 I_1 是直接启动时电流 I_{st} 的 K^2 倍。这与 Y-△降压启动时的情况一样，只是在 Y-△降压启动时的 $K=1/\sqrt{3}$ 为定值，而自

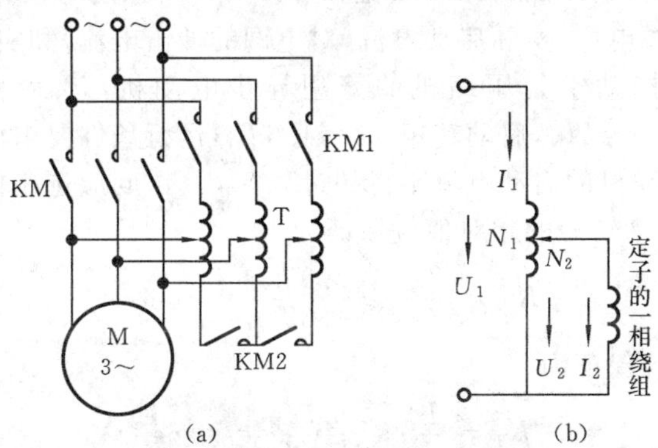

图 4.32　自耦变压器降压启动电路原理图和一相电路

(a) 电路原理图　(b) 一相电路

耦变压器启动时的 K 是可调节的，这就是此种启动方法优于 Y-△降压启动方法之处，当然它的启动转矩也是全压启动时的K^2倍。这种启动方法的缺点是变压器的体积大、重量重、价格高、维修麻烦，且启动时自耦变压器处于过电流(超过额定电流)状态下运行，因此，不适于启动频繁的电动机。它在启动不太频繁、要求启动转矩较大、容量较大的异步电动机上应用较为广泛。通常把自耦变压器的输出端做成固定抽头(一般有 $K=80\%$、65%和 50%三种，可根据需要选择输出电压)，连同转换开关(见图4.32中的 KM、KM1 和 KM2)和保护用的继电器等组合成一个设备，称为启动补偿器。

为了便于根据实际要求选择合理的启动方法，现将上述几种常用启动方法的启动电压、启动电流和启动转矩的相对值列于表 4.2。

表 4.2　笼型异步电动机几种常用启动方法的比较

启动方法	启动电压相对值 $K_U=\frac{U_{st}}{U_N}$	启动电流相对值 $K_I=\frac{I'_{st}}{I_{st}}$	启动转矩相对值 $K_T=\frac{T'_{st}}{T_{st}}$
直接(全压)启动	1	1	1
定子电路串电阻或电抗器降压启动	0.80	0.80	0.64
	0.65	0.65	0.42
	0.50	0.50	0.25
Y-△降压启动	0.57	0.33	0.33
自耦变压器降压启动	0.80	0.64	0.64
	0.65	0.42	0.42
	0.50	0.25	0.25

表中，U_N、I_{st}和 T_{st}分别为电动机的额定电压、全压启动时的启动电流和启动转矩，其数值可从电动机的产品目录中查到；U_{st}、I'_{st}和 T'_{st}分别为按各种方法启动时实际加在电动机上的线电压、实际启动电流(对电网的冲击电流)和实际的启动转矩。

例 4.3　有台拖动空气压缩机的笼型异步电动机，$P_N=40$ kW，$n_N=1465$ r/min，启动电流 $I_{st}=5.5I_N$，启动转矩 $T_{st}=1.6T_N$，运行条件要求启动转矩必须大于 $0.9T_N$，电网允许电动机的启动电流不得超过 $3.5I_N$。试问应选用何种启动方法。

解　按要求，启动转矩的相对值应保证为

$$K_T=\frac{T'_{st}}{T_{st}}\geqslant\frac{0.9T_N}{1.6T_N}=0.56$$

启动电流的相对值应保证为

$$K_I=\frac{I'_{st}}{I_{st}}\leqslant\frac{3.5I_N}{5.5I_N}=0.64$$

由表 4.2 可知，只有当自耦变压器降压比为 0.8 时，才可满足 $K_T\geqslant0.56$ 和 $K_I\leqslant0.64$ 的条件。故选用自耦变压器降压启动方法，变压器的降压比为 0.8。

5. 软启动器

上述的几种常用启动方法都是有级(一级)降压启动,启动过程中电流有两次冲击,其幅值比直接启动时电流(见图4.33曲线1)低,而启动过程时间略长(见图4.33曲线2)。

现代带电流闭环的电子控制软启动器可以限制启动电流并保持恒值,直到转速升高后电流自动衰减下来(见图4.33曲线3),启动时间也短于一级降压启动。主电路采用晶闸管交流调压器,用连续地改变其输出电压来保证恒流启动,稳定运行时可用接触器给晶闸管旁路,以免晶闸管不必要地长期工作。视启动时所带负载的大小,启动电流可在(0.5～4)I_N之间调整,以获得最佳的启动效果,但无论如何调整都不宜满载启动。负载略重或静摩擦转矩较大时,可在启动时突加短时的脉冲电流,以缩短启动时间。

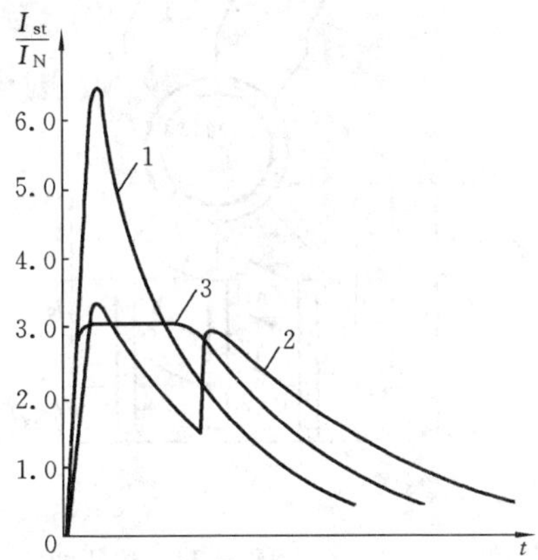

图4.33　异步电动机启动过程与电流冲击的关系曲线

1—直接启动　2—一级降压启动　3—软启动

软启动的功能同样也可以用于制动,以实现软停车。

随着现代电力电子技术和微电子技术的迅速发展,以及生产机械对三相笼型异步电动机启动性能和工作性能上要求的不断提高,采用高性能变频器对三相笼型异步电动机供电已日趋广泛。在这种情况下,三相笼型异步电动机的启动就变得相当容易:只要通过控制施加到电动机定子绕组上电压的频率和幅值,就可快速、平滑地启动。

4.4.2　绕线异步电动机的启动方法

笼型异步电动机的启动转矩小,启动电流大,不能满足某些生产机械高启动转矩、低启动电流的要求。而绕线异步电动机由于能在转子电路中串接电阻,因此具有较大的启动转矩和较小的启动电流,即具有较好的启动特性。

在转子电路中串接电阻的启动方法常用的有逐级切除启动电阻法和频敏变阻器启动法。

1. 逐级切除启动电阻法

逐级切除启动电阻的方法与他励直流电动机逐级切除启动电阻方法的目的和启动过程相似,主要是为了使整个启动过程中电动机能保持较大的加速转矩。启动电路原理图为图4.34(a):启动开始时,触点KM1、KM2、KM3均断开,启动电阻全部接入,KM闭合,将电动机接入电网。电动机的机械特性如图4.34(b)中曲线Ⅲ所示,初始启动转矩为T_A,加速转矩$T_{a1}=T_A-T_L$,这里T_L为负载转矩。在加速转矩的作用下,转速沿曲线Ⅲ上升,轴上输出转矩相应下降,当转矩下降至T_B时,加速转

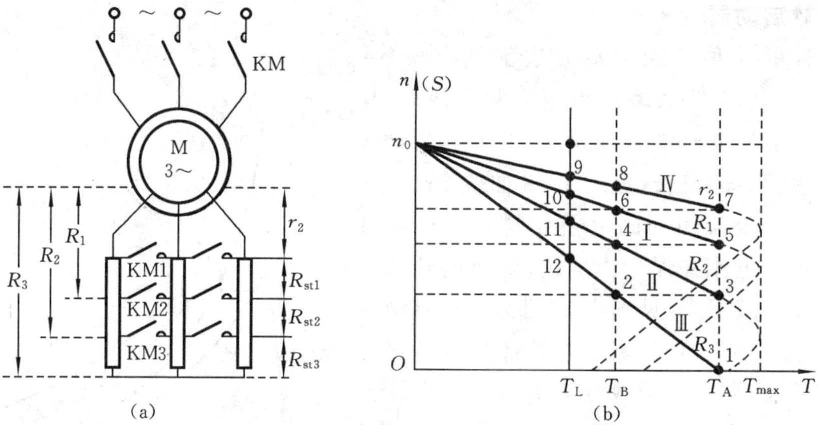

图 4.34 逐级切除启动电阻的电路原理图和机械特性

(a) 电路原理图 (b) 机械特性

矩下降到 $T_{a2}=T_B-T_L$。这时,为了使系统保持较大的加速度,让 KM3 闭合,各相电阻中的 R_{st3} 被短接(或切除),启动电阻由R_3减为 R_2,电动机的机械特性由曲线Ⅲ变化到曲线Ⅱ。只要 R_2 的大小选择得合适,并掌握好切除时间,就能保证在电阻刚被切除的瞬间电动机轴上输出转矩重新回升到 T_A,即使电动机重新获得最大的加速转矩。以后各段电阻的切除过程与上述相似,直到转子电阻全部被切除,电动机稳定运行在固有机械特性曲线(即图中曲线Ⅳ)相应于负载转矩 T_L 的点 9 上,启动过程结束。

2. 频敏变阻器启动法

采用逐级切除启动电阻法来启动绕线异步电动机时,可以由手动操作“启动变阻器”或“鼓形控制器”来切除电阻,也可以用继电器-接触器自动切换电阻。前者很难实现较理想的启动,且对提高劳动生产率、减轻劳动强度不利;后者则增加了附加设备等费用,且维修较麻烦。因此,单从启动而言,逐级切除启动电阻的方法不是很好的方法。若采用频敏变阻器来启动绕线异步电动机,则既可自动切除启动电阻,又不需要控制电器。

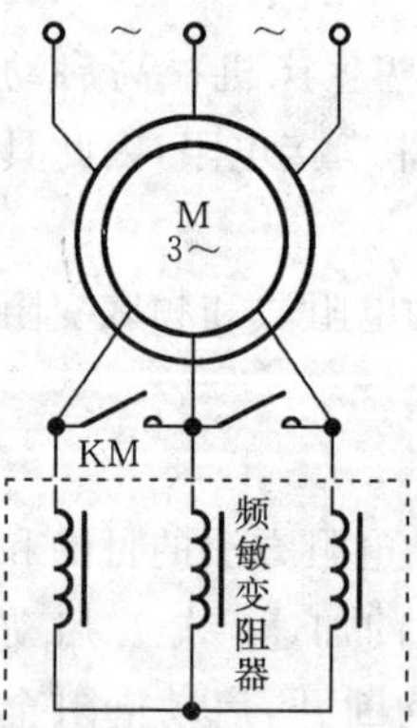

图 4.35 频敏变阻器电路原理图

频敏变阻器实质上是一个铁芯损耗很大的三相电抗器,铁芯由一定厚度的多块实心铁板或钢板叠成,一般做成三柱式;每柱上绕有一个线圈,三相线圈连成星形,然后接到绕线异步电动机的转子电路中,如图 4.35 所示。

在频敏变阻器的线圈中通过转子电流,它在铁芯中产生交变磁通,在交变磁通的作用下,铁芯中就会产生涡流,涡流使铁芯发热。从电能损失的观点来看,这和电流通过电阻发热而损失电能一样,所以,可以把涡流的存在看成是一个电

阻 R。另外，铁芯中交变的磁通又在线圈中产生感应电动势，阻碍电流流通，因而有感抗 X（即电抗）存在。所以，频敏变阻器相当于电阻 R 和电抗 X 的并联电路。启动过程中频敏变阻器内的实际电磁过程如下：一方面，启动开始时，$n=0$，$S=1$，转子电流的频率（$f_2=Sf$）高，铁耗大（铁耗与 f_2^2 成正比），相当于 R 大，且 $X\propto f_2$，所以 X 也很大，即等效阻抗大，从而限制了启动电流；另一方面，由于启动时铁耗大，频敏变阻器从转子取出的有功电流也较大，从而提高了转子电路的功率因数，增大了启动转矩。随着转速的逐步上升，转子频率 f_2 逐渐下降，从而使铁耗减小，感应电动势也减小，即由 R 和 X 组成的等效阻抗逐渐减小，这就相当于启动过程中逐渐自动切除电阻和电抗。当转速 $n=n_N$ 时，f_2 很小，R 和 X 近似为零，这相当于转子被短路，启动完毕，进入正常运行。这种电阻和电抗对频率的"敏感"特性，就是"频敏变阻器"名称的由来。

和逐级切除启动电阻的启动方法相比，频敏变阻器启动法的主要优点是：具有自动平滑调节启动电流和启动转矩的良好启动特性，且结构简单，运行可靠，无须经常维修。它的缺点是：功率因数低（一般为 0.3～0.8），因而启动转矩的增大受到限制，且不能用做调速电阻。因此，频敏变阻器用于对调速没有什么要求、启动转矩要求不大、经常正反向运转的绕线异步电动机的启动是比较合适的。它广泛应用于冶金、化工等传动设备上。

我国生产的频敏变阻器有不经常启动和重复短时工作制启动的两类，前者在启动完毕后要用接触器 KM 短接（见图 4.35 中虚线框内部分），后者则不需要。

频敏变阻器的铁芯和铁轭间设有气隙，在绕组上留有几组抽头，改变气隙大小和绕组匝数，用以调整电动机的启动电流和启动转矩，匝数少、气隙大时，启动电流和启动转矩都大。

为了使单台频敏变阻器的体积不至于过大、重量不至于过重，当电动机容量较大时，可以采用多台频敏变阻器串联使用。

由以上分析可知，普通笼型异步电动机的最大优点是结构简单，运行可靠，缺点是启动性能差，很难适应启动频繁且需较大启动转矩的生产机械（主要是起重运输机械和冶金企业中的各种辅助机械）的要求，而特殊笼型电动机可以满足对启动的要求。对特殊笼型电动机有兴趣的读者，可以阅读有关文献。

4.5　三相异步电动机的调速方法与特性

由式（4.4）和式（4.5）可以得到

$$n = n_0(1-S) = \frac{60f}{p}(1-S) \tag{4.34}$$

由式（4.34）可知，异步电动机在一定负载稳定运行的条件（$T=T_L$）下，欲得到不同的转速 n，其调速方法有变极对数 p、变转差率 S（即改变电动机机械特性的硬度）

和变电源频率 f 等。交流调速的分类如下：

- 交流调速
  - 变极对数调速——改变笼型异步电动机定子绕组的极对数
  - 变转差率调速
    - 调压调速——改变定子电压
    - 转子电路串接电阻调速——绕线异步电动机转子电路串接电阻
    - 串级调速——绕线异步电动机转子电路串接电动势
    - 电磁转差离合器调速——滑差电动机调速
  - 变频调速——改变定子电源的频率

在以上三种调速方法中，变极对数调速是有级的。变转差率调速不用调节同步转速，低速时电阻能耗大，效率较低；只有串级调速情况下，转差功率才得以利用，效率较高。变频调速要调节同步转速，可以从高速到低速都保持很小的转差率，效率高，调速范围大，精度高，是交流电动机一种比较理想的调速方法。本节只介绍异步电动机几种调速方法的基本原理与特性，有关调速系统的内容将在第 10 章介绍。

4.5.1 变极对数调速

在生产中，大量的生产机械并不需要连续平滑调速，只需要几种特定的转速就可以了，而且对启动性能也没有太高要求，一般只在空载或轻载下启动。在这种情况下采用变极对数调速的多速笼型异步电动机是合理的。

根据式(4.4)，同步转速 n_0 与极对数 p 成反比，故改变极对数 p 即可改变电动机的转速。

下面以单绕组双速电动机为例，对改变极对数调速的原理进行分析。如图 4.36 所示，为简便起见，将一个线圈组集中起来用一个线圈代表。单绕组双速电动机的定子每相绕组由两个相等圈数的“半绕组”组成。如图 4.36(a)所示，两个“半绕组”串联，其电流方向相同；如图 4.36(b)所示，两个“半绕组”并联，其电流方向相反。它们分别代表两种极对数，即 $2p=4$ 与 $2p=2$。可见，改变极对数的关键在于使每相定子绕组中一半绕组内的电流改变方向，即可用改变定子绕组的接线方式来实现。若在定子上装两套独立绕组，各自具有所需的极对数，两套独立绕组中每套又可以有不同

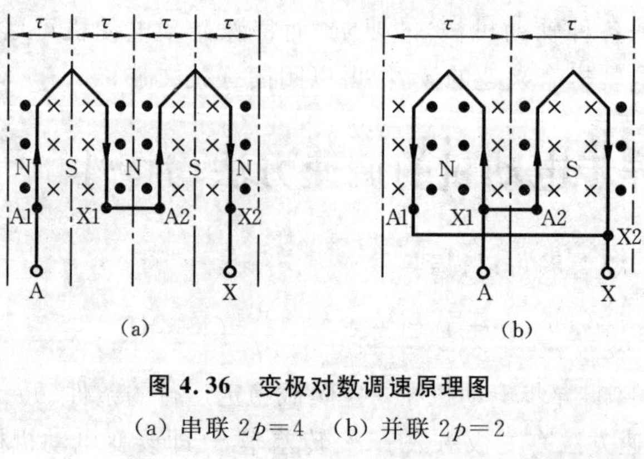

(a) (b)

图 4.36 变极对数调速原理图

(a) 串联 $2p=4$ (b) 并联 $2p=2$

的连接，这样就可以分别得到双速、三速或四速等电动机，通称为多速电动机。

注意，多速电动机的调速性质也与连接方式有关，如将定子绕组由 Y 连接改成 YY 连接（见图 4.37(a)），即每相绕组由串联改成并联，则极对数减少了一半，故$n_{YY}=2n_{Y}$。可以证明，此时转矩维持不变，而功率增加了一倍，即属于恒转矩调速；而当定子绕组由△连接改成 YY 连接（见图 4.37(b)）时，极对数也减少了一半，即$n_{YY}=2n_{\triangle}$。也可以证明，此时功率基本维持不变，而转矩约减小了一半，即属于恒功率调速。

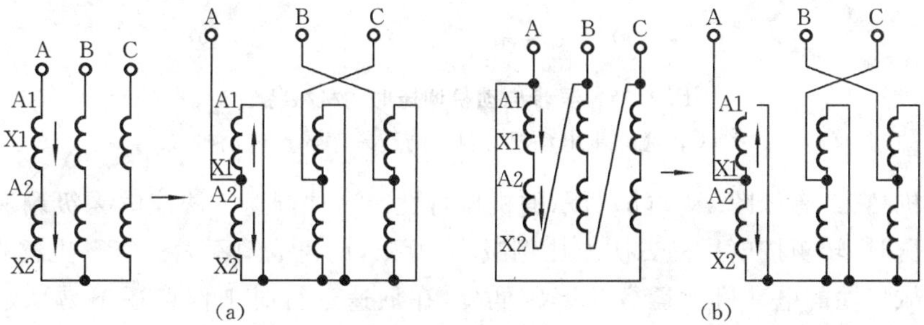

图 4.37　单绕组双速电动机的极对数变换

(a) Y→YY　(b) △→YY

另外，极对数的改变，不仅使转速发生了改变，而且使三相定子绕组中电流的相序也改变了。为了改变极对数后仍能维持原来的转向不变，必须在改变极对数的同时，改变三相绕组接线的相序，如图 4.37 所示，将 B 相和 C 相对换一下。这是设计变极对数调速电动机控制线路时应注意的一个问题。

多速电动机启动时宜先接成低速，再换接为高速，这样可获得较大的启动转矩。

多速电动机虽体积稍大，价格稍高，只能有级调速，但结构简单，效率高，特性好，且调速时所需附加设备少，因此，广泛用于机电联合调速的场合，特别是在中小型机床上用得较多。

4.5.2　变转差率调速

1. 调压调速

1) 异步电动机调压特性

把图 4.24 所示的改变电源电压时的人为机械特性重画在图 4.38(a) 中，可见，电压改变时，T_{max}变化，而 n_0 和 S_m不变。对于恒转矩性负载 T_L，由机械特性曲线 1 与不同电压下电动机机械特性的交点，可以得到点 a、b、c 所决定的速度，其调速范围很小，没有多大实用价值。若电动机拖动离心式通风机型负载曲线 2 与不同电压下机械特性的交点为 d、e、f，则可以看出，调速范围稍大。但是，随着电动机转速的降低，会引起转子电流相应增大，可能引起过热而损坏电动机。所以，为了使电动机能在低速下稳定运行又不致过热，要求电动机转子绕组有较高的电阻，故应选用高转差

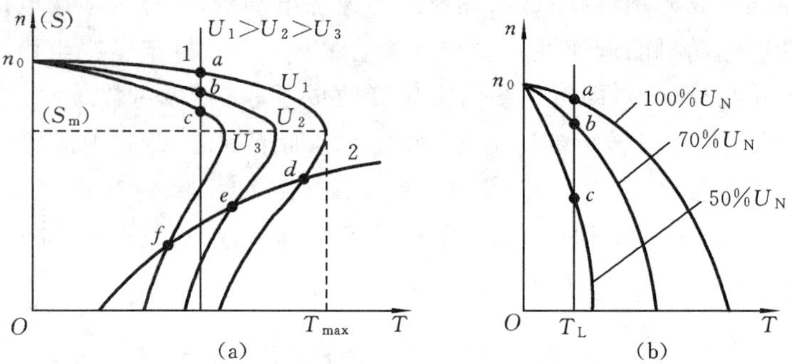

图 4.38　异步电动机调压时的机械特性

(a) 普通异步电动机　(b) 高转差率异步电动机

率电动机,它具有如图 4.38(b)所示的机械特性。这种调速方法能够无级调速,但当降低电压时,转矩按电压的二次方比例减小,所以,调速范围不大。值得注意的是,这种软机械特性的电动机除运行效率较低外,在低速运行时工作点还不易稳定,如图 4.38(b) 中的点 c。要提高调压调速机械特性的硬度,就要采用速度闭环控制系统。

2) 异步电动机调压调速时的损耗及容量限制

根据异步电动机的运行原理,当电动机定子接入三相电源后,定子绕组中建立的旋转磁场在转子绕组中感应出电流,二者相互作用产生转矩 T。这个转矩将转子加速直到最后稳定运转在低于同步转速 n_0 的某一速度 n 为止。由于旋转磁场和转子具有不同的速度,因此,传到转子上的电磁功率

$$P_e=Tn_0/9550$$

与转子轴上产生的机械功率

$$P_m=Tn/9550$$

之间存在功率差

$$P_s = P_e - P_m = T\frac{n_0-n}{9550} = SP_e \tag{4.35}$$

这个功率称为转差功率,它将通过转子导体发热而消耗掉。由式(4.35)亦可看出,在较低转速时,转差功率将很大,所以,这种调压调速方法不太适合于长期工作在低速的工作机械。如仍要用于这种机械,电动机容量就应适当大一些的。

另外,如果负载具有转矩随转速降低而减小的特性(如通风机类型的工作机械 $T_L=Kn^2$),则当向低速方向调速时转矩减小,电磁功率及输入功率也减小,从而转差功率较恒转矩负载时小得多。因此,定子调压调速的方法特别适合于通风机及泵类等机械。

2. 转子电路串接电阻调速

转子电路串接电阻调速的电路原理图和机械特性与图 4.34 所示的相同。从图中可看出,绕线异步电动机转子电路串接不同的电阻时,其 n_0 和 T_{max} 不变,但 S_m 随

附加电阻的增大而增大。对于恒转矩负载 T_L，由负载特性曲线与所串接的不同附加电阻下电动机机械特性的交点(点 9、10、11 和 12 等)可知，随着附加电阻的增大，电动机的转速降低。

当然，这种调速方法只适用于绕线异步电动机，其启动电阻可兼作调速电阻用，不过此时要考虑稳定运行时的发热，应适当增大电阻的容量。

转子电路串接电阻时，调速简单可靠，但它是有级调速。随转速降低，特性变软。转子电路电阻损耗与转差率成正比，低速时转差功率 SP_e 大，损耗大。所以，这种调速方法大多用在重复短期运转的生产机械中，如用在起重运输设备中。

4.5.3 变频调速

由式(4.4)和图 4.26 可以看出，异步电动机的转速 n 正比于定子电源的频率 f_1，若连续调节定子电源频率 f_1，即可连续地改变电动机的转速 n。变频调速是目前交流电动机调速的一种主要方法，它在许多方面已经取代了直流调速系统。交流调速技术已成为当前机电传动控制系统研究的主要内容之一。变频调速的方案现在已有很多，下面仅介绍变频调速的基本方法。

1. 变压变频调速

变压变频调速适合于基频(额定频率 f_{1N})以下调速。

在基频以下调速时，需要调节电源电压，否则电动机将不能正常运行，其理由如下。

由式(4.9)知，三相异步电动机每相定子绕组的电压方程(相量式)为

$$\dot{U}_1 = -\dot{E}_1 + \dot{I}_1 R_1 + j\dot{I}_1 X_1 = -\dot{E}_1 + \dot{I}_1(R_1 + jX_1) = -\dot{E}_1 + \dot{I}_1 \dot{Z}_1$$

$\dot{I}_1 \dot{Z}_1$ 为定子电流在绕组阻抗上产生的电压降。

电动机在额定运行时，$I_1 Z_1 \ll U_1$，所以有式(4.10)，即

$$U_1 \approx E_1 = 4.44 f_1 N_1 \Phi_m \tag{4.36}$$

由式(4.36)有

$$\Phi_m \approx \frac{1}{4.44 N_1} \frac{U_1}{f_1} = K \frac{U_1}{f_1} \tag{4.37}$$

由于电源电压通常是恒定的，即 U_1 为恒定，可见，当电压频率变化时，磁极下的磁通也将发生变化。

在电动机设计时，为了充分利用铁芯通过磁通的能力，通常将铁芯额定磁通 Φ_{mN}(或额定磁感应强度 B)选在磁化曲线的弯曲点(选得较大，已接近饱和)，以使电动机产生足够大的转矩(转矩 T 与磁通 Φ_m 成正比)。若减小频率，磁通会增加，将使铁芯饱和；当铁芯饱和时，要使磁通再增加，则需要很大的励磁电流。这将导致电动机绕组的电流过大，造成电动机绕组过热，甚至烧坏电动机，是不允许的。因此，比较合理的方案是，当降低 f_1 时，为了防止磁路饱和，使 Φ_m 保持不变，于是要保持 E_1/f_1 为常数。但因 E_1 难以直接控制，故近似地保持 U_1/f_1 为常数。这表明，在基频以下变频调速时，要实现恒磁通调速，应使电压和频率按比例地配合调节，这相当于直流电动机的调压调速，也称恒压频比控制方式。

2. 恒压弱磁调速

恒压弱磁调速适合于基频(额定频率 f_{1N})以上调速。

在基频以上调速时,要按比例升高电压是很困难的。这是因为当频率调节到超过基频(即 $f_1>f_{1N}$)时,若仍保持 $\Phi_m=\Phi_{mN}$,则电压 U_1 将超过额定电压 U_{1N},而这在电动机的运行中是不允许的(会损坏绝缘层)。因此在基频以上,只好保持电压不变(不超过电动机绝缘要求的额定电压),即 $U_1=U_{1N}$ 为常数。这时,f_1 越高,Φ_m越弱,这相当于直流电动机的弱磁调速,也称恒压弱磁升速控制方式。

把基频以下和基频以上两种情况合起来,可得如图 4.39 所示的异步电动机变频调速控制特性。如果电动机在不同转速下都具有额定电流,则电动机都能在温升允许范围内长期运行。基频以下属于"恒转矩调速",而基频以上基本上属于"恒功率调速"。

综上所述,异步电动机的变压变频调速是进行分段控制的:基频以下,采取恒磁恒压频比控制方式;基频以上,采取恒压弱磁升速控制方式。

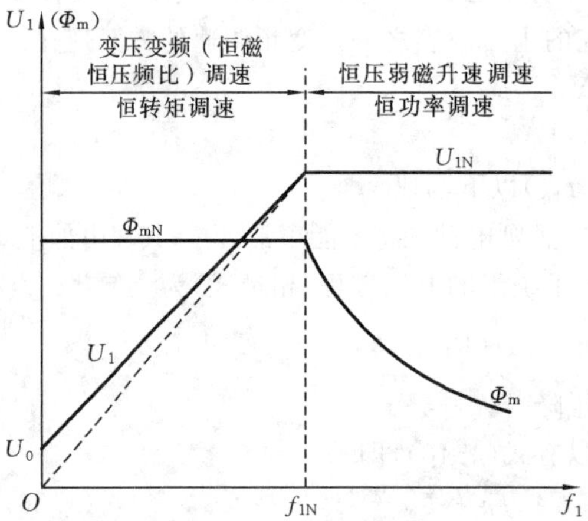

图 4.39 异步电动机变压变频调速控制特性

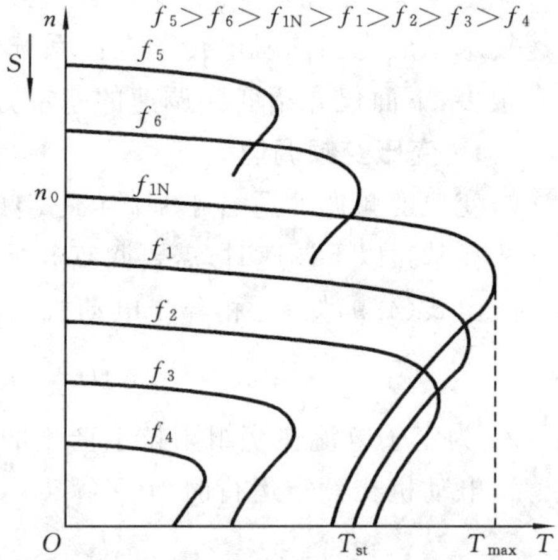

图 4.40 变频调速时的机械特性

变频调速时的机械特性 $n=f(T)$ 如图 4.40 所示。

值得指出的是,上述在基频以下分析的依据 $\Phi_m\approx KU_1/f_1$,是在略去 I_1Z_1 的情况下得出的。事实上,在负载不变的情况下,随着 f_1 减小,U_1 将成比例地减小,I_1Z_1 的影响实质上就是 E_1 减小,也就是在 $\Phi_m<\Phi_{mN}$ 条件下,f_1 与 U_1 减小得越多,I_1Z_1 的影响就越大。为了补偿 I_1Z_1 对 E_1 的影响,在减小 f_1 时使 U_1 减小得少一些,也就是相当于用增加 U_1 来补偿 I_1Z_1 的影响,这样 U_1/f_1 就不等于常数了。控制特性 U_1-f_1 曲线将为图 4.39 中 $f<f_{1N}$ 段的实直线。当然此时机械特性 $n=f(T)$ 也要作相应的改变。

迄今为止,变频调速所达到的性能指标已能和直流电动机的调速性能媲美,并具有极大的经济效益。其主要优点如下。

(1) 调速范围广。通用变频器的最低工作频率为 0.5 Hz,如额定频率

$f_{1N}=50$ Hz，则在额定转速以下，调速范围可达到$D\approx50/0.5=100$。D实际是同步转速的调节范围，与实际转速的调节范围略有出入。挡别较高的变频器的最低工作频率仅为0.1 Hz，则额定转速以下的调速范围可达到$D\approx50/0.1=500$。

(2) 调速平滑性好。在频率给定信号为模拟量时，其输出频率的分辨率大多为0.05 Hz，以四极电动机($p=2$)为例，每两挡之间的转速差为

$$\varepsilon_n\approx\frac{60\times0.05}{2}\ \text{r/min}=1.5\ \text{r/min}$$

如频率给定信号为数字量，则输出频率的分辨率可达0.002 Hz，每两挡间的转速差为

$$\varepsilon_n\approx\frac{60\times0.002}{2}\ \text{r/min}=0.06\ \text{r/min}$$

(3) 工作特性(静态特性与动态特性)都能达到和直流调速系统不相上下的程度。

(4) 经济效益高。例如，带风机、水泵等离心式通风机型负载的三相交流异步电动机，每年要消耗大量的电力。如果改用变频调速，全国范围内节省的电力将是十分可观的。这也是变频调速技术发展得十分迅速的主要原因之一。

为了便于根据实际情况选择适应不同要求的调速方法，现将异步电动机各种调速方法的调速性能进行比较，并列于表4.3中。

表4.3　异步电动机各种调速方法调速性能的比较

比较项目	调速方法					
	变极对数	变转差率				变频
		转子串接电阻	调压调速	电磁转差离合器调速	串级调速	
是否改变同步转速	变	不变	不变	不变	基本不变	变
静差率	小(好)	大(差)	开环时大，闭环时小	开环时大，闭环时小	小(好)	小(好)
调速范围(满足一般静差率要求)	较小($D=2\sim4$)	小($D=2$)	闭环时较大($D\leqslant10$)	闭环时较大($D\leqslant10$)	较小($D=2\sim4$)	较大($D>10$)
调速平滑性(有级/无级)	差，有级调速	差，有级调速	好，无级调速	好，无级调速	好，无级调速	好，无级调速
适应负载类型	恒转矩，恒功率	恒转矩	通风机，恒转矩	通风机，恒转矩	通风机，恒转矩	恒转矩，恒功率
设备投资	少	少	较少	较少	较多	多
能量损耗	小	大	大	大	较少	较少
电动机类型	多速电动机(笼型电动机)	绕线电动机	笼型电动机	滑差电动机	绕线电动机	笼型电动机

4.6　三相异步电动机的制动特性

4.6.1　反馈制动

当某种原因导致异步电动机的运行速度高于它的同步速度，即 $n>n_0$ 且 $S=\frac{n_0-n}{n_0}<0$ 时，异步电动机就进入发电状态。显然，这时转子导体切割旋转磁场的方向与电动状态时的方向相反，电流 I_2 改变了方向，电磁转矩 $T=K_m\Phi I_2\cos\varphi_2$ 也随之改变了方向，即 T 与 n 的方向相反，T 起制动作用。反馈制动时，电动机从轴上吸收功率后，小部分转换为转子铜耗，大部分则通过空气隙进入定子，并在供给定子铜耗和铁耗后反馈给电网。所以，反馈制动又称发电制动。这时异步电动机实际上是一台与电网并联运行的异步发电机。反馈制动状态异步电动机的机械特性如图4.41所示。由于 T 为负，$S<0$，所以，反馈制动的机械特性曲线是电动状态机械特性曲线向第二象限的延伸。

异步电动机的反馈制动运行状态有两种情况。一种情况是负载转矩为位能性转矩的起重机械在下放重物时的反馈制动运行状态，例如桥式吊车，电动机反转(在第三象限)下放重物，开始在反转电动状态工作，电磁转矩和负载转矩方向相同，重物快速下降，直至$|-n|>|-n_0|$，即电动机的实际转速超过同步转速后，电磁转矩成为制动转矩，当 $T=T_L$ 时，达到稳定状态，重物匀速下降，电动机运行在图 4.41 中的点 a。改变转子电路串接的附加电阻，可以调节重物下降的稳定运行速度，电动机运行在图4.41中的点 b。转子电阻越大，电动机转速就越高，但为了不致因电动机转速太高而造成运行事故，转子附加电阻的值不允许太大。

另一种情况是电动机在变极调速或变频调速过程中，极对数突然增多或供电频率突然降低，使同步转速 n_0 突然降低时的反馈制动运行状态。例如，某生产机械采用双速电动机传动，高速运行时为四极($2p=4$)，其转速为

$$n_{01}=\frac{60f}{p}=\frac{60\times 50}{2}\ \text{r/min}=1500\ \text{r/min}$$

低速运行时为八极($2p=8$)，其转速为

$$n_{02}=750\ \text{r/min}$$

变极或变频调速时反馈制动的机械特性如图 4.42 所示。当电动机由高速挡切换到低速挡时，由于转速不能突变，在降速开始一段时间内，电动机运行到 n_{02} 的机械特性的发电区域内(点 b)，此时电枢所产生的电磁转矩为负，和负载转矩一起，迫使电动机降速。在降速过程中，电动机将运行系统中的动能转换成电能反馈到电网，当电动机在高速挡所储存的动能消耗完后，电动机就进入 $2p=8$ 的电动状态，一直到电动机的电磁转矩又重新与负载转矩相平衡，电动机稳定运行在点 c。

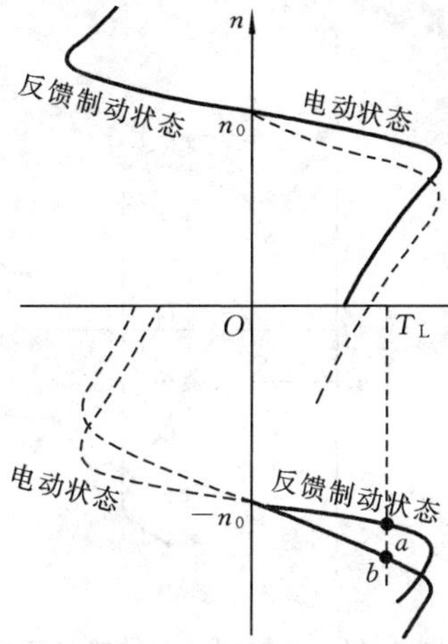

图 4.41　反馈制动状态异步电动机的机械特性

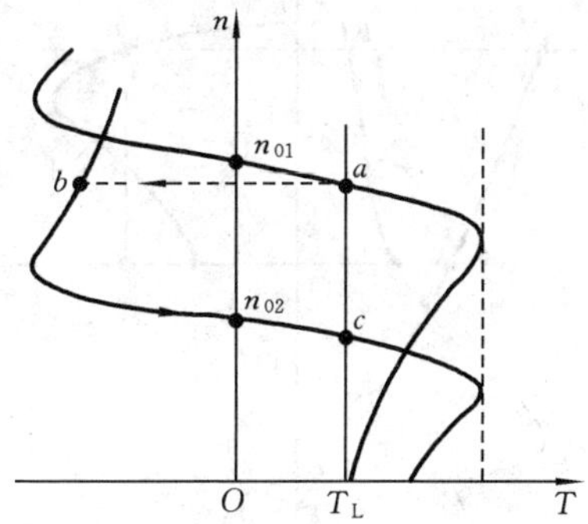

图 4.42　变极或变频调速时反馈制动的机械特性

4.6.2　反接制动

1. 电源反接

如果正常运行时异步电动机三相电源的相序突然改变，即电源反接，则旋转磁场的方向就将改变，电动状态下的机械特性曲线就由图 4.43 第一象限的曲线 1 变成了曲线 2 在第三象限的部分。但由于机械惯性的原因，转速不能突变，系统运行点 a 只能平移至特性曲线 2 的点 b，电磁转矩由正变负，则转子将在电磁转矩和负载转矩的共同作用下迅速减速。在从点 b 到点 c 的整个第二象限内，电磁转矩 T 和转速 n 的方向都相反，电动机进入反接制动状态。待 $n=0$（即点 c）时，应将电源切断，否则电动机将反向启动运行。

由于反接制动时电流很大，对于笼型电动机，常在定子电路中串接附加电阻，对于绕线电动机，则在转子电路中串接附加电阻。这时的人为机械特性如图 4.43 的曲线 3 所示，制动时工作点由点 a 转换到点 d，然后沿特性曲线 3 减速，至 $n=0$（即点 e），切断电源。

2. 倒拉制动

倒拉制动出现在位能负载转矩超过电磁转矩的时候，例如卷扬机下放重物，为了使下降速度不致太快，就常用这种工作状态。如图 4.44 所示，若卷扬机提升重物时稳定运行在特性曲线 1 的点 a，欲下放重物，就需在转子电路中串接较大的附加电阻。此时系统运行点将从特性曲线 1 的点 a 移至特性曲线 2 的点 b，负载转矩 T_L 将大于电动机的电磁转矩 T，电动机减速到点 c（即 $n=0$）。由于电磁转矩 T 仍小于负载转矩 T_L，重物将迫使电动机反向旋转，重物被下放，即电动机转速 n 由正变负，$S>1$，机械特性曲线由第一象限延伸到第四象限，电动机进入反接制动状态。随着下放

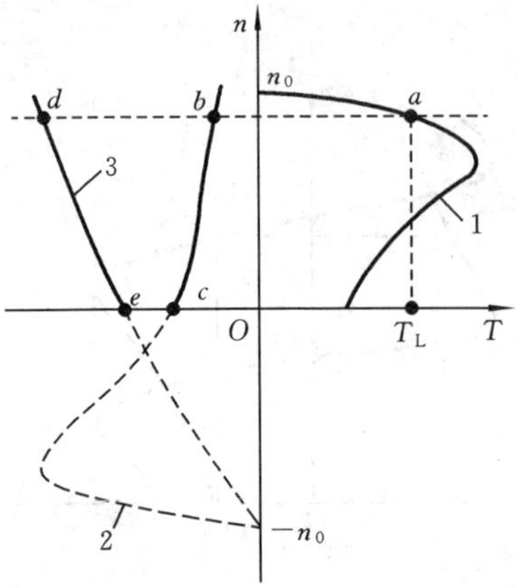

图 4.43 电源反接时反接制动的机械特性

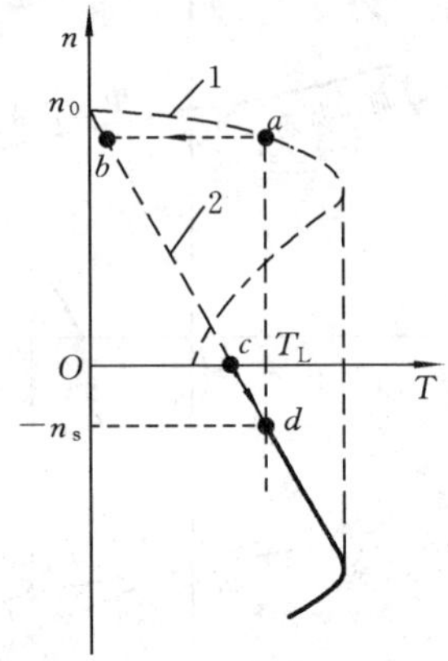

图 4.44 倒拉制动时的机械特性

速度的增加，S 增大，转子电流 I_2 和电磁转矩随之增大，直至 $T=T_L$，系统达到相对平衡状态，重物以 $-n_s$ 匀速下放。可见，与电源反接的过渡制动状态不同，倒拉制动状态是一种能稳定运转的制动状态。

在倒拉制动状态下，转子轴上输入的机械功率转变成电功率后，连同从定子输送来的电磁功率一起，消耗在转子电路的电阻上。

4.6.3 能耗制动

异步电动机的电源反接制动用于准确停车有一定的困难，因为它容易造成反转，而且电能损耗也比较大；反馈制动虽是比较经济的制动方法，但它只能在高于同步转速下使用；而能耗制动却是比较常用的准确停车的方法。

异步电动机能耗制动的电路原理图一般如图 4.45(a)所示。进行能耗制动时，首先将定子绕组从三相交流电源断开(KM1 断开)，接着立即将一低压直流电源通入定子绕组(KM2 闭合)。直流电流通过定子绕组后，在电动机内部建立一个固定不变的磁场，由于转子在运动系统储存的机械能作用下继续旋转，转子导体内就产生感应电动势和电流，该电流与恒定磁场相互作用产生作用方向与转子实际旋转方向相反的制动转矩。在它的作用下，电动机转速迅速下降，此时运动系统储存的机械能被电动机转换成电能后消耗在转子电路的电阻中。

能耗制动时的机械特性如图 4.45(b)所示。制动时系统运行点从特性曲线 1 的点 a 平移至特性曲线 2 的点 b，在制动转矩和负载转矩的共同作用下沿特性曲线 2 迅速减速，直至 $n=0$ 为止，当$n=0$时，$T=0$。所以，能耗制动能准确停车，不像电源反接制动那样，如不及时切断电源会使电动机反转。不过，当电动机停止后不应再接通直流电源，因为那样将会烧坏定子绕组。另外，制动的后阶段，随着转速的降低，能耗制动转矩也很快减小，所以制动较平稳，但制动效果比电源反接制动差。可以用改变定

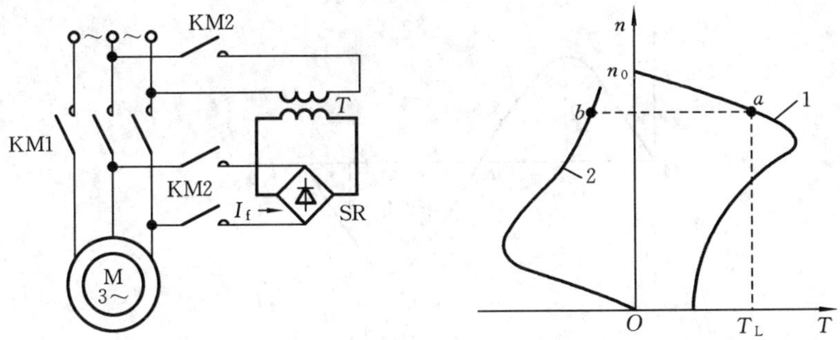

(a)　　　　　　　　(b)

图 4.45　能耗制动时电路原理图和机械特性

(a) 电路原理图　(b) 机械特性

子励磁电流 I_f 或转子电路串接附加电阻(绕线异步电动机)的大小来调节制动转矩，从而调节制动的强弱。由于制动时间很短，所以，通过定子的直流电流 I_f 可以大于电动机的定子额定电流，一般取 $I_f=(2\sim3)I_{1N}$。

4.7　单相异步电动机

单相异步电动机是一种容量从几瓦到几百瓦、由单相交流电源供电的电动机，具有结构简单，成本低廉，运行可靠等一系列优点，所以广泛用于电风扇、洗衣机、电冰箱、吸尘器、医疗器械及自动控制装置中。

4.7.1　单相异步电动机的磁场

单相异步电动机的定子绕组为单相，转子一般为鼠笼式，形成的磁场如图 4.46 所示。当接入单相交流电源时，它在定子、转子气隙中产生一个如图 4.47(a)所示的交变脉动磁场。此磁场在空间并不旋转，只是磁通或磁感应强度的大小随时间作正弦变化，即

$$B=B_m\sin\omega t \tag{4.38}$$

式中，B_m——磁感应强度的幅值；

ω——交流电源角频率。

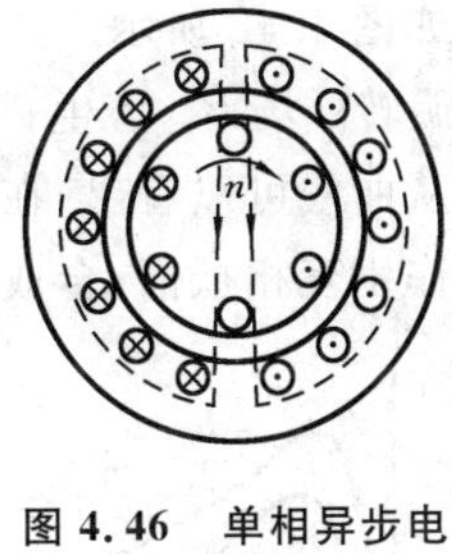

图 4.46　单相异步电动机的磁场

可以证明，式(4.38)所示空间轴线固定而大小按正弦规律变化的脉动磁场(用磁感应强度 B 表示)，可以分解成两个转速相等而方向相反的旋转磁场 $\bar{B}_{m1}$ 和 $\bar{B}_{m2}$，如图4.47(b)所示，磁感应强度的大小为

$$B_{m1}=B_{m2}=B_m/2$$

当脉动磁场变化一个周期，对应的两个旋转磁场正好各转一周。若交流电源的频率为 f，定子绕组的磁极对数为 p，则两个旋转磁场的同步转速为

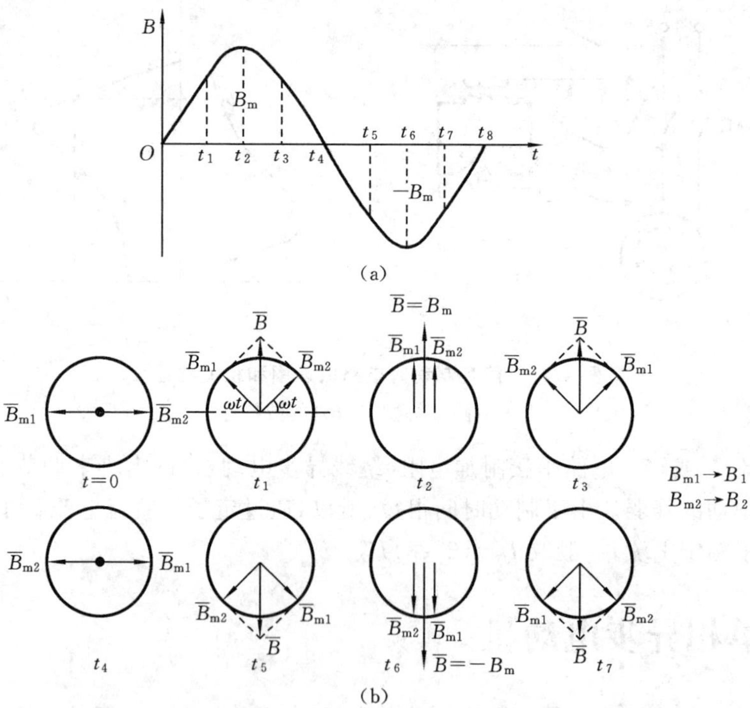

图 4.47　脉动磁场分成两个转向相反的旋转磁场

(a) 交变脉动磁场　(b) 脉动磁场的分解

$$n_0 = \pm 60f/p \tag{4.39}$$

与三相异步电动机的同步转速相同。

两个旋转磁场分别作用于鼠笼式转子而产生两个方向相反的转矩，其 $T=f(S)$ 曲线如图 4.48 所示。图中，T^+ 为正向转矩，由旋转磁场 $\bar{B}_{m1}$ 产生；T^- 为反向转矩，由反向旋转磁场 $\bar{B}_{m2}$ 产生；T 为单相异步电动机的合成转矩；S 为转差率。

从曲线可以看出，在转子静止($S=1$)时，由于两个电磁转矩大小相等方向相反，故其作用互相抵消，合成转矩为零，即 $T=0$，因而转子不能自行启动。

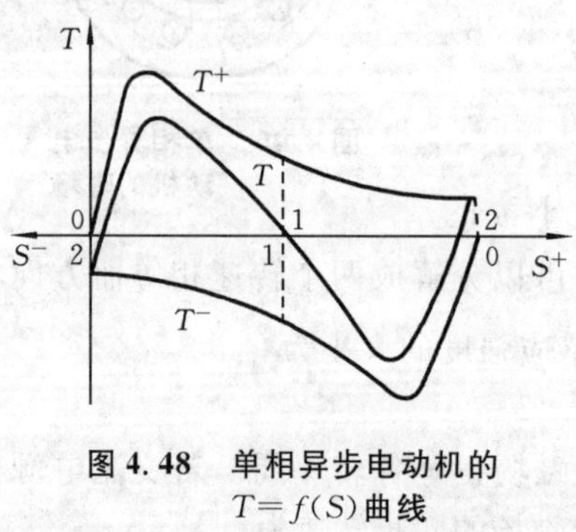

图 4.48　单相异步电动机的 $T=f(S)$ 曲线

如果用外力拨动转子顺时针旋转，则此时正向转矩 T^+ 大于反向转矩 T^-，其合成转矩 $T=T^+-T^-$ 为正，转子继续顺时针旋转，直至达到稳定运行状态。同理，如果朝逆时针方向推一下，电动机就会反向旋转。

由此可得出如下结论：

(1) 在脉动磁场作用下的单相异步电动机没有启动能力，即启动转矩为零；

(2) 单相异步电动机一旦启动，它能自行加速到稳定运行状态，其旋转方向不固定，完全取决于启动时的旋转方向。

因此，要解决单相异步电动机的应用问题，首先必须解决它的启动转矩问题。

4.7.2　单相异步电动机的启动方法

单相异步电动机在启动时若能产生一个旋转磁场，就可以建立启动转矩而自行启动。下面介绍两种常见的单相异步电动机。

1. 电容分相式异步电动机

图 4.49 为电容分相式异步电动机的接线图。

定子上有两个绕组 AX 和 BY，AX 为运行绕组（或工作绕组），BY 为启动绕组，它们都嵌入定子铁芯中，两绕组的轴线在空间互相垂直。在启动绕组 BY 电路中串有电容 C，适当选择参数使该绕组中的电流 i_B 在相位上比 AX 绕组中的电流 i_A 超前 90°。其目的是：通电后能在定子、转子气隙内产生一个旋转磁场，使其自行启动。可以利用 4.1.2 节中旋转磁场的分析方法来讨论电容分相式异步电动机的磁场。根据两个绕组的空间位置及图 4.50(a)所示的两相电流之波形，画出 t 为 $T/8$、$T/4$、$T/2$ 时刻磁力线的分布，如图4.50(b)所示。从该图可以看出，磁场是旋转的，且旋转磁场旋转方向的规律也和三相旋转磁场一样，是由 BY 到 AX，即由电流超前的绕组转向电流滞后的绕组。在此旋转磁场作用下，鼠笼式转子将跟着旋转磁场一起旋转。若在启动绕组 BY 支路中接入一离心开关 QC，如图 4.49 所示，电动机启动后，当转速达到额定值附近时，借离心力的作用将 QC 打开，电动机就成为单相运行了。此种结构形式的电动机称为电容分相启动电动机。也可不用离心开关，即在运行时并不切断电容支路，这种结构形式的电动机称为电容分相运转电动机。

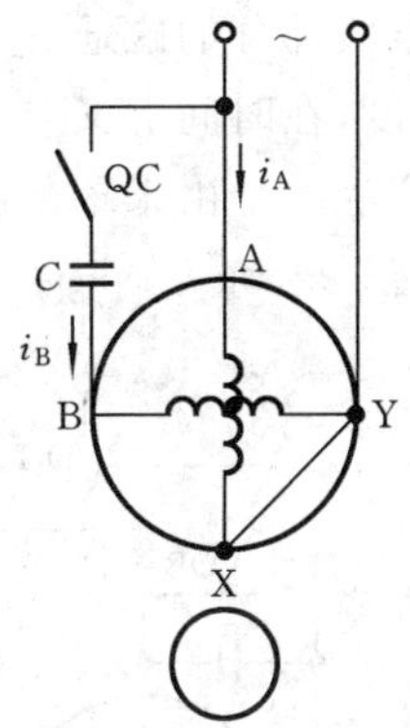

图 4.49　电容分相式异步电动机的接线图

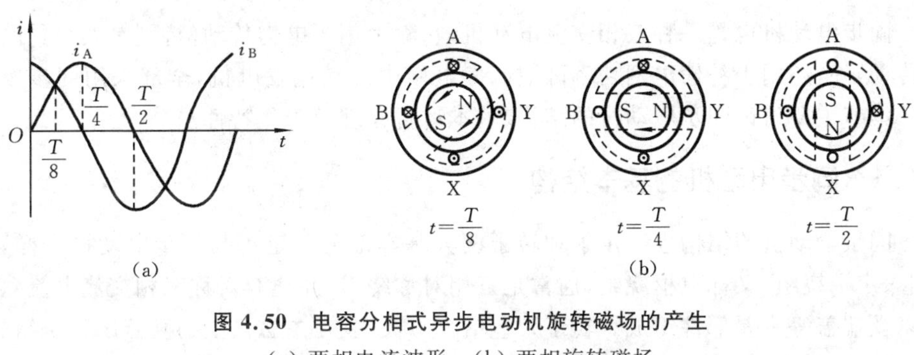

图 4.50　电容分相式异步电动机旋转磁场的产生

(a) 两相电流波形　(b) 两相旋转磁场

需要指出的是,欲使电动机反转,不能像三相异步电动机那样用调换两根电源线的方式来实现,而必须用调换电容 C 的串联位置的方式来实现,图 4.51 为其接线图,即改变 QB 的接通位置,就可改变旋转磁场的方向,从而实现电动机的反转。洗衣机中的电动机就是靠定时器中的自动转换开关来实现这种切换的。

2. 罩极式单相异步电动机

罩极式单向异步电动机的结构如图 4.52 所示,在磁极的一侧开一个小槽,用短路铜环罩住磁极的一部分。磁极的磁通 Φ 分为 Φ_1 与 Φ_2 两部分,当磁通变化时,由于电磁感应作用,在罩极线圈中产生感应电流,其作用是阻止通过罩极部分的磁通的变化,使罩极部分的磁通 Φ_2 在相位上滞后于未罩部分的磁通 Φ_1。这种在空间上相差一定角度,在时间上又有一定相位差的两部分磁通,合成效果与前面所述旋转磁场相似,即产生一个由未罩部分向罩极部分移动的磁场,从而在转子上产生一个启动转矩,使转子转动。

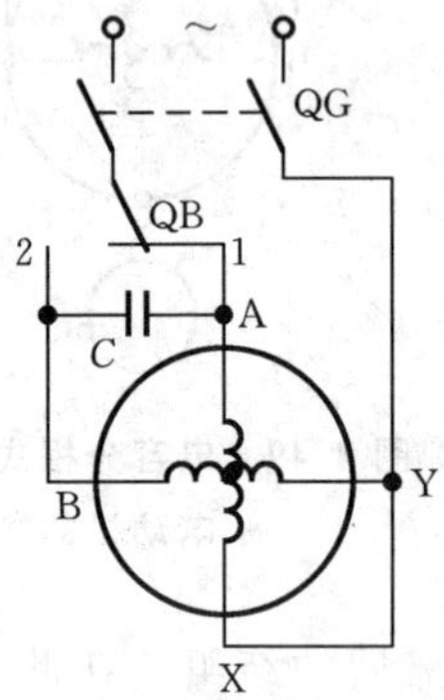

图 4.51　电容分相式异步电动机正、反转接线图

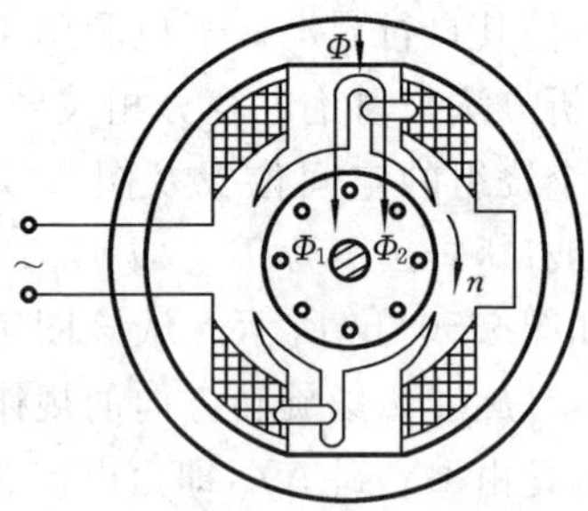

图 4.52　罩极式单相异步电动机的结构

4.8　同步电动机

同步电动机也是一种三相交流电动机,它除了用于电力传动(特别是大容量的电力传动)外,还用于补偿电网功率因数。发电厂中的交流发电机,全部采用同步发电机。本节主要讨论同步电动机的结构、基本运行原理及工作特性。

4.8.1　同步电动机的基本结构

同步电动机的结构也分定子和转子两大基本部分。定子与异步电动机一样,由铁芯、定子绕组(又称电枢绕组,通常是三相对称绕组,并通有对称三相交流电流)、机座以及端盖等主要部件组成。转子则包括主磁极、装在主磁极上的直流励磁绕组、特别设置的鼠笼式启动绕组、电刷以及集电环等主要部件。

同步电动机按转子主磁极的形状分为隐极式和凸极式两种，它们的结构如图 4.53所示。隐极式转子的优点是转子圆周的气隙比较均匀，适用于高速电动机；凸极式转子呈圆柱形，转子有可见的磁极，气隙不均匀，但制造较简单，适用于低速（转速低于 1000 r/min）运行。

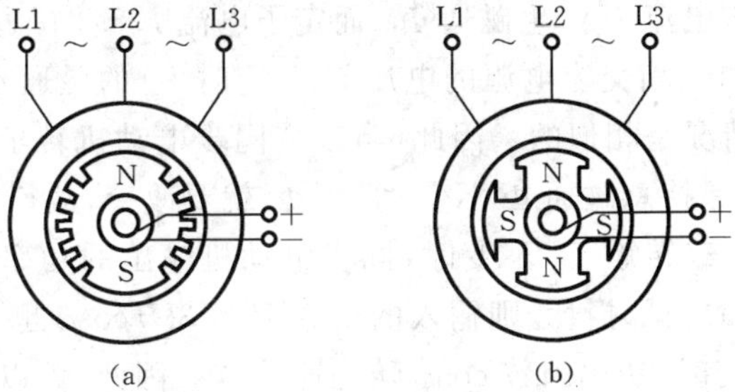

图 4.53　同步电动机的结构

（a）隐极式　（b）凸极式

同步电动机中作为旋转部分的转子只通以较小的直流励磁功率（一般为电动机额定功率的 0.3%～2%），故特别适用于大功率高电压的场合。

4.8.2　同步电动机的工作原理和特性

同步电动机的基本工作原理可用图 4.54 来说明。电枢绕组通以对称三相交流电流后，气隙中便产生一电枢旋转磁场，其旋转速度为同步转速

$$n_0 = 60f/p \tag{4.40}$$

式中，f——三相交流电源的频率；

p——定子旋转磁场的极对数。

在转子励磁绕组中通以直流电流后，同一空气隙中，又出现一个大小和极性固定、极对数与电枢旋转磁场相同的直流励磁磁场。这两个磁场的相互作用，使转子被电枢旋转磁场拖着以同步转速一起旋转，即 $n=n_0$。“同步电动机”由此而得名。

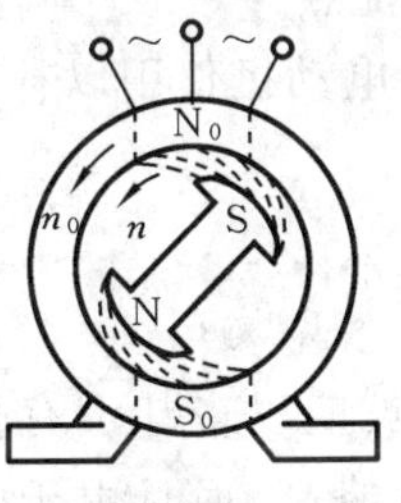

图 4.54　同步电动机工作原理图

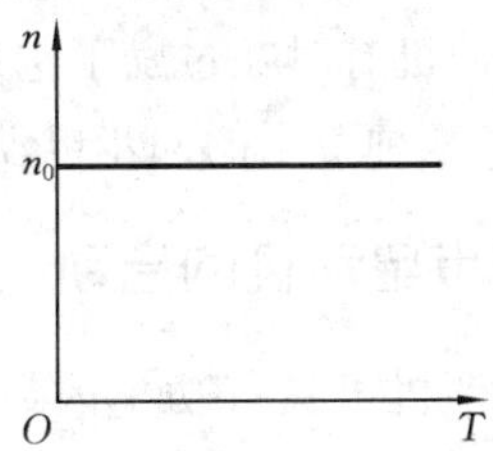

图 4.55　同步电动机的机械特性

在电源频率 f 与电动机转子极对数 p 一定的情况下，转子的转速 $n=n_0$ 为一常数，因此同步电动机具有恒定转速的特性，它的运转速度是不随负载转矩变化而变化的。同步电动机的机械特性如图 4.55 所示。

异步电动机的转子没有直流电流励磁,它所需要的全部磁动势均由定子电流产生,所以必须从三相交流电源吸取滞后电流来建立电动机运行时所需要的旋转磁场。这样,异步电动机的运行状态就相当于电源的电感性负载了,它的功率因数总是小于1的。与异步电动机不同,同步电动机所需要的磁动势是由定子与转子共同产生的。同步电动机转子励磁电流 I_f 产生磁通 Φ_f,而定子电流 I 产生磁通 Φ_0,总的磁通 Φ 为二者的合成。当外加三相交流电源的电压 U 一定时,总的磁通 Φ 也应该一定,这一点与感应电动机的情况是相似的。因此,当改变同步电动机转子的直流励磁电流 I_f 使 Φ_f 改变时,如果要保持总磁通 Φ 不变,那么 Φ_0 就要改变,故产生 Φ_0 的定子电流 I 必然随之改变。当负载转矩 T_L 不变时,同步电动机输出的功率 $P_2=Tn/9550$ 是恒定的,若略去电动机的内部损耗,则输入的功率 $P_1=3UI\cos\varphi$ 也是不变的。所以,当改变 I_f 而影响 I 改变时,功率因数 $\cos\varphi$ 随之而改变。因此,可以利用调节励磁电流 I_f 使 $\cos\varphi$ 刚好等于1,这时,电动机的全部磁动势都是由直流产生的,交流方面无须供给励磁电流。在这种情况下,定子电流 I 与外加电压 U 同相,这时的励磁状态称为正常励磁。

当直流励磁电流 I_f 小于正常励磁电流时的励磁状态称为欠励。若直流励磁的磁动势不足,定子电流将要增加一个励磁分量,即交流电源需要供给电动机一部分励磁电流,以保证总磁通不变。当定子电流出现励磁分量时,定子电路便成为电感性电路了,输入电流滞后于电压,$\cos\varphi$ 小于1,定子电流比正常励磁时要增大一些。

当直流励磁电流 I_f 大于正常励磁电流时的励磁状态称为过励。直流励磁过剩,在交流方面不仅不需电源供给励磁电流,而且还向电网发出电感性电流与电感性无功功率,正好补偿了电网附近电感性负载的需要,整个电网的功率因数得到提高。过励的同步电动机与电容器有类似的作用,这时,同步电动机相当于从电源吸取电容性电流与电容性无功功率,成为电源的电容性负载,输入电流超前于电压,$\cos\varphi$ 也小于1,定子电流也要加大。

根据上面的分析可以看出,调节同步电动机转子的直流励磁电流 I_f 能控制 $\cos\varphi$ 的大小和性质(容性或感性),这是同步电动机最突出的优点。

同步电动机有时在过励下空载运行,在这种情况下电动机仅用以补偿电网滞后的功率因数,这种专用的同步电动机称为同步补偿机。

4.8.3 同步电动机的启动

同步电动机虽具有功率因数可以调节的优点,但长期以来却没有像异步电动机那样得到广泛应用,这不仅是由于它的结构复杂,价格高,而且由于它的启动困难。

如图4.56所示,当转子尚未转动时加以直流励磁,产生固定磁场N—S;当定子接上三相电源,流过三相电流时,就产生了旋转磁场,并立即以同步转速 n_0 旋转。在图(a)所示的情况下,二者相吸,定子旋转磁场欲吸着转子旋转,但由于转子的惯性,它还没有来得及转动，旋转磁场就已转到图(b)所示的位置了，二者又相斥。这样，转子忽被吸，忽被斥，平均转矩为零，不能启动。就是说，在恒压恒频电源供电下，同步电动机的启动转矩为零。

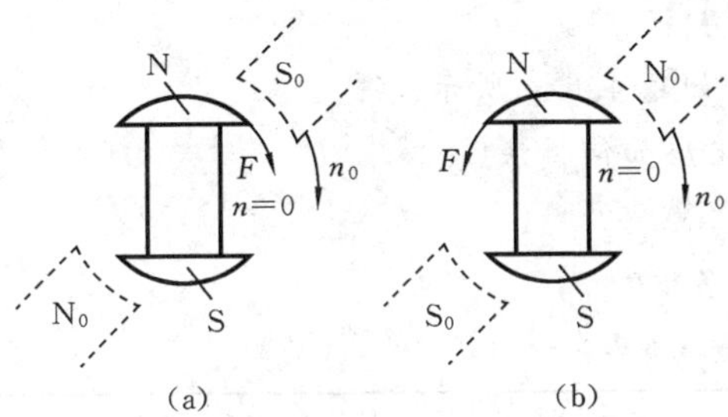

图 4.56　同步电动机的启动转矩为零

(a) 二者相吸　(b) 二者相斥

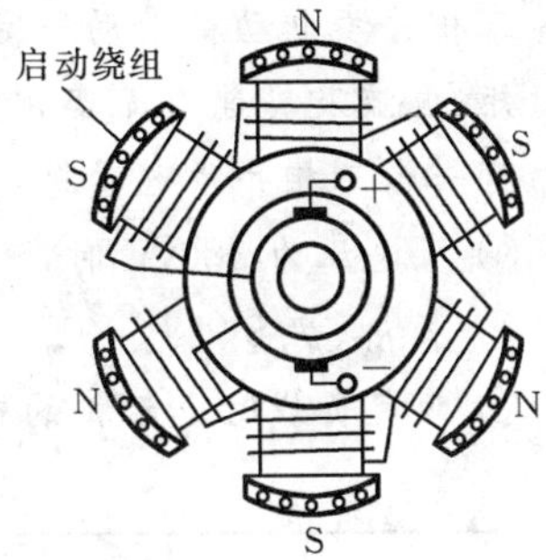

图 4.57　同步电动机的启动绕组

为了启动同步电动机，常采用异步启动法，即在转子磁极的极掌上装有和鼠笼式绕组相似的启动绕组，如图4.57所示。启动时先不加入直流磁场，只在定子上加上三相对称电压以产生旋转磁场，使鼠笼式绕组内感生电动势，产生电流，从而使转子转动起来。等转速接近同步转速时，再在励磁绕组中通入直流励磁电流，产生固定极性的磁场，在定子旋转磁场与转子励磁磁场的相互作用下，便可把转子拉入同步。转子达到同步转速后，启动绕组与旋转磁场同步旋转，即无相对运动，这时，启动绕组中便不产生电动势与电流。

采用变频调速方法后，同步电动机可以在低频下直接启动，再由低频调到高频达到高速运行，从而克服了难以启动、重载时失步和振荡的问题。同步电动机具有运行速度恒定、功率因数可调、运行效率高等特点，在低速和大功率的场合，例如，大流量低水头的泵、面粉厂磨粉机的主传动轴、橡胶磨、搅拌机、破碎机、切片机、压缩机、大型水泵、轧钢机、造纸工业中的纸浆研磨机和匀浆机等的传动中得到广泛应用，并像异步电动机一样成为最通用的调速电动机了。

习题与思考题

4.1　有一台四极三相异步电动机，电源电压的频率为50 Hz，满载时电动机的转差率为0.02，求电动机的同步转速、转子转速和转子电流频率。

4.2　将三相异步电动机接三相电源的三根引线中的两根对调，此电动机是否会反转？为什么？

4.3　有一台三相异步电动机，其 $n_N=1470$ r/min，电源频率为50 Hz。设在额定负载下运行，试求：

① 定子旋转磁场相对于定子的转速；

② 定子旋转磁场相对于转子的转速。

4.4 当三相异步电动机的负载增加时,为什么定子电流会随转子电流的增加而增加?

4.5 三相异步电动机带动一定的负载运行时,若电源电压降低了,此时电动机的转矩、电流及转速有无变化?如何变化?

4.6 有一台三相异步电动机,其技术数据如题 4.6 表所示。

① 线电压为 380 V 时,三相定子绕组应如何接法?

② 求 n_0、p、S_N、T_N、T_{st}、T_{max}和 I_{st};

③ 额定负载时电动机的输入功率是多少?

题 4.6 表

型 号	P_N/kW	U_N/V	满 载 时				$\frac{I_{st}}{I_N}$	$\frac{T_{st}}{T_N}$	$\frac{T_{max}}{T_N}$
			n_N/(r/min)	I_N/A	η_N/%	$\cos\varphi_N$			
Y132S-6	3	220/380	960	12.8/7.2	83	0.75	6.5	2.0	2.0

4.7 三相异步电动机正在运行时,转子突然被卡住,这时电动机的电流会如何变化?对电动机有何影响?

4.8 三相异步电动机断了一根电源线后,为什么不能启动?而在运行时断了一线,为什么仍能继续转动?这两种情况对电动机将产生什么影响?

4.9 三相异步电动机在相同电源电压下,满载和空载启动时,启动电流是否相同?启动转矩是否相同?

4.10 三相异步电动机为什么不能运行在 T_{max}或接近 T_{max}的情况下?

4.11 一台三相异步电动机的铭牌数据如题 4.11 表所示。

① 当负载转矩为 250 N·m 时,在 $U=U_N$ 和 $U'=0.8U_N$ 两种情况下电动机能否启动?

② 欲采用 Y-△换接启动,当负载转矩为 $0.45T_N$ 和 $0.35T_N$ 两种情况时,电动机能否启动?

③ 若采用自耦变压器降压启动,设降压比为 0.64,求电源线路中通过的启动电流和电动机的启动转矩。

题 4.11 表

P_N/kW	n_N/(r/min)	U_N/V	η_N/%	$\cos\varphi_N$	$\frac{I_{st}}{I_N}$	$\frac{T_{st}}{T_N}$	$\frac{T_{max}}{T_N}$	接法
40	1470	380	90	0.9	6.5	1.2	2.0	△

4.12 绕线异步电动机采用转子串接附加电阻启动时,所串接的电阻愈大,启动转矩是否也愈大?

4.13 为什么绕线异步电动机在转子串接附加电阻启动时,启动电流减小而启动转矩反而增大?

4.14　异步电动机有哪几种调速方法?这些调速方法各有何优缺点?

4.15　什么是恒功率调速?什么是恒转矩调速?

4.16　简述恒压频比控制方式。

4.17　简述异步电动机在下面三种不同的电压-频率协调控制时的机械特性,并进行比较:

① 恒压恒频正弦波供电时异步电动机的机械特性;

② 基频以下电压-频率协调控制时异步电动机的机械特性;

③ 基频以上恒压变频控制时异步电动机的机械特性。

4.18　试分析交流电动机与直流电动机在调速方法上的异同点。

4.19　异步电动机有哪几种制动状态?各有何特点?

4.20　试说明笼型异步电动机定子极对数突然增加时,电动机的降速过程。

4.21　试说明异步电动机定子相序突然改变时,电动机的降速过程。

4.22　如图 4.51 所示,为什么改变 QB 的接通方向即可改变单相异步电动机的旋转方向?

4.23　单相罩极式异步电动机是否可以用调换电源的两根线端来使电动机反转?为什么?

4.24　同步电动机的工作原理与异步电动机的有何不同?

4.25　一般情况下,同步电动机为什么要采用异步启动法?

4.26　为什么可以利用同步电动机来提高电网的功率因数?

第 5 章

控制电动机

随着电子技术的不断发展，电动机的功能越来越多，其类型也就越来越多。除第 3 章和第 4 章中介绍的直流电动机和交流电动机之外，目前在机电设备中还使用各种控制电动机。常用的有步进电动机、直流伺服电动机、交流伺服电动机、力矩电动机等。下面就这些电动机的结构、工作原理、特性及功能作一些介绍。

5.1 步进电动机

步进电动机是一种将电脉冲信号转换成相应角位移或直线位移的机电执行元件。每当输入一个电脉冲时，转子就转动一个固定的角度。脉冲一个接一个地输入，转子就一步一步地转动，故称之为步进电动机。

步进电动机的角位移量与输入电脉冲的个数成正比，旋转速度与输入电脉冲的频率成正比，即控制输入电脉冲的个数、频率和定子绕组的通电方式，就可控制步进电动机转子的角位移量、旋转速度和旋转方向。

步进电动机具有快速启停、高精度、能够直接接受数字信号和不需要位移传感器就可达到较精确定位等特点，因而在需要精确定位的场合，如软盘驱动系统、绘图机、打印机、经济型数控系统等得到广泛的应用。

5.1.1 步进电动机的结构与工作原理

1. 步进电动机的结构

步进电动机的结构和一般旋转电动机一样，由定子和转子两大部分组成。

定子由硅钢片叠成的定子铁芯和装在其上的多个绕组组成。输入电脉冲对多个定子绕组轮流进行励磁而产生磁场。定子绕组的个数称为相数。

转子用硅钢片叠成或用软磁性材料做成凸极结构。凸极的个数称为齿数。

根据转子的结构不同，步进电动机通常分为反应式、永磁式和混合式三种。转子本身没有励磁绕组的称为反应式步进电动机，用永久磁铁做转子的称为永磁式步进电动机。

图 5.1 所示为三相反应式步进电动机的结构。

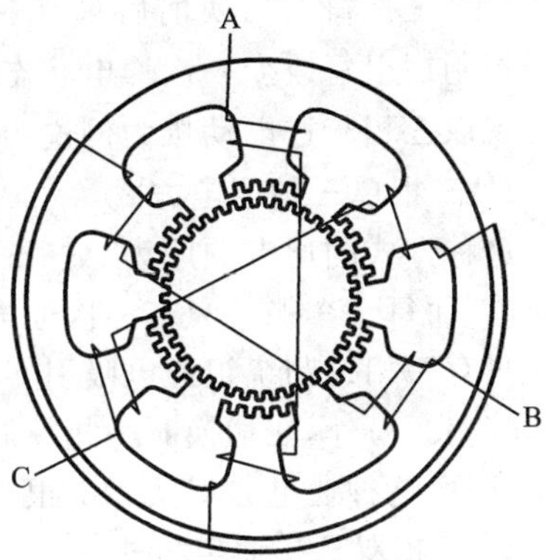

图 5.1　反应式步进电动机结构

2. 步进电动机的工作原理

图 5.2 为三相反应式步进电动机的工作原理图。它的定子有 6 个极，每极上都绕有控制绕组，每两个相对的极组成一相。转子有 4 个均匀分布的齿，上面没有绕组。

磁通总是要沿着磁阻最小的路径通过是步进电动机工作的原理，相似于电磁铁的工作原理。

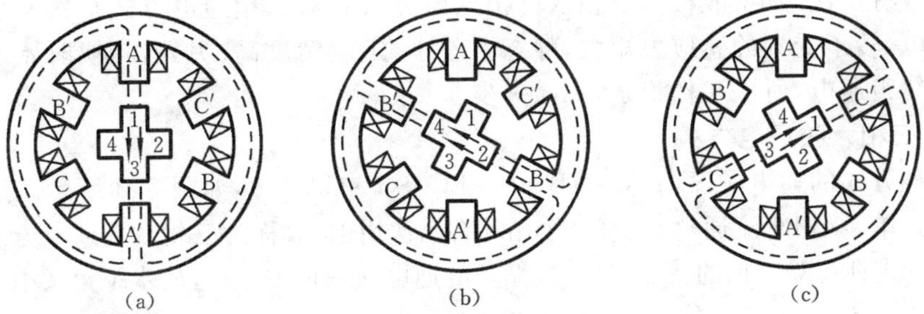

图 5.2　步进电动机工作原理图

(a) A 相通电　(b) B 相通电　(c) C 相通电

当 A 相绕组通电、B 相和 C 相绕组都不通电时，转子齿 1、3 的轴线向定子 A 极的轴线对齐，即在电磁吸力作用下，将转子齿 1、3 吸引到 A 极下。此时，转子受到的力只有径向力而无切向力，故转矩为零，转子被自锁在这个位置，如图 5.2(a)所示；当 A 相绕组通电变为 B 相绕组通电时，定子 B 极的轴线使最靠近的转子齿 2、4 的轴线向其对齐，促使转子在空间顺时针转过 30°角，如图 5.2(b)所示；当 B 相绕组通电又变为 C 相绕组通电时，定子 C 极的轴线使最靠近的转子齿 1、3 的轴线向其对齐，转子又将在空间顺时针转过 30°角，如图 5.2(c)所示。可见通电顺序为 A→B→C→A 时，电动机的转子便一步一步按顺时针方向转动，每步转过的角度均为 30°。

步进电动机转子齿与齿之间的角度称为齿距角，转子每步转过的角度称为步距角。图 5.2 所示的转子有 4 个齿，齿距角为 90°。三相绕组循环通电一次，磁场旋转一周，转子前进一个齿距角，即步距角为 30°。

若按 A→C→B→A 的顺序通电，转子就反向转动。因此只要改变通电顺序，就可改变步进电动机旋转方向。

5.1.2　通电方式

步进电动机有单相轮流通电、双相轮流通电和单、双相轮流通电的三种通电方式。“单”是指每次切换前后只有一相绕组通电,“双”就是指每次有两相绕组通电。定子控制绕组每改变一次通电状态,称为一拍。

现以三相步进电动机为例说明步进电动机的通电方式。

1. 三相单三拍通电方式

这种方式的通电顺序为 A→B→C→A。因为定子绕组为三相,每次只有一相绕组通电,而每一个循环只有三次通电,故称为三相单三拍通电方式。单三拍通电方式每次只有一相控制绕组通电吸引转子,容易使转子在平衡位置附近产生振荡,运行稳定性较差。另外,在切换时一相控制绕组断电而另一相控制绕组开始通电,容易造成失步,因而这种通电方式实际上很少采用。

2. 三相双三拍通电方式

这种方式的通电顺序为 AB→BC→CA→AB。因为它是两相同时通电,而每一个循环只有三次通电,故称为三相双三拍通电方式。双三拍通电方式每次两相绕组同时通电,转子受到的感应力矩大,静态误差小,定位精度高;另外,转换时始终有一相控制绕组通电,所以工作稳定,不易失步。

3. 三相六拍通电方式

这种方式的通电顺序为 A→AB→B→BC→C→CA→A,如图 5.3 所示。这种通电方式是单、双相轮流通电,而每一个循环有六次通电,故称为三相六拍通电方式。这种通电方式具有双三拍的特点,且一次循环的通电次数增加一倍,使步距角减小一半。

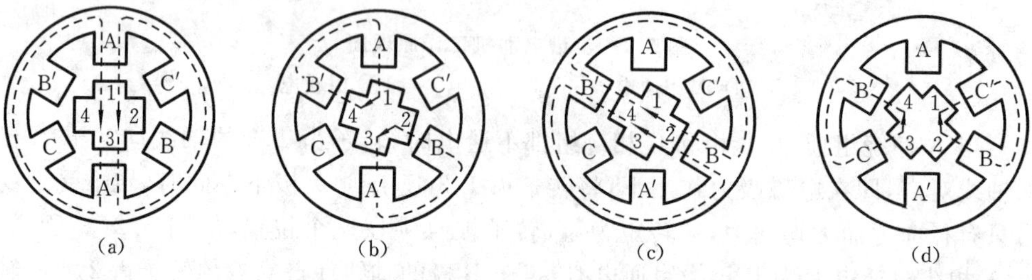

图 5.3 步进电动机的三相六拍通电方式

(a) A 相通电 (b) A、B 相通电 (c) B 相通电 (d) B、C 相通电

上述步进电动机的结构是为了讨论工作原理而进行了简化,实际步进电动机的步距角一般比较小,如 1.8°、1.5°等。

因为每通电一次(即运行一拍),转子就走一步,各相绕组轮流通电一次,转子就转过一个齿距,故步距角为

$$\beta=\frac{360^\circ}{Kmz} \tag{5.1}$$

式中,K——通电系数,当相数等于拍数时,$K=1$,否则 $K=2$;

m——定子相数;

z——转子齿数。

若步进电动机的输入电脉冲信号的频率为 f,则步进电动机的转速为

$$n = 60\,\frac{\beta f}{2\pi} = 60\,\frac{\frac{2\pi}{Kmz}f}{2\pi} = \frac{60f}{Kmz} \tag{5.2}$$

5.1.3 步距角细分

每个单步运行引起的步响应振幅跟单步的增量直接有关。普通的驱动方式因步距角大而引起的振幅也大，在系统自然谐振区内，有可能引起失步。将步进电动机的一个自然步进行细分，得到"微步距"，就可使步进电动机的步增量减小。这不仅明显提高了步进电动机的分辨率，且使电动机运行平稳、振动减小、噪声降低，即使在谐振区内也不容易引起失步。

步距角细分的基本原理如图5.4所示。不细分时：A相绕组通电时，转子停在A—A位置，当由A相绕组通电转为A、B两相绕组同时通电时，则转子一次转过30°，停在A、B之间的位置Ⅰ。细分时：当由A相绕组通电转为A、B两相绕组通电时，B相绕组中的电流不是由零一次上升到额定值，而是先达到额定值的1/2。由于转矩T与流过绕组的电流I成线性关系，转子将不是顺时针转过30°，而是转过15°停在位置Ⅱ。同理，当由A、B两相绕组通电变为只有B相绕组通电时，A相绕组中的电流也不是突然一次下降为零，而是先降到额定值的1/2，转子将不是停在B而是停在位置Ⅲ，这就将精度提高了一倍。分级越多，精度越高。

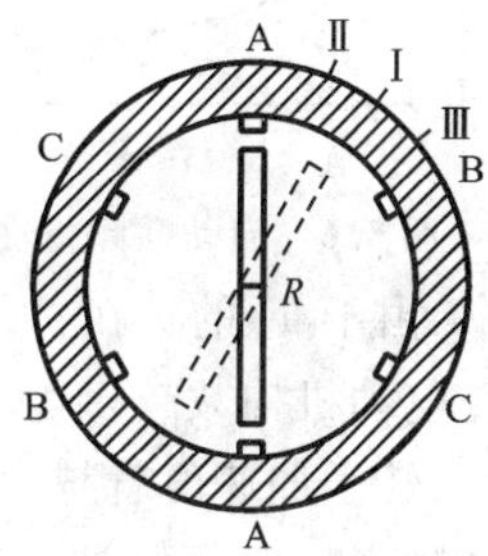

图5.4 步距角细分原理图

5.1.4 步进电动机的主要特性

1. 矩角特性

矩角特性反映了步进电动机电磁转矩T随偏转角θ变化的关系。定子一相绕组通以直流电后，如果转子上没有负载转矩的作用，转子齿就会和通电相磁极上的小齿对齐，这个位置称为步进电动机的初始平衡位置。当转子有负载作用时，转子齿就要偏离初始平衡位置，由于磁力线有力图缩短的倾向，从而产生电磁转矩，直到这个转矩与负载转矩相平衡。转子齿偏离初始平衡位置的角度称为转子偏转角θ(空间角)，若用电角度θ_e表示，则定子每相绕组通电循环一周(360°电角度)，对应转子在空间转过一个齿距($\tau=360°/Z$机械角度)，故电角度是机械角度的Z倍，即$\theta_e=Z\theta$，而$T=f(\theta_e)$就是矩角特性曲线。可以证明，此曲线可近似地用一条正弦曲线表示，如图5.5所示。从图可以看出，θ_e达到$\pm\pi/2$，即在定子齿与转子齿错开1/4个齿距时，转矩T达到最大值，称为最大静转矩$T_{s\max}$。步进电动

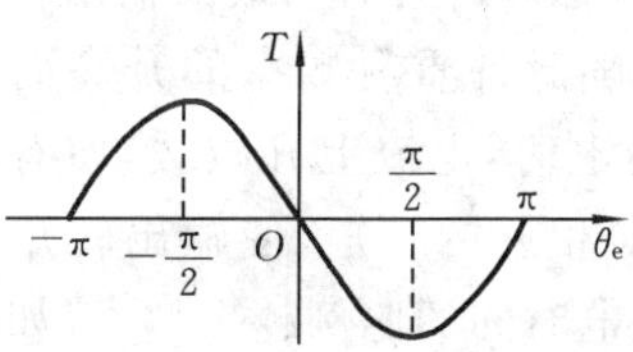

图5.5 步进电动机的矩角特性

机的负载转矩必须小于最大静转矩,否则根本带不动负载。为了能稳定运行,负载转矩一般只能是最大静转矩的30%～50%。这一特性反映了步进电动机带负载的能力,在技术数据中通常都有说明,它是步进电动机的最主要的性能指标之一。

2. 启动惯频特性

在负载转矩 $T_L=0$ 的条件下,步进电动机由静止状态突然启动、不失步地进入正常运行状态所允许的最高启动频率,称为启动频率或突跳频率。启动频率与机械系统的转动惯量有关,包括步进电动机转子的转动惯量,加上其他运动部件折算至步进电动机轴上的转动惯量。转子转动惯量越小,在相同的电磁力矩作用下加速度就越大,极限启动频率也就越高。这反映了步进电动机的启动惯频特性(见图5.6),它表示启动频率与负载转动惯量之间的关系。随着负载转动惯量的增加,启动频率下降。若同时存在负载转矩 T_L,则启动频率将进一步降低。在实际应用中,由于 T_L的存在,可采用的启动频率要比启动惯频特性中标出的数值还要低。步进电动机拍数越多,步距角越小,极限启动频率就越高;最大静转矩越大,电磁力矩越大,转子加速度就越大,步进电动机的启动频率也就越高。这反映了步进电动机的启动频率特性。

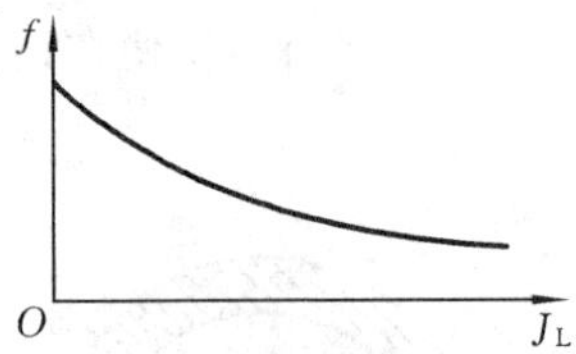

图 5.6　启动惯频特性

3. 运行频率特性

步进电动机启动后,当控制的脉冲频率连续上升时能不失步运行的最高脉冲重复频率称为连续运行频率。转动惯量主要影响运行频率连续升降的速度,而步进电动机的绕组电感和驱动电源的电压对运行频率的上限影响很大。在实际应用中,启动频率比运行频率低得多。通常采用自动升降频的方式,即步进电动机先在低频下启动,然后逐渐升至运行频率。当需要步进电动机停转时,先将脉冲信号的频率逐渐降低至启动频率以下,再停止输入脉冲,步进电动机才能不失步地准确停止。步进电动机在低于极限启动频率下正常启动后,控制脉冲再缓慢地升高即可正常运行(不失步、不越步)。因为缓慢升高脉冲频率,故转子的加速度很小,转动惯量的影响可以忽略,但步进电动机随运行频率增高,负载能力将变差。这反映了步进电动机的运行频率特性。

4. 矩频特性

矩频特性描述了步进电动机在负载转动惯量一定且稳态运行时的最大输出转矩与脉冲重复频率的关系。步进电动机的最大输出转矩随脉冲重复频率的升高而下降。这是因为步进电动机的绕组为感性负载,在绕组通电时,电流上升减缓,使有效转矩变小;绕组断电时,电流逐渐下降,产生与转动方向相反的转矩,使输出转矩变小。随着脉冲重复频率的升高,电流波形的前后沿占通电时间的比例越来越大,如图5.7所示,频率愈高,平均电流愈小,输出转矩也就愈小。当驱动脉冲频率高到一定程度的时候,步进电动机的输出转矩已不足以克服自身的摩擦转矩和负载转矩,其转子就会在原位置振荡而不能作旋转运动，这就是所谓的步进电动机堵转或失步。步进电动机的绕组电感和驱动电源的电压对矩频特性影响很大，低电感或高电压时将获得下降缓慢的矩频特性。如图5.8所示，矩频特性曲线的形状与电动机驱动电源的参数(如电压U等)有密切关系。

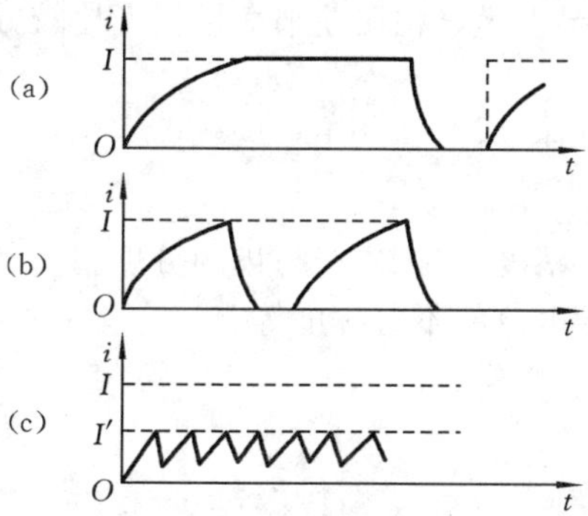

图5.7　电流脉冲波形随频率的变化而变化的情况

(a) 频率很低　(b) 频率增高　(c) 频率很高

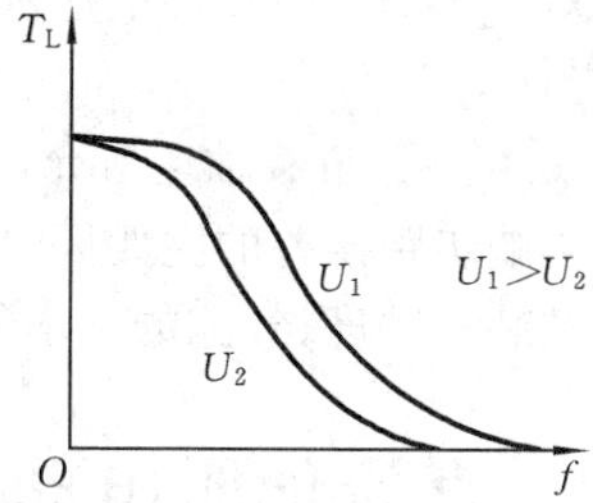

图5.8　连续运行矩频特性

由图5.8还可以看出，在低频区，矩频曲线比较平坦，步进电动机保持额定转矩；在高频区，矩频曲线急剧下降，这表明步进电动机的高频特性差。因此，步进电动机作为进给运动控制，从静止状态到高速旋转需要有一个加速过程。同样，步进电动机从高速旋转状态到静止也要有一个减速过程。没有加、减速过程或加、减速不当，步进电动机都会出现失步现象。

步进电动机的启动频率f_{st}是指在一定负载转矩下能够不失步时启动的最高脉冲频率。f_{st}的大小与驱动电路和负载大小有关。步距角β越小，负载(包括负载转矩和转动惯量)越小，启动频率就越高。

步进电动机的连续运行频率f_c是指步进电动机启动后，当控制脉冲频率连续上升时，能不失步运行的最高频率。它的值也与负载有关。步进电动机的运行频率比启动频率高得多，这是因为在启动时除了要克服负载转矩外，还要克服轴上的惯性转矩。启动时转子的角加速度较大，它的负担要比连续运转时为重。若启动时脉冲频率过高，电动机就可能发生丢步或振荡。所以启动时，脉冲频率不宜过高，然后再逐渐升高脉冲频率。

步进电动机的运行频率远大于启动频率。

5. 精度

步进电动机的精度有两种表示方法：一种是用步距误差最大值来表示，另一种是用步距累积误差最大值来表示。

最大步距误差是指电动机旋转一周相邻两步之间实际步距和理想步距的最大差值。连续走若干步后步距误差会形成累积值，但转子转过一周后，会回到上一周的稳定位置，所以步进电动机步距的误差不会无限累积，只会在旋转一周的范围内存在一个最大累积误差。

最大累积误差是指在旋转一周范围内从任意位置开始经过任意步之后,角位移误差的最大值。

步距误差和累积误差是两个概念,在数值上也不一样,这就是说,精度的定义没有完全统一起来。从使用的角度看,大多数情况下用累积误差来衡量精度比较方便。

对于所选用的步进电动机,其步距精度为

$$\Delta\beta = i(\Delta\beta_{L}) \tag{5.3}$$

式中,$\Delta\beta_{L}$——负载轴上所允许的角度误差。

影响步距误差的主要因素有转子齿的分度精度、定子磁极与齿的分度精度、铁芯叠压及装配精度、气隙的不均匀程度、各相激磁电流的不对称度等。

5.2 直流伺服电动机

直流伺服电动机通常用于功率稍大的系统中,其输出功率一般为1～600 W。

它的基本结构和工作原理与普通直流他励电动机相同,不同的只是它做得比较细长一些,以满足快速响应的要求。

图5.9(a)、(b)分别为传统型电磁式、永磁式直流伺服电动机的电路原理图。除传统型外,还有低惯量型直流伺服电动机,它有无槽、杯形、圆盘、无刷电枢几种。它们的特点和应用范围如表5.1所示。

电磁式就是他励式,故直流伺服电动机的机械特性公式与他励直流电动机机械特性公式相同,即

$$n = \frac{U_{c}}{K_{e}\Phi} - \frac{R}{K_{e}K_{t}\Phi^{2}}T \tag{5.4}$$

式中,U_{c}——电枢控制电压;

R——电枢回路电阻;

Φ——每极磁通;

K_{e}、K_{t}——电动机结构常数。

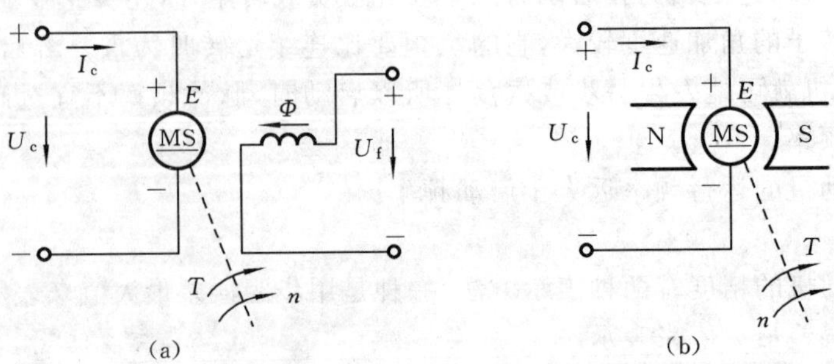

图5.9 直流伺服电动机的电路原理图

(a) 电磁式(他励式) (b) 永磁式

表 5.1　直流伺服电动机的特点和应用范围

种　类	励磁方式	产品型号	结构特点	性能特点	适用范围
一般直流伺服电动机	电磁或永磁	SZ 或 SY	与普通直流电动机相同，但电枢铁芯长度与直径之比大一些，气隙较小	具有下垂的机械特性和线性的调节特性，对控制信号响应迅速	一般直流伺服系统
无槽电枢直流伺服电动机	电磁或永磁	SWC	电枢铁芯为光滑圆柱体，电枢绕组用环氧树脂粘在电枢铁芯表面，气隙较大	具有一般直流伺服电动机的特点，而且转动惯量和机电时间常数小，换向良好	需要快速动作、功率较大的直流伺服系统
空心杯形电枢直流伺服电动机	永磁	SYK	电枢绕组用环氧树脂浇注成杯形，置于内、外定子之间，内、外定子分别用软磁材料和永磁材料做成	具有一般直流伺服电动机的特点，且转动惯量和机电时间常数小，低速运转平滑，换向好	需要快速动作的直流伺服系统
印刷绕组直流伺服电动机	永磁	SN	在圆盘形绝缘薄板上印制裸露的绕组构成电枢，磁极轴向安装	转动惯量小，机电时间常数小，低速运行性能好	低速和启动、反转频繁的控制系统

由式(5.4)可以看出，改变控制电压 U_c 或改变磁通 Φ 都可以控制直流伺服电动机的转速和转向，前者称为电枢控制，后者称为磁场控制。电枢控制具有响应迅速、机械特性硬、调速特性线性度好的优点，在实际生产中大都采用电枢控制方式(永磁式伺服电动机只能采取电枢控制)。

图 5.10 所示为直流伺服电动机的机械特性。从图看出，在一定负载转矩下，当磁通 Φ 不变时，如果升高电枢电压 U_c，电动机的转速就上升；反之，转速下降；当 $U_c=0$ 时，电动机立即停止，因此，无自转现象。直流伺服电动机与交流伺服电动机的机械特性比较，前者的堵转矩大，特性曲线线性度好，机械特性较硬；缺点是有换向器，因而结构复杂，产生无线电干扰。在确定系统采用何种电动机时，要综合考虑各种电动机的特点。

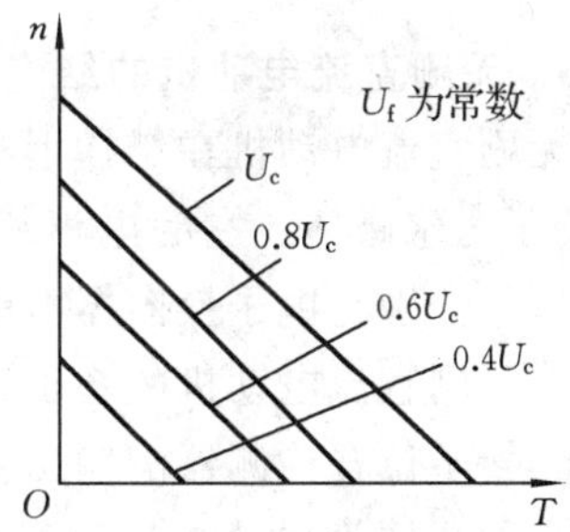

图 5.10　直流伺服电动机的机械特性

5.3　交流伺服电动机

直流伺服电动机存在机械换向器和电刷，降低了电动机运行的可靠性，加重了维护和保养负担。而交流异步电动机结构简单,成本低廉,无电刷磨损,维修方便,被认为是一种理想的伺服电动机,但调速问题一直没有得到经济合理的解决。近十年来,由于调频等调速方法发展很快,其调速范围和成本与宽调速直流伺服电动机接近,因此,交流伺服电动机以其优良的控制性能和高可靠性在数控机床中得到了越来越广泛的应用。

5.3.1 交流伺服电动机的基本结构

交流伺服电动机的基本结构如图 5.11 所示。定子上放置了三相对称绕组,而转子则是永磁体,一般采用稀土磁钢制成,故称为稀土永磁电动机。

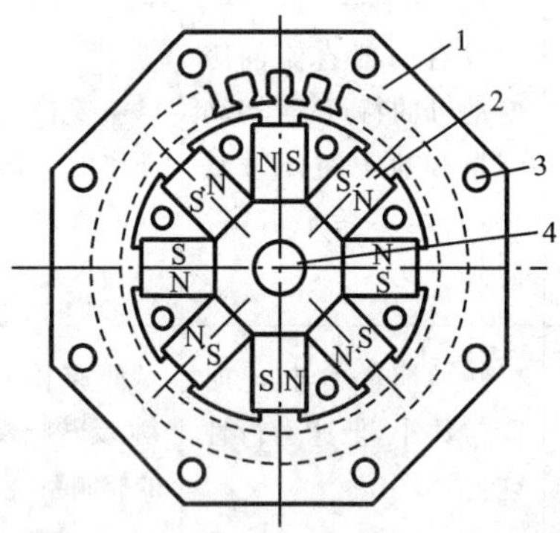

图 5.11 交流伺服电动机基本结构

1—定子 2—永久磁铁

3—轴向通风孔 4—转轴

与直流伺服电动机比较,交流伺服电动机不过是将定子与转子的位置作了互换,也就是将直流伺服电动机的永磁定子变为交流伺服电动机的永磁转子,而直流伺服电动机的转子绕组变为交流伺服电动机的定子绕组。这样互换的结果省去了机械换向器和电刷,取而代之的是电子换向器或逆变器。

交流伺服电动机按气隙磁场的分布方式可分为两种,一种称为无刷直流电动机(BDCM),另一种称为永磁同步电动机(PMSM)。无刷直流电动机其实也是交流电动机,它的气隙磁场是按方波分布的,而永磁同步电动机的气隙磁场是按正弦波分布的。

5.3.2 无刷直流电动机

1. 无刷直流电动机的结构

无刷直流电动机在结构上相当于一台反装式直流电动机,它的电枢放置在定子上,转子为永磁体。它的电枢绕组为多相绕组,一般为三相,可接成星形或三角形。各相绕组分别与电子换向器电路中的晶体管开关连接,如图 5.12 所示。

在无刷直流电动机的转子轴上装有转子位置检测器、测速发电机和光电脉冲编码器。转子位置检测器的输出信号控制电子换向器,实现对电动机的换向,即电子换向器中的晶体管的导通与截止由转子位置检测器的输出信号决定。测速发电机的输出信号用于速度反馈。而光电脉冲编码器的信号送入 CNC 装置,用于位置反馈。转子位置检测器有多种类型,但其输出信号的波形均为图 5.13 所示的三路方波。

2. 转子位置检测器

1) 光电式

光电式转子位置检测器利用光束与转子位置角之间的对应关系,按规定的顺序

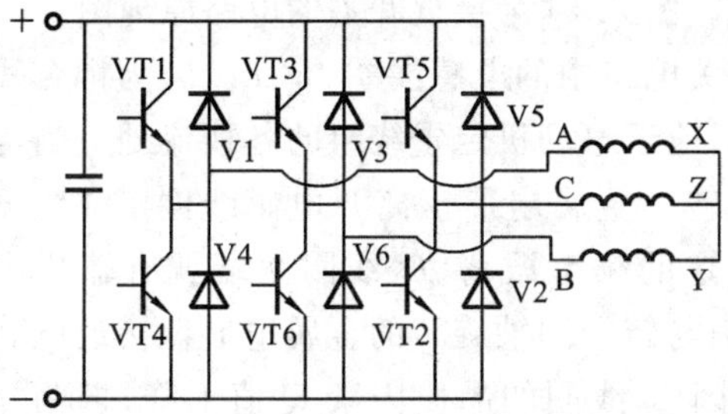

图 5.12　电子换向器与绕组的连接

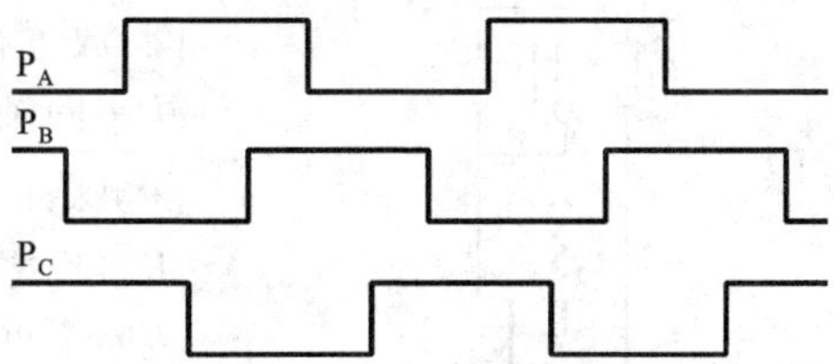

图 5.13　转子位置检测器输出信号的波形

照射光电元件，由此发出电信号使电子换向器中相应的晶体管导通，去控制定子绕组依次换流。

光电位置检测器的原理(见图 5.14)是：将一个带有小孔的光屏蔽罩和转轴连接在一起，并随转子绕一固定光源旋转。安装在对应于定子绕组确定位置上的光电池受到光束的照射时，发出电信号，从而检测出定子绕组需要进行换流的确切位置。

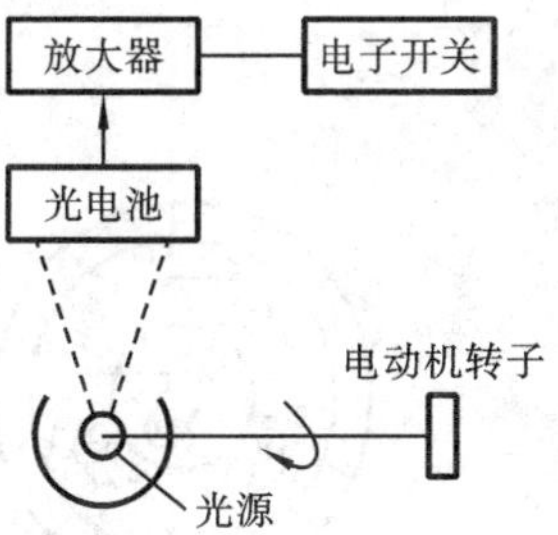

图 5.14　光电式转子位置检测器原理图

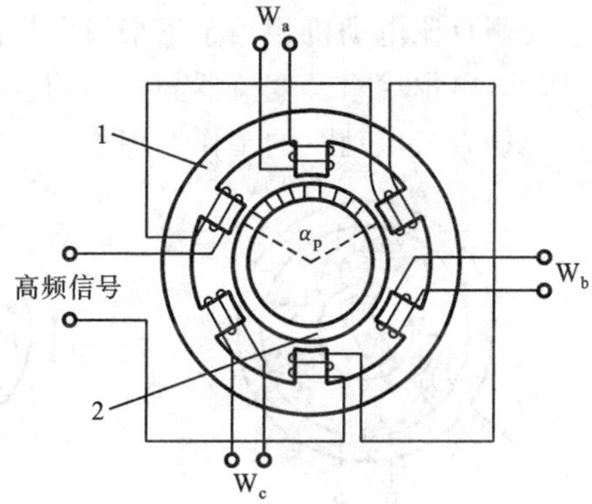

图 5.15　电磁式转子位置检测器原理图

1—定子　2—转子

2）电磁式

电磁式位置检测器的原理如图 5.15 所示。它由定子和转子两部分组成，定子铁芯和转子上的扇形部分(即图中的圆心角为 α_p 的部分)均由高导磁材料制成。在定子铁芯上也有与电动机定子绕组相对应的相数，每相的一端均嵌有输入线圈，并在输入线圈中外接高频励磁电压，每相的另一端嵌有输出线圈，分别为图中的 W_a、W_b、W_c。位置检测器的转子与电动机的转子同轴安装。当位置检测器转子的扇形部分转到使定子某相的输入线圈和输出线圈相耦合的位置时，该相输出线圈则有电压信号输出，而其余未耦合相的输出线圈则无电压信号输出。利用输出的电压信号，就可检测出电动机定子绕组需要进行换流的确切位置。

3）接近开关式

接近开关式位置检测器由一个与电动机同轴旋转的金属扇形盘和一个接近开关

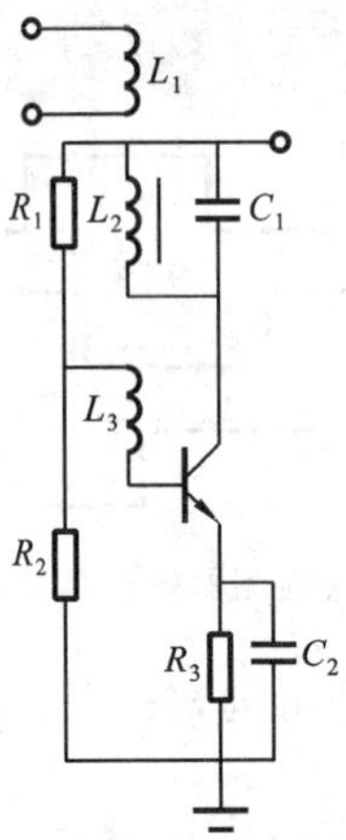

图 5.16　接近开关的电路原理图

的电路组成。图 5.16 为接近开关的电路原理图。

接近开关电路中的电感线圈 L_1、L_2、L_3 为耦合线圈，放置在对应于电动机定子绕组的各换流处。当与转子同轴旋转的金属扇形盘离开电感线圈 L_2 时，振荡电路以一定的频率振荡，L_1 线圈两端就有输出电压。反之，当与转子同轴旋转的金属扇形盘接近电感线圈 L_2 时，因 L_2 线圈的品质因素 Q 值下降，振荡器停振，则 L_1 线圈输出电压为零，直到金属扇形盘离开 L_2 线圈时，振荡器便立即恢复工作，相应使 L_1 两端又有输出电压。因此，随着转子位置角的不断变化，接近开关电路按一定顺序改变它的输出电压。利用输出电压信号可检测出电动机定子绕组需要进行换流的确切位置。

3. 无刷直流电动机的工作原理

无刷直流电动机相当于三个换向片的直流电动机，只不过换向是由晶体管完成的，因此，电枢绕组及变流器静止不动，而磁极旋转。

无刷直流电动机的工作原理如图 5.17 所示。

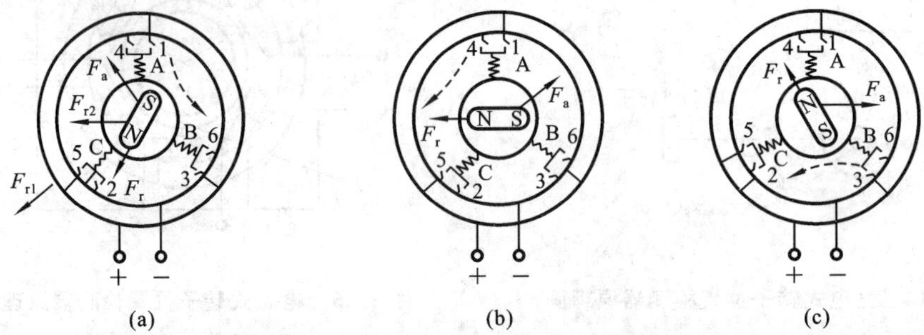

图 5.17　无刷直流电动机工作原理图

(a) A—B　(b) A—C　(c) B—C

当依次使晶体管按 6、1→1、2→2、3→3、4……的顺序导通，则磁极(转子)也会依次转过 60°。下面从磁场的变化来分析电动机的旋转情况。当晶体管 6、1 导通时，电流转换为，电源正极→晶体管 1→A 相绕组→B 相绕组→晶体管 6→电源负极，形成回路。此时定子磁势 F_a 垂直于 C 相绕组轴线，如图 5.17(a)所示。此时转子磁极的磁势为 F_r，转子磁场与定子磁场方向的夹角为 120°，所以转子顺时针旋转。当转子转到 F_{r1} 位置时，F_{r1} 与 F_a 的夹角为 90°，电动机的电磁转矩最大，转子继续转动。当转子转到 F_{r2} 位置时，F_{r2} 与 F_a 的夹角为 60°，这时通过控制电路使晶体管 2 导通，同时晶体管 6 截止，电枢电流转换为，电源正极→晶体管 1→A 相→C 相→晶体管 2→电源负极，形成回路。此时 F_a 转过 60°，如图 5.17(b)所示，而 F_r 与 F_a 的夹角又变为

120°。如此重复进行，F_r与F_a的夹角始终在60°～120°范围内变化，因此电动机转子连续转动。

电动机正转、反转时，晶体管的导通情况和电枢绕组的电流方向如表5.2和表5.3所示。

表5.2　正转时电枢电流方向与开关管导通顺序

<table>
<tr><td>时间(电角度)</td><td colspan="2">0°</td><td colspan="2">120°</td><td colspan="2">240°</td></tr>
<tr><td>电枢绕组电流方向</td><td>A→B</td><td>A→C</td><td>B→C</td><td>B→A</td><td>C→A</td><td>C→B</td></tr>
<tr><td>(+)侧导通的晶体管</td><td colspan="2">1</td><td colspan="2">3</td><td colspan="2">5</td></tr>
<tr><td>(−)侧导通的晶体管</td><td>6</td><td colspan="2">2</td><td colspan="2">4</td><td>6</td></tr>
</table>

表5.3　反转时电枢电流方向与开关管导通顺序

<table>
<tr><td>时间(电角度)</td><td colspan="2">0°</td><td colspan="2">120°</td><td colspan="2">240°</td></tr>
<tr><td>电枢绕组电流方向</td><td>A→B</td><td>C→B</td><td>C→A</td><td>B→A</td><td>B→C</td><td>A→C</td></tr>
<tr><td>(+)侧导通的晶体管</td><td>1</td><td colspan="2">5</td><td colspan="2">3</td><td>1</td></tr>
<tr><td>(−)侧导通的晶体管</td><td colspan="2">6</td><td colspan="2">4</td><td colspan="2">2</td></tr>
</table>

从表中可以看出，每转过60°电角度就有一只晶体管换流。为此，要求随着转子的旋转，使相应的晶体管周期性地导通或截止，才能使定子磁场和转子磁场保持同步。但这里的定子磁场是以“跳跃”方式旋转。

电动机中电磁转矩T_m是定、转子磁场相互作用而产生的，若略去铁芯磁饱和的影响，可用下式计算：

$$T_m = K_m F_a F_r \sin\theta_{sr} \tag{5.5}$$

式中，K_m——电磁转矩常数；

F_a——定子磁势；

F_r——转子磁势；

θ_{sr}——定子和转子磁势之间的夹角。

在无刷直流电动机中，由于定子磁势和转子磁势之间的夹角在60°～120°之间周期性地变化，所以电磁转矩也是脉动的，如图5.18所示。

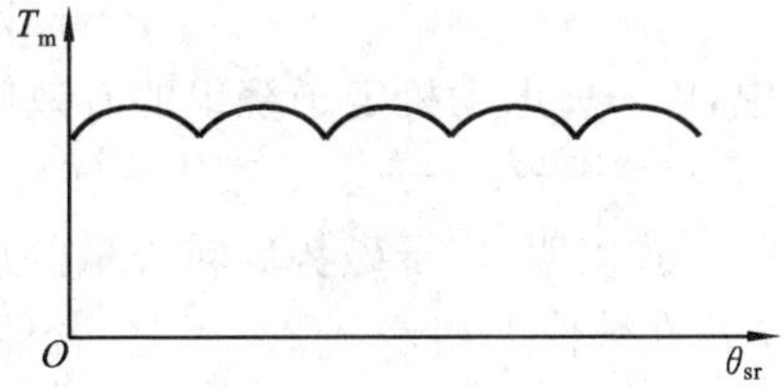

图5.18　电动机电磁转矩的波动

5.3.3　正弦波永磁同步电动机

1. 正弦波永磁同步电动机的基本结构

正弦波永磁同步电动机的结构与无刷直流电动机基本相同。其转子也是永磁体(一般用稀土磁钢制成)，定子上对称地安装着三相绕组。但永磁同步电动机的气隙磁场是按正弦波分布，因此，在定子绕组中具有正弦波反电动势。

在正弦波永磁同步电动机的转子轴上装有测速发电机,其输出信号用于速度反馈。

在转子轴上还装有转子位置检测器,它能精确地测出电动机转子的转角位置。因此,一般采用绝对式脉冲编码器或旋转变压器作为位置检测器。位置检测器输出的检测信号有两种用途,一是向 CNC 装置中的位置控制器提供位置反馈信号,二是作为速度控制单元的电流指令信号。

2. 正弦波永磁同步电动机的电磁转矩

任何电动机都由定子和转子组成,若设定子磁势为 F_a,转子磁势为 F_r,则电动机的电磁转矩 T_m 可按下式计算:

$$T_m = K_m \ |F_a||F_r| \ \sin\theta_{sr}$$

式中,θ_{sr}——F_a 和 F_r 的夹角。

在直流伺服电动机中,电刷和换向器的作用使得 F_a 与 F_r 始终互相垂直,故转矩 T_m 是平稳的。在无刷直流电动机中,由于定子磁势 F_a 是脉冲旋转,F_r 与 F_a 的夹角 θ_{sr} 在 60°～120°之间周期性地变化,故电动机的电磁转矩 T_m 是脉动的。这一脉动转矩对无刷直流电动机的性能产生了不利影响。正弦波永磁同步电动机的电磁转矩也是靠定子磁场与转子磁场相互作用而产生,由于转子磁场是旋转磁场,所以只有使定子磁场与转子磁场同步旋转,才能产生平稳的电磁转矩。

在定子的三相对称的绕组中流过对称的三相电流,将会产生旋转磁场。设定子绕组中的三相电流分别是

$$I_A = I_m \sin\theta(t)$$
$$I_B = I_m \sin[\theta(t) - \pi/3]$$
$$I_C = I_m \sin[\theta(t) - \pi/3]$$

式中,I_m——定子电流的幅值;

$\theta(t)$——定子电流的相位角。

可以证明,定子的合成磁势 F_a 是一个旋转矢量,F_a 的表达式为

$$F_a = WI_m[\theta(t) - \pi/2]$$

式中,W——电动机定子绕组的有效匝数;

$\theta(t)-\pi/2$——定子磁势旋转矢量的旋转辐角。

上式表明,定子磁势旋转矢量的旋转辐角 $\theta(t)-\pi/2$ 与定子 A 相电流 I_A 的相位角 $\theta(t)$ 在数值上相差 $\pi/2$。因此,若能实时地测出电动机转子(转子磁势 F_r)的转角(电角度),并使定子绕组电流的相位角 $\theta(t)$ 在数值上等于转子(转子磁势 F_r)的转角,则由定子电流所产生的定子旋转磁势 F_a 与转子磁势 F_r 的夹角 θ_{sr} 始终为 $\pi/2$,因而电动机的电磁转矩是平稳的。

上式还表明,定子磁势 F_a 的幅值与定子绕组电流的幅值 I_m 成正比,而转子磁势 F_r 始终为常值,所以电磁转矩的计算公式 $T_m=K_m|F_a||F_r|\sin\theta_{sr}$ 可以简化为

$$T_m = K_m I_m \tag{5.6}$$

简化后的永磁同步电动机电磁转矩的计算公式与直流伺服电动机电磁转矩的计算公式基本相同,它表明电磁转矩是与定子绕组电流的幅值 I_m 成正比。

5.4　力矩电动机

在某些自动控制系统中，被控制对象的转速相对于伺服电动机的转速低得多，所以，二者之间常常必须用减速机构连接。采用减速器一方面使系统装置变得复杂，另一方面是使闭环控制系统产生自激振荡的重要原因之一，影响了系统性能的提高。因此希望有一种低转速、大转矩的伺服电动机。力矩电动机就是一种能和负载直接连接产生较大转矩、能带动负载在堵转或大大低于空载转速下运转的电动机。

力矩电动机分交流和直流两大类。交流力矩电动机可分为异步型和同步型两种类型。异步型交流力矩电动机的工作原理与交流伺服电动机相同，但为了产生低转速和大转矩，电动机做成径向尺寸大、轴向尺寸小的多极扁平形，它虽然结构简单、工作可靠，但在低速性能方面还有待进一步完善。直流力矩电动机具有良好的低速平稳性和线性的机械特性及调节特性，在生产中应用最广泛。

5.4.1　直流力矩电动机的结构特点

直流力矩电动机的工作原理和传统型直流伺服电动机相同，只是在结构和外形尺寸上有所不同。一般直流伺服电动机为了减小其转动惯量，大部分做成细长圆柱形，而直流力矩电动机为了能在相同体积和电枢电压的前提下，产生比较大的转矩及较低的转速，一般都做成扁平状。永磁式直流力矩电动机的结构如图 5.19 所示。

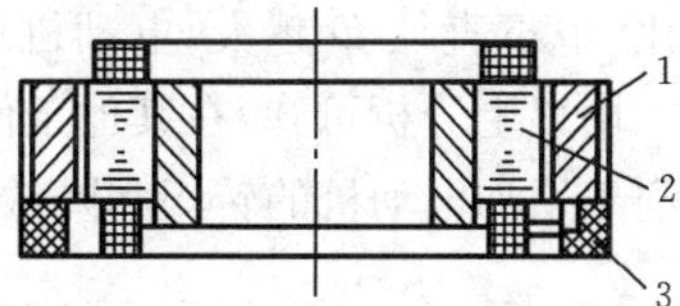

图 5.19　永磁式直流力矩电动机的结构

1—定子　2—电枢　3—刷架

5.4.2　直流力矩电动机转矩大、转速低的原因

1. 转矩大的原因

从直流电动机基本工作原理可知，设直流电动机每个磁极下磁感应强度平均值为 B，电枢绕组导体上的电流为 I_a，导体的有效长度（即电枢铁芯厚度）为 l，则每根导体所受的电磁力为

$$F = BI_a l$$

电磁转矩为

$$T = NF\frac{D}{2} = NBI_a l\frac{D}{2} = \frac{BI_a Nl}{2}D \tag{5.7}$$

式中，N——电枢绕组总的导体数；

D——电枢铁芯直径。

式(5.7)表明了电磁转矩与电动机结构参数 l、D 的关系。电枢体积大小在一定程度上反应了整个电动机体积的大小，因此，在电枢体积相同条件下，即保持 $\pi D^2 l$

不变,当 D 增大时,铁芯长度 l 就应减小。其次,在相同电流 I_a 以及相同用铜量的条件下,电枢绕组的导线粗细不变,则总导体数 N 应随 l 的减小而增加,以保持 Nl 不变。满足上述条件,则式(5.7)中 $BI_aNl/2$ 近似为常数,故转矩 T 与直径 D 近似成正比例关系。

2. 转速低的原因

导体在磁场中运动切割磁力线所产生的感应电动势为

$$e_a = Blv$$

式中,v——导体运动的线速度,$v=\frac{\pi Dn}{60}$。

设一对电刷之间的并联支路数为 2,则一对电刷间 $N/2$ 根导体串联后总的感应电动势为 E_a,且在理想空载条件下,外加电压 U_a 应与 E_a 相平衡,所以

$$U_a = E_a = \frac{NBl\pi Dn_0}{120}$$

即

$$n_0 = \frac{120}{\pi}\frac{U_a}{NBlD} \tag{5.8}$$

式(5.8)说明,在保持 Nl 不变的情况下,理想空载转速 n_0 和电枢铁芯直径 D 成反比,电枢直径 D 越大,电动机理想空载转速 n_0 就越低。

由以上分析可知,在其他条件相同的情况下,增大电动机转子直径,减小轴向长度,有利于增加电动机的转矩和降低空载转速,故力矩电动机都做成扁平圆盘状结构的。

5.4.3 直流力矩电动机的特点和应用

由于在设计、制造上保证了电动机能在低速或堵转下运行,在堵转情况下能产生足够大的力矩而不损坏,加上它精度高、反应速度快、线性度好,因此,直流力矩电动机常用在低速、需要转矩调节和需要一定张力的随动系统中作为执行元件的场合,例如,数控机床、雷达天线、人造卫星天线的驱动,*X-Y* 记录仪等。将它与测速发电机等检测元件配合,可组成高精度的宽调速伺服系统,调速范围可达0.00017～25 r/min(即 0.25～36000 r/d),故常称这种电动机为宽调速直流力矩电动机。

常用的直流力矩电动机型号为 LY。

5.5 直线电动机

直线电动机是一种能直接将电能转换为直线运动的伺服驱动元件。在交通运输、机械工业和仪器工业中,直线电动机已得到推广和应用。它为实现精度高、响应快和稳定性好的机电传动和控制开辟了新的领域。

每一种旋转电动机原则上都有其相应的直线电动机,故它的种类很多。一般按工作原理可分为直线异步电动机、直线直流电动机和直线同步电动机三种。由于直线电动机与旋转电动机在原理上基本相同,故下面只简单介绍直线异步电动机,使读

者对这类电动机有个基本的了解。

1. 直线异步电动机的结构

直线异步电动机与笼型异步电动机工作原理完全相同，二者只是在结构形式上有所差别。图 5.20(b)所示是直线异步电动机的结构，它相当于把旋转异步电动机(见图 5.20(a))沿径向剖开，并将定子、转子圆周展开成直线。直线异步电动机的定子一般是初级，而它的转子(动子)则是次级。在实际应用中初级和次级不能做成完全相等长度，而应该做成初、次级长短不等的结构，如图 5.21(a)、(b)所示。

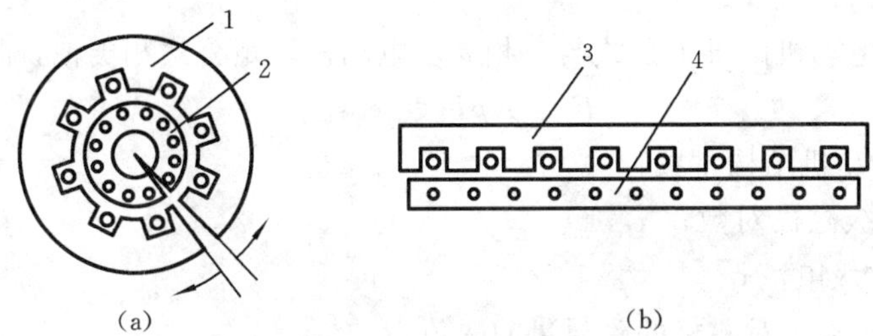

图 5.20 异步电动机的结构

(a) 旋转式 (b) 直线式

1—定子 2—转子 3—初级 4—次级

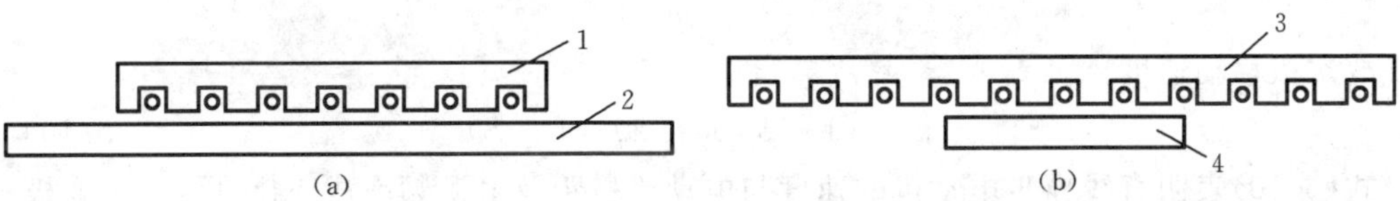

图 5.21 直线异步电动机的初级和次级

(a) 短初级 (b) 短次级

1、3—初级 2、4—次级

由于短初级结构比较简单，故一般常采用短初级。下面以短初级直线异步电动机为例来说明它的工作原理。

2. 直线异步电动机的工作原理

直线电动机是由旋转电动机演变而来的，因而当初级的多相绕组通入多相电流后，也会产生一个气隙磁场，这个磁场的磁感应强度 B_δ 按通电的相序顺序作直线移动(见图 5.22)，该磁场称为行波磁场。显然行波的移动速度与旋转磁场在定子内圆表面的线速度是一样的，这个速度称为同步线速，用 v_s 表示，且

$$v_s = 2f\tau \tag{5.9}$$

式中，τ——极距(cm)；

f——电源频率(Hz)。

在行波磁场切割下，次级导条将产生感应电动势和电流，所有导条的电流和气隙磁场相互作用，产生切向电磁力 F。如果初级是固定不动的，那么，次级就顺着行波

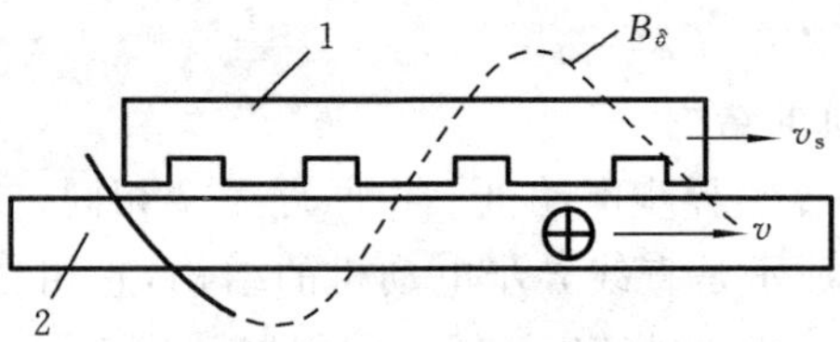

图 5.22　直线异步电动机的工作原理图

1—初级　2—次级

磁场运动的方向作直线运动。

直线异步电动机的推力公式与三相异步电动机转矩公式相类似，即

$$F = KpI_2\Phi_m\cos\varphi_2$$

式中，K——电动机结构常数；

p——初级磁极对数；

I_2——次级电流；

Φ_m——初级一对磁极的磁通量的幅值；

$\cos\varphi_2$——次级功率因数。

在推力 F 作用下，次级运动速度 v 应小于同步速度 v_s，则转差率 S 为

$$S = \frac{v_s - v}{v_s}$$

故次级移动速度

$$v = (1 - S)v_s = 2f\tau(1 - S) \tag{5.10}$$

式(5.10)表明直线异步电动机的速度与电动机极距及电源频率成正比，因此，改变极距或电源频率都可改变电动机的速度。

与旋转异步电动机一样，改变直线异步电动机初级绕组的通电相序，就可改变电动机运动的方向，从而可使直线电动机作往复运动。

直线异步电动机的机械特性、调速特性等都与交流伺服电动机相似，因此，直线异步电动机的启动和调速以及制动方法与旋转异步电动机也相同。

3. 直线电动机的特点及应用

直线电动机较之旋转电动机有下列优点。

(1) 直线电动机不需要中间传动机构，因而整个机构得到简化，提高了精度，减小了振动和噪声。

(2) 响应快速。用直线电动机拖动时，由于不存在中间传动机构的惯量和阻力矩的影响，因而加速和减速时间短，可实现快速启动和正反向运行。

(3) 散热良好，额定值高，电流密度可取很大，对启动的限制小。

(4) 装配灵活性大，往往可将电动机的定子和动子分别与其他机体合成一体。

与旋转电动机相比较，直线电动机存在着效率和功率因数低、电源功率大及低速性能差等缺点。

直线电动机主要用于吊车传动、金属传送带、冲压锻压机床以及高速电力机车等。此外，它还可以用在悬挂式车辆传动、工件传送系统、机床导轨、门阀的开闭驱动装置等处。如将直线电动机作为机床工作台进给驱动装置，则可将初级（定子）固定在被驱动体（滑板）上，或将它固定在基座或床身上，也可将它应用在数控绘图机上。

习题与思考题

5.1　通过分析步进电动机的工作原理和通电方式，可得出哪几点结论？

5.2　实用的步进电动机为什么要采用小步距角？

5.3　步进电动机按工作原理可分为哪几种？各有哪些特点？

5.4　步进电动机的步距角的含义是什么？一台步进电动机可以有两个步距角，例如，3°/1.5°是什么意思？什么是三相单三拍、三相六拍和三相双三拍？

5.5　一台五相反应式步进电动机，采用五相十拍运行方式时，步距角为1.5°，若脉冲电源的频率为3000 Hz，试问转速是多少。

5.6　一台五相反应式步进电动机，其步距角为1.5°/0.75°，该电动机的转子齿数是多少？

5.7　步进电动机有哪些主要特性？了解这些特性有什么作用？

5.8　步进电动机有哪些主要性能指标？了解这些性能指标有何实际意义？

5.9　步进电动机的运行特性与输入脉冲频率有什么关系？

5.10　步距角小、最大静转矩大的步进电动机，为什么启动频率和运行频率高？

5.11　负载转矩和转动惯量对步进电动机的启动频率和运行频率有什么影响？

5.12　有一台直流伺服电动机，电枢控制电压和励磁电压均保持不变，当负载增加时，电动机的控制电流、电磁转矩和转速如何变化？

5.13　有一台直流伺服电动机，当电枢控制电压 $U_c=110$ V 时，电枢电流 $I_{a1}=0.05$ A，转速 $n_1=3000$ r/min；加负载后，电枢电流 $I_{a2}=1$ A，转速 $n_2=1500$ r/min。试作出其机械特性曲线。

5.14　若直流伺服电动机的励磁电压一定，当电枢控制电压 $U_c=100$ V 时，理想空载转速 $n_0=3000$ r/min。试问：当 $U_c=50$ V 时，n_0 等于多少？

5.15　为什么直流力矩电动机要做成扁平圆盘状结构？

5.16　为什么多数数控机床的进给系统宜采用大惯量直流电动机？

5.17　什么叫无换向器电动机？它有什么特点？

5.18　有一台直线异步电动机，已知电源频率为50 Hz，极距 τ 为10 cm，额定运行时的转差率 S 为0.05，试求其额定速度。

5.19　直线电动机较之旋转电动机有哪些优、缺点？

第6章

继电器-接触器控制

本章要求在熟悉各种控制电器的工作原理、作用、特点、表示符号和应用场合的基础上，着重掌握继电器-接触器控制电路中基本控制环节的构成和工作原理，学会分析较简单的控制电路，并通过训练学会设计一些较简单的控制电路。

机电传动控制不仅必须有电动机拖动生产机械这个主体，而且还必须有一套控制装置，用以实现生产机械各种生产工艺的要求。如龙门刨床要求传动部分根据加工需要使得工作台“正向工作、停止、快速返回、停止，又正向工作……”有顺序地自动循环，故需要对电动机的启动、调速、反转、制动等过程加以控制。操作者以简单的控制电器如闸刀开关、转换开关等手控电器来实现电力拖动控制，称为手动控制；若用自动电器来实现电力拖动的控制，就称为自动控制。自动控制不仅能减轻操作人员的劳动强度、提高工作机械的生产率和产品质量，而且可以实现手动控制难以完成的诸如远距离集中控制等。

尽管电力拖动自动控制已向无触点、连续控制、弱电化、微机控制方向发展，但由于继电器-接触器控制所用的控制电器结构简单，价格便宜，能够满足生产机械一般生产的要求，因此，目前仍然获得广泛的应用。本章扼要地介绍常用的各种控制电器的结构、工作原理、应用范围以及自动控制的基本原理和基本电路。

6.1 常用控制电器

6.1.1 电器的分类

生产机械中所用的控制电器多属低压电器，它是指电压在500 V以下、用来接通或断开电路，以及用来控制、调节和保护用电设备的电器。

1. 按动作性质分类

(1) 非自动电器，如刀开关、转换开关、行程开关等。这类电器没有动力机构，依靠人力或其他外力来接通或切断电路。

(2) 自动电器,如接触器、继电器、自动开关等。这类电器有电磁铁等动力机构,按照指令、信号或参数变化而自动动作,使工作电路接通和切断。

2. 按用途分类

(1) 控制电器,如磁力启动器、接触器、继电器等。这类电器用来控制电动机的启动、反转、调速、制动等动作。

(2) 保护电器,如熔断器、电流继电器、热继电器等。这类电器用来保护电动机,使其安全运行,或者保护生产机械,使其不被损坏。

(3) 执行电器,如电磁铁、电磁离合器等。这类电器用来操纵、带动生产机械,支撑与保持机械装置在固定位置上。

大多数电器既可用做控制电器,也可用做保护电器,它们之间没有明显的界限。如电流继电器既可按"电流"参量来控制电动机,又可用来保护电动机不致过载;行程开关既可用来控制工作台的加、减速及行程长度,又可作为终端开关保护工作台不致移动到导轨外面去。

6.1.2 非自动控制电器

1. 刀开关

刀开关又名闸刀,一般用于不需经常切断与闭合的交、直流低压(不大于 500 V)电路,在额定电压下其工作电流不能超过额定值。在机床上,刀开关主要用做电源开关,它一般不用来接通或切断电动机的工作电流。

普通刀开关结构如图 6.1 所示。转动手柄后,刀极即与刀夹座相接,接通电路。

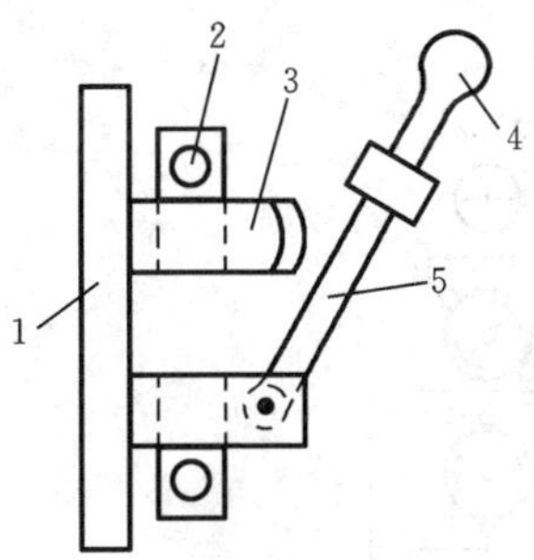

图 6.1 普通刀开关结构

1—绝缘底板 2—接线端子 3—刀夹座(静触点) 4—刀极支架和手柄 5—刀极(动触点)

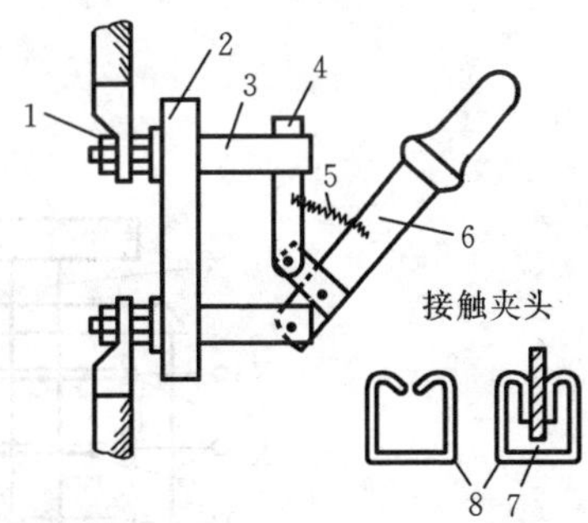

图 6.2 具有断弧刀片的刀开关结构

1—接线端子 2—底座 3、8—刀夹座 4—断弧刀片 5—快断刀极弹簧 6、7—主刀极

普通刀开关触点分断速度慢,灭弧困难,仅用于切断小电流电路。当用刀开关切断较大电流的电路,特别是切断直流电路时,为了使电弧迅速熄灭以保护开关,可采用带有快速断弧刀片的刀开关,如图 6.2 所示。图中,主刀极用弹簧与断弧刀片相连,在切断电路时,主刀极首先从刀夹座脱出,这时断弧刀片仍留在刀夹座内,电路尚未断开,无电弧产生。当主刀极拉到足够远时,在弹簧的作用下,断弧刀片与刀夹座

迅速脱离,使电弧很快拉长而熄灭。

刀开关分单极、双极和三极,常用的三极刀开关长期允许通过电流有 100 A、200 A、400 A、600 A 和 1000 A 五种。目前生产的产品型号有 HD(单投)和 HS(双投)等系列。

负荷开关是由有快断刀极的刀开关与熔断器组合而成的铁壳开关,常用来控制小容量异步电动机的不频繁启动和停止。常用型号有 HH4 系列。

刀开关的选择应根据工作电流和电压来选择。

刀开关的文字符号一般用 Q 或 QG 表示。

2. 转换开关

刀开关作为隔电用的配电电器是恰当的,但在小电流的情况下用它进行线路的接通、断开和换接控制时就显得不太灵巧和方便了,所以,在机床上广泛地用转换开关(又称组合开关)代替刀开关。转换开关的结构紧凑,占用面积小,操作时不是用手扳动而是用手拧转,故操作方便、省力。

图 6.3 所示为一种盒式转换开关结构,它有许多对动触片,中间以绝缘材料隔开,装在胶木盒里,故称之为盒式转换开关,常用的有 HZ5、HZ10 系列。它是由一个或数个单线旋转开关叠成的,用公共轴的转动控制。转换开关可制成单极和多极的,多极装置的原理是:当轴转动时,一部分动触片插入相应的静触片中,使对应的线路接通而另一部分断开,当然也可使全部动、静触片同时接通或断开。因此转换开关既起断路器的作用,又起转换器的作用。在转换开关的上部装有定位机构,以使触点处在一定的位置上,并使之迅速地转换而与手柄转动的速度无关。

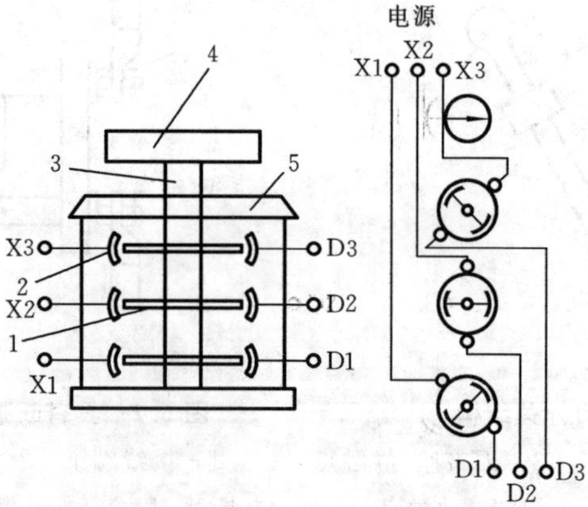

图 6.3 盒式转换开关结构

1—动触片 2—静触片 3—轴 4—转换手柄 5—定位机构

盒式转换开关除了作电源的引入开关外,还可用来控制启动次数不多(每小时开合次数不超过 20 次)、7.5 kW 以下的三相笼型感应电动机,有时也作控制线路及信号线路的转换开关。HZ5 型有单极、双极、三极的,额定电流有 10 A、20 A、40 A 和

60 A 四种。

用来控制电动机正反转的转换开关亦称倒顺开关，其原理如图 6.4 所示。电源线接到触点X1、X2、X3 上，电动机定子绕组的三根线接到触点 D1、D2、D3 上。转换开关转到位置Ⅰ时，触点 X1、X2、X3 相应地和 D1、D2、D3 接通，电动机正转；转换开关转到位置Ⅱ时，触点 X1、X2、X3 相应地和 D1、D3、D2 接通，电动机反转。为了更清楚地表明触点闭合与断开情况，在电气传动系统图中还用表 6.1 来表示触点的合断。其中，符号“×”表示触点接通，空格表示触点断开。

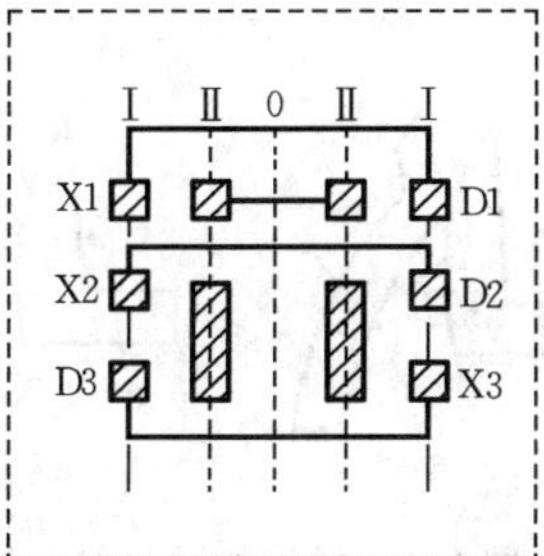

图 6.4　倒顺开关原理图

表 6.1　触点合断表

接触点	转换位置		
	Ⅰ	0	Ⅱ
	正转	停止	反转
X1—D1	×		×
X2—D2	×		
X3—D3	×		
X2—D3			×
X3—D2			×

转换开关的图形符号用在主电路中与刀开关的图形符号相同，用在控制电路中则与万能转换开关的图形符号相同。

转换开关的文字符号一般用 QB 表示。

6.1.3　自动控制电器

上述的手控电器不仅每小时开合的次数有限，操作较笨重，而且保护性能差。例如，当电网电压突然消失时，因为这些开关不能自动复原，故它不能自动切断电动机的电源，如果不另加保护设备，则可能发生意外，因此手动电器通常用在不需频繁通断电的场合。随着生产的发展，控制对象的容量、运动速度、动作频率等不断增大，运动部件不断增多，这要求各运动部件间实现连锁控制和远距离集中控制。显然，手控电器不能适应这些要求，因此，就要用到自动控制电器，如接触器、反映各种信号的继电器和其他完成各种不同任务的控制电器。

1. 接触器

接触器是在外界输入信号下，利用电磁力使触点打开或闭合，从而自动接通或断开带有负载主电路（如电动机）的自动控制电器。它适用于频繁操作（高达每小时1500 次）、远距离控制强电流电路，并具有低压释放的保护性能、工作可靠、寿命长（机械寿命达2000万次，电寿命达 200 万次）和体积小等优点。接触器是继电器-接触器控制系统中最重要和常用的元件之一，它的工作原理图为图 6.5。当按下按钮时，线圈通电，静铁芯被磁化，并把动铁芯(衔铁)吸上，带动转轴使触点闭合，从而接通电路。当松开按钮时，过程与上述相反，电路断开。

根据主触点所接回路的电流种类，接触器分为交流和直流两种。

1) 交流接触器

(1) 触点。它用来完成接触器接通或断开电路这个主要任务。对触点的要求是接通时导电性能良好，不跳(不振动)，噪声小，不过热，断开时能可靠地消除规定容量下的电弧。

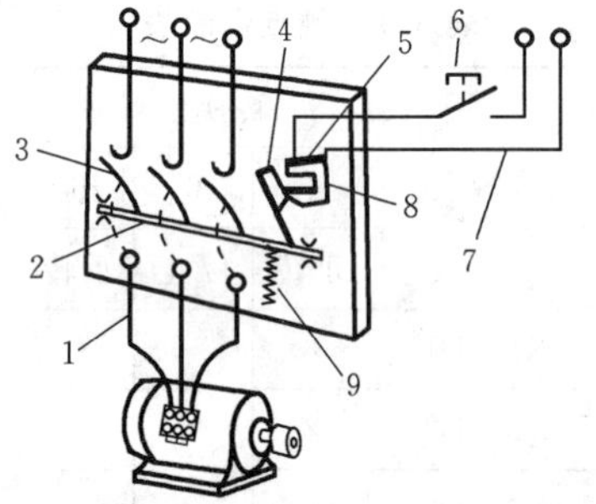

图 6.5　接触器控制电路的工作原理图

1—主电路　2—轴　3—触点　4—动铁芯　5—线圈　6—按钮　7—控制电路　8—静铁芯　9—反作用弹簧

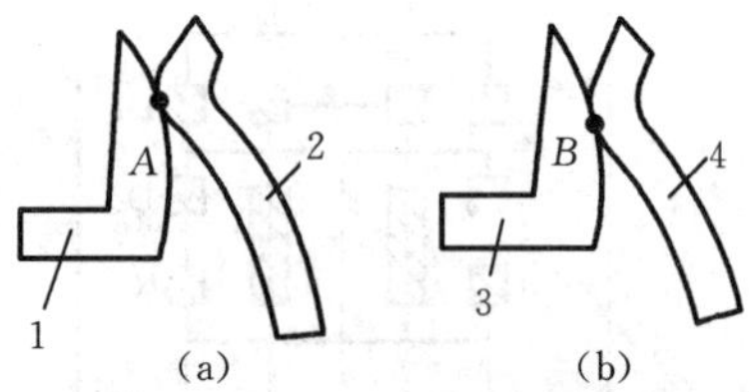

图 6.6　触点滚动接触的位置

(a) 开始接通时　(b) 正常工作时

1、3—静触点　2、4—动触点

为使触点接触时导电性能好，接触电阻小，触点常用铜、银及其合金制成。但是在铜的表面上易于产生氧化膜，并且在断开和接通处，电弧易将触点烧损，造成接触不良。因此，工作于大电流回路的接触器，其触点常采用滚动接触的形式。开始接通时，动触点在点 A(见图 6.6(a))接触，最后滚动到点 B(见图 6.6(b))，点 B 位于触点根部，是触点长期工作接触区域。断开时触点先从点 B 向上滚动，最后从点 A 处断开。这样断开和接通点均在点 A，保证点 B 工作良好。同时，触点滚动的结果，还可去除表面的氧化膜。

要使触点闭合时不跳，只要适当调整触点压力即可。

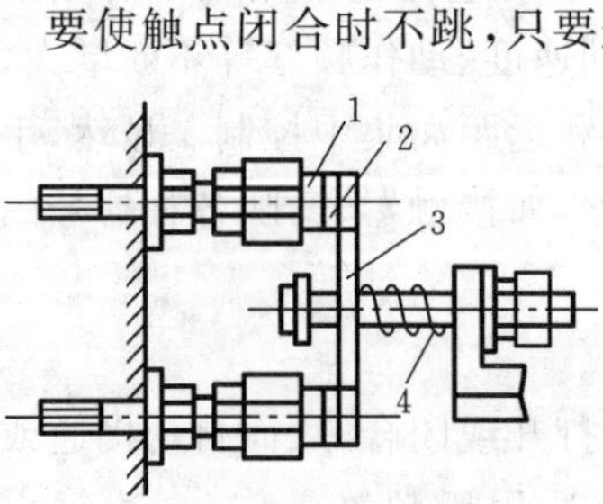

图 6.7　辅助触点结构

1—静触点　2—动触点　3—横杆　4—弹簧

要使触点闭合时噪声小，就要使衔铁与铁芯的接触面平滑，在交流接触器的铁芯中还要加短路环(将在以下“(3) 铁芯”部分详细介绍)。

要使触点闭合时不过热，必须把工作电流限制在额定值内。

在接触器中，除了接在主电路中的主触点外还有辅助(连锁)触点，它用来闭合或断开辅助(控制)电路。辅助触点的构造与主触点不大一样，如图 6.7 所示，横杆上焊有两个动触点，当横杆压下时，动触点与静触点闭合，接通电路。弹簧的作用是使动触点与静触点保持良好的接触。

接触器中有两类触点：一类是动合（常开）触点，当接触器线圈内通有电流时触点闭合，而线圈断电时触点断开；另一类是动断（常闭）触点，当线圈通电时触点断开，而线圈断电时触点闭合。

(2) 灭弧装置。当触点断开大电流时，在动触点与静触点间会产生强烈电弧，严重时会烧坏触点，并使切断时间增加。为使接触器可靠工作，必须使电弧迅速熄灭，故要采用灭弧装置。

(3) 铁芯（磁路）。为了减少涡流损耗，交流接触器的铁芯都用硅钢片叠铆而成，并在铁芯的端面上装有分磁环（短路环）。

在线圈中通有交变电流时，在铁芯中产生的磁通是与电流同频率变化的，当电流频率为 50 Hz 时，磁通每秒有 100 次经过零点。当磁通经过零时，它所产生的吸力也为零，动铁芯（衔铁）有离开趋势，但未及离开，磁通又很快上升，动铁芯又被吸回，结果造成振动，产生噪声。如果能使铁芯间通过两个在时间上不同相的磁通，总磁通将不会经过零点，矛盾即可解决，短路环即为此而设。

短路环结构如图 6.8 所示。短路环将铁芯端部分为两部分。铁芯面 A 不被短路环所包，通过这部分的磁通 Φ_A 产生吸力 $\boldsymbol{F}_A$，如图 6.9 所示。被短路环包围的铁芯面 B 在短路环内产生感应电动势和电流，这电流所产生的磁通将企图阻止面 B 中磁通的变化，致使穿过面 B 的实际磁通 Φ_B 滞后于Φ_A一个角度，它所产生的吸力 $\boldsymbol{F}_B$ 也将滞后于 $\boldsymbol{F}_A$，使总的合力 $\boldsymbol{F}_{合}$ 不经过零点，从而消除了振动和噪声。

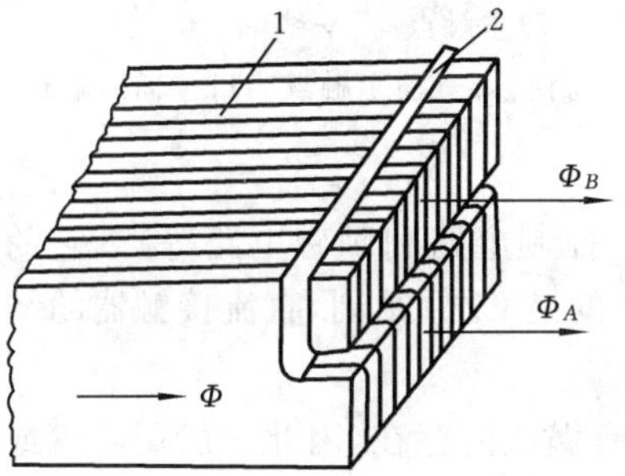

图 6.8　短路环结构

1—静铁芯　2—铜制短路环

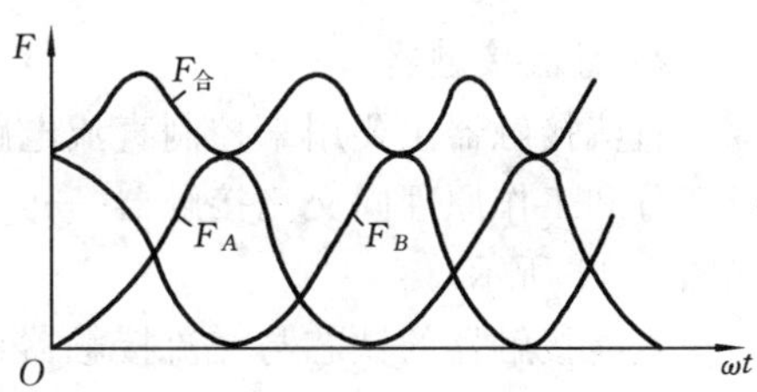

图 6.9　铁芯吸力的变化

(4) 线圈。交流接触器的吸引线圈（工作线圈）一般做成有架式的，形状较扁，以避免与铁芯直接接触，改善线圈的散热情况。交流线圈的匝数较少，纯电阻小，因此，在接通电路的瞬间，由于铁芯气隙大，电抗小，电流可达到工作电流的 15 倍。所以，交流接触器不适合在极频繁启停的条件下工作。而且要特别注意，千万不要把交流接触器的线圈接在直流电源上，否则将因电阻小而流过很大的电流使线圈被烧坏。

目前常用的交流接触器有 CJ10、CJ12、CJ12B、CJ20、CJX1 等系列。例如型号为

CJ10-40A 的交流接触器,其主触点的额定工作电流为 40 A,可以控制额定电压为 380 V、额定功率为 20 kW 的三相异步电动机,它的结构如图 6.10 所示。该接触器为开启式,动作机构皆为直动式,有动合主触点三个,动合、动断辅助触点各两个,触点为双断点式,接触部分为纯银块,外壳采用塑料压制而成,具有结构紧凑、体积小、机械寿命长、成本低、使用和维修方便、允许操作频率高(1200 次/h 或 600 次/h)、外形美观等优点,适用于长期及间断长期工作制,也适用于短时和重复短时工作制,用于后者时额定电流可以适当选小一些。

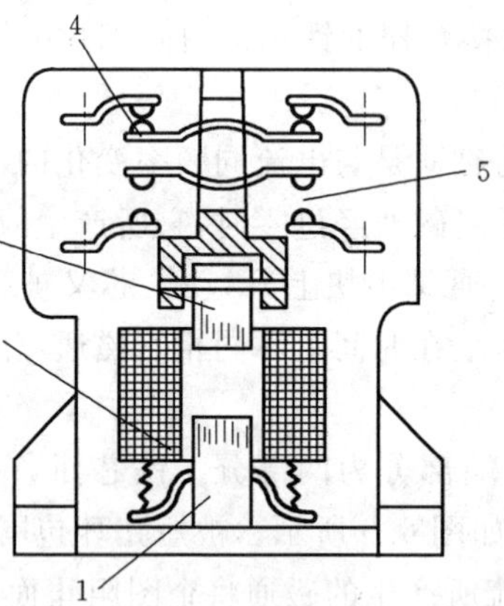

图 6.10 交流接触器的结构

1—静铁芯 2—线圈 3—动铁芯 4—常闭触点 5—常开触点

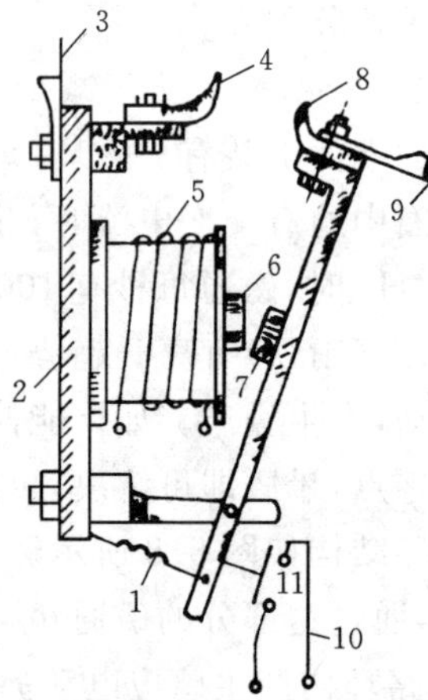

图 6.11 直流接触器的结构

1—反作用弹簧 2—底板 3、9、10—连接线端 4—静主触点 5—线圈 6—铁芯 7—衔铁 8—动主触点 11—辅助触点

2) 直流接触器

直流接触器主要用来控制直流电路(主电路、控制电路和励磁电路等)。它的组成部分和工作原理同交流接触器一样。目前常用的是 CZO 系列,直流接触器的结构如图 6.11 所示。

直流接触器的铁芯与交流接触器不同,它没有涡流的存在,因此一般用软钢或工业纯铁制成圆形。由于直流接触器的吸引线圈通以直流,所以没有冲击的启动电流,也不会产生铁芯猛烈撞击现象,因而它的寿命长,适用于频繁启停的场合。

交、直流接触器的选用可根据线路的工作电压和电流查电器产品目录。在电气传动系统图中,接触器用图 6.12 所示的图形符号表示。

接触器的文字符号一般用 KM 表示。

2. 继电器

接触器虽已将电动机的控制由手动变为自动,但还不能满足复杂生产工艺过程自动化的要求,如大型龙门刨床不仅要求工作台能自动地前进和后退,而且要求前进和后退的速度不同,并能自动地减速和加速。这些要求必须有整套自动控制设备才

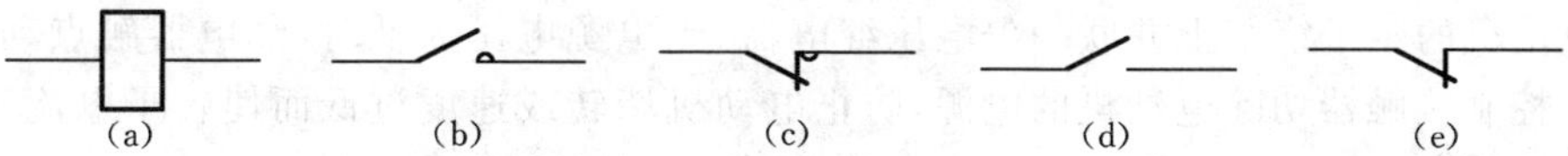

图 6.12　接触器的图形符号

(a) 吸引线圈　(b) 主动合触点　(c) 主动断触点

(d) 动合辅助触点　(e) 动断辅助触点

能满足，而继电器就是这种控制设备中的主要元件。

继电器实质上是一种传递信号的电器，它可根据不同的输入信号达到不同的控制目的。

继电器的种类很多，按它反映信号的种类可分为电流、电压、速度、压力、热继电器等，按动作时间可分为瞬时动作和延时动作继电器(后者常称时间继电器)，按作用原理可分为电磁式、感应式、电动式、电子式和机械式继电器等。由于电磁式继电器具有工作可靠、结构简单、制造方便、寿命长等一系列的优点，故在机床电气传动系统中应用得最为广泛，90%以上的继电器是电磁式的。继电器一般用来接通和断开控制电路，故电流容量、触点、体积都很小，只有当电动机的功率很小时，才可用某些中间继电器来直接接通和断开电动机的主电路。电磁式继电器有直流和交流之分，它们的主要结构和工作原理与接触器基本相同，而且同一型号的继电器(如直流继电器 JT3)又可分为电流、电压、中间、时间继电器等。

1) 电流继电器

电流继电器是根据电流信号而动作的，它的特点是线圈匝数少，线径较大，能通过较大的电流。电流继电器分为过电流继电器和欠电流继电器两种。

(1) 过电流继电器。当被控制线路中出现超过所允许的正常电流时，继电器触点动作，从而切断被控制线路的电源，以保证电气设备不致因过大电流而损坏。

(2) 欠电流继电器。当被控制线路电流过小时，继电器触点动作，从而切断被控制线路的电源，以保证电气设备不致因电流过小而损坏。如在他励直流电动机的励磁回路中串联一欠电流继电器，当励磁电流太小时，继电器触点动作，从而控制接触器切除电动机的电源，防止电动机因过高速度或电枢电流太大而被烧坏。

在电气传动系统中，用得较多的电流继电器的系列有 JL14、JL15、JT3、JT9、JT10 等，主要根据电路内的电流种类和额定电流大小来选用。

2) 电压继电器

电压继电器是根据电压信号动作的。如果把电流继电器的线圈改用细线绕成，并增加匝数，就构成了电压继电器，它的线圈是与电源并联的。

电压继电器有如下两种。

(1) 过电压继电器。当被控制线路中出现超过所允许的正常电压时，继电器触点动作，从而切断被控制线路的电源，以保证电气设备不致因过大电压而损坏。

(2) 欠电压继电器。当被控制线路电压过低时，使控制系统不能正常工作时，继电器触点动作，从而切断被控制线路的电源，使系统脱离不正常的工作状态。如在交流电动机的定子绕组上并联一欠电压继电器,当电源电压太低时,继电器触点动作,从而控制接触器切除电动机的电源,防止电动机堵转或速度过低而使转子电流过大而被烧坏。

在机床电气传动系统中常用的电压继电器有 JT3、JT4 系列,主要根据线路电压的种类和大小来选用。

3) 中间继电器

中间继电器本质上是电压继电器,但还具有触点多(多至 6 对或更多)、触点能承受的电流较大(额定电流 5～10 A)、动作灵敏(动作时间小于 0.05 s)等特点。

它的用途有如下两个。

(1) 中间传递信号。当接触器线圈的额定电流超过电压或电流继电器触点所允许通过的电流时,可用中间继电器作为中间放大器再来控制接触器。

(2) 同时控制多条线路。

在机床电气传动系统中常用的中间继电器除了 JT3、JT4 系列外,目前用得最多的要数 JZ7、JZ8 系列了。在可编程序控制器和仪器仪表中还会用到各种小型的中间继电器。

选用中间继电器的主要依据是控制线路所需触点的多少和电源电压等级。

4) 热继电器

热继电器是根据控制对象的温度变化来控制电流通断的继电器,即利用电流的热效应而动作的电器。它主要用来保护电动机的过载。电动机工作时是不允许超过额定温升的,否则会缩短电动机的使用寿命。熔断器和过电流继电器只能保护电动机不超过允许最大电流,不能反映电动机的发热状况。而在第 4 章中已指出,电动机短时过载是允许的,但长期过载就会发热,因此,必须采用热继电器进行保护。

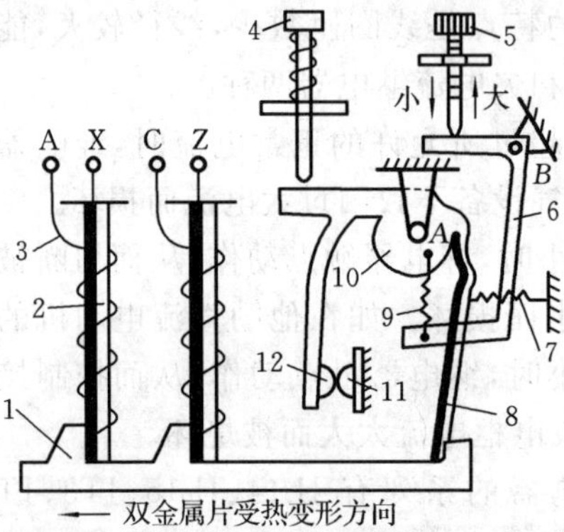

图 6.13　JR14-20/2 **型热继电器的结构**

1—绝缘杆(胶纸板)　2—双金属片
3—发热元件　4—手动复位按钮
5—调节旋钮　6—杠杆(绕支点 B 转动)
7—弹簧(加压于 8 上,使 1 与 8 扣住)
8—感温元件(双金属片)　9—弹簧
10—凸轮支件(绕支点 A 转动)
11—静触点　12—动触点

图 6.13 所示为 JR14-20/2 型热继电器的结构。为反映温度信号,设有感应部分——发热元件与双金属片;为控制电流通断,设有执行部分——触点。发热元件用镍铬合金丝等材料制成,直接串联在被保护的电动机主电路内。它随电流 I 的大小和时间的长短而发出不同的热量,这些热量加热双金属片。双金属片是由两种膨胀系数不同的金属片碾压而成的,右层采用高膨胀系数的材料,左层则采用低膨胀系数的材料,双金属片的一端是固定的,另一端为自由端,过度发热便向左弯曲。一个热继电器内

一般有两个或三个发热元件，通过双金属片和杠杆系统作用到同一常闭触点上，感温元件用做温度补偿装置，调节旋钮用于整定动作电流。热继电器的动作原理是：当电动机过载时，通过发热元件的电流使双金属片向左膨胀，推动绝缘杆，绝缘杆带动感温元件向左转使感温元件脱开绝缘杆，凸轮支件在弹簧的拉动下绕支点 A 顺时针方向旋转，从而使动触点与静触点断开，电动机得到保护。

热继电器有制成单个的（如常用的 JR14 系列），亦有和接触器制成一体、安放在磁力启动器的壳体之内的（如 JR15 系列配 QC10 系列）。

目前常用的热继电器有 JR14、JR15、JR16 等系列。

使用热继电器时要注意以下几个问题。

(1) 为了正确地反映电动机的发热状况，在选择热继电器时应采用适当的发热元件。发热元件的额定电流与电动机的额定电流相等时，继电器便准确地反映电动机的发热。同一种热继电器有多种规格的发热元件，如 JR14-20 型热继电器采用的发热元件额定电流 I_N 从0.35 A到 22 A 有 12 种规格。而每一种规格中，电流又有一定的调整范围，如 $I_N=5$ A，其整定范围为 3.2～5 A。

(2) 注意热继电器所处的周围环境温度，应保证它与电动机有相同的散热条件，对有温度补偿装置的热继电器尤其如此。

(3) 由于热继电器有热惯性，大电流出现时它不能立即动作（见图 6.14），故热继电器不能用于短路保护。

(4) 用热继电器保护三相异步电动机时，至少要用有两个发热元件的热继电器，从而在不正常的工作状态下，也可对电动机进行过载保护，例如，电动机单相运行时，至少有一个发热元件能起作用。当然，最好采用有三个发热元件带缺相保护的热继电器。

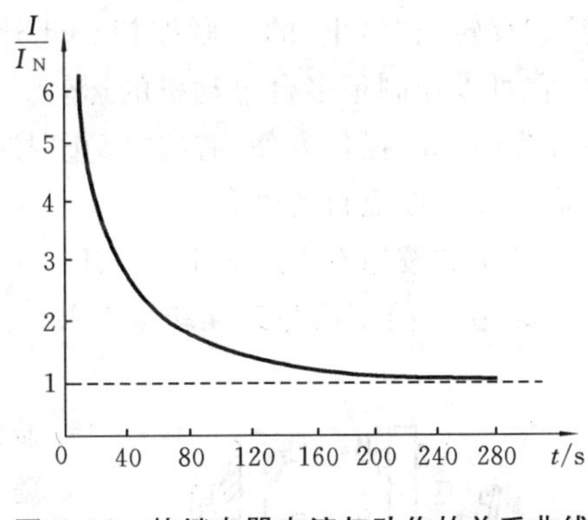

图 6.14　热继电器电流与动作的关系曲线

继电器在电气传动系统中的图形符号如附录所示，文字符号一般用 K（中间继电器）、KA（电流继电器）、KP（压力继电器）、KV（电压继电器）等表示。

6.1.4　主令电器

除接触器、继电器外，自动控制线路中还有一类所谓的主令电器，主要用来切换控制线路。实际上，操作人员只要操作这类电器，就能控制线路的工作。机床上最常见的主令电器为按钮开关，简称按钮，此外还有万能转换开关、主令控制器，有些主令电器，如常见的行程开关，可由机床的运动部件带动（操纵）。

1. 按钮

按钮是一种专门发号施令的电器，用以接通或断开控制回路中的电流。图6.15、

图 6.16 所示分别是按钮开关的结构与图形符号。按下按钮帽,动合触点闭合而动断触点断开,从而同时控制了两条电路;松开按钮帽,则在弹簧的作用下使触点恢复原位。

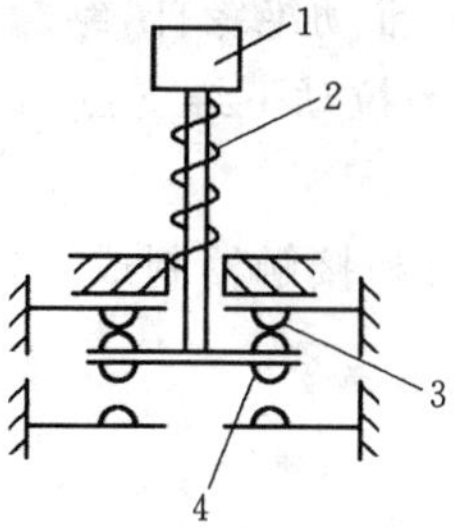

图 6.15　按钮的结构

1—按钮帽　2—弹簧

3—动断触点　4—动合触点

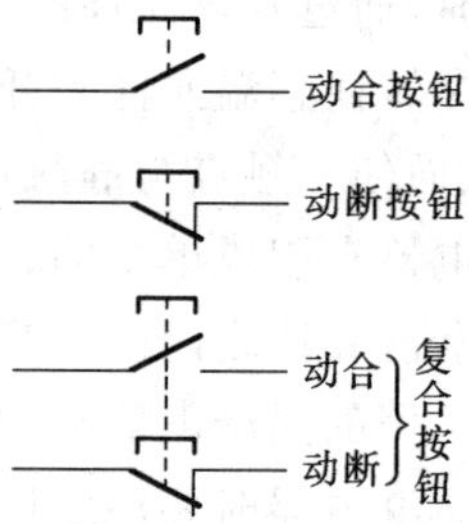

图 6.16　按钮的图形符号

按钮的文字符号一般用 SB 表示。

按钮一般用来遥控接触器、继电器等,从而控制电动机的启动、反转和停止,因此一个按钮盒内常包括两个以上的按钮元件,在线路中分别起不同的作用。最常见的是由两个按钮元件组成"启动"、"停止"的双联按钮,以及由三个按钮元件组成"正转"、"反转"、"停止"的三联按钮。此外,有时由很多个按钮元件组成一个控制按钮站,它可以控制很多台电动机的运转。为避免误按,按钮帽一般都低于外壳。但为了在发生故障时操作方便,有些"停止"按钮的按钮帽高于外壳或做成特殊形状(如蘑菇头形),并涂以显目的红色。

常用的按钮有 LA18、LA19、LA20、LAY3 系列。

2. 主令控制器与万能转换开关

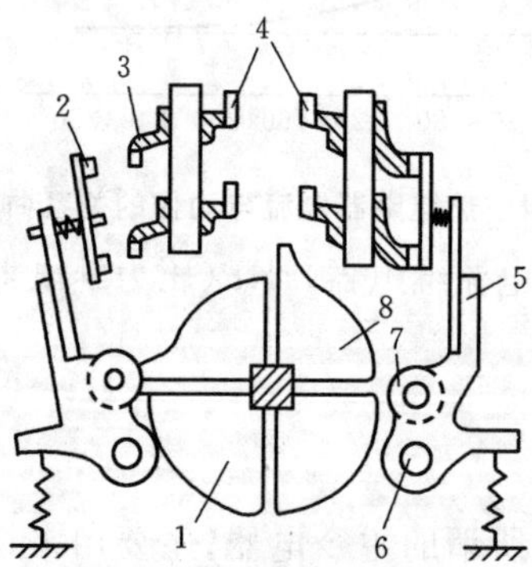

图 6.17　主令控制器的结构

1—凸轮 A　2—桥形动触点

3—静触点　4—接线头　5—支杆

6—轴　7—小轮　8—凸轮 B

主令控制器与万能转换开关广泛应用在控制线路中,以满足需要多连锁的电力拖动系统的要求,实现转换线路的遥远控制。

主令控制器又名主令开关,它的主要部件是一套接触元件,其中的一组如图6.17所示,具有一定形状的凸轮 A 和凸轮 B 固定在方形轴上。与静触点相连的接线头上连接被控制器所控制的线圈导线。桥形动触点固定于能绕轴转动的支杆上。当转动凸轮 B 的轴时,其凸出部分推压小轮并带动杠杆,于是触点断开。按照凸轮的不同形状,可以获得触点闭合、断开的任意次序,从而达到控制多回路的要求。它最多有 12 个接触元件,能控制 12 条电路。

常用的主令控制器有 LK14、LK15 和 LK16 系列。

主令控制器的触点多,为了更清楚地表示其触点分合状况,在电气传动系统图中除了用图形符号表示外,还常用触点合断表来表示触点的合断。图 6.18 所示是一个具有 7 挡(每挡有 6 个触点)的主令控制器,表 6.2 为相应的触点合断表。在表 6.2 中,符号"×"表示手柄转动在该位置下,触点闭合;空格表示触点断开。如手柄从位置 0 向左转动到位置Ⅰ后,触点 2、4 闭合;手柄从位置 0 向右转动到位置Ⅰ后,触点 2、3 闭合。其他类推。

在电气传动系统图中主令控制器的文字符号一般用 SL 表示。

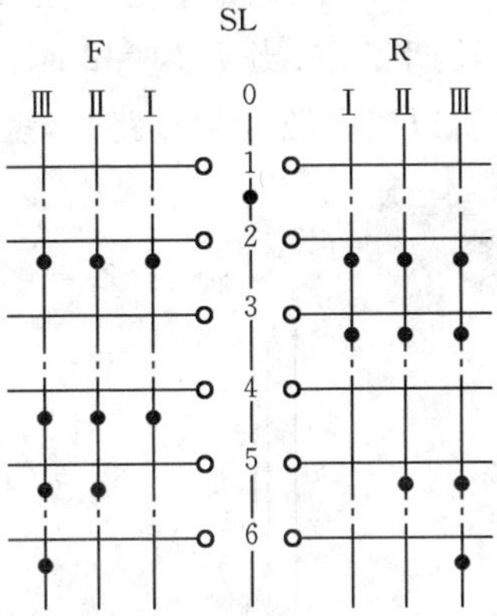

图 6.18 主令控制器的图形符号

表 6.2 触点合断表

LK5/613							
线路号	F			0	R		
	Ⅲ	Ⅱ	Ⅰ		Ⅰ	Ⅱ	Ⅲ
1				×			
2	×	×	×		×	×	×
3					×	×	×
4	×	×	×				
5	×	×				×	×
6	×						×

万能转换开关是一个多段式能够控制多回路的电器,也可用于小型电动机的启动和调速。在电气传动系统图中万能转换开关的图形符号和触点合断表与主令控制器类似。它的文字符号一般用 SO 表示,常用的有 LW5、LW6 系列。

另外,机床上有时用到十字形转换开关(如 LS1 型),这种开关也属主令电器,用在多电动机控制的机床上,以控制各台电动机的动作。如 C5341J1 型立式车床上就用到这种开关。十字形转换开关的安装应使其手柄动作的方向与所要引起的动作一致,以便于控制而减少误动作。

还有凸轮控制器和平面控制器,它们主要用于电气传动控制系统中,变换主回路或励磁回路的接法和电路中的电阻,以控制电动机的启动、换向、制动及调速。常用的凸轮控制器有 KT10、KT12 系列,平面控制器有 KP5 系列。

6.1.5 其他常用控制电器

1. 熔断器

熔断器(俗称保险盒)是一种广泛应用于电力拖动控制系统中的保护电器。熔断器串于被保护的电路中,当电路发生短路或严重过载时,它的熔体(俗称保险丝)能自动迅速熔断,从而切断线路,使导线和电气设备不致损坏。

熔断器从结构上分,有插入式、密封管式和螺旋式,如图 6.19 所示。熔断器的熔体一般由熔点低、易于熔断、导电性能好的合金材料制成。常用的插入式熔断器有 RC1A 系列,螺旋式熔断器有 RLS 系列和 RL1 系列,无填料密封管式熔断器有 RM10 系列,有填料密封管式熔断器有 RT0 系列。快速熔断器有 RS0 系列和 RS3 系列。RS0 系列可作为半导体整流元件的短路保护,RS3 系列可作为晶闸管整流元件的短路保护。

熔体的熔断时间与通过熔体的电流有关。它们之间的关系称为熔体的熔断特性,如图 6.20 所示(电流用额定电流的倍数表示)。从熔体的熔断特性可看出,当通过的电流与额定电流之比 $I/I_N \leqslant 1.25$ 时,熔体将长期工作;当 $I/I_N = 2$ 时,熔体在 30～40 s 内熔断;当 $I/I_N > 10$ 时,熔体瞬时熔断。所以当电路发生短路时,短路电流使熔体瞬时熔断。

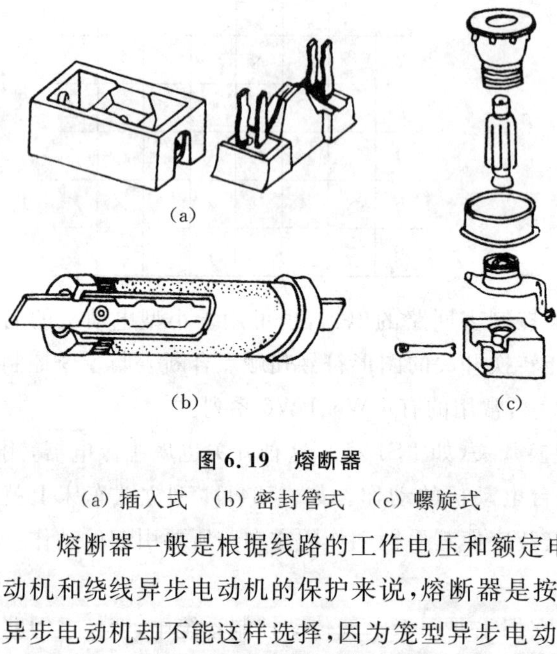

图 6.19 熔断器

(a) 插入式 (b) 密封管式 (c) 螺旋式

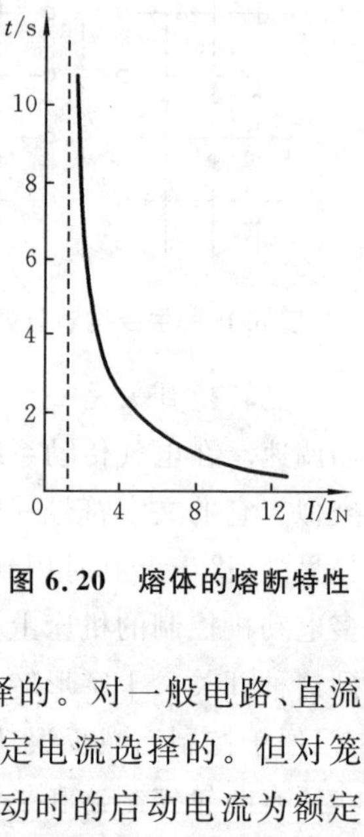

图 6.20 熔体的熔断特性

熔断器一般是根据线路的工作电压和额定电流来选择的。对一般电路、直流电动机和绕线异步电动机的保护来说,熔断器是按它们的额定电流选择的。但对笼型异步电动机却不能这样选择,因为笼型异步电动机直接启动时的启动电流为额定电流的 5～7 倍,若按额定电流选择时,熔体将即刻熔断。因此,为了保证所选的熔断器既能起到短路保护作用,又能使电动机启动,一般笼型异步电动机的熔断器按启动电流的 $1/K(K=1.6\sim2.5)$ 来选择。若轻载启动、启动时间短,K 应选得大一些;若重载启动、启动时间长,K 应选得小一些。由于电动机的启动时间是短促的,故这样选择的熔断器的熔体在启动过程中来不及熔断。

熔断器结构简单、价格低廉,但动作准确性较差,熔体断了后需重新更换,而且若只断了一相还会造成电动机的单相运行,所以它只适用于自动化程度和其动作准确性要求不高的系统中。

2. 自动空气断路器

自动空气断路器(自动开关)的接触系统与接触器的接触系统相似,它既具有熔断器能直接断开主回路的特点,又具有过电流继电器动作准确性高、容易复位、不会造成单相运行等优点。它不仅具有作为短路保护的过电流脱扣器,而且具有作为长期过载保护的热脱扣器,还有失压保护,但它价格较高。在自动化程度和工作特性要求高的系统中,它是一种很好的保护电器。自动空气断路器的结构如图 6.21(a)所示,在电气传动系统中的图形符号如图6.21(b)所示,其文字符号一般用 QF 表示。

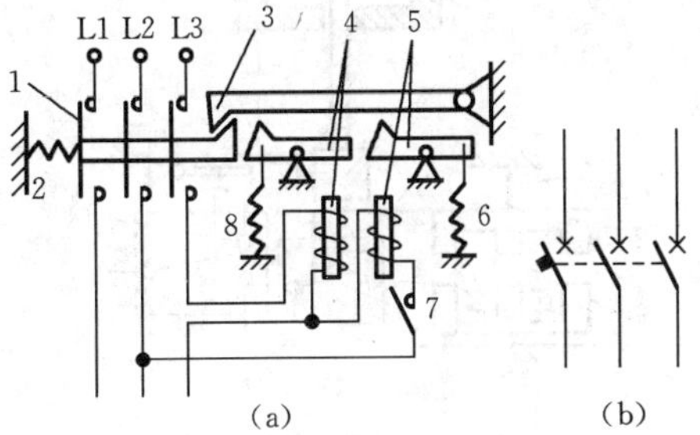

图 6.21 自动空气断路器的结构和图形符号

(a) 结构 (b) 图形符号

1—主触点 2—弹簧 A 3—锁钩

4—过电流脱扣器 5—失压脱扣器

6—弹簧 B 7—辅助触点 8—弹簧 C

自动空气断路器的工作原理如下:将操作手柄扳到合闸位置时主触点闭合,触点的连杆被锁钩锁住,使触点保持闭合状态。由凸轮将失压脱扣器的衔铁闭合,并经辅助触点进行自锁,失压脱扣器的顶杆吸下。当电路失压或电压过低时,在反力弹簧 B 作用下,失压脱扣器的顶杆将锁钩顶开,主触点在释放弹簧 A 的拉力下释放。当电源恢复正常时,必须重新合闸后才能工作,实现了失压保护。过电流脱扣器有双金属片式脱扣器(热脱扣)和电磁式脱扣器两种,一般要求瞬动的用电磁式脱扣,如需延时脱扣则用热脱扣或电磁式脱扣加延时装置。如图 6.21 所示,当电路的电流正常时,过电流脱扣器的衔铁未吸合,脱扣器顶杆被反力弹簧 C 拉下,所以锁钩保持锁住状态。当电路发生短路或严重过载时,过电流脱扣器的衔铁被吸下,使其顶杆向上顶开锁钩,在释放弹簧 A 的拉力下,主触点迅速断开切断电路。过电流脱扣器的动作电流值可以用调节其反力弹簧 C 来进行整定。

常用的自动空气断路器有塑料外壳式的 DZ5、DZ10 系列和框架式的 DW10、DW5 系列。

短路保护装置在线路中应安装得愈靠近电源愈好,因为愈靠近电源,保护的范围愈广。

3. 时间继电器

某些生产机械的动作有时间要求,例如,电动机启动电阻需要在电动机启动后隔一定时间切除,这就出现了一种在输入信号经过一定时间间隔才能控制电流流通的自动控制电器——时间继电器。

图 6.22 所示为 JS7-A 型空气式时间继电器的结构,它主要由电磁铁、气室和工作触点三部分组成。其工作原理如下:线圈通电后,衔铁吸下,胶木块在弹簧作用下

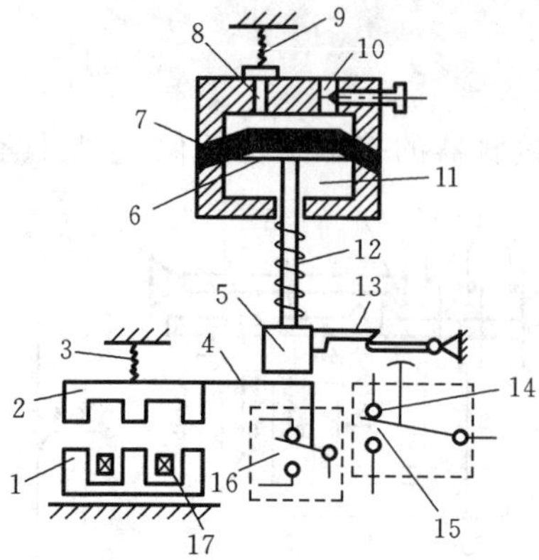

图 6.22　JS7-A 型空气式时间继电器的结构

1—铁芯　2—衔铁　3、9、12—弹簧　4—挡架　5—胶木块　6—伞形活塞　7—橡胶膜　8—出气孔　10—进气孔　11—气室　13—挡块　14—延时断开的常闭触点　15—延时闭合的常开触点　16—瞬时触点　17—吸引线圈

向下移动,但胶木块通过连杆与活塞相连,活塞表面上敷有橡胶膜,因此当活塞向下时,就在气室上层形成稀薄的空气层,活塞受其下层气体的压力而不能迅速下降,室外空气经由进气孔、调节螺钉逐渐进入气室,活塞逐渐下移,移动至最后位置时,挡块撞及微动开关,使其触点动作,输出信号。这段时间为自电磁铁线圈通电时刻起至微动开关触点动作时为止的时间。

通过调节螺钉来调节进气孔气隙的大小,就可以调节延时时间。电磁铁线圈失电后,依靠恢复弹簧复原,气室空气经由出气孔迅速排出。

时间继电器的触点有四种可能的工作情况,这四种工作情况和它们在电气控制系统图中的图形符号如表 6.3 所示。

时间继电器的文字符号一般用 KT 表示。

表 6.3　时间继电器的图形符号

线　圈		触　点	
缓慢吸合(通电延时)	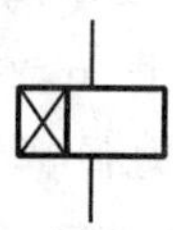	延时闭合的动合触点	
		延时断开的动断触点	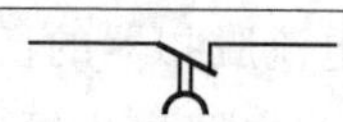
缓慢释放(失电延时)	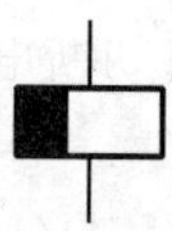	延时闭合的动断触点	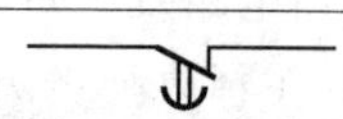
		延时断开的动合触点	

空气式时间继电器在机床中应用广泛,与其他时间继电器相比,它有以下优点。

(1) 延时范围大。JS7-A 型延时的调节范围达到 0.4～180 s,而且可以平滑调节。

(2) 通用性强。它既可用于交流,也可用于直流(仅需改换线圈),在机床中多用于交流;既可以做成线圈通电后触点延时动作,也可做成线圈失电后触点延时动作(仅需交换电磁铁位置),而两者的工作原理是相同的。

(3) 结构简单,价格便宜。

它的缺点是准确度低,延时误差不大于 20%,因此,在要求高准确延时的生产机械中不宜采用。

常用的几种时间继电器的性能比较列于表 6.4 中。

表 6.4　几种时间继电器的性能

形式	线圈的电流种类	延时范围	延时的准确度	触点延时的种类
空气式	交　流	0.4～180 s	一般，±(8%～15%)	通电延时 失电延时
电磁式	直　流	0.3～16 s	一般，±10%	失电延时
电动式	交　流	0.5 s至几十小时	准确，±1%	同空气式
电子式	直　流	0.1 s～1 h	准确，±3%	同空气式

4. 行程开关

为满足生产工艺的要求，生产机械的工作部件要作移动或转动。例如，龙门刨床的工作台应根据工作台的行程位置自动地实现启动、停止、反转和调整的控制，为了实现这种控制，就要有测量位移的元件——行程开关。行程开关有机械式和电子式两种，机械式又有按钮式和滑轮式等。

1) 按钮式行程开关

按钮式行程开关与按钮构造相仿，但它不是用手按，而是由运动部件上的挡块移动碰撞。它的触点分合速度与挡块的移动速度有关，若移动速度太慢，触点不能瞬时切换线路，电弧在触点上停留的时间较长，易烧坏触点，因此，它不宜用在移动速度小于0.4 m/min的运动部件上。但它结构简单，价格便宜。常用的有X2系列，组合机床中常用的JW2系列组合行程开关(含有五对触点)也属此类。

2) 滑轮式行程开关

滑轮式行程开关结构如图6.23所示，它是一种快速动作的行程开关。当行程开关的滑轮受挡块触动时，上转臂向左转动，由盘形弹簧的作用，同时带动下转臂(杠杆)转动，在下转臂未推开爪钩时，横板不能转动，因此钢球压缩了下转臂弹簧，使之积储能量，直至下转臂转过中点推开爪钩后，横板受下转臂弹簧的作用，迅速转动，使触点断开或闭合。滑轮式行程开关触点分合速度不受部件速度的影响，故常用于低速度的机床工作部件上。常用的有LX19、JLXK1、LXK2等系列。此类行程开关有自动复位和非自动复位两种。自动复位时依靠图中之恢复弹簧复原，非自动复位的则没有恢复弹簧，但装有两个滑轮，当反向运动时，挡块撞及另一滑轮时将其复原。

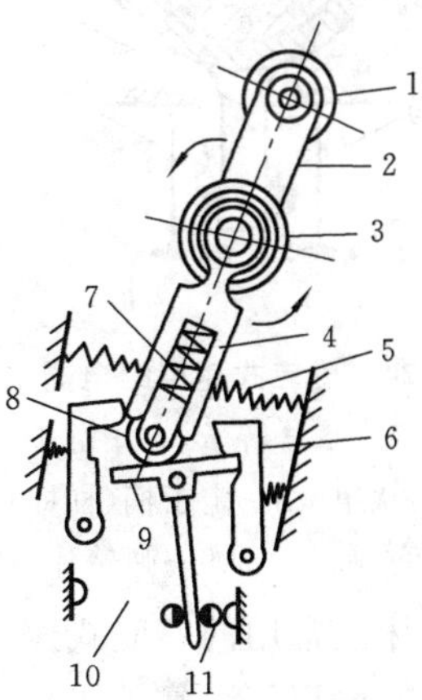

图 6.23　滑轮式行程开关结构

1—滑轮　2—上转臂　3—盘形弹簧　4—下转臂　5—恢复弹簧　6—爪钩　7—弹簧　8—钢球　9—横板　10—动合触点　11—动断触点

3) 微动开关

要求行程控制的准确度较高时,可采用微动开关,它具有体积小、重量轻、工作灵敏等特点,且能瞬时动作。微动开关还用做其他电器(如空气式时间继电器、压力继电器等)的触点。

常用的微动开关有JW、JWL、JLXW、JXW、JLXS等系列。

4) 接近开关

行程开关与微动开关工作时均有挡块与触杆的机械碰撞和触点的机械分合,在动作频繁时,容易产生故障,工作可靠性较低。接近开关是一种无触点行程开关,有高频振荡型、电容型、感应电桥型、永久磁铁型、霍尔效应型等多种。其中,以高频振荡型最为常用,它是由装在运动部件上的一个金属片移近或离开振荡线圈来实现控制的。

接近开关使用寿命长,操作频率高,动作迅速可靠,得到了广泛应用。

常用的接近开关有WLX1、LXU1等系列。

电气控制系统中行程开关的图形符号如附录所示,文字符号一般用ST表示。

5. 速度继电器

某些生产机械需要直接测量速度信号,再用此速度信号进行控制,这就出现了测量速度的元件——速度继电器。

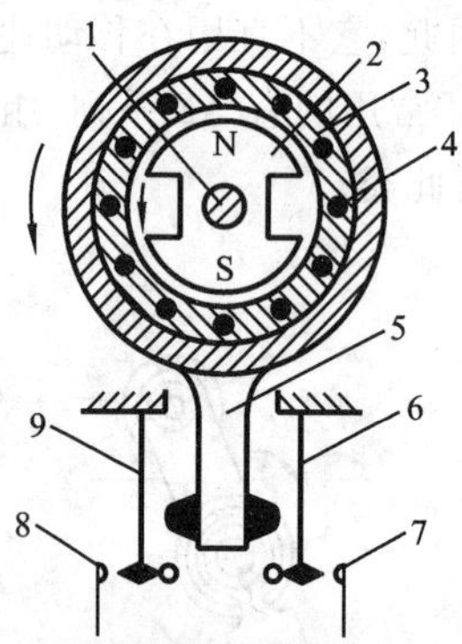

图6.24　感应式速度继电器结构

1—轴　2—转子　3—定子
4—绕组　5—定子柄(杠杆)
7、8—触点　6、9—弹簧片

目前在机床上用得最多的是感应式速度继电器,其结构如图6.24所示。继电器的轴和需控制速度的电动机轴相连接,在轴上装有转子,它是一块永久磁铁,定子圆环固定在另一套轴承上,此轴承则装在轴上。圆环内部装有绕组,其结构与笼型异步电动机的转子绕组类似,故它的工作原理也与笼型异步电动机完全一样。当轴转动时,永久磁铁也一起转动,这相当于一旋转磁场,在绕组里感应出电动势和电流,使定子有趋势和转子一起转动,于是定子柄(杠杆)触动两个弹簧片,使两个触点系统动作(视轴的旋转方向而定)。当转轴接近停止时,动触点跟着弹簧片恢复原来的位置,与两个靠外边的触点分开,而与靠内侧的触点闭合。

机床上常用的感应式速度继电器有JY1系列和JFZO系列。JY1系列能在转速3000 r/min以下可靠地工作,JFZO-1型适用于300～1000 r/min的场合,JFZO-2型适用于1000～3600 r/min的场合。一般,当速度继电器转速小于100 r/min时,触点就恢复原状。调整弹簧片的拉力可以改变触点恢复原位时的转速,以达到准确的制动。

速度继电器的结构较为简单,价格便宜,但它只能反映转动的方向和反映是否停转,或者说只能够反映一种速度(是转还是不转),所以,它仅广泛用在异步电动机的反接制动中。

速度继电器在电气控制系统图中的图形符号如附录所示，文字符号一般用 KS 表示。

6.2　继电器-接触器控制电路的组成

6.2.1　继电器-接触器控制电路图的形式

继电器-接触器控制电路一般有安装接线图（简称接线图）和工作原理图（简称原理图）两种形式。

1. 接线图

图 6.25 为用接触器控制异步电动机启、停控制电路接线图，这种表示形式能形象地表示出控制电路中各电器的安装情况及相互之间的连线，对于初次阅读电路图的人比较合适，但它绘制难度较大。它是电气施工的依据。

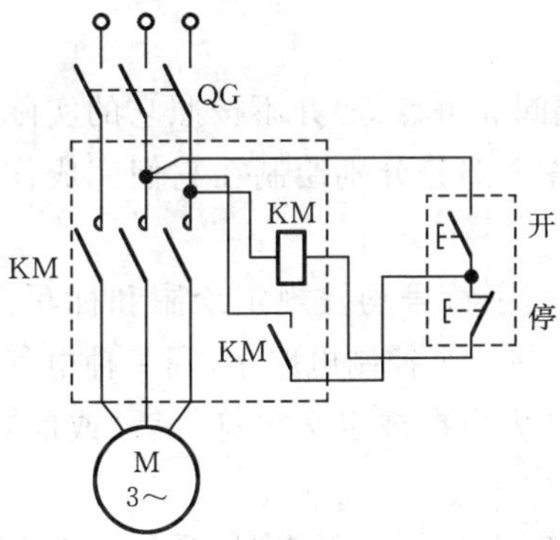

图 6.25　启、停控制电路接线图

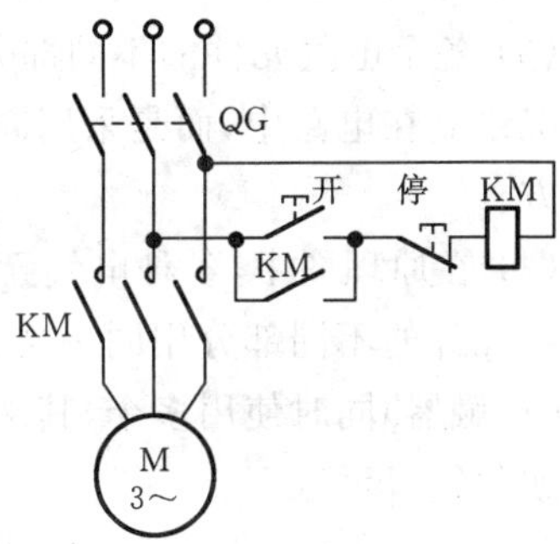

图 6.26　启、停控制电路原理图

2. 原理图

图 6.26 为接触器控制异步电动机启、停控制电路原理图。这种表示形式是根据工作原理而绘制的电路图，便于阅读和设计较复杂的控制电路。它是生产机械电气设备设计的基本和重要的技术资料。

6.2.2　电气系统的组成与绘制方法

图 6.27 为异步电动机直接启动控制电路，控制电路一般由主回路和控制回路两大部分组成。主回路是由电动机及与电动机相连接的电器、连线等组成的电路，如图(a)所示；控制回路是由操作按钮、电气元件及连线等组成的电路，如图(b)所示。

控制电路原理图绘制的基本方法如下。

(1) 通常将主回路和控制回路分开绘制。

(2) 控制回路的电源线可分列左、右或上、下，各控制支路基本上按照电气元件

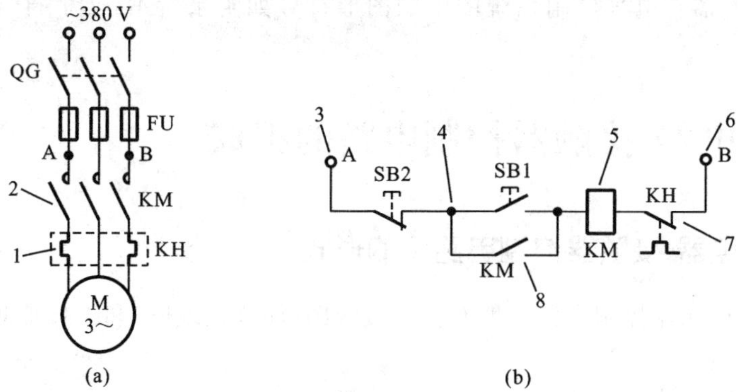

图 6.27　异步电动机直接启动控制电路

(a) 主回路　(b) 控制回路

1—热继电器的热敏元件　2—接触器主触点　3、6—电源线

4—连接处的圆点　5—接触器的线圈　7—热继电器的触点　8—接触器辅助触点

的动作顺序从上到下或从左到右地绘制。

(3) 各个电气元件的不同部分(如接触器的线圈和触点等)并不按照它的实际布置情况绘制在电路中，而是采用同一电气元件的各个部分分别绘制在它们完成作用的地方。

(4) 在原理图中，各种电气元件的图形符号、文字符号均按规定绘制和标写，同一电气元件的不同部分用同一文字符号表示；如果在一个控制电路中，同一种电气元件(如接触器)同时使用多个，其文字符号的表示方法为在规定文字符号后(或前)加字母或数字以示区别。

(5) 因为各个电气元件在不同的工作阶段有不同的动作，触点时闭时开，而在原理图中只能表示一种情况，因此，规定在原理图中所有电气元件的触点均表示正常位置，即各种电气元件在线圈没有通电或没有使用外力时的位置。

(6) 为了查线方便，在原理图中，两条以上导线的电气连接处要打一圆点。

6.2.3　电路中的基本保护

1. 电流保护

1) 短路保护

为防止用电设备(电动机、接触器等)短路而产生大电流冲击电网，损坏电源设备或保护用电设备突然流过短路电流而引起用电设备、导线和机械上的严重损坏，可采用熔断器或自动断路器实现短路保护。

熔断器或自动断路器串入被保护的线路中，当线路发生短路或严重过载时，熔断器的熔体自动迅速熔断，自动断路器的过电流脱钩器脱开，从而切断线路，使导线和电器设备不受损坏。

2) 长期过载保护

所谓长期过载，是指电动机带有比额定负载稍高（1.15～1.25I_N）的负载长期运行。这样会使电动机等电气设备因发热而温度升高，甚至会超过设备所允许的温升而使电动机等电气设备的绝缘层损坏。所以，对长期过载必须给予保护，可采用热继电器或自动断路器实现保护。

采用热继电器实现过载保护时，热继电器的发热元件接在电动机回路中，而触点接在控制回路中。当电动机过载时，长时间的发热使热继电器的触点动作，断开控制回路，使电动机脱离电网。

采用自动断路器实现过载保护时，自动断路器接入被保护的线路中，长期的过电流使热脱钩器脱开，从而切断线路。

2. 零压(或欠压)保护

为防止因电源电压的消失或降低引起机械设备停止运行，以及当故障消失后，在没有人工操作的情况下设备自动启动运行而可能造成的机械或人身事故，可采用零压（或欠压）保护。图 6.28 所示为没有零压（欠压）保护的电路。在电路中，QG 合上后，电动机通电旋转，机械运动；工作中，电源停电，电动机停止，机械停止运动；当电源来电时，电动机可自动启动运行，即机械突然运动，可能造成机械或人身事故。这是因为该电路没有零压（欠压）保护。

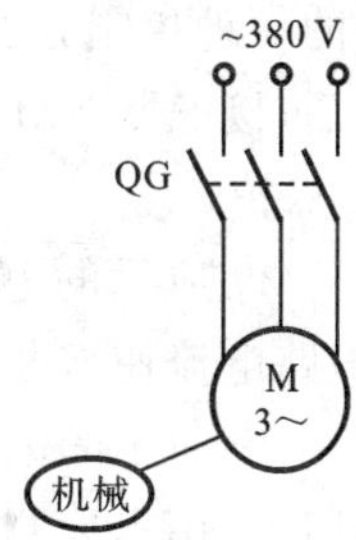

图 6.28　没有零压(欠压)保护的电路

在自动控制系统中，要保证在失电后，没有人工操作，电动机不能自动启动的保护称为零压（欠压）保护。下面将结合电路对怎样实现零压（欠压）保护加以说明。

6.3　继电器-接触器控制的基本电路

6.3.1　异步电动机启动控制电路

1. 直接启动控制电路

异步电动机直接启动控制电路如图 6.29 所示。

1) 主回路

由电路可知，当 QG 合上后，只有控制接触器 KM 的触点闭合或断开时，才能控制电动机接通或断开电源而启动运行或停止运行，即要求控制回路能控制 KM 的线圈通电或失电。

2) 控制回路

当 QG 合上后，A、B 两端有电压。初始状态时，接触器 KM 的线圈失电，其动合主触点和动合辅助触点均为断开状态；当按下启动按钮 SB1 时，接触器 KM 的线圈

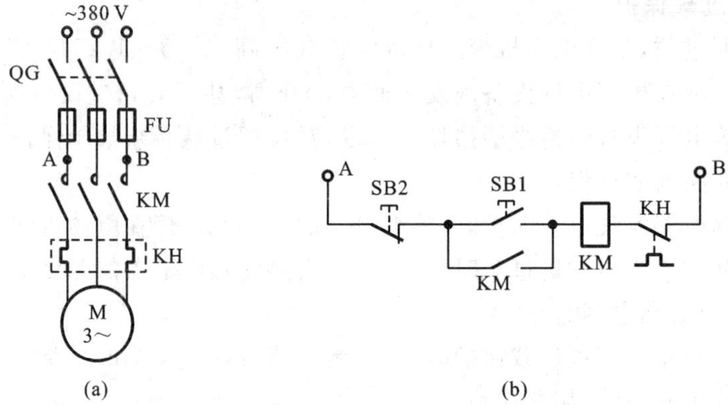

图 6.29　异步电动机直接启动控制电路

(a) 主回路　(b) 控制回路

通电,其辅助动合触点自锁(松开按钮 SB1 使其复位后,接触器 KM 的线圈能维持通电状态的一种控制方法),动合主触点合上使电动机接通电源而运转;当按下停止按钮 SB2 后,接触器 KM 的线圈失电,其动合主触点断开使电动机脱离电网而停止运转。

3) 保护

图 6.29 所示的电路中采用熔断器 FU 实现短路保护。当主回路或控制回路短路时,短路电流使熔断器的熔体熔化,主回路和控制回路都脱离电网而停止工作。

图 6.29 所示的电路中采用热继电器 KH 实现过载保护。KH 的发热元件串接在主回路中,用来检测电动机定子绕组的电流,当电动机工作在过载的情况下,过载电流使 KH 的发热元件发热,使串接在控制回路中的动断触点断开,接触器 KM 的线圈失电,动合主触点断开,使电动机停止运转而保护电动机不被烧坏。

图 6.29 所示电路中,当电动机在运转中电源突然中断时,电动机停止运转,接触器 KM 的线圈失电。但当电源突然接通时,由于接触器 KM 的线圈不能通电,电动机不能自动启动运行。只有按下启动按钮 SB1 后才能使电动机启动,即该电路具有零压(欠压)保护。

2. Y-△降压启动控制电路

异步电动机 Y-△降压启动时,定子绕组成星形连接,启动结束后,定子绕组换成三角形连接,其控制电路如图 6.30 所示。

1) 主回路

由图 6.30(a)可知:当 QG 合上后,如果 KM1、KM3 的动合触点同时闭合,则电动机的定子绕组成星形连接;如果 KM1、KM2 的动合触点同时闭合,则电动机的定子绕组成三角形连接;如果 KM2 和 KM3 同时闭合,则电源短路。

因此,主回路对控制回路的要求是:启动时控制接触器 KM1 和 KM3 的线圈通电,启动结束时,控制接触器 KM1 和 KM2 的线圈通电,在任何时候不能使 KM2 和 KM3 的线圈同时通电。

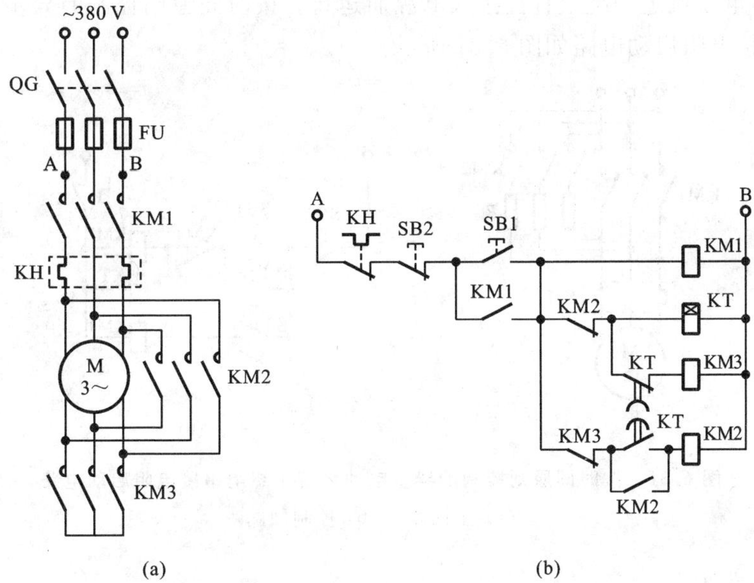

图 6.30 异步电动机 Y-△降压启动控制电路

(a) 主回路 (b) 控制回路

2) 控制回路

由图 6.30(b)可知:当电路处于初始状态时,接触器 KM1、KM2、KM3 和时间继电器 KT 的线圈均失电,电动机脱离电源而静止不动;当按下启动按钮 SB1 时,KM1 的线圈首先通电自锁,同时 KM3、KT 的线圈通电,KM1 和 KM3 的动合触点闭合,电动机成星形连接,开始启动;启动一段时间后,KT 的延时时间到,其延时断开动断触点断开,使 KM3 的线圈失电,KM3 的动合触点断开,同时,延时继电器的延时闭合动合触点使 KM2 的线圈通电,KM2 的动合触点闭合。由于 KM1 的线圈继续通电,故当时间继电器的延时时间到后,控制电路自动控制 KM1、KM2 的线圈通电,电动机的定子绕组换成三角形连接而运行。

3) 保护

电流保护、零压(欠压)保护与异步电动机直接启动控制电路相同。

主回路要求任何时候 KM2、KM3 只能有一个通电,所以在控制回路的 KM2、KM3 的线圈支路中互串对方的动断辅助触点,达到保护的目的,这种保护称为互锁(联锁)保护。

4) 电路特点

启动过程是按时间来控制的,时间长短可由时间继电器的延时时间来确定。在控制领域中,常把用时间来控制某一过程的方法称为时间原则控制。

3. 按时间原则控制的定子串接电阻降压启动控制电路

串接电阻启动时对控制电路的要求是:启动时,电动机的定子绕组串接电阻,启动结束后,电动机定子绕组直接接入电源而运行。按时间原则控制的异步电动机定子绕组串接电阻启动电路如图 6.31 所示。

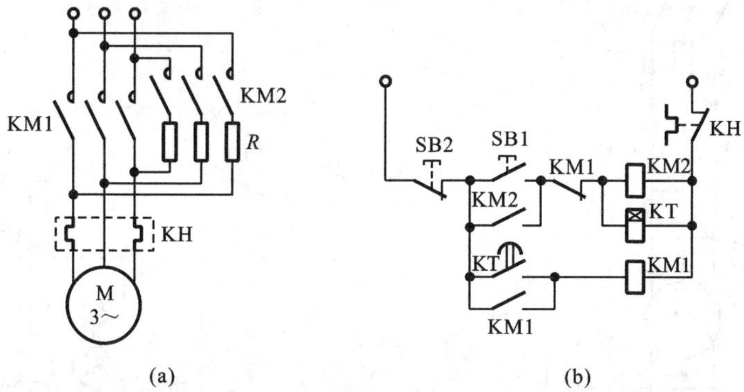

图 6.31　按时间原则控制的异步电动机定子绕组串接电阻启动电路

(a) 主回路　(b) 控制回路

1) 主回路

由图 6.31(a)可知:当 KM2 的主触点闭合,KM1 的主触点断开时,电动机定子绕组串接电阻后接入电源;KM1 的主触点闭合,KM2 的主触点处入任何状态时,电动机直接接入电源。主回路对控制回路的要求是:启动时,控制 KM2 的线圈通电,KM1 的线圈失电,当启动结束时,控制 KM1 的线圈通电。

2) 控制回路

由图 6.31(b)可知:当电路处于初始状态时,接触器 KM1、KM2 和时间继电器 KT 的线圈都失电,电动机脱离电源处于静止状态;当按下启动按钮 SB1 时,接触器 KM2 的线圈首先通电并自锁,其主触点闭合,电动机定子绕组串接电阻启动,在开始启动时,时间继电器 KT 同时开始延时;当启动一段时间后,延时继电器的延时时间到,其延时动合触点闭合,使接触器 KM1 的线圈通电,其动合主触点闭合,短接电阻,使电动机直接接入电源而运行。

KM1 的线圈通电后,KM2 的状态不影响电路的工作状态,但为了节省能源和增加电器的使用寿命,用 KM1 的动断辅助触点使 KM2 和 KT 线圈失电。

3) 保护

电流保护、零压(欠压)保护与异步电动机直接启动电路相同。

4. 按电流原则控制的定子串接电阻降压启动控制电路

按电流原则控制的异步电动机定子串接电阻启动控制电路如图 6.32 所示。

由图 6.32(a)可知:主回路与图 6.31 电路的主回路基本相似,不同之处是,在定子串接电阻的回路中同时串接电流继电器,用以检测定子电流的大小。

由图 6.32(b)可知:电路处于初始状态时,接触器 KM1、KM2 的线圈均失电,电动机脱离电源而处于静止状态;当按下启动按钮 SB1 后,接触器 KM2 的线圈首先通

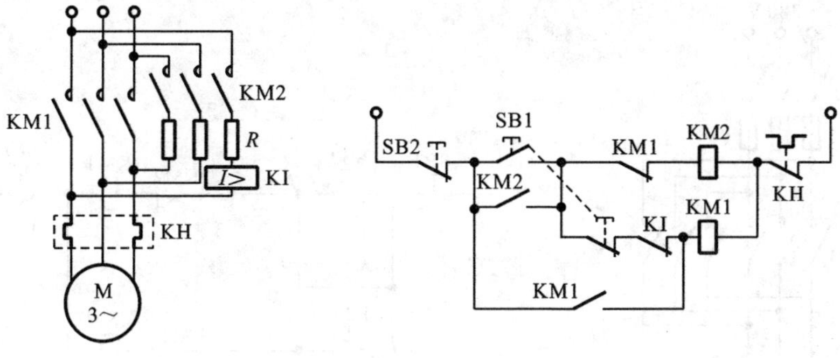

(a)　　(b)

图 6.32　按电流原则控制的异步电动机定子串接电阻启动控制电路

(a) 主回路　(b) 控制回路

电并自锁，由于启动按钮 SB1 的动断触点使 KM1 的线圈不能通电，故 KM2 的动合主触点闭合，使电动机定子串接电阻启动，启动电流大于电动机的额定电流，电流继电器线圈通电，动断触点断开；随着电动机的转速上升，定子电流将下降，当电流下降到设定值时，电流继电器恢复初态，其动断触点闭合，使接触器 KM1 的线圈通电并自锁，电动机直接接入电源而运行。

图 6.32 所示的电路启动过程是由电流大小来控制的。在电气控制系统中常把这种控制方式称为电流控制。

6.3.2　异步电动机的正反转控制电路

1. 基本的正反转控制电路

基本的正反转控制电路如图 6.33 所示。

1) 主回路

由图 6.33(a)可知：假设 KM1 的主触点闭合时，电动机正转，则 KM2 的动合主触点闭合时，电动机反转；当 KM1、KM2 同时闭合时，电源短路。

因此，主回路对控制回路的要求是：正转时，KM1 的线圈通电；反转时，KM2 的线圈通电；任何时候都保证 KM1、KM2 的线圈不同时通电。

2) 控制回路

由图 6.33(b)可知：当电路处于初始状态时，KM1、KM2 的线圈均失电，电动机脱离电源而静止；当先按下按钮 SB2 时，接触器 KM1 的线圈通电，其动合主触点闭合，电动机正向启动运行；或当先按下按钮 SB3 时，接触器 KM2 的线圈通电，其主触点闭合，电动机反向启动运行。

如果电动机已经在正转(或反转)，要使电动机改为反转(或正转)，必须先按停止按钮 SB1，再按反向(或正向)按钮。

2. 实用的正反转控制电路

实用的正反转控制电路如图 6.34 所示。与上述电路不同的地方是正反转的改

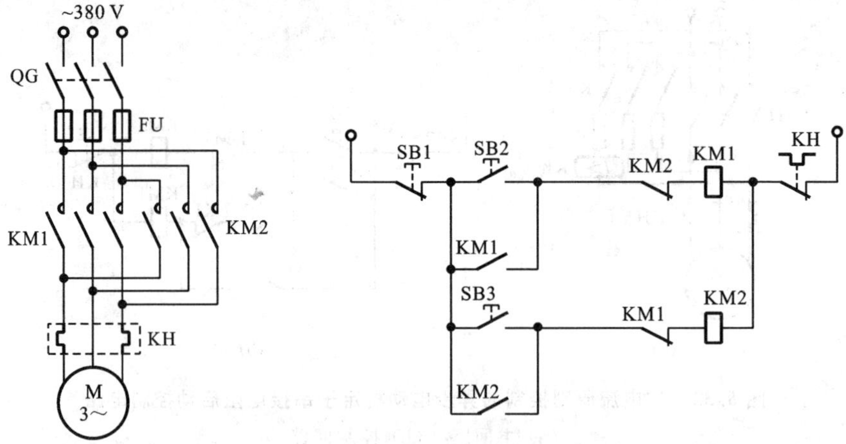

(a) (b)

图 6.33 基本的正反转控制电路

(a) 主回路 (b) 控制回路

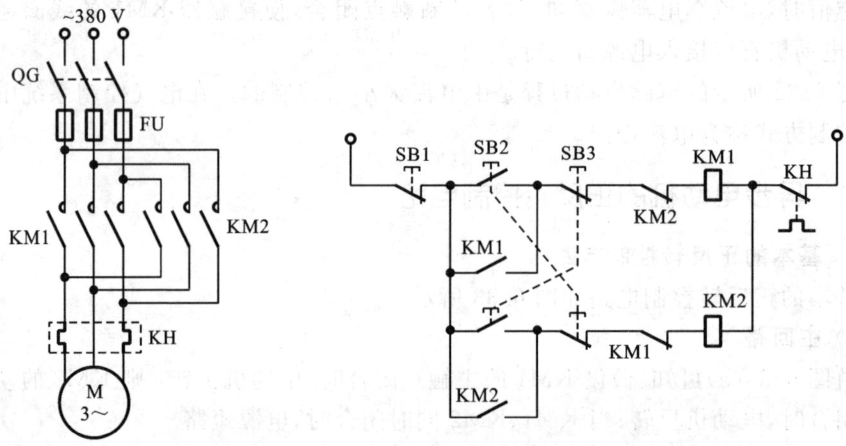

(a) (b)

图 6.34 实用的正反转控制电路

(a) 主回路 (b) 控制回路

变更容易。

3. 典型的龙门刨床控制电路

图 6.35 是典型的龙门刨床的工作示意图。龙门刨床的工作台由异步电动机驱动,*A*、*B* 两点之间是工作台的运动行程,而 *C*、*D* 两点为工作台的极限位置(工作台不脱离运动导轨而造成机械事故的位置)。ST1、ST2 称为限位开关,ST3、ST4 称为极限保护开关。

龙门刨床的工作过程是:当按下正向启动按钮 SB2 后,电动机正转带动工作台

图 6.35　典型的龙门刨床的工作示意图

前进；前进到位撞块压下行程开关 ST1，电动机反转带动工作台后退；后退到位撞块压下行程开关 ST2，电动机又正转，工作台前进……以此循环，工作台自动往返运动，直到按下停止按钮 SB1 时，电动机停止，即工作台停止。

若先按下反向启动按钮 SB3，工作台则先后退，再前进，以此循环，工作台同样自动往返运动。

当某种原因使工作台运动到极限保护位置 C（或 D）时，撞块压下行程开关 ST3（或 ST4），电动机立即断电，使工作台停止前进（或后退），并保证电动机不能正向启动（或反向启动）。

龙门刨床自动控制电路如图 6.36 所示。

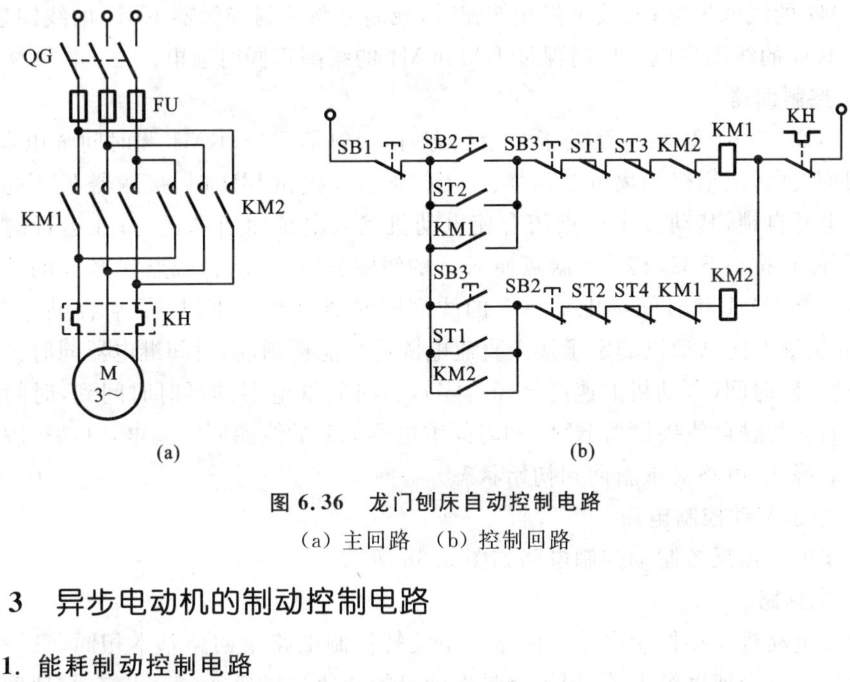

图 6.36　龙门刨床自动控制电路

（a）主回路　（b）控制回路

6.3.3　异步电动机的制动控制电路

1. 能耗制动控制电路

能耗制动控制电路如图 6.37 所示。

1）主回路

由图 6.37(a)电路可知：当接触器 KM 的动合主触点闭合，接触器 KM1 的动断主触点断开时，电动机直接接入电源而启动运行；当接触器 KM1 的动合主触点闭

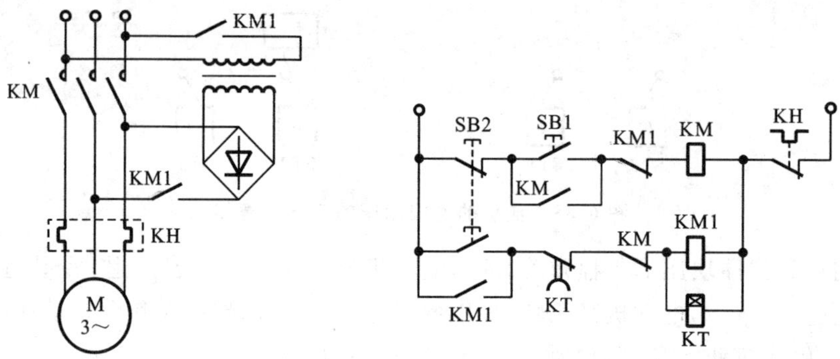

(a)　　(b)

图 6.37　能耗制动控制电路

(a) 主回路　(b) 控制回路

合,接触器 KM 的动合主触点断开时,电动机的定子绕组接上直流电源进行能耗制动。

因此,主回路要求:按下启动按钮时,控制电路控制接触器 KM 的线圈通电、接触器 KM1 的线圈失电;而按下停止按钮时,控制电路控制接触器 KM1 的线圈通电、接触器 KM 的线圈失电。同时保证 KM、KM1 的线圈不同时通电。

2) 控制回路

由图 6.37(b)可知:电路处于初始状态时,接触器 KM、KM1 和时间继电器 KT 的线圈均失电,电动机脱离电源而静止;当按下启动按钮 SB1 时,接触器 KM 的线圈首先通电并自锁,其动合主触点闭合使电动机接入电源而启动运行;在运行的过程中,按下停止按钮 SB2,其动断触点使 KM 的线圈失电,其动合触点和 KM 的动断触点使接触器 KM1 和时间继电器 KT 的线圈同时通电并由 KM1 的动合触点自锁,KM1 的主触点使电动机的定子接上直流电源进行能耗制动,时间继电器同时开始延时;制动一段时间(电动机的速度已经为零)后,时间继电器的延时时间到,时间继电器 KT 的动断触点使接触器 KM1 和时间继电器 KT 的线圈同时失电,电动机脱离直流电源而静止,电路又重新回到初始状态。

2. 反接制动控制电路

异步电动机反接制动控制电路如图 6.38 所示。

1) 主回路

异步电动机反接控制电路主回路与正反转控制电路主回路基本相同,只是电动机轴上连接一个速度继电器,用来测量电动机的转速。当速度接近于零时,速度继电器的动合触点断开,动断触点闭合。

2) 控制回路

由图 6.38 可知:当电路处于初始状态时,接触器 KM1、KM2 的线圈失电,电动机脱离电网而静止;按下启动按钮 SB1 时,接触器 KM1 的线圈首先通电且自锁,其

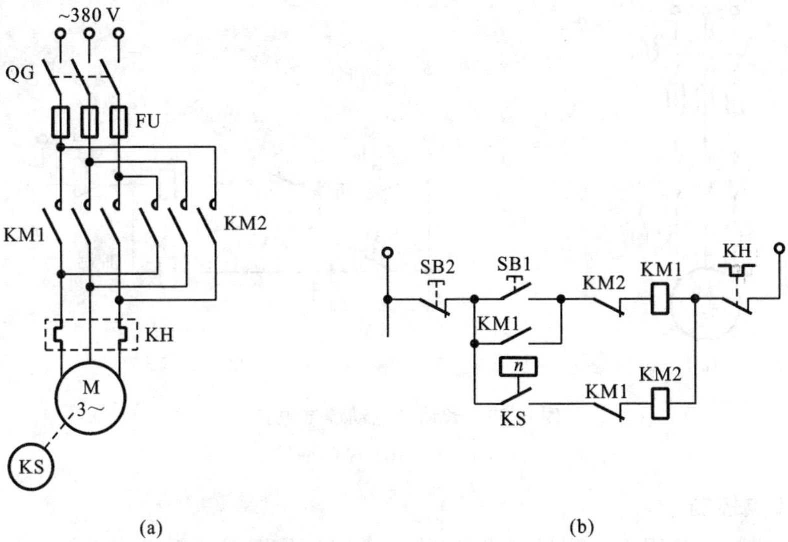

图 6.38　异步电动机反接制动控制电路

(a) 主回路　(b) 控制回路

动合触点闭合,电动机接入电网直接启动运行;当电动机的速度上升到一定值时,速度继电器 KS 的动合触点闭合,但由于接触器 KM1 的动断辅助触点的作用,接触器 KM2 的线圈不能通电;当按下停止按钮 SB2 后,由于电动机的转速不能突变,速度继电器 KS 的动合触点继续闭合,此时,接触器 KM2 的线圈通电,其动合主触点使电动机的定子绕组电源反接,电动机反接制动;当电动机的转速迅速下降到接近于零时,速度继电器 KS 的动合触点断开,电动机断开电源自然停车到速度为零而静止,反接制动结束,电路又重新回到初始状态。

6.3.4　其他基本控制电路

1. 点动与长动

调整或维修状态下的一种间断性工作方式称为点动工作方式,正常状态下的连续工作方式称为长动工作方式。

用继电器-接触器实现长动和点动的控制电路如图 6.39 所示。在电路中,SB2 为长动控制按钮,SB3 为点动控制按钮。

当按下按钮 SB2 后,继电器 KA 的线圈通电并自锁,KA 的动合触点使接触器的线圈通电,KM 的主触点控制电动机接入电源而运行;只有当按下停止按钮 SB1 时,电动机脱离电源而停止。这一过程即长动。

当按住点动按钮 SB3 时,接触器 KM 的线圈通电,电动机接入电网运行,松开点动按钮 SB3 时,接触器 KM 的线圈就失电,电动机脱离电网而停止。因此,操作者点一下按钮,电动机动一下。这一过程即点动。

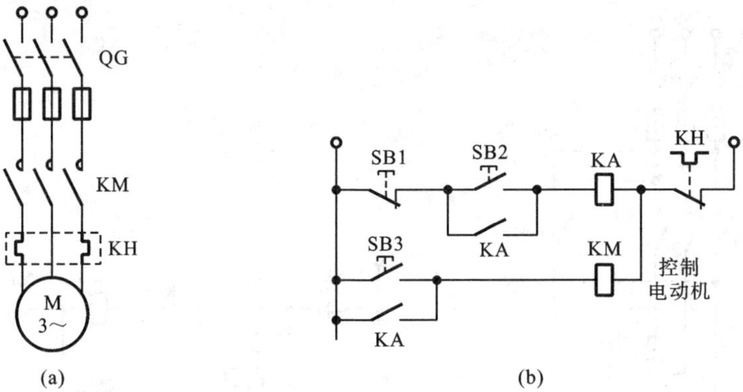

图 6.39　长动和点动控制电路

(a) 主回路　(b) 控制回路

2. 多点控制

多点控制主要用于大型机械设备,能在不同的位置对运动机构进行控制,如对驱动某一运动机构的电动机在多处进行启动和停止的控制。两地控制一台电动机启动、停止的控制电路如图 6.40 所示。

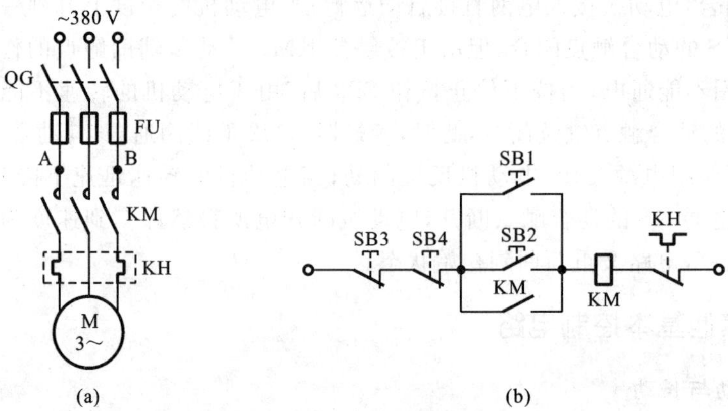

图 6.40　两地控制一台电动机启动、停止的控制电路

(a) 主回路　(b) 控制回路

3. 顺序启/停控制

两个以上运动部件的启动、停止需按一定顺序进行的控制称为顺序控制,如切削前需先开冷却系统,工作机械运动前需先开润滑系统等。

例 6.1　有两台电动机 M1 和 M2,要求 M1 启动后,M2 才能启动,而 M2 停止后,M1 才能停止。实现这一控制要求的控制回路如图 6.41 所示。

例 6.2　若把例 6.1 中的要求改为:要求电动机 M1 启动一段时间后,M2 才能启动,则实现有时间要求的控制回路如图 6.42 所示。

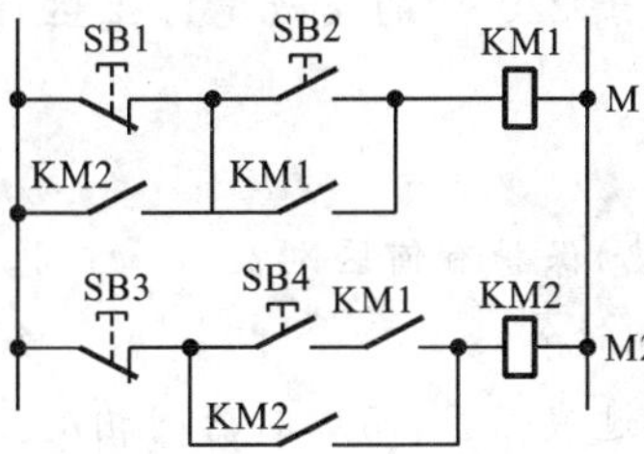

图 6.41　顺序启/停控制电路

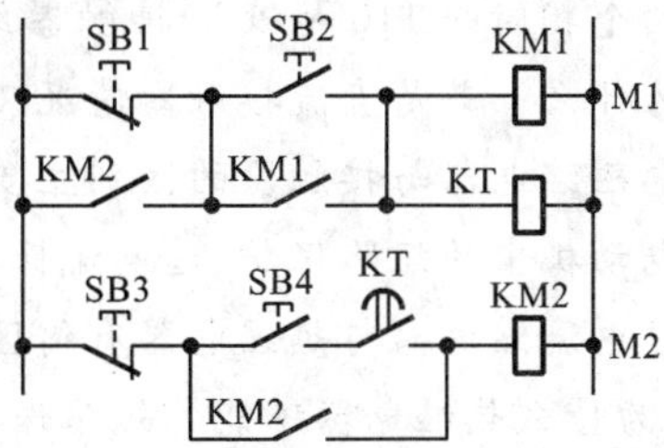

图 6.42　有时间要求的顺序启/停控制电路

4. 零励磁保护控制

零励磁保护是防止直流电动机在没有加上励磁电压时,就加上电枢电压而造成机械"飞车"或电动机电枢绕组被烧坏的一种保护。零励磁保护的控制电路如图6.43所示。

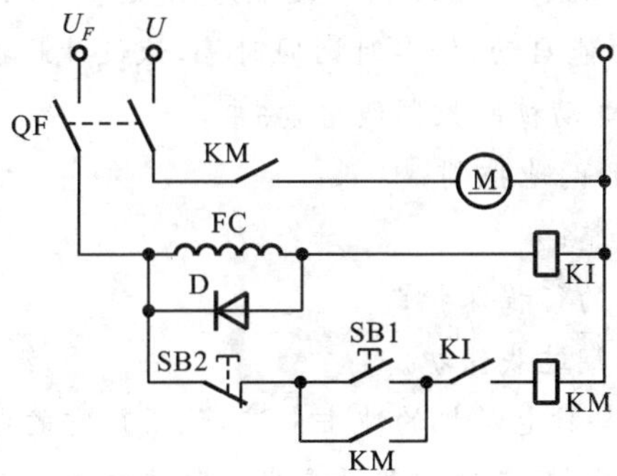

图 6.43　零励磁保护的控制电路

当 QF 合上后,直流电动机的励磁绕组首先通电,且当励磁电流上升到额定值时,电流继电器 KI 线圈通电,其动合触点合上,才能使接触器 KM 线圈具备通电条件。当按下启动按钮后,KM 的线圈通电,其动合触点使电枢通电,电动机开始运转。

因此,上述电路可以保证励磁电流上升到额定值时,电枢再通电,即保证直流电动机不发生零励磁的情况。

习题与思考题

6.1　从接触器的结构特征上如何区分交流接触器与直流接触器？为什么？

6.2　为什么交流电弧比直流电弧容易熄灭？

6.3　若交流电器的线圈误接入同电压的直流电源,或直流电器的线圈误接入同电压的交流电源,会发生什么问题？为什么？

6.4　交流接触器动作太频繁时为什么会过热？

6.5　在交流接触器铁芯上安装短路环为什么会减小振动和噪声？

6.6 两个相同的 110 V 交流接触器线圈能否串联接于 220 V 的交流电源上运行?为什么?若是直流接触器情况又如何?为什么?

6.7 电磁继电器与接触器的区别主要是什么?

6.8 电动机中的短路保护、过电流保护和长期过载(热)保护有何区别?

6.9 过电流继电器与热继电器有何区别?各有什么用途?

6.10 为什么热继电器不能作短路保护而只能作长期过载保护,而熔断器则相反?

6.11 自动空气断路器有什么功能和特点?

6.12 时间继电器的四个延时触点符号各代表什么意思?

6.13 为什么电动机要设有零电压保护和欠电压保护?

6.14 在装有电气控制的机床上,电动机由于过载而自动停车后,若立即按启动按钮则不能开车,这可能是什么原因?

6.15 要求三台电动机 M1、M2、M3 按一定顺序启动:即 M1 启动后 M2 才能启动,M2 启动后 M3 才能启动,停车时则同时停,试设计此控制线路。

6.16 试设计一台异步电动机的控制线路,要求:

① 能实现启、停的两地控制;

② 能实现点动调整;

③ 能实现单方向的行程保护;

④ 要有短路和长期过载保护。

6.17 为了限制点动调整时电动机的冲击电流,试设计它的电气控制线路,要求正常运行时为直接启动,而点动调整时需串入限流电阻。

6.18 试设计一台电动机的控制线路,要求能正反转并能实现能耗制动。

6.19 冲压机床的冲头,有时用按钮控制,有时用脚踏开关操作,试设计用转换开关选择工作方式的控制线路。

6.20 容量较大的笼型异步电动机反接制动时电流较大,应在反接制动时在定子回路中串接电阻,试按转速原则设计其控制线路。

6.21 平面磨床中的电磁吸盘能否采用交流的?为什么?

6.22 起重机上的电动机为什么不采用熔断器和热继电器保护?

6.23 试设计一条自动运输线,有两台电动机,M1 拖动运输机,M2 拖动卸料机,要求:

① M1 先启动后,才允许 M2 启动;

② M2 先停止,经一段时间后 M1 才自动停止,且 M2 可以单独停止;

③ 两台电动机均有短路、长期过载保护。

6.24 题 6.24 图为机床自动间歇润滑的控制线路图,其中接触器 KM 为润滑油泵电动机启停用接触器(主电路未画出),控制线路可使润滑有规律地间歇工作。试分析此线路的工作原理,并说明开关 S 和按钮 SB 的作用。

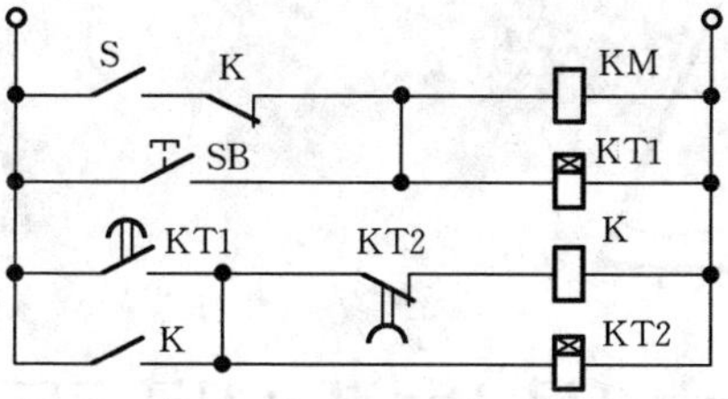

题 6.24 图

6.25　试设计 M1 和 M2 两台电动机顺序启、停的控制线路，要求：

① M1 启动后，M2 立即自动启动；

② M1 停止后，延时一段时间，M2 才自动停止；

③ M2 能点动调整工作；

④ 两台电动机均有短路、长期过载保护。

6.26　试设计某机床主轴电动机控制线路图，要求：

① 可正、反转，且可反接制动；

② 正转可点动，可在两处控制启、停；

③ 有短路和长期过载保护；

④ 有安全工作照明及电源信号灯。

6.27　试设计一个工作台前进→退回的控制线路，工作台由电动机 M 拖动，行程开关 ST1、ST2 分别装在工作台的原位、终点，要求：

① 能自动实现前进→后退→停止到原位；

② 工作台前进到达终点后停一下再后退；

③ 工作台在前进中可以人为地立即后退到原位；

④ 有终端保护。

第7章 可编程控制器原理与应用

本章要求在了解可编程控制器的基本组成、工作原理、特点和用途的基础上，重点掌握可编程控制器的指令系统和编程方法以及应用实例。

早期的可编程逻辑控制器(programmable logic controller)已发展为现今的可编程控制器(programmable controller)，简称 PLC。

PLC 是微机控制技术与继电器控制技术相结合的产物，是在顺序控制器的基础上发展起来的、以微处理器为核心用作数字控制的专用工业计算机。它采用了专门设计的硬件，而它的控制功能则是通过存放在存储器中的控制程序来确定的，因此，若要对控制功能作一些修改，只需改变一些软件。

7.1 PLC 的基本结构和工作原理

7.1.1 PLC 的基本结构

PLC 的种类很多，大、中、小型 PLC 的功能不尽相同，其结构也有所不同，但主体结构形式大体上是相同的，由中央控制单元 CPU、存储器、输入/输出(I/O)电路、电源及编程器等构成。图 7.1 为 PLC 结构框图。

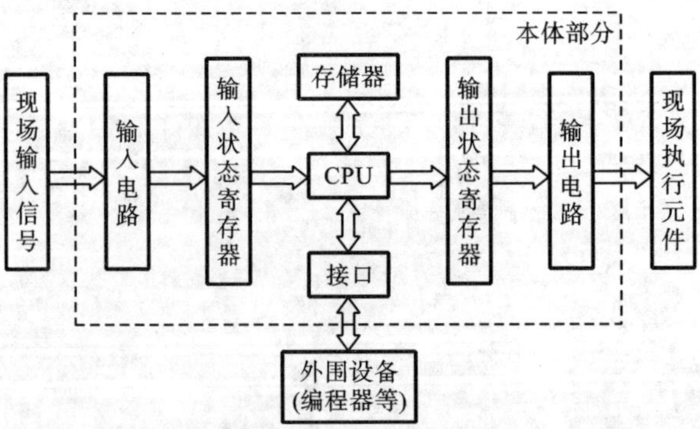

图 7.1　PLC 结构框图

1. 中央控制单元

微处理器是PLC的核心,为控制和计算中心,其具体作用是:

(1) 接受从编程器输入的用户程序,并存入程序存储器中;

(2) 用扫描方式采集现场输入状态和数据,并存入输入状态寄存器中;

(3) 执行用户程序,产生相应的控制信号,实现程序规定的各种功能;

(4) 通过故障诊断程序,诊断PLC的各种运行错误。

2. 存储器

PLC的存储器用来存放程序和数据,因此有程序存储器和变量(数据)存储器;程序分系统程序和用户程序,因此程序存储器又分为系统程序存储器和用户程序存储器。

1) 系统程序存储器

系统程序存储器存放系统程序(系统软件)。系统程序决定PLC性能,它包括监控程序、解释程序、故障自诊断程序、标准子程序及其他各种管理程序。系统程序用来管理、协调PLC各部分的工作,编译、解释用户程序,进行故障诊断等。系统程序由生产厂家提供,一般固化在ROM或EPROM中,用户不能直接存取。

2) 用户程序存储器

用户程序存储器可分为两部分,一部分用来存储用户程序,另一部分则供监控和用户程序作为缓冲单元。

用户程序是用户为解决实际问题并根据PLC指令系统而编制的程序,它通过编程器输入,经微处理器存入用户程序存储器。为了便于程序的调试、修改、扩充、完善,该存储器可使用RAM,但具有掉电保护功能。

微处理器对供监控和用户程序作为缓冲单元的某些部分可以进行字操作,而对另一部分可进行位操作。在PLC中,可进行字操作的缓冲单元常称为字元件(也称数据寄存器),可进行位操作的缓冲单元常称为位元件(也称辅助继电器)。

3) 变量(数据)存储器

变量(数据)存储器存放PLC的内部逻辑变量,如内部继电器、I/O寄存器、定时器/计数器中的当前值等。由于CPU需要随时读取和更新这些存储器的内容,因此变量存储器采用RAM。

现今用户程序存储器和变量存储器常采用低功耗的CMOS-RAM及锂电池供电的掉电保护技术,以提高运行可靠性。

3. 输入/输出(I/O)电路

1) 输入电路

输入电路是PLC与外部信号连接的输入通道。现场输入信号(如按钮、行程开关及传感器输出的开关信号或模拟量)经过输入电路转换成中央控制单元能接受和处理的数字信号。

2) 输出电路

输出电路是PLC向外部执行部件输出相应控制信号的通道。通过输出电路,PLC可对现场执行单元(如接触器、电磁阀、继电器、指示灯、步进电动机、伺服电动机等)进行控制。

输入/输出电路根据其功能的不同,可分为数字输入、数字输出、模拟量输入、模拟量输出、位置控制、通信等类型。

4. 电源部件

电源部件能将交流电转换为中央控制单元、输入/输出电路所需要的直流电;能消除电源电压波动、温度变化对输出电压的影响,对过电压具有一定的保护能力,以防止电压变化时损坏中央控制单元。另外,电源部件内还装有备用电池(锂电池),以保证在断电时存放在RAM中的信息不致丢失。因此,用户程序在调试过程中,可采用RAM储存,便于修改程序。

5. 编程器

编程器是PLC的重要外围设备,它能对程序进行编制、调试、监视、修改、编辑,最后将程序固化在EPROM中。它可分成简易型和智能型两种。

简易型编程器只能在线编程,通过一个专用接口与PLC连接。程序以软件模块形式输入。可先在编程器RAM区存放,然后送入控制器的存储器中。利用编程器可进行程序调试,可随时插入、删除或更改程序,调试通过后转入EPROM中储存。

智能型编程器既可在线编程,又可离线编程,还可远离PLC插到现场控制站的相应接口编程,可以实现梯形图编程、彩色图形显示、通信联网、打印输出控制和事务管理等。编程器的键盘采用梯形图语言键或指令语言键,用户可通过屏幕对话进行编程,也可用通用计算机作编程器,通过RS-232接口与PLC连接进行编程。在计算机上进行梯形图编辑、调试和监控,可实现人机对话、通信和打印等。

7.1.2 PLC的结构形式

按结构形式的不同,PLC可分为整体式和模块式两种。图7.2所示为PLC的两种结构形式。

整体式PLC将所有的电路都装入一个模块内,构成一个整体。因此,它的特点是结构紧凑,体积小,重量轻。

模块式PLC采用搭积木的方式组成系统,在一块基板上插上CPU、电源、I/O模块及特殊功能模块,构成一个总I/O点数很多的大规模综合控制系统。这种结构形式的特点是CPU模块、I/O模块等都是独立模块。因此,可以根据不同的系统规模选用不同档次的CPU及各种I/O模块、功能模块。其模块尺寸统一,安装方便,对于I/O点数很多的大型系统的选型、安装调试、扩展、维修等都非常方便。这种结构形式的PLC除了各种模块以外,还需要用基板(主基板、扩展基板)将各模块连成整体;有多块基板时,还要用电缆将各基板连在一起。

(a)

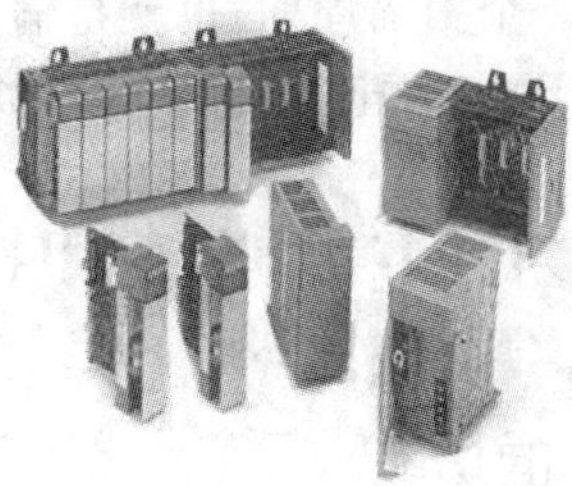

(b)

图 7.2　PLC 的结构形式

(a) 整体式　(b) 模块式

7.1.3　PLC 的工作原理

PLC 的输入电路是用来采集被控设备的检测信号或操作命令的，输出电路则是用来驱动被控设备的执行机构，而执行机构与检测信号、操作命令之间的控制逻辑则靠微处理器执行用户程序来实现。

PLC 一般采用对用户程序循环扫描的工作方式。扫描工作方式分以下五个阶段(见图 7.3)。

(1) 自诊断。首先执行自诊断程序，对输入/输出电路、存储器和 CPU 进行自诊断。

(2) 与编程器通信。如有通信请求，在自诊断后就进行通信处理。

(3) 读入现场信号。当 PLC 开始执行用户程序时，微处理器首先顺序读入所有输入端的信号状态，并逐一存入相对应的输入状态寄存器中。在程序执行期间，即使输入状态变化，输入状态寄存器的内容也不会改变。这些变化只能在下一个工作周期读入现场信号阶段才被读入。

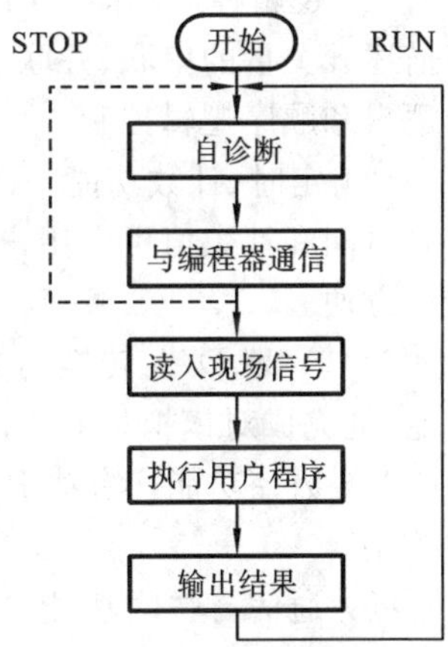

图 7.3　循环扫描工作方式

(4) 执行用户程序。组成程序的每条指令都有顺序号，在 PLC 中称为步号。指令按步号依次存入存储单元。程序执行期间，微处理器将指令顺序调出并执行。执行时，对输入和输出状态进行“处理”，即按程序进行逻辑、算术运算，再将结果存入输出状态寄存器中。

(5) 输出结果。在所有的指令执行完毕后，输出状态寄存器中的状态通过输出电路转换成被控设备所能接收的电压或电流信号，以驱动被控设备。

PLC 均有 STOP 和 RUN 两种工作状态，工作状态不同，经过的阶段不同，如图 7.3 所示。

一个循环结束后紧接着下一个循环开始，周而复始，直到停止运行为止。

PLC 经过五个阶段的工作过程所需时间称为扫描周期。可见，全部输入、输出状态的改变需一个扫描周期,也就是输入、输出状态的保持为一个扫描周期。扫描周期主要取决于 PLC 的速度和程序的长短,一般在几毫秒至几十毫秒之间。

7.2 PLC 的主要功能和特点

7.2.1 PLC 的功能

随着科学技术的不断发展,可编程控制技术日趋完善,PLC 的功能越来越强。它不仅可以代替继电器控制系统,使硬件软化,提高系统的可靠性和柔性,还具有运算、计数、计时、调节、联网等许多功能。PLC 与计算机系统也不尽相同,它省去了一些函数运算功能,却大大增强了逻辑运算和控制功能,其中包括步进顺序控制、限时控制、条件控制、计数控制等等,而且逻辑电路简单,指令系统也大大简化,程序编制方法容易掌握,程序结构简单直观。它还配有可靠的输入/输出电路,可直接用于控制对象及外部设备,使用极其方便,即使在很恶劣的工业环境中,仍能保持可靠运行。其主要功能如下。

(1) 逻辑控制功能。PLC 具有逻辑运算功能,它设置有与、或、非等逻辑指令,能够描述开关量的串联、并联、串并联、并串联等连接。因此,它可以代替继电器进行组合逻辑和顺序逻辑控制。

(2) 定时、计数功能。PLC 为用户提供定时器、计数器并设置了定时、计数指令。定时时间和计数值可由用户在编程时设定,并能在运行中被读出与修改,使用灵活,操作方便。

(3) A/D、D/A 转换功能。大多数 PLC 还具有模/数(A/D)和数/模(D/A)转换功能,能完成对模拟量的检测与控制。

(4) 数控功能。有些 PLC 具有数控功能,能组成开环系统或闭环系统,实现多轴控制。

(5) 通信与联网功能。有些 PLC 具有联网和通信功能,可以进行远程 I/O 控制,多台 PLC 之间可以进行同位链接,还可以与计算机进行上位链接。由一台计算机和多台 PLC 可以组成"集中管理、分散控制"的分布式控制网络,以完成较大规模的复杂控制。

(6) 数据处理功能。大多数 PLC 都具有数据处理功能,能进行数据并行传送、比较运算,BCD 码的加、减、乘、除等运算,还能进行字的按位与、或、异或、求反和逻辑移位、算术移位、数据检索、数据比较、数制转换等操作。

随着科学技术的不断发展,PLC 的功能还会不断增强。

7.2.2 PLC 的特点

(1) 抗干扰能力强,可靠性高,环境适应性好。PLC 是专门为工业控制而设计的,在设计和制造中均采用了屏蔽、滤波、隔离、无触点、精选元器件等多层次有效的抗干扰措施，因此可靠性很高。PLC具有很强的自诊断功能，可以迅速、方便地判断故障，减少故障排除时间。此外，PLC还可在各种恶劣的环境中使用。

(2) 编程方法简单易学。PLC的设计者已充分考虑到使用者的习惯和技术水平及用户的使用方便，采用了与继电器控制电路有许多相似之处的梯形图作为程序的主要表达方式，程序清晰直观，指令简单易学，编程步骤和方法容易理解和掌握。

(3) 应用灵活，通用性好。PLC的用户程序可简单而方便地修改，以适应各种不同工艺流程变更的要求；PLC品种多，可由各种组件灵活组成不同的控制系统，同一台PLC只要改变控制程序就可控制不同的对象或实现不同的控制要求；构成一个实际的PLC控制系统一般不需要很多配套的外围设备。

(4) 完善的监视和诊断功能。各类PLC都配有醒目的内部工作状态、通信状态、I/O点状态和异常状态等的显示，也可以通过局部通信网络由高分辨率彩色图形显示系统监视网内各台PLC的运行参数和报警状态等；具有完善的诊断功能，可诊断编程的语法错误、数据通信异常、内部电路运行异常、RAM后备电池状态异常、I/O模板配置变化等。

由于PLC具有以上的功能和特点，它在顺序控制中获得越来越广泛的应用，而且还进一步向过程控制、监控和数据采集、统计过程控制、统计质量控制等领域渗透。

7.3 PLC的编程元件

PLC内部有许多具有不同功能的器件，实际上这些器件是由电子电路和存储器组成的。例如，输入继电器X是由输入电路和映像输入接点的存储器组成的，输出继电器Y是由输出电路和映像输出接点的存储器组成的，定时器T、计数器C、辅助继电器M、状态器S、数据寄存器D、变址寄存器V/Z等都是由存储器和相应电路组成的。为了把它们与通常的硬器件区分开，通常把上面的器件统称为软器件或编程元件。下面以三菱FX2N系列PLC为例，介绍PLC中常用的编程元件。

1. 输入继电器X

输入继电器由输入电路和输入寄存器组成，输入电路进行开关信号到数字量的转换，输入寄存器为映像输入信号的存储器。

图7.4所示是一种直流开关量的输入继电器电路，输入电路为光电耦合器。图中：0～7为8个输入接线端子，COM为输入公共端，24 V直流电源为PLC内部专供输入接口用电源，K0～K7为现场检测开关信号。内部电路中，发光二极管LED为输入状态指示灯；R为限流电阻，它为LED和光电耦合器提供合适的工作电流。

输入电路的工作原理如下(以0输入点为例)：当开关K0合上时，24 V电源经R、LED0、V0、K0形成回路，LED0发光，指示该路接通，同时光电耦合器中的发光元件V0发光，感光元件VT0受光照饱和导通，输入寄存器X0的状态为1。当开关K0断开时，电路不通，LED0不亮，光电耦合器不通，输入寄存器X0的状态为0。因此

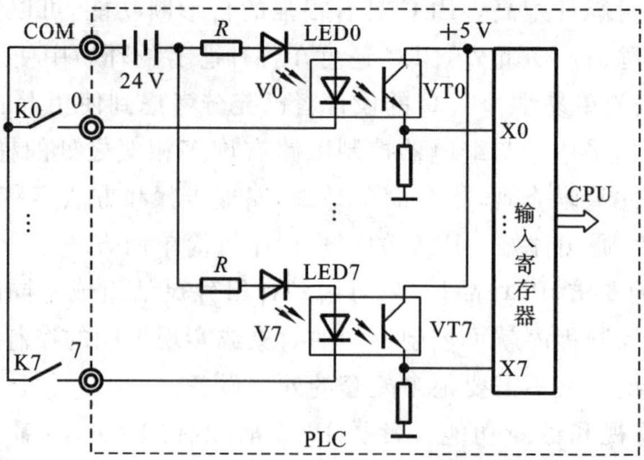

图 7.4　直流开关量的输入继电器电路

CUP 从输入寄存器读到的“1”和“0”正好对应开关的“通”和“断”两种状态。

在输入电路中,光电耦合器有以下三个主要作用。

(1) 实现现场与 CPU 的隔离,提高系统的抗干扰能力。

(2) 将现场各种电平信号转换成 CPU 能处理的标准电平信号。

(3) 避免电路出现故障时,外部强电损坏主机。

输入继电器的状态必须由外部信号来控制,但可由程序无限次的读取,即 CPU 对输入继电器只能进行读操作,而不能进行写操作。

2. 输出继电器 Y

输出继电器由输出电路和输出寄存器组成。为适应不同的负载,输出电路一般有晶体管、晶闸管和继电器输出三种方式。

晶体管输出方式以晶体管电路作为输出电路,用于直流负载;晶闸管输出方式以晶闸管作为输出电路,用于交流负载;继电器输出方式以继电器作为输出电路,用于直流负载和交流负载。

图 7.5 所示是一个继电器输出电路。输出电路为继电器,Y0 为输出接线端子,COM1 为公共输出端。

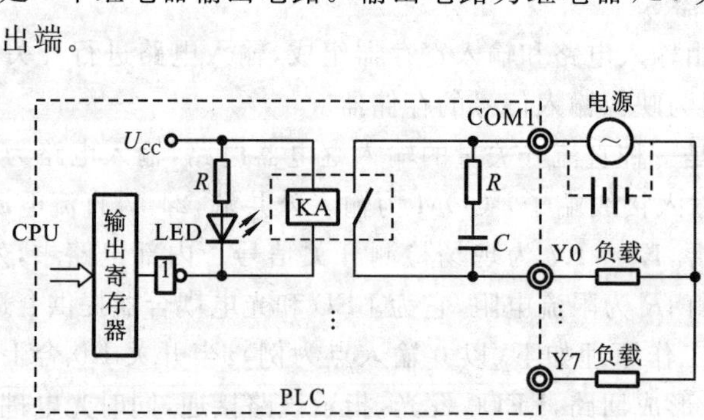

图 7.5　继电器输出电路

当 CPU 输出 1 时，继电器的线圈 KA 通电，其常开触点闭合，Y0 和 COM1 接通，负载通电。当 CPU 输出 0 时，继电器 KA 的线圈失电，其常开触点断开，Y0 和 COM1 断开，负载失电。因此 CPU 输出“1”和“0”正好对应负载的“通电”和“失电”。

图 7.6 所示是一个晶体管输出电路。

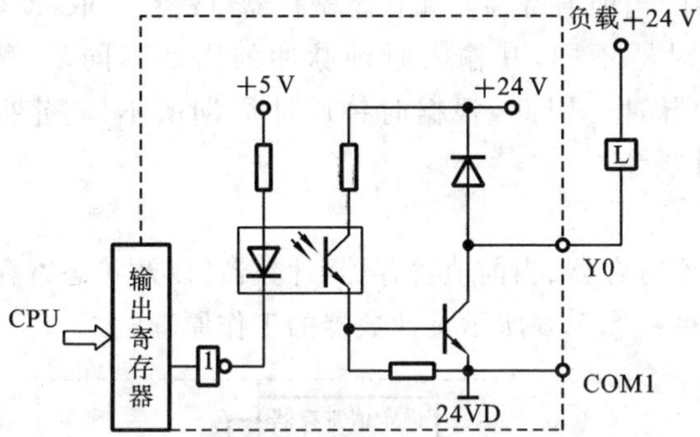

图 7.6　晶体管输出电路

当 CPU 输出 1 时，发光二极管导通，感光三极管导通，负载电压经负载使三极管饱和导通，即 Y0 和 COM1 接通，负载通电。当 CPU 输出 0 时，发光二极管不发光，感光三极管截止，Y0 和 COM1 断开，负载失电。因此 CPU 输出“0”和“1”正好对应负载的“通电”和“失电”。

输出继电器的状态由程序控制，也可由程序无限次读取。即 CPU 可对输出继电器进行读/写操作。

3. 定时器 T

定时器（又称时间继电器）由设定值寄存器、当前值寄存器及状态寄存器组成，其工作原理如图 7.7 所示。

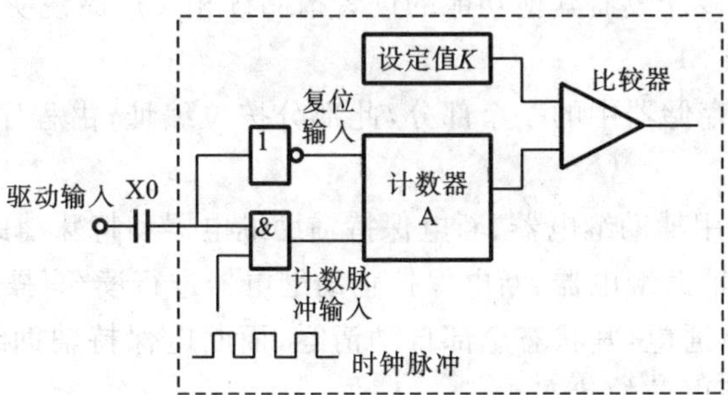

图 7.7　定时器工作原理图

定时器的设定值由用户程序设定，存放在设定值寄存器中。

当输入条件 X0 的状态为“1”时，计数器 A（当前值寄存器）累加时钟脉冲个数，当计数器 A 的计数值等于设定值后，比较器输出（状态寄存器）为“1”，即定时器的状态为“1”。

当输入条件 X0 的状态为“0”时，计数器(当前值寄存器)计数脉冲输入的状态始终为“0”，计数器不计数，定时器的状态始终为“0”。

定时器的定时时间为设定值乘以时钟脉冲周期。

CPU 对定时器的当前值寄存器和状态寄存器可进行读取，即可进行读操作。

在 PLC 中，定时器不同，其输入时钟脉冲的周期不同，一般有 1 ms、10 ms、100 ms等几种时钟脉冲。因此，根据时钟脉冲周期的不同，定时器可分为 1 ms、10 ms、100 ms 定时器等。

4. 计数器 C

计数器由设定值寄存器、当前值寄存器(计数器)以及状态寄存器组成，分加计数器和加减计数器两种。图 7.8 所示是计数器的工作原理。

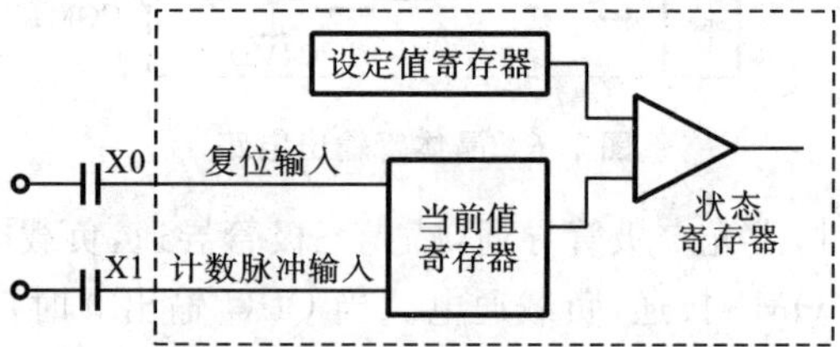

图 7.8 计数器的工作原理图

计数器的设定值由用户设定，存放在设定值寄存器中。

当复位输入条件 X0 的状态为“1”时，计数器不计数，计数器的状态为“0”；当复位输入条件 X0 的状态为“0”时，计数器对 X1 的脉冲个数进行计数，计数值(当前值)等于设定值时，计数器的状态变为“1”，直到复位输入条件 X0 由“0”变为“1”时清零。

CPU 对计数器的当前值寄存器和状态寄存器可进行读取，即可进行读操作。

有兴趣了解更多计数器其他功能的读者请阅读相关产品说明书。

5. 辅助继电器 M

辅助继电器是存储器中的一个部分，此部分按位编址，由程序指令控制，专供内部编程使用。

PLC 一般有通用辅助继电器、断电保持辅助继电器和特殊辅助继电器三种。

程序可对通用辅助继电器、断电保持辅助继电器进行读/写操作。对通用辅助继电器而言，断电后再通电，其状态全部自动清零，而断电保持辅助继电器在断电后再通电时，仍能保持断电前的状态。

特殊辅助继电器各自具有特定的功能，根据用户程序对它们操作的情况，可分为以下两大类。

(1) 系统软件写操作，用户程序读操作类。如在三菱 FX2N 系列 PLC 中，M8000 为运行监控特殊辅助继电器，PLC 运行用户程序时，系统软件将其置为“1”并保持，用户程序可读取；M8002 为初始脉冲特殊辅助继电器，PLC 运行用户程序的第一个扫描周期内，系统软件将其写为"1"，用户程序可读取。

(2) 用户程序写操作，系统软件读操作类。如在三菱 FX2N 系列 PLC 中，当用户程序将 M8033 写为"1"时，PLC 由运行变为停止时，系统软件将保持停止前的输出状态不变；当用户程序将 M8034 写为"1"时，系统软件立即让所有的输出状态变为"0"。

有关特殊辅助继电器的详细说明请参考相关使用说明书。

6. 数据寄存器 D

PLC 中设有许多数据寄存器，数据寄存器是存储器中的一个部分，此部分按字编址，由程序指令进行读/写操作，供模拟量控制、位置控制、数据 I/O 等存储参数及工作数据使用。

数据寄存器的位数一般为 16 位，可以用两个数据寄存器构成 32 位数据寄存器。数据寄存器有以下几种。

(1) 通用数据寄存器。用户程序可对通用数据寄存器进行读/写操作，已写入的数据不会发生变化，但当 PLC 的状态由运行变为停止时，全部数据均自动清零。

(2) 掉电保护数据寄存器。掉电保护数据寄存器与通用寄存器不同的是，不论电源接通与否和 PLC 运行与否，其内容均保持不变，除非程序改变它。

(3) 特殊数据寄存器。特殊数据寄存器供系统软件和用户软件交换信息使用。

(4) 文件寄存器。文件寄存器是一类专用数据寄存器，用于存储大量重要数据，例如采集数据、统计计算数据、控制参数等。三菱 FX2N 的文件寄存器区域从 D1000 开始，以 500 个为一个子文件区域，最多可设置 14 个子文件。

7. 指针 P/I

(1) 分支指针。分支指针用于跳转、调用指令中指定跳转和调用目标。三菱 FX2N 的分支指针为 P0～P127，共 128 个指针。

(2) 中断指针。中断子程序使用中断指针。

有关分支指针和中断指针的详细介绍见相关功能指令。

8. 状态元件 S

状态元件 S 是步进顺控程序的重要元件，它与顺控指令 STL 组合使用。

7.4 PLC 的软件技术

7.4.1 用户数据结构与用户程序表达方式

1. 用户数据结构

1) 位数据

位数据即逻辑量，其值为"0"或"1"，表示触点的通或断、线圈的通电或失电、标志的 ON 或 OFF 等。位数据可以组合成字数据。存放位数据的元件称为位元件。三菱 FX2N 中的位元件有输入继电器 X、输出继电器 Y、辅助继电器 M、状态继电器 S，以及定时器、计数器中的状态寄存器等。

2）字数据

字数据即数值量，其数制有很多形式。三菱 FX2N 的用户程序中采用十进制和十六进制两种数制，但可以处理八进制、十六进制、ASCII 码、整数、实数、浮点实数等数据。

一个字数据的位数为 16 位，可以用两个字数据组成一个 32 位的字数据，如图 7.9 所示。

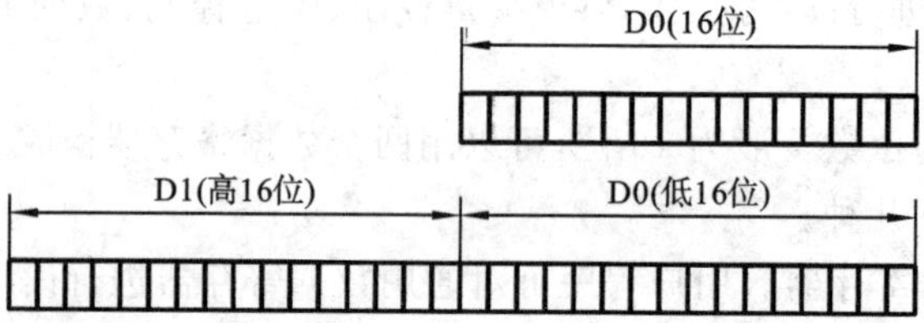

图 7.9　16 位数据和 32 位数据

存放字数据的元件称为字元件。三菱 FX2N 中字元件有数据寄存器 D。

3）混合数据

一个元件中既有字数据又有位数据，则称这种数据为混合数据。如定时器 T 的状态寄存器存放的是位数据，而当前值寄存器和设定值寄存器存放的是字数据。

存放混合数据的元件称为混合元件。三菱 FX2N 中的混合元件有定时器 T 和计数器 C。

2. 用户程序表达方式

编程的任务就是把控制功能变换成程序，而程序的表达方式随控制装置的不同而各异。PLC 的程序表达方式非常灵活，主要有梯形图和语句表两种基本形式。

1）梯形图

梯形图看上去与传统的继电器电路图非常相似，比较直观形象，对那些熟悉继电器电路的设计者来说，易于被接受。图 7.10 是一个简单程序的梯形图。

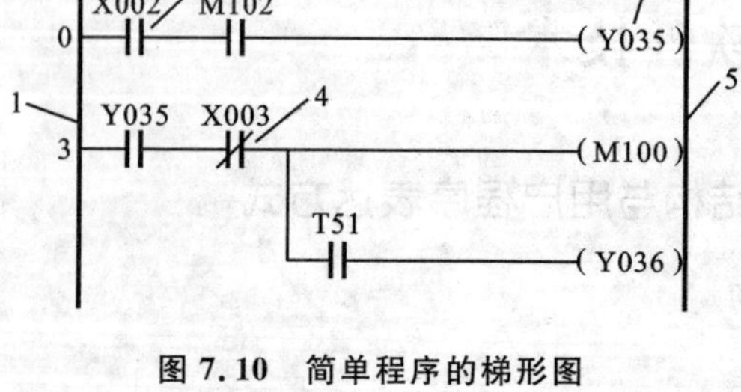

图 7.10　简单程序的梯形图

1—左母线　2—动合触点　3—线圈　4—动断触点　5—右母线

采用梯形图编制程序时，触点符号“┤├”和“┤/├”表示 CPU 对位元件的读操作或逻辑运算操作，线圈符号“-( )-”表示 CPU 对位元件的写操作。每个元件必须有相应的标志符和地址码，如图中的 X002、M102、X003 和 Y035 等。图 7.10 所表示的逻辑关系为

$$Y035 = X002 \cdot M102$$

$$M100 = Y035 \cdot \overline{X003}$$

$$Y036 = Y035 \cdot \overline{X003} \cdot T51$$

另外，为了在编程器的显示屏上直接读出梯形图的程序段，构成梯形图的程序都是一行接一行横着向下排列的。在三菱 PLC 程序中，每一程序行以触点符号为起点，而最右边以线圈符号为终点。

梯形图大多适用于简单连接功能的编程。

2）语句表

语句表用一组助记符来表示程序的各种功能。这一组助记符应包括 PLC 处理的所有功能。每一条指令都包含操作码和操作数两个部分，操作数一般由标志符和地址码组成。下面是一个简单程序的语句表。

```
LD    X000
AND   M100
OR    Y030
ANI   X002
OUT   Y030
 ⋮      ⋮
```

在语句表中，LD、AND、OR…为操作码，X000、M100…为操作数，X、M…为操作数中的标志符，000、100…为操作数中的地址码。

采用这种类似计算机语言的编程方式可使编程设备简单，逻辑紧凑。

上述两种程序的表达方式各有所长，在比较复杂的控制系统中，这两种方式可能会同时使用。但对于简单控制系统采用一般的 PLC 进行人工编程时，大多采用梯形图编制程序。

7.4.2　基本指令

不同型号的 PLC，其编程语言不尽相同，但指令的基本功能大致相同。只要熟悉一种类型 PLC 的编程语言，掌握其他类型 PLC 的编程也就不难了。下面用梯形图和指令表两种程序表达方式对日本三菱 FX2N 系列 PLC 指令的功能等进行说明。

1. 输入、输出指令

LD(取指令)：对应梯形图中与左母线连接的或电路块开始的触点符号“┤├”。

LDI(取反指令)：对应梯形图中与左母线连接的或电路块开始的触点符号“┤/├”。OUT(输出指令)：对应梯形图中与右母线连接的线圈符号，用于计数器、定

时器时，后面必须紧跟常数 K 值。

LD、LDI 指令可以对所有位元件进行读操作，OUT 指令可以对除输入继电器以外的其他所有位元件进行写操作。

图 7.11 所示为 LD、LDI、OUT 指令应用的实例。

对应图 7.11 所示程序的语句表如下：

LD　　X000　　　　　；读 X000
OUT　Y030　　　　　；Y030＝X000
LDI　 X001　　　　　；读 X001 并取反
OUT　M100　　　　　；M100＝$\overline{X001}$
OUT　T50　K19　　　；驱动 T50 并设定计时值
LD　　T50　　　　　 ；读 T50
OUT　Y031　　　　　；Y031＝T50

2. 逻辑指令

1）逻辑“与”指令

AND(与指令)：对应梯形图中触点符号“┤├”的串联连接。

ANI(与非指令)：对应梯形图中触点符号“┤/├”的串联连接。

这两条指令只能用于一个触点与前面接点电路的串联，可以对所有位元件进行操作。图 7.12 所示为 AND、ANI 两条指令的应用举例。

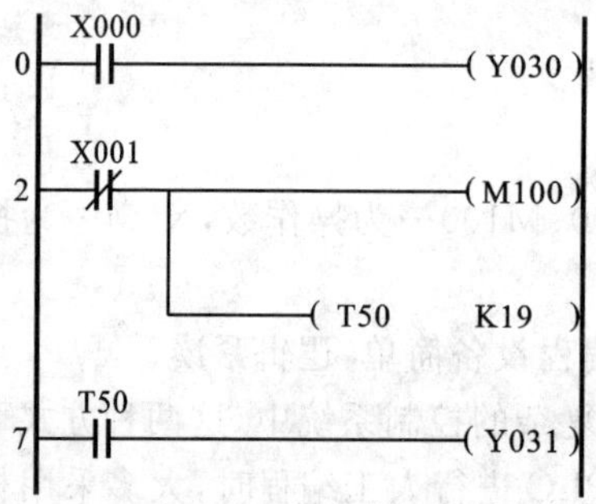

图 7.11　LD、LDI、OUT 指令的应用举例

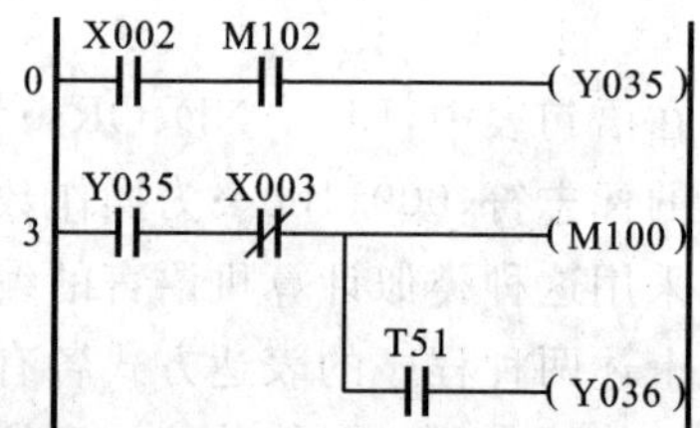

图 7.12　AND、ANI 指令的应用举例

对应图 7.12 所示程序的语句表如下：

LD　　X002　　　　　；读 X002
AND　M102　　　　　；X002 · M102
OUT　Y035　　　　　；Y035＝X002 · M102
LD　　Y035　　　　　；读 Y035
ANI　 X003　　　　　；Y035 · $\overline{X003}$
OUT　M100　　　　　；M100＝Y035 · $\overline{X003}$
AND　T51　　　　　 ；Y035 · $\overline{X003}$ · T51
OUT　Y036　　　　　；Y036＝Y035 · $\overline{X003}$ · T51

2）逻辑"或"指令

OR(或指令)：对应梯形图中触点符号"┤├"的并联连接。

ORI(或非指令)：对应梯形图中触点符号"┤/├"的并联连接。

这两条指令只能用于一个触点与前面接点电路的并联，可以对所有位元件进行操作。图 7.13 所示为 OR、ORI 两条指令的应用举例。

对应图 7.13 所示程序的语句表如下：

LD	X014	;读 X014
OR	X016	;X014＋X016
ORI	M102	;$X014+X016+\overline{M102}$
OUT	Y035	;$Y035=X014+X016+\overline{M102}$
LD	X005	;读 X005
AND	X015	;X005 · X015
OR	M102	;X005 · X015＋M102
ANI	X017	;$(X005\cdot X015+M102)\overline{X017}$
ORI	M100	;$(X005\cdot X015+M102)\overline{X017}+\overline{M100}$
OUT	M103	;$M103=(X005\cdot X015+M102)\overline{X017}+\overline{M100}$

3）支路并联指令

两个触点串联连接后组成的电路称为支路。

ORB：支路并联指令，用于两条以上支路并联连接的情况。

图 7.14 所示为 ORB 指令的应用举例。

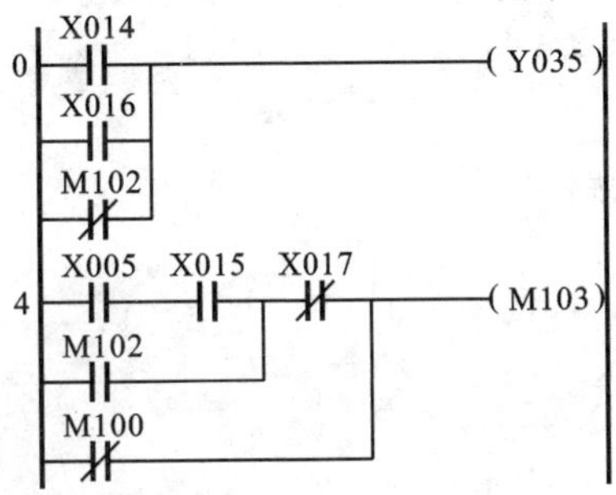

图 7.13　OR、ORI 指令的应用举例

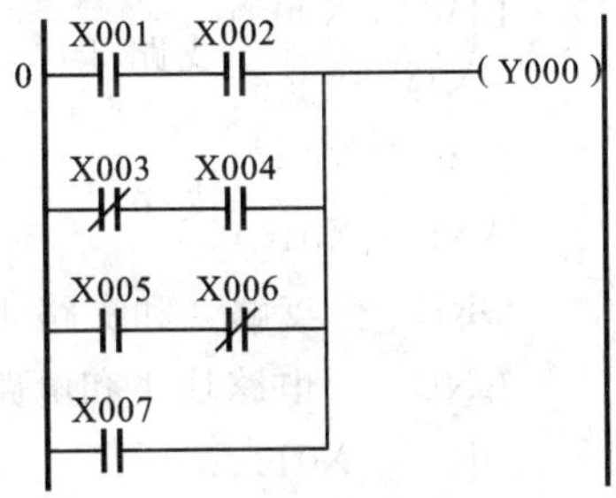

图 7.14　ORB 指令的应用举例

对应图 7.14 所示程序的语句表如下：

LD　　X001 ⎫
AND　 X002 ⎭ 支路 1

LDI　 X003 ⎫
AND　 X004 ⎭ 支路 2

ORB——支路 1 与支路 2 并联

LD　　X005 ⎫
ANI　 X006 ⎭ 支路 3

ORB——支路 3 与前面电路并联
OR X007
OUT Y000

4）电路块串联指令

两条以上支路并联连接后组成的电路称为电路块。

ANB:电路块串联指令,用于两个电路块串联连接的情况。

图 7.15 所示为 ANB 指令的应用举例。

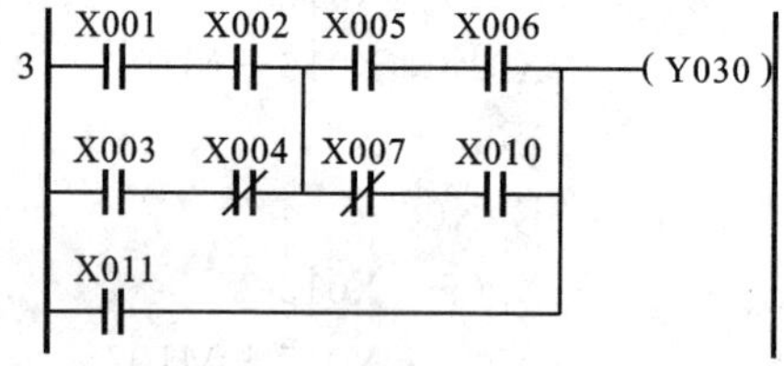

图 7.15 ANB 指令的应用举例

对应图 7.15 所示程序的语句表如下：

LD X001 } 支路 1
AND X002
LD X003 } 支路 2
ANI X004
ORB——支路 1 和支路 2 并联连接 } 电路块 1
LD X005 } 支路 3
AND X006
LDI X007 } 支路 4
AND X010
ORB——支路 3 和支路 4 并联连接 } 电路块 2
ANB——电路块 1 和电路块 2 串联连接
OR X011
OUT Y030

3. 置位、复位指令

SET(置位指令):用于使位元件置“1”并保持。

RST(复位指令):用于使位元件清零并保持。

图 7.16 所示为 SET、RST 指令的应用举例。

对应图 7.16 所示程序的语句表如下：

LD X000
SET Y000 ;置位 Y000
LD X001

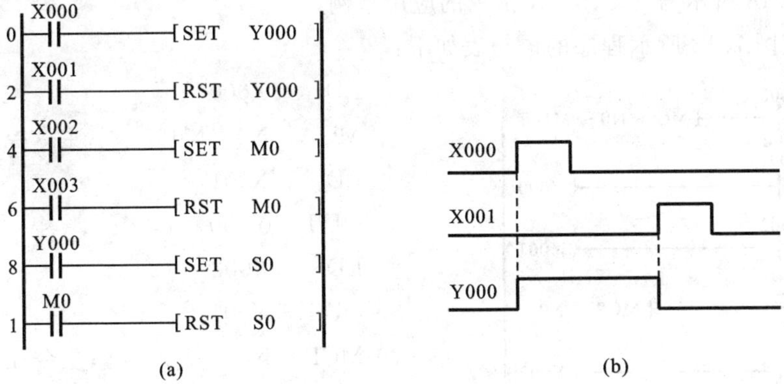

图 7.16　SET、RST 指令的应用举例

(a) 程序梯形图　(b) 前两行指令输入输出关系

```
RST    Y000           ;复位 Y000
LD     X002
SET    M0             ;置位 M0
LD     X003
RST    M0             ;复位 M0
LD     Y000
SET    S0             ;置位 S0
LD     M0
RST    S0             ;复位 S0
```

图 7.17 所示为 RST 指令在计数器编程中的应用举例。

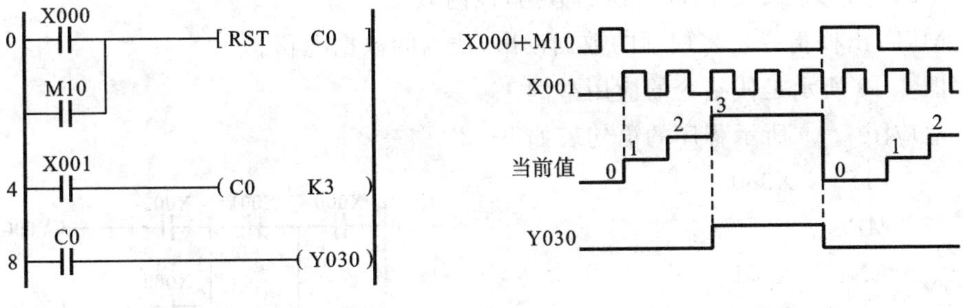

图 7.17　RST 指令对计数器进行复位的应用举例

(a) 程序梯形图　(b) 执行结果

4. 主令控制指令

MC：主令控制起始指令，用于公共串联触点的连接。

MCR：主令控制结束指令，用于 MC 指令的复位。

图 7.18 所示为 MC、MCR 指令的应用举例。

对应图 7.18 所示程序的语句表如下：

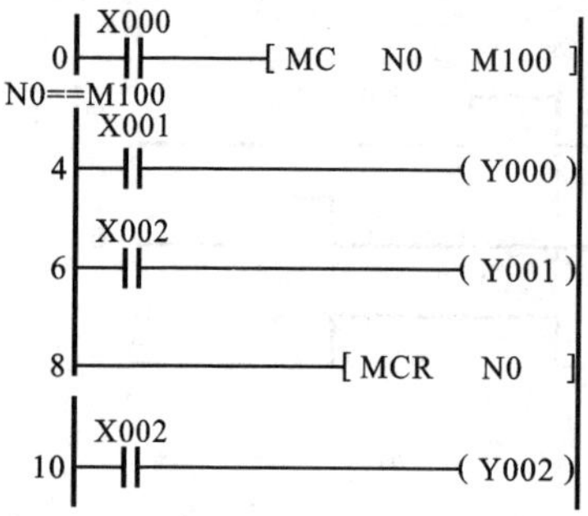

图 7.18　MC、MCR 指令的应用举例

```
LD    X000
MC    N0   M100    ;主令控制开始
LD    X001
OUT   Y000
LD    X002
OUT   Y001
MCR   N0           ;主令控制结束
LD    X002
OUT   Y002
```

程序所表示的逻辑关系为：

当 X000＝1 时，Y000＝X001，Y001＝X002；

当 X000＝0 时，Y000＝Y001＝0。

Y002＝X002 与 X000 的状态无关。

使用 MC 和 MCR 时，应注意如下几个问题：

(1) MC、MCR 必须成对使用；

(2) MC、MCR 可以嵌入使用，但最多只能 7 层；

(3) 特殊辅助继电器不能用做 MC 的操作元件。

5. 栈指令

MPS(进栈指令)：将数据存入栈内，栈内数据下移。

MRD(读栈指令)：读取栈顶的数据，栈内数据不动。

MPP(出栈指令)：将栈顶的数据读出，栈内的数据上移。

图 7.19 所示是栈指令的应用举例。

对应图 7.19 所示程序的语句表如下：

```
LD    X000
MPS
ANI   X001
MPS
AND   X002
OUT   Y000
MPP
AND   X003
OUT   Y001
```

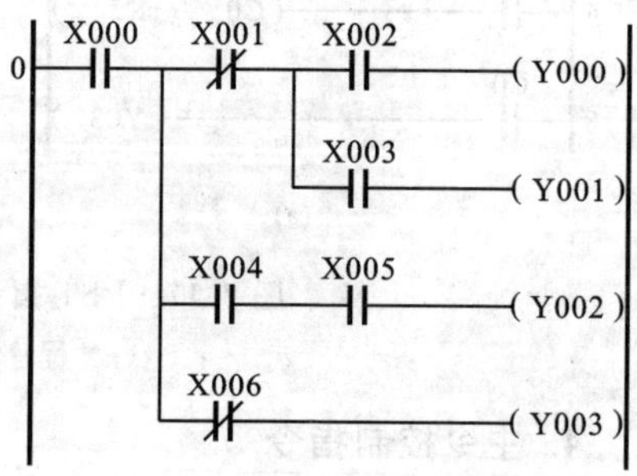

图 7.19　栈指令的应用举例

```
MRD
AND   X004
AND   X005
OUT   Y002
MPP
ANI   X006
OUT   Y003
```

6. 脉冲指令

脉冲指令如表 7.1 所示。这组指令与 LD、AND、OR 指令相对应，指令中的 P 对应上升沿脉冲，F 对应下降沿脉冲。指令中的操作元件只在有上升沿或下降沿的一个扫描周期内为“1”。

表 7.1　脉冲指令

符号、名称	功　　能	图 形 符 号
LDP 取上升沿脉冲	上升沿脉冲逻辑运算	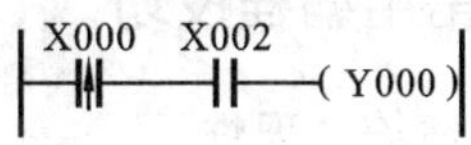
LDF 取下降沿脉冲	下降沿脉冲逻辑运算	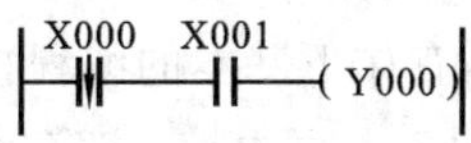
ANDP 与上升沿脉冲	上升沿脉冲串联连接	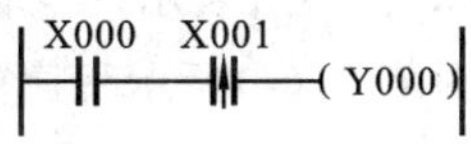
ANDF 与下降沿脉冲	下降沿脉冲串联连接	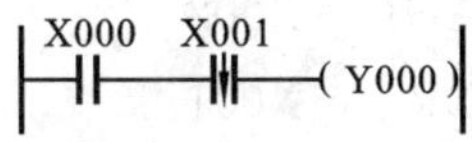
ORP 或上升沿脉冲	上升沿脉冲并联连接	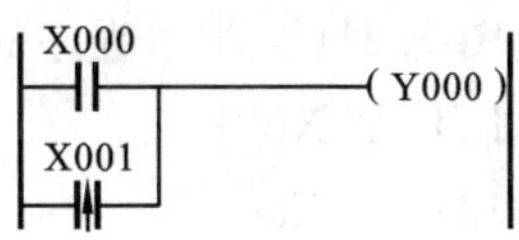
ORF 或下降沿脉冲	下降沿脉冲并联连接	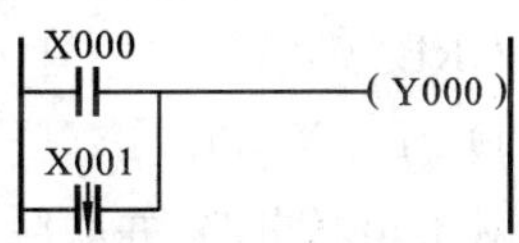

图 7.20 所示是脉冲指令的应用举例。

对应图 7.20 所示程序的语句表如下：

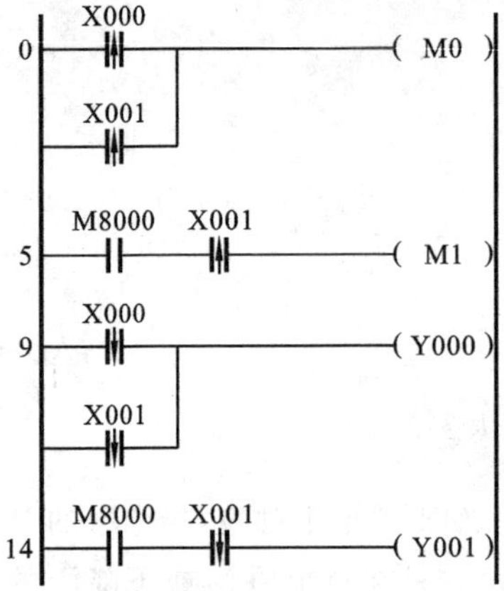

图 7.20　脉冲指令的应用举例

LDP	X000
ORP	X001
OUT	M0
LD	M8000
ANDP	X001
LDF	X000
ORF	X001
OUT	Y000
LD	M8000
ANDF	X001
OUT	Y001

7. 程序结束指令 END

在程序结束时，使用指令 END。

7.4.3　常用编程技巧

1. 程序的合理性

为了简化程序，减少指令，有效地减少用户程序空间，一般来说，对于复杂的串、并联电路，有如下基本的编程技巧。

(1) 对于并联电路，串联触点多的支路最好排在该功能梯形图的上面，如图 7.21 所示。图(a)、(b)所表示的逻辑关系完全相同。

对应图 7.21(a)所示程序的语句表如下：

```
LD    X000
ANI   X002
OR    X001
OUT   Y030
```

对应图 7.21(b)所示程序的语句表如下：

```
LD    X001
LD    X000
ANI   X002
ORB
OUT   Y030
```

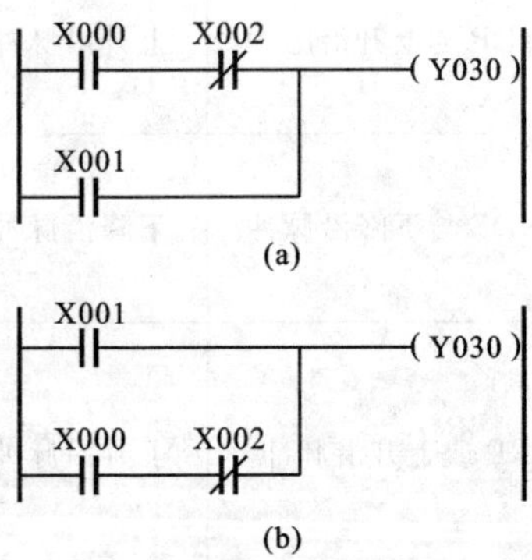

图 7.21　串联触点多的支路排在该功能梯形图的上面

(a) 合理的程序　(b) 不合理的程序

(2) 对于串联电路，并联触点多的电路块最好排在梯形图的左边，如图 7.22 所示。图(a)、(b)所表示的逻辑关系完全相同。

对应图 7.22(a)所示程序的语句表如下：

```
LD    X000
OR    X001
ANI   X002
OUT   Y030
```

对应图 7.22(b)所示程序的语句表如下：

```
LDI   X002
LD    X000
OR    X001
ANB
OUT   Y030
```

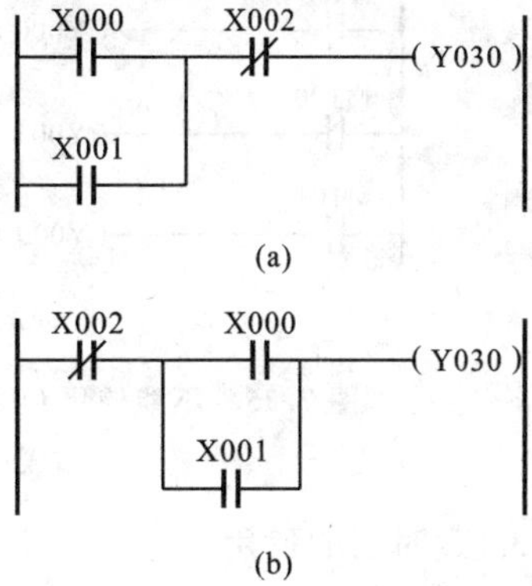

图 7.22　并联触点多的电路块排在梯形图的左边

(a) 合理的程序　(b) 不合理的程序

2. 程序的正确性

(1) 梯形图中，竖线上不能有触点。图 7.23(a)是一个错误的梯形图，触点 X003 串接在竖线上，图 7.23(b)是对应逻辑关系正确的梯形图。

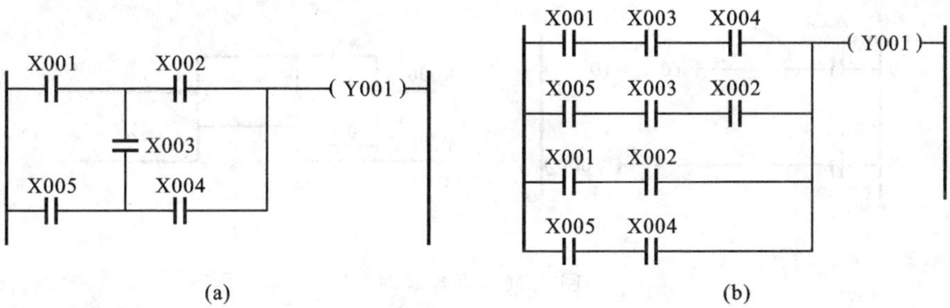

图 7.23　竖线上不能有触点

(a) 错误的梯形图　(b) 正确的梯形图

(2) 在三菱 PLC 中，线圈和右母线之间不能连接触点。图 7.24(a)是一个错误的梯形图，图 7.24(b)是对应逻辑关系正确的梯形图。

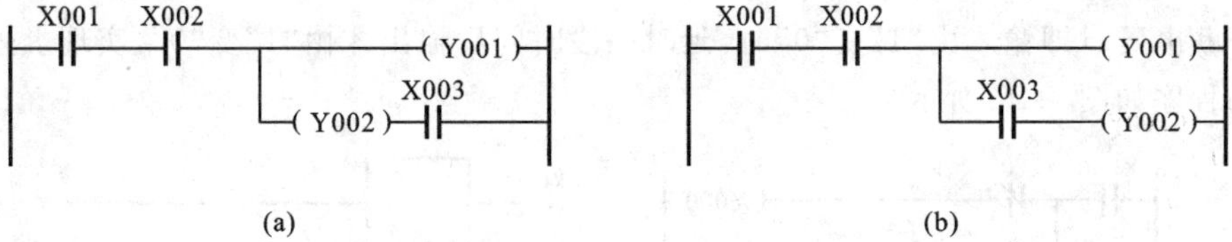

图 7.24　线圈和右母线之间不能连接触点

(a) 错误的梯形图　(b) 正确的梯形图

(3) 不能使用 OUT 指令对同一个元件进行两次以上的操作。图 7.25(a)是一个错误的梯形图，图 7.25(b)是对应逻辑关系正确的梯形图。

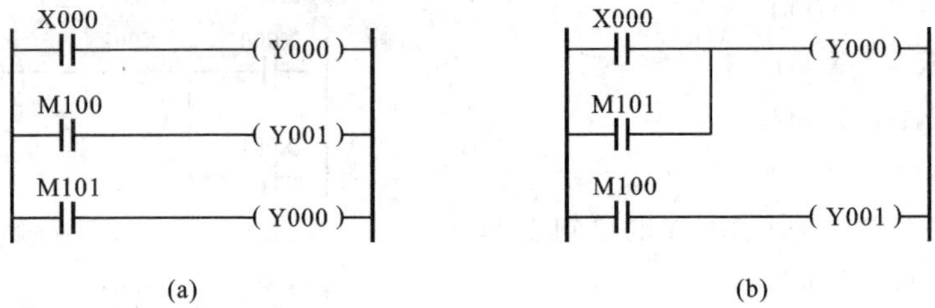

图 7.25　不能使用 OUT 指令对同一个元件进行两次以上的操作

(a) 错误的梯形图　(b) 正确的梯形图

3. 定时器的使用

PLC 中的定时器其工作原理是完全相同的，但用户可根据实际要求，编制不同的用户程序，实现不同的延时功能。

1) 通电延时功能

通电延时功能即输入为"1"，延时一段时间后输出才为"1"，实现上述功能的程序如图 7.26 所示。

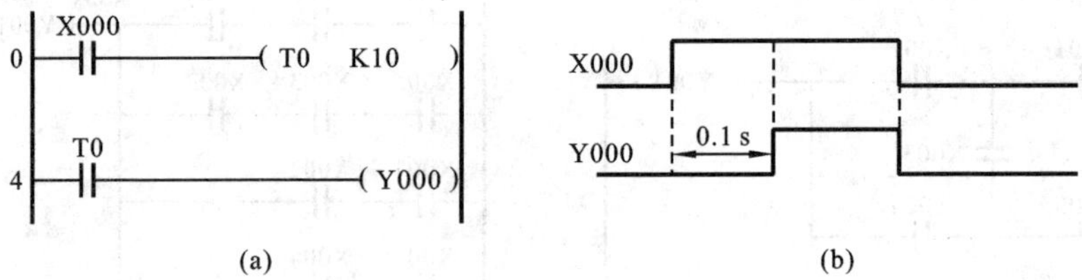

图 7.26　通电延时

(a) 梯形图　(b) 输入、输出之间的关系

图 7.26(a)表示：当输入信号 X000 为"1"时，定时器 T0 开始计时，当定时器的当前值等于设定时间(延时时间)时，输出 Y000 为"1"，直到输入信号 X000 为"0"为止。输入、输出之间的关系如图 7.26(b)所示(设 T0 的时钟周期为 0.01 s)。

2) 断电延时功能

断电延时即输入由"1"变"0"时，延时一段时间后输出才由"1"变"0"，实现上述功能的程序如图 7.27 所示。

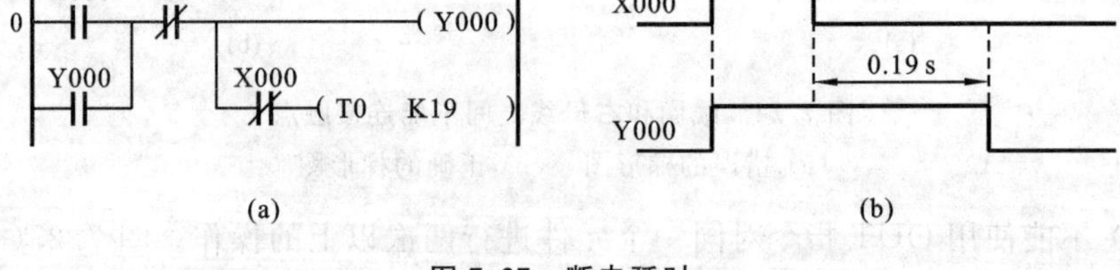

图 7.27　断电延时

(a) 梯形图　(b) 输入、输出之间的关系

图 7.27(a)表示，当输入信号 X000 为“1”时，输出 Y000 为“1”，定时器不计时。当输入 X000 由“1”变“0”时，Y000 继续为“1”，同时定时器 T0 开始计时，当定时器的当前值等于设定时间(延时时间到)时，T0 的状态为“1”，其反码使输出 Y000 由“1”变为“0”，定时器同时停止计时。输入、输出之间的关系如图 7.27(b)所示。

3) 用定时器产生周期脉冲信号

在工业中常需要一些不同脉宽、不同频率的脉冲信号，图 7.28 所示是用两个定时器组成的脉冲输出程序。

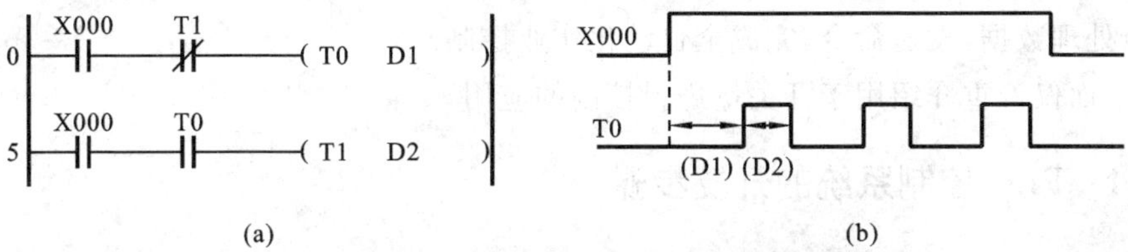

图 7.28　两个定时器形成的脉冲输出程序
(a) 梯形图　(b) 输入、输出之间的关系

图 7.28(a)表示：当 X000 由“0”变“1”时，T0 输出一个脉冲信号，脉冲信号的脉宽由寄存器 D2 的值确定，周期则由寄存器 D1 和 D2 的值确定。改变寄存器 D1 和 D2 的值，就可改变脉冲信号的脉宽和频率。

7.5　PLC 的应用

PLC 已广泛应用于各行各业，在实现工业生产过程的自动控制方面发挥着重要作用，而且应用范围越来越广。目前，PLC 主要应用于以下几个方面。

(1) 用于开关量逻辑控制。开关量逻辑控制是 PLC 最早也是最基本的应用，PLC 可灵活地用于逻辑控制、顺序控制，既可实现单机控制，也可用于多机控制。用 PLC 取代常规的继电器逻辑控制已是非常广泛的一种应用，如用于组合机床及自动化生产线的控制，锅炉上下料、自动电梯升降、港口码头货物存取的控制，采矿作业中传输带的控制等。

(2) 用于闭环过程控制。大、中型 PLC 都具有 PID 控制功能。PLC 的 PID 控制已广泛用于各种生产机械的闭环位置控制和速度控制，以及锅炉、制冷机、核反应堆的控制等方面。

(3) PLC 配合数字控制。PLC 和机械加工中的数字控制(NC)及计算机数控(CNC)组成一体，实现数字控制，有的已将 CNC 控制功能与 PLC 融为一体，实现 PLC 和 CNC 设备间的内部数据自由传送，通过窗口软件，用户可以独自编程，由 PLC 送至 CNC 使用。从发展趋势看，CNC 系统将变成以 PLC 为主体的控制和管理系统。

(4) 用于工业机器人控制。随着工厂自动化网络的形成,机器人将愈来愈多地用在自动化生产线上,许多厂家已采用 PLC 对机器人进行控制。

(5) 用于组成多级控制系统。近年来,随着计算机控制技术的发展,国外正兴起工厂自动化(FA)网络系统,相继开发了大型 PLC 组成全自动化系统,如 FMC(柔性制造单元)、FMS(柔性制造系统)、CIMS(计算机集成制造系统),形成了以计算机为中心的分层分布式控制系统。基层由中、小型 PLC 和 CNC 等组成,中层由大型 PLC 作单元控制的数据采集管理、调度和协调控制,上层由计算机作总体管理,接收各种信息,处理数据,发送命令,完成全自动化作业控制。

下面仅着重介绍用于开关量逻辑控制的应用。

7.5.1 PLC 控制系统的开发步骤

用 PLC 完成对生产过程的自动控制,可以采用图 7.29 所示的设计步骤进行。

从图 7.29 看出,PLC 控制系统的设计任务分为硬件和软件设计两部分。用中

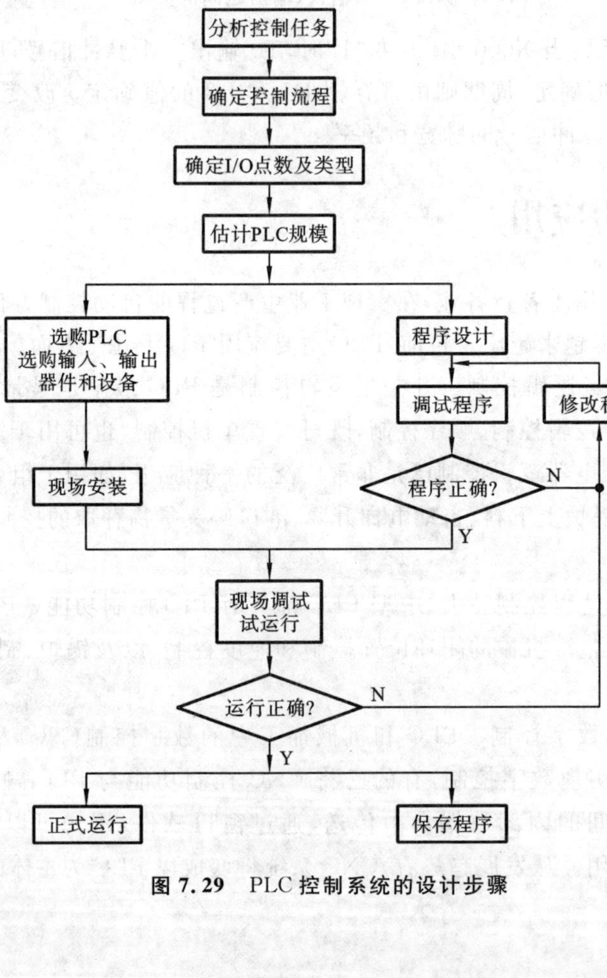

图 7.29　PLC 控制系统的设计步骤

小型 PLC 编程时，通常采用梯形图和指令程序，一般按下述步骤进行。

1. 画工艺流程图和动作顺序表

设计一个 PLC 控制系统时，首先应详细分析控制过程与要求，全面、清楚地掌握具体的控制任务，确定被控系统必须完成的动作及完成这些动作的顺序，画出工艺流程图和动作顺序表。

对 PLC 而言，必须了解哪些是输入量，用什么传感器等来反映和传送输入信号；哪些是输出量(被控量)，用什么执行元件或设备接收 PLC 送出的信号。常见的输入、输出类型如表 7.2 所示。

表 7.2　常见的输入、输出类型

类型		例子
输入	开关量	操作开关、行程开关、光电开关、继电器触点、按钮等
输入	模拟量	流量、压力、温度等传感器信号
输入	中断	限位开关和事故信号、停电信号、紧急停止信号等
输入	脉冲量	串行信号和各种脉冲源
输入	字输入	计算机接口、键盘和其他数字设备
输出	开关量	继电器、接触器、电磁阀、制动器、离合器等
输出	模拟量	晶闸管触发信号和流量、压力、温度等记录仪表及比例调节阀等
输出	字输出	数字显示管、计算机接口、显示器接口、打印机接口等

2. 选择 PLC

首先应估计需要的 PLC 规模，然后选择功能和容量满足要求的 PLC。

1) PLC 规模的估算

能否完成预定的控制任务所需要的 PLC 的规模，主要取决于设备对输入、输出点的需求量和控制过程的难易程度。估算 PLC 需要的各种类型的输入、输出点数，并据此估算出用户的存储容量，是系统设计中的重要环节。

(1) 输入、输出点的估算。为了准确地统计出被控设备对输入、输出点的总需求量，可以把被控设备的信号源一一列出，并认真分析输入、输出点的信号类型。

除统计大量的开关量输入、输出点外，其他类型输入、输出点也要分别进行统计。PLC 与计算机、打印机、显示器、触摸屏等设备连接，所需专用接口也应一起列出来。

考虑到在实际安装、调试和应用中还可能会发现一些估算中未预见到的因素，需要根据实际情况增加一些输入、输出信号。因此，要按估算数再增加 15%～20%的输入、输出点数，以备将来调整、扩充使用。

(2) 存储容量的估算。小型 PLC 的用户存储器是固定的，不能随意扩充选择。因此，选购 PLC 时，要注意它的用户存储器容量是否够用。

用户程序占用内存的多少与多种因素有关，例如，输入、输出点的数量和类型，输入、输出量之间关系的复杂程度,需要进行运算的次数,处理量的多少,程序结构的优劣等,这些都与内存容量有关。因此,在用户程序编写、调试好以前,很难估算出PLC所应配置的存储容量。一般只能根据输入、输出的点数及其类型,控制的繁简程度加以估算。一般粗略的估计方法是:

$$(\text{输入点数}+\text{输出点数})\times(10\sim12)=\text{指令语句数}$$

在按上述数据估算后,通常再增加15%～20%的备用量,作为选择PLC内存容量的依据。

2) PLC的选择

PLC产品的种类、型号很多,它们的功能、价格、使用条件各不相同。在选用时,除输入、输出点数外,一般还应考虑以下几方面的问题。

(1) PLC的功能。PLC的功能要与所完成的控制任务相适应,这是最基本的要求。如果选用的PLC功能不恰当或功能太强,则很多功能用不上,就会造成不必要的浪费;如果所选的功能不强,又满足不了控制任务的要求。

一般机械设备的单机自动控制多属简单的顺序控制,只要选用具有逻辑运算、定时器、计数器等基本功能的小型PLC就可以了。

如果控制任务复杂,包含了数值计算、模拟信号处理等内容,就必须选用具有数值计算功能、模/数和数/模转换功能的中型PLC。

对过程控制来说,还必须考虑PLC的速度。PLC采用顺序扫描方式工作,它不可能可靠地接收持续时间小于扫描周期的信号。

例如,要检测传送带上产品的数量,产品的有效检测宽度为2.5 cm=0.025 m,传送速度为50 m/min,则产品通过检测点的时间间隔为

$$T=\frac{0.025}{50/60}\ \text{s}=30\ \text{ms}$$

为了确保不漏检传送带上的产品,PLC的扫描周期必须小于30 ms,这样的速度不是所有的PLC都能达到的。在某些要求高速响应的场合,可以考虑扩充高速计数模块和中断处理模块等。

(2) 输入电路模块。PLC的输入直接与被控设备的一些输出量相连。因此,除按前述估算结果考虑输入点数外,还要选好传感器等。考虑输入点的参数,主要是选择它们的工作电压和工作电流。

输入点的工作电压、工作电流的范围应与被控设备的输出值(包括传感器等的输出)相适应,最好不经过转换就能直接相连。

如果PLC的安装位置距被控设备较远,现场的电磁干扰又较强,就应尽量选择工作电压较高,上、下门槛值差值较大的输入电路模块,以减少长线传输的影响,提高抗干扰能力。

(3) 输出电路模块。输出电路模块的任务是将PLC的内部输出信号变换成可以驱动执行机构的控制信号。除考虑输出点数外,在选择时通常还要注意下面两个

问题。

① 输出电路模块允许的工作电压、电流应大于负载的额定工作电压、电流值。对于灯丝负载、容性负载、电动机负载等，要注意启动冲击电流的影响，应留有较大的余量。

② 对于感性负载，应注意在断开瞬间可能产生很高的反向感应电动势。为避免这种感应电动势击穿元器件或干扰 PLC 主机的正常工作，应采取必要的抑制措施。

另外，还要考虑其可靠性、价格、可扩充性、维修和软件开发的难易等问题。

3. 编制 I/O 分配对照表

一般在工业现场，各输入接点和输出设备都有各自的代号，PLC 内的 I/O 继电器也有编号。为使程序设计、现场调试和查找故障方便，首先，要编制一个已确定下来的现场输入/输出信号的代号和分配到 PLC 内与其相连的输入/输出继电器号或元件号的对照表，简称 I/O 分配表。

4. 画出 PLC 与现场器件的实际连线图（安装图）

画出安装接线图是必要的，因为硬件接线图是电气接线的依据。

5. 编写用户程序

根据工艺流程，结合输入、输出编号对照表和安装接线图，画出梯形图。

6. 将用户程序通过编程器送入 PLC

通过编程器将上列用户程序的指令表语句逐句写入 PLC 的 RAM 中。注意：要根据不同型号的 PLC 选用相应的编程器。

7. 进行系统模拟调试和完善程序

在现场调试之前，先进行模拟调试，以检查程序设计和程序输入是否正确。模拟调试就是用开关组成的模拟输入器来模拟现场输入的信号进行调试，输出动作情况可通过输出指示灯来观察程序的执行情况和相应的输出动作是否正确。如有问题及时修改程序，然后再进行调试，直至完全正确为止。

8. 进行硬件系统的安装

在模拟调试的同时，进行硬件系统的安装连线。

9. 对整个系统进行现场调试和试运行

若在现场调试又发现程序有问题，则还要返回到步骤 7，对程序进行修改，直至完全满足控制要求为止。

10. 正式投入使用

硬件和软件系统均满足后，即可正式投入使用。

11. 保存程序

将调试通过的用户程序保存起来，通常将程序内容通过打印机打出，作为技术文件或存档备用。如果此用户程序是反复使用的，则将调试过的程序写入 EPROM 或 EEPROM 组件中存放。

7.5.2　PLC 实现电动机控制的设计

1. 三相异步电动机启动、停止控制

三相异步电动机启动、停止控制是电动机最基本的控制，在各种复杂的控制系统中都不可缺少。图 7.30 给出了主回路、PLC 外部接线及控制程序梯形图。图中，SB1 为启动按钮，SB2 为停止按钮，KH 为热继电器。

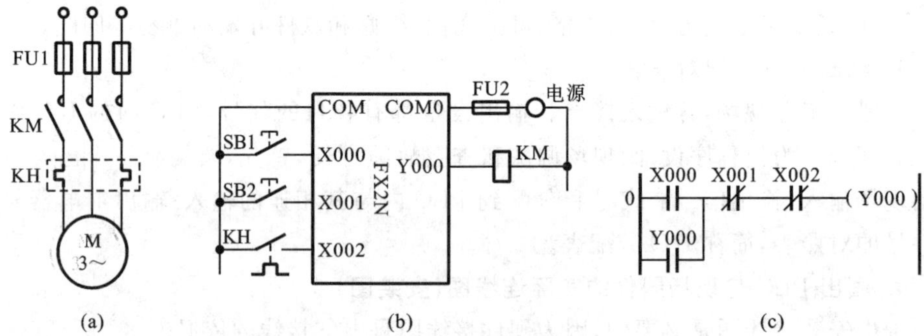

图 7.30　三相异步电动机启动、停止控制的主回路、PLC 外部接线及控制程序梯形图

(a) 主回路　(b) PLC 外部接线　(c) 控制程序梯形图

2. 三相异步电动机正、反转控制

三相异步电动机正、反转控制的主回路，PLC 外部接线及控制程序如图 7.31 所示。图 7.31 中，SB1 为正向启动按钮，SB2 为反向启动按钮，SB3 为停止按钮，KM1 为正向控制接触器，KM2 为反向控制接触器。

三相异步电动机的正、反转是通过正、反向控制接触器改变定子绕组的相序来实现的，其中一个很重要的问题就是必须保证任何时候、任何条件下，正、反向控制接触器都不能同时接通。为此，在梯形图中采用了正、反转按钮互锁，即将动断触点 X000 串入输出继电器 Y001 的回路，将动断触点 X001 串入输出继电器 Y000 的回路，和两个输出继电器 Y000、Y001 的动断触点互锁，保证输出继电器 Y000 和 Y001 不同时为“1”。但在实际运行中，输出锁存器中的变量是同时(并行)输出的，即 Y000 和 Y001 的状态变换是同时完成的。例如，由正转切换到反转，Y000 变为“0”和 Y001 变为“1”同时完成，KM1 的线圈失电释放和 KM2 的线圈通电吸合同时动作，有可能在 KM1 断开其触点电弧尚未熄灭时，KM2 的触点已闭合，造成电源相间瞬时短路。为了避免这种情况，在梯形图中增加了两个定时器 T0 和 T1，使正、反向切换过程中，被切断的接触器瞬时动作，而被接通的接触器则要延时一段时间才动作，以保证系统工作可靠。

3. 三相异步电动机 Y-△启动控制

Y-△降压启动是异步电动机常用的启动控制电路之一。其主回路、PLC 外部接线及控制程序梯形图如图 7.32 所示。

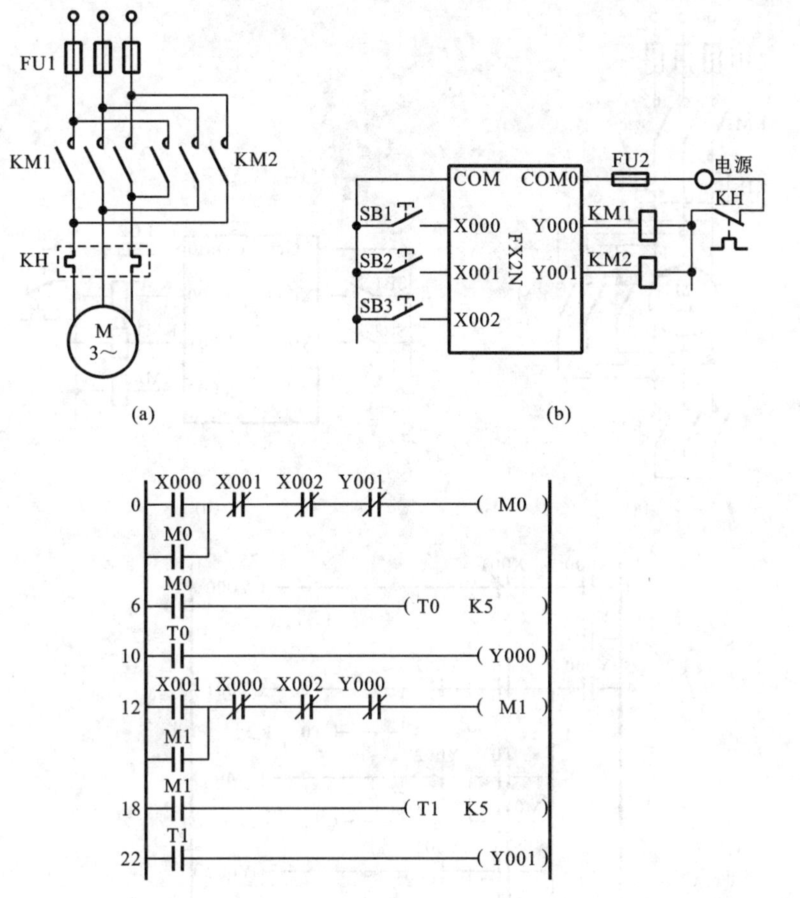

图 7.31　三相异步电动机正、反转控制的主回路、PLC 外部接线及控制程序梯形图

(a) 主回路　(b) PLC 外部接线　(c) 控制程序梯形图

图 7.32 中，SB1 为启动按钮，SB2 为停止按钮，KM 为电源接触器，KM1 为星形连接接触器，KM2 为三角形连接接触器。其启动过程如下。

按下启动按钮 SB1，动合触点 X000 为“1”，输出继电器 Y000 为“1”并保持，Y000 为“1”使 Y001 也为“1”，接触器 KM、KM1 同时通电，电动机成星形连接，开始启动，同时定时器 T0 开始计时。

当定时器 T0 延时时间(启动时间)到后，T0 动断触点使 Y001 为“0”(同时使 T0 复位)，切断星形连接接触器 KM1，电动机失电(此时电动机已启动到某一转速并由于惯性继续转动)，T0 动合触点使 M 为“1”并保持，定时器 T1 开始计时。

经延时后，T1 动合触点使输出继电器 Y002 为“1”，使三角形连接接触器 KM2 闭合，电动机成三角形连接继续启动到额定转速后进入正常运行，Y002 动断触点使定时器 T1 复位。

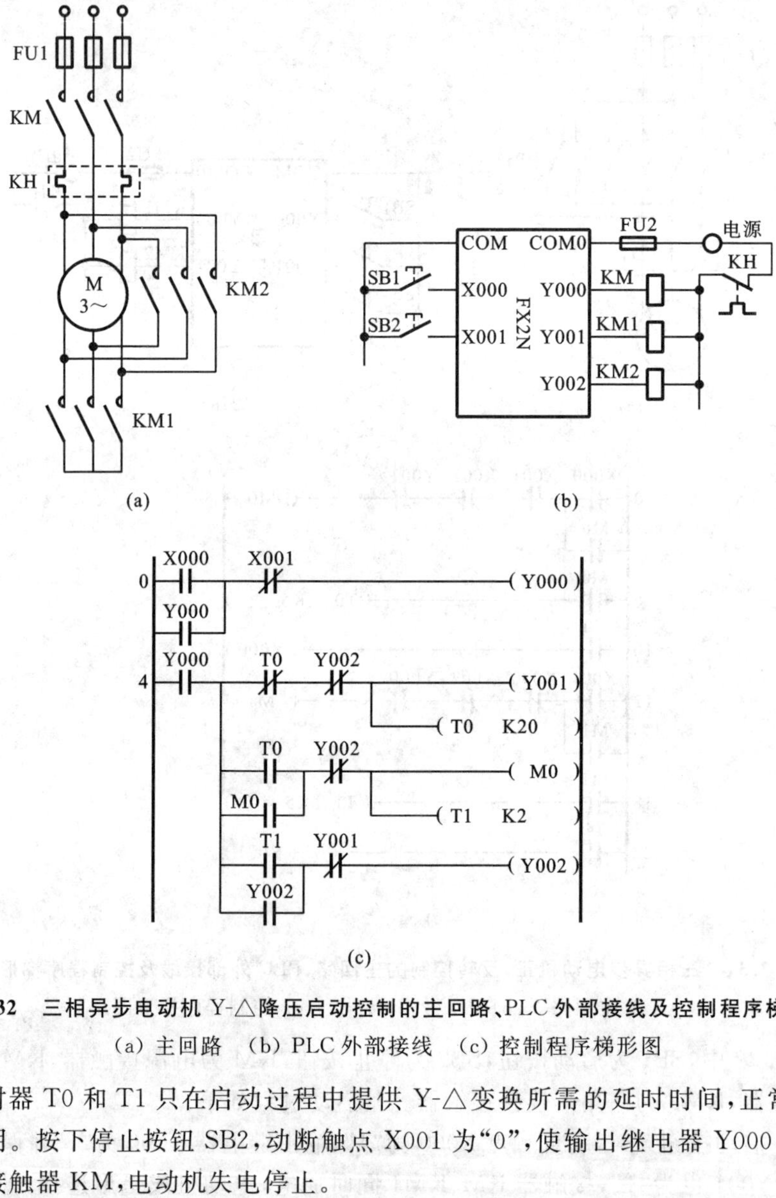

图 7.32　三相异步电动机 Y-△降压启动控制的主回路、PLC 外部接线及控制程序梯形图

(a) 主回路　(b) PLC 外部接线　(c) 控制程序梯形图

定时器 T0 和 T1 只在启动过程中提供 Y-△变换所需的延时时间,正常工作后不起作用。按下停止按钮 SB2,动断触点 X001 为"0",使输出继电器 Y000 断开,切断电源接触器 KM,电动机失电停止。

7.5.3　交通灯的 PLC 控制设计

城市道路十字路口交通灯的工作过程是大家非常熟悉的,以往多采用电子逻辑电路来实现对信号灯的控制,若采用 PLC 来控制则非常简单。十字路口交通信号灯的设置如图 7.33 所示。

1. 确定控制任务

十字路口的交通灯共有 12 个,同一方向的两组红、黄、绿灯的变化规律相同。所以，十字路口的交通灯的控制就是一双向红、黄、绿灯的控制。

对双向红、黄、绿灯控制的时序图如图 7.34 所示，它是程序设计的主要依据。

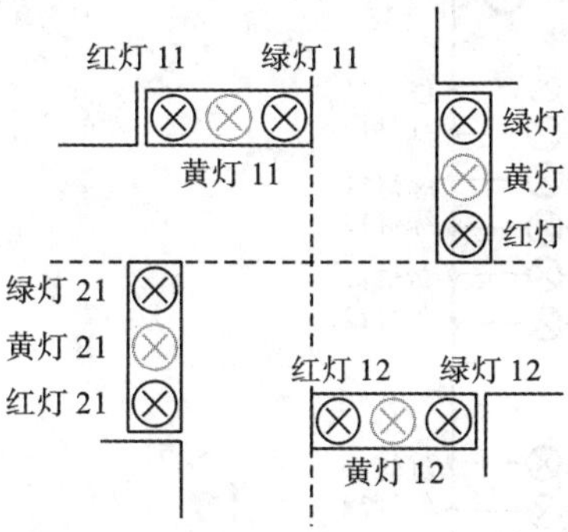

图 7.33　十字路口交通信号灯的设置

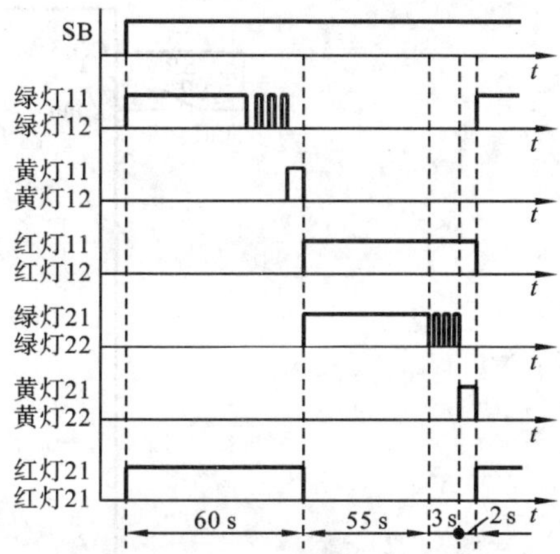

图 7.34　对双向红、黄、绿灯控制的时序图

2. 输入、输出地址分配

输入信号是启动信号，而输出信号可以是 12 个或 6 个信号，这里采用 6 个输出信号的方案，也就是同一方向同一个颜色、相同功率的两个灯并联由一个输出信号控制。输入、输出地址的分配如表 7.3 所示。

表 7.3　现场信号与 PLC 地址分配表

<table>
<tr><th colspan="2">现 场 信 号</th><th>PLC 地址</th><th>说　明</th></tr>
<tr><td>输入</td><td>启动 SB</td><td>X000</td><td></td></tr>
<tr><td rowspan="12">输
出</td><td>红灯 11</td><td rowspan="2">Y000</td><td rowspan="6">南北方向</td></tr>
<tr><td>红灯 12</td></tr>
<tr><td>绿灯 11</td><td rowspan="2">Y001</td></tr>
<tr><td>绿灯 12</td></tr>
<tr><td>黄灯 11</td><td rowspan="2">Y002</td></tr>
<tr><td>黄灯 12</td></tr>
<tr><td>红灯 21</td><td rowspan="2">Y010</td><td rowspan="6">东西方向</td></tr>
<tr><td>红灯 22</td></tr>
<tr><td>绿灯 21</td><td rowspan="2">Y011</td></tr>
<tr><td>绿灯 22</td></tr>
<tr><td>黄灯 21</td><td rowspan="2">Y012</td></tr>
<tr><td>黄灯 22</td></tr>
</table>

3. PLC 实际连线图

根据表 7.3,画出 PLC 与现场信号的实际连线图(见图 7.35)。

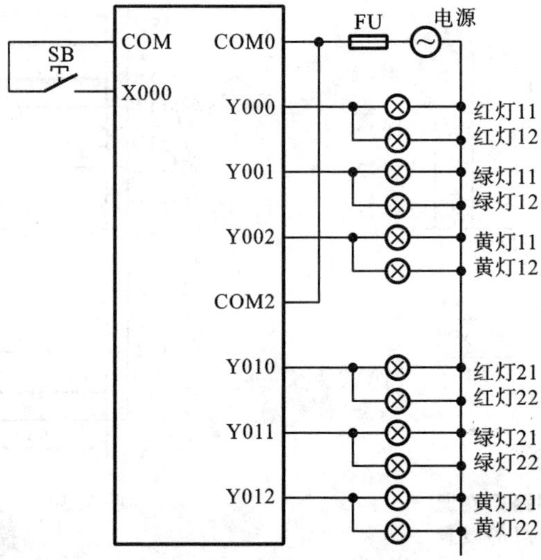

图 7.35　PLC 与现场信号的实际连线图

4. 程序梯形图

由图 7.34 可知,两个方向的红、黄、绿灯控制的时序相同。在一组红灯亮 60 s 的期间,另一组绿灯亮 55 s 后闪烁 3 次共 3 s,接着黄灯亮 2 s。黄灯熄灭后,一个 60 s结束,接着另一个 60 s 开始。

通过上述分析可知,这是一个按时间原则的顺序控制,主要设计一组灯的控制程序即可,而另一组灯的控制程序可套用此程序。

整个程序可以分为开始信号的处理、定时时间控制程序和信号灯的控制程序等三个部分。

1) 开始按钮 SB 的读取与保持

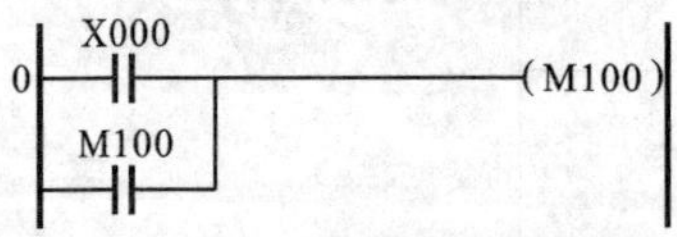

图 7.36　开始信号的处理程序梯形图

当按下 SB 按钮后,交通灯开始工作,并一直保持,因此其控制程序梯形图如图 7.36 所示。可知,当按下按钮 SB 后,M100 始终为“1”,这是交通灯工作的条件。

2) 定时时间控制程序

两组红灯交替亮 60 s,两组绿灯 3 s 闪烁 3 次,因此可用两组定时器分别产生 60 s和 0.5 s 两个周期脉冲信号来实现上述控制要求。程序和周期脉冲信号如图 7.37所示。

由图 7.37 可知:当 M100 为 1 时,T0 和 T1 以及 T10 和 T11 两组定时器工作,分别使 T0 和 T10 输出 60 s 和 0.5 s 的周期信号。因此,可以用 T0 为 1 时控制一个

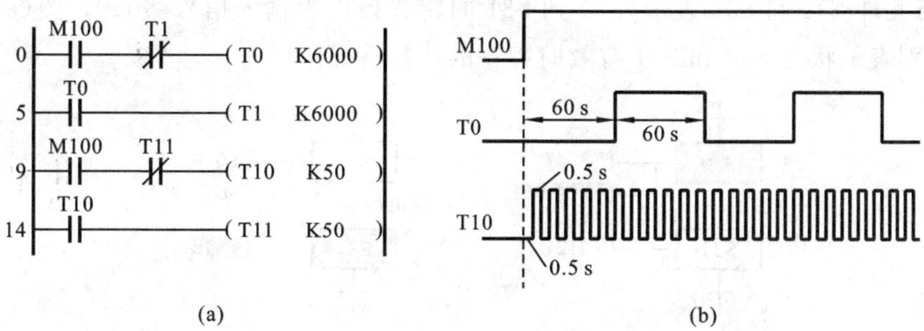

图 7.37　周期信号程序梯形图和周期脉冲信号

(a) 控制程序梯形图　(b) 周期脉冲信号

方向的红灯亮，而 T0 为 0 时控制另一个方向的红灯亮，60 s 周期信号保证两个方向的红灯交替亮与灭。T10 则控制绿灯的闪烁。

3) 信号灯控制程序

利用上述两个周期信号，交通灯的控制程序梯形图为图 7.38。

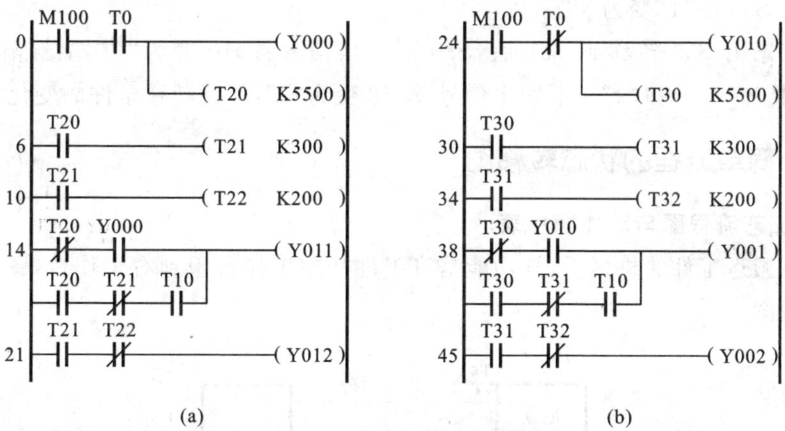

图 7.38　交通灯的控制程序梯形图

(a) 红灯 1、绿灯 2、黄灯 2　(b) 红灯 2、绿灯 1、黄灯 1

7.6　步进顺控指令

步进顺控指令 STL 是专为顺序控制而设计的，它使得较复杂逻辑关系的顺序控制程序简单易读。用步进顺控指令编写程序时，可用状态转移图的程序表达方式，状态转移图程序中要使用状态元件 S。

7.6.1　状态转移图

图 7.39 所示为一个用状态转移图表示的程序。在这个程序中有两个状态，分别

用状态元件 S30 和 S31 表示，S30 到 S31 的转移条件为输入信号 X020。图(a)和图(b)分别表示状态 S30 和 S31 有效时程序的执行情况。

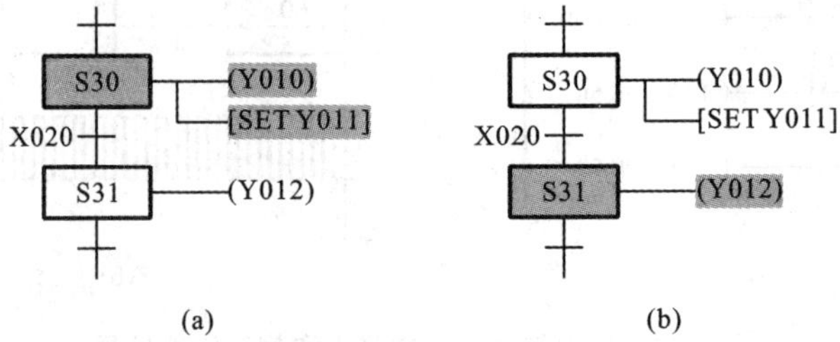

图 7.39　状态转移图

(a) 状态 S30 有效　(b) 状态 S31 有效

图 7.39 所示程序执行情况如下。

当 S30＝1 时，Y010＝1，Y011 置"1"并保持；等待转移条件 X020 的变化。

当 S30＝1，且 X020 由"0"变为"1"时，状态由 S30 转移到 S31，即 S31 由"0"变为"1"，同时 S30 由"1"变为"0"。

当状态由 S30 转移到 S31 后，S30 下输出信号 Y010 变为"0"，置位输出信号 Y011 保持为"1"；同时 S31 下输出信号 Y012 变为"1"，等待转移条件的变化。

7.6.2　简单流程的状态转移图

1. 工艺流程图与动作顺序表

有一搬运工件的机械手，其功能是将工件从左工作台搬到右工作台，图 7.40 为工艺流程图。

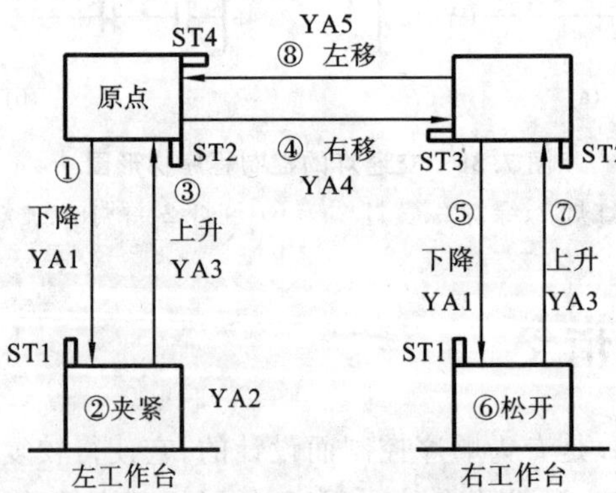

图 7.40　搬运机械手工艺流程图

机械手工作前应位于原点，不同的位置分别装有行程开关。ST1 为下限位开关，ST2 为上限位开关，ST3 为右限位开关，ST4 为左限位开关。

机械手的上、下、左、右移动以及工件的夹紧，均由电磁阀驱动气缸来实现。电磁阀 YA1 通电，机械手下降；电磁阀 YA2 通电，夹紧工件；电磁阀 YA3 通电，机械手上升；电磁阀 YA4 通电，机械手右移；电磁阀 YA5 通电，机械手左移。

机械手的工作过程如下。

一个循环开始时，机械手必须在原位位置。

按下启动按钮 SB1，下降电磁阀 YA1 通电，机械手由原点下降，碰到下限位开关 ST1 后，停止下降；夹紧电磁阀 YA2 通电，将工件夹紧，为保证工件可靠夹紧，机械手在该位置等待 3 s；上升电磁阀 YA3 通电，机械手开始上升，碰到上限位开关 ST2 后，停止上升；右移电磁阀 YA4 通电，机械手右移动，碰到右限位开关 ST3 后，停止右移；下降电磁阀 YA1 通电，机械手下降，碰到下限位开关 ST1 后，停止下降；夹紧电磁阀 YA2 失电，将工件松开，放在右工作台上，为确保可靠松开，机械手在该位置停留 2 s；上升电磁阀 YA3 通电，机械手上升，碰到上限位开关后，停止上升；左移电磁阀 YA5 通电，机械手左移，回到原点，压在左限位开关 ST4 和上限位开关 ST2 上，各电磁阀均失电，机械手停在原位。再按下启动按钮时，又重复上述过程。表 7.4 为机械手的动作顺序表，表中，SB1 为启动按钮，HL 为原点指示灯。

表 7.4　机械手动作顺序表

步序	输入条件	输出状态					
		YA1 通电 下降	YA2 通电 夹紧	YA3 通电 上升	YA4 通电 右移	YA5 通电 左移	HL 灯
原点	ST2 · ST4	−	−	−	−	−	+
下降	SB1	+	−	−	−	−	−
夹紧	ST1	−	+	−	−	−	−
上升	KT1	−	+	+	−	−	−
右移	ST2	−	+	−	+	−	−
下降	ST3	+	+	−	−	−	−
松开	ST1	−	−	−	−	−	−
上升	KT2	−	−	+	−	−	−
左移	ST2	−	−	−	−	+	−

2. 现场信号与 PLC 输入、输出接点的连接

表 7.5 为现场信号与 PLC 输入、输出连线表，它表示了机械手各位置检测信号和执行元件与 PLC 输入输出接点的连接。

表 7.5 现场信号与 PLC 输入输出连线表

现场器件		内部继电器地址	说　明
输入	SB1	X000	启动按钮
	ST1	X001	下限位开关
	ST2	X002	上限位开关
	ST3	X003	右限位开关
	ST4	X004	左限位开关
输出	YA1	Y001	下降电磁阀
	YA2	Y002	夹紧电磁阀
	YA3	Y003	上升电磁阀
	YA4	Y004	右移电磁阀
	YA5	Y005	左移电磁阀
	HL	Y000	原位指示灯

3. PLC 与现场器件的实际连线图

根据表 7.5 画出 PLC 与现场器件的实际连线图(安装图)如图 7.41 所示。

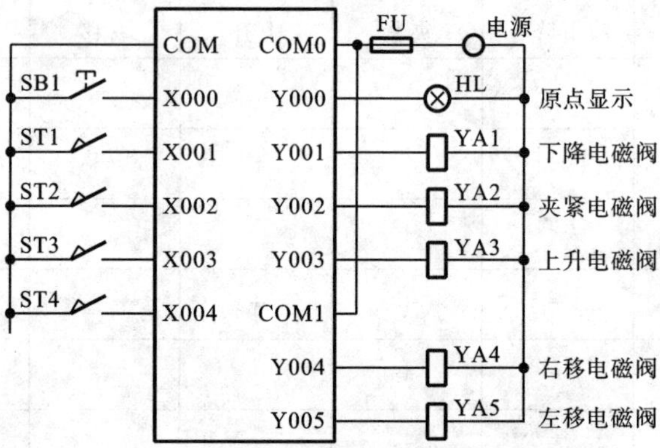

图 7.41 PLC 与现场器件的实际连线图

4. 状态转移图

根据图 7.41 所示硬件电路连线图,满足机械手控制任务的状态转移图程序如图 7.42 所示。但在这个程序中,两次出现了 Y001 和 Y003,这是不允许的。因此要用辅助继电器代替,正确的程序状态转移图为图 7.43。

在图 7.43 中,由于 M100 和 M101 有一个为“1”时,就要使 Y001 为“1”,M102 和 M103 有一个为“1”时,就要使 Y003 为“1”,因此,必须在图 7.43 程序的基础上,再加一段如图 7.44 所示的程序。

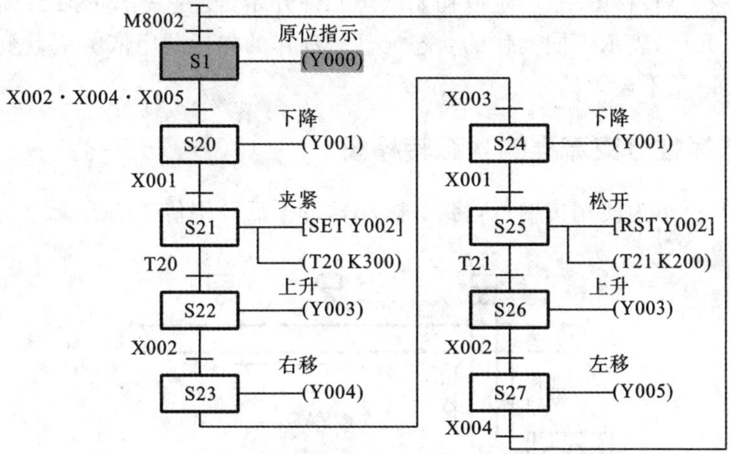

图 7.42　有双线圈输出的错误状态转移图程序

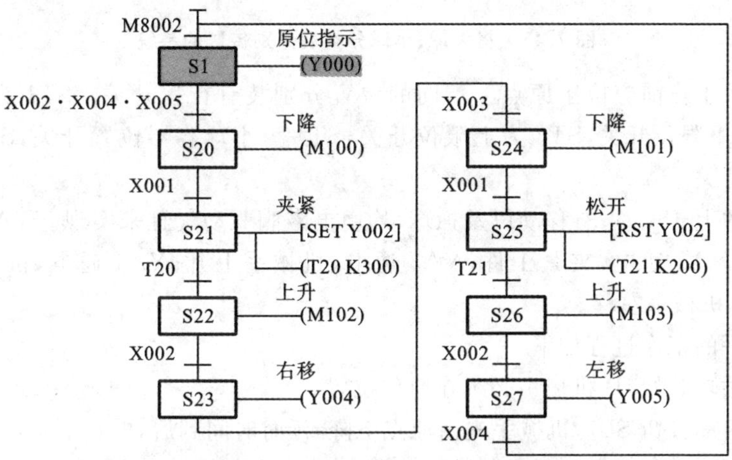

图 7.43　正确的状态转移图程序

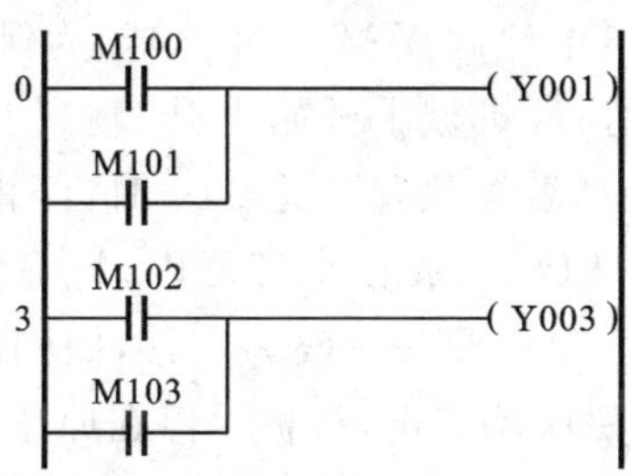

图 7.44　由 M100、M101 控制 Y001 以及 M102、M103 控制 Y003 的程序

在图 7.43 的状态转移图中，S1 为初始状态（在三菱 FX2N PLC 中 S0～S19 可作为初始状态元件），S20～S27 分别表示机械手完成搬运任务的 8 个顺序动作的状态元件。在状态转移图中，一定以初始状态元件开始，最后一个动作结束后必须返回到初始状态元件，表示不同动作的状态元件按动作的先后顺序依次从上至下排列，状态元件号可以是不连续的。

7.6.3 选择性分支流程的状态转移图

图 7.45 所示为使用传输机，将大球、小球分类后分别传送的系统。

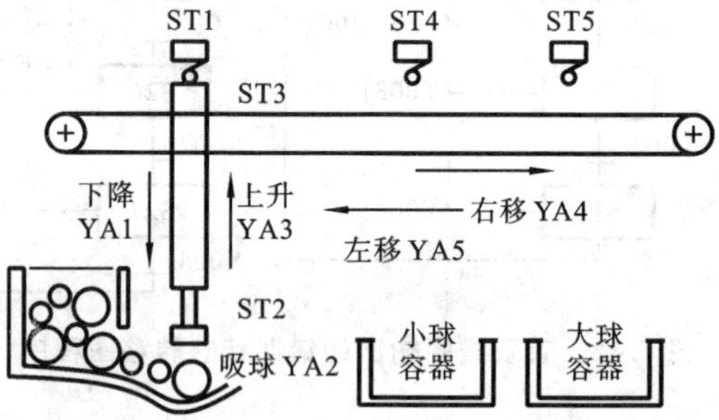

图 7.45 将大球、小球分类后分别传送的系统

机械手工作前应位于原点。不同的位置分别装有行程开关。ST1 为左限位开关，ST2 为下限位开关，ST3 为上限位开关，ST4 为小球容器位置开关，ST5 为大球容器位置开关。

机械的上、下、左、右移动以及抓球，均由电磁阀驱动气缸来实现。YA1 通电，机械手下降；YA2 通电，夹紧工件；YA3 通电，机械手上升；YA4 通电，机械手右移；YA5 通电，机械手左移。

机械手的工作过程如下。

一个循环开始时，机械手必须在原位位置。

按下启动按钮 SB1，机械手先由原点下降，延时时间到后，停止下降，气缸移动到极限位置；若碰到的是下限位开关 ST2，则要抓的是小球，否则要抓的是大球。根据抓的是大球还是小球，左移运动就要选择，因此属选择性分支流程。

当要抓的是小球时，夹紧电磁阀 YA2 动作抓球，为保证工件可靠夹紧，机械手在该位置等待 1 s；延时时间到后，机械手开始上升，碰到上限位开关 ST3 后，停止上升，改向右移动；移到碰到小球容器位置开关 ST4 时，停止右移，改为下降，至碰到下限位开关 ST2 后，机械手将球放下，放在小容器内；为确保可靠放下，机械手在该位置停留 1 s，然后上升，碰到上限位开关后改为左移，回到原点，压在左限位开关 ST1 和上限位开关 ST3 上，各电磁阀均失电，机械手停在原位。

当要抓的是大球时，运动过程与小球基本相同，但右移必须碰到大球容器位置开关 ST5 后再下移。

表 7.6 为外部信号与 PLC 的连线表，它表示了输入、输出信号与 PLC 的连接。根据表 7.6 可得分支流程状态转移图(见图 7.46)。

表 7.6　外部信号与 PLC 的连线表

外部信号		PLC 接线	说　　明
输入	ST1	X001	左限位开关
	ST2	X002	下限位开关
	ST3	X003	上限位开关
	ST4	X004	小球容器位置开关
	ST5	X005	大球容器位置开关
	SB1	X006	启动按钮
输出	YA1	Y000	下移动电磁阀
	YA2	Y001	抓球电磁阀
	YA3	Y002	上移电磁阀
	YA4	Y003	右移电磁阀
	YA5	Y004	左移电磁阀

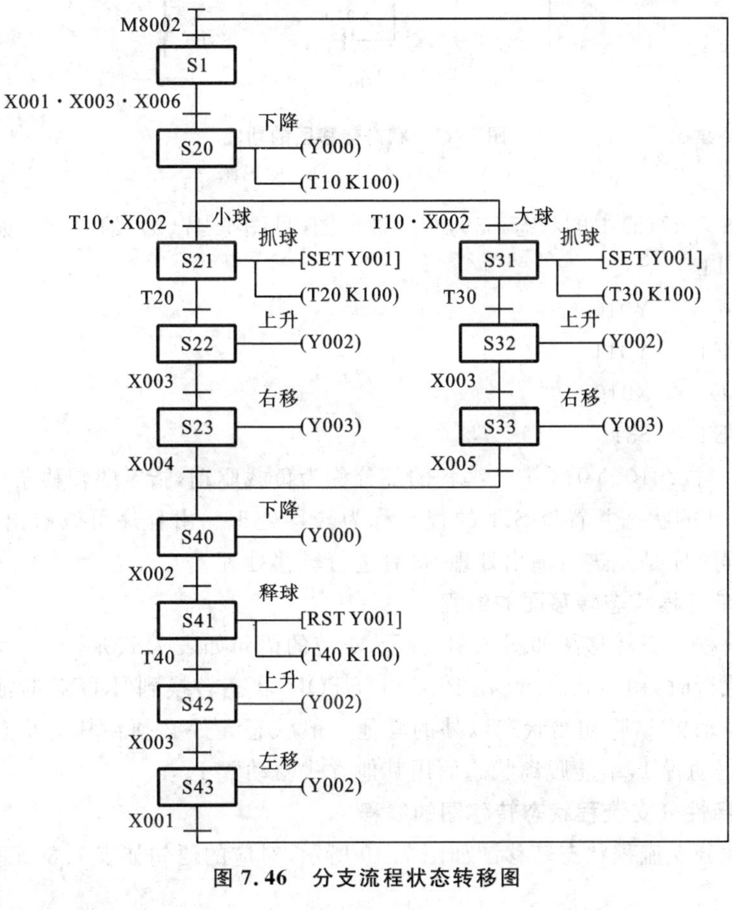

图 7.46　分支流程状态转移图

在上述状态转移图中，存在双线圈输出问题，应采用 7.6.2 节中的方法解决，这里不再重复。

7.6.4 状态转移图的编程方法

在状态转移图中，每个状态具有驱动负载、指定转移条件以及指定转移目标三个功能，如图 7.47 所示。

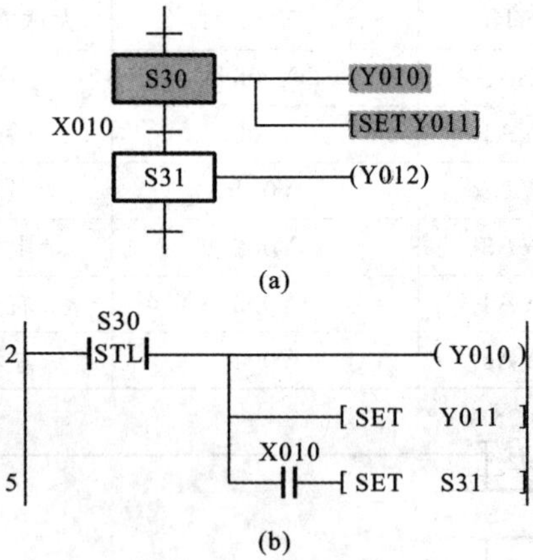

图 7.47 状态转移图的功能

(a) 状态转移图 (b) 梯形图

对于图 7.47(a)中的状态 S30，对应梯形图(见图 7.47(b))的语句表如下：

```
STL   S30
OUT   Y010
SET   Y011
LD    X010
SET   S31
```

编程中对 Y010、Y011 进行编程的部分称为负载驱动，指定的转移条件为 X010，而读取 X010 的状态并置位 S31 的程序称为转移处理。由程序可以看出，对于一个状态的编程顺序是先进行输出处理，接着进行转移处理。

1. 简单流程状态转移图的编程

简单流程状态转移图如图 7.48 所示，对应的语句如表 7.7 所示。

程序执行时，初始状态 S0 在 PLC 由“STOP”状态转换到“RUN”时或一个循环结束时被驱动置 1，除初始状态以外的其他一般状态元件必须在其他状态元件后由 SET 指令驱动置 1，不能脱离状态而用其他方式驱动置 1。

2. 选择性分支流程状态转移图的编程

选择性分支流程状态转移图如图 7.49 所示，对应的语句如表 7.8 所示。

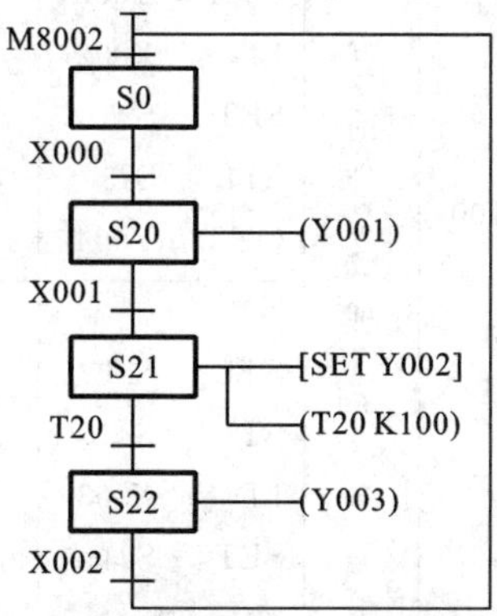

图 7.48　简单流程状态转移图

表 7.7　对应图 7.48 的编程语句表

LD　M8002 SET　S0	初始状态
STL　S0 LD　X000 SET　S20	状态 S0
STL　S20 OUT　Y001 LD　X001 SET　S21	状态 S20
STL　S21 SET　Y002 OUT　T20　K100 LD　T20 SET　S22	状态 S21
STL　S22 OUT　Y003 LD　X002 OUT　S0	状态 S22 （返回初始状态时必须使用 OUT 指令）
RET	结束时必须使用 RET 指令

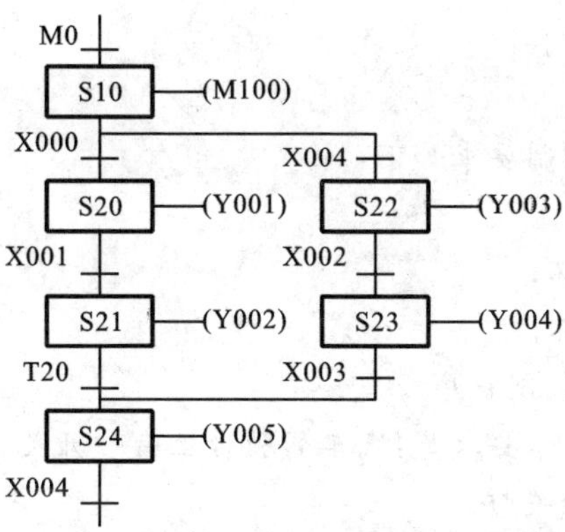

图 7.49　选择性分支流程状态转移图

表 7.8　对应图 7.49 的编程语句表

⋮ LD　M0 SET　S10 STL　S10 OUT　M100 LD　X000 SET　S20 LD　X004 SET　S22	分支前及分支处理	STL　S22 OUT　Y003 LD　X002 SET　S23 STL　S23 OUT　Y004	第2分支
		STL　S21 LD　T20 SET　S24 STL　S23 LD　X003 SET　S24	合并处理
STL　S20 OUT　Y001 LD　X001 SET　S21 STL　S21 OUT　Y002	第1分支	STL　S24 OUT　Y005 ⋮	合并后

3. 并行性分支流程状态转移图的编程

并行性分支流程状态转移图如图 7.50 所示,对应的编程语句如表 7.9 所示。

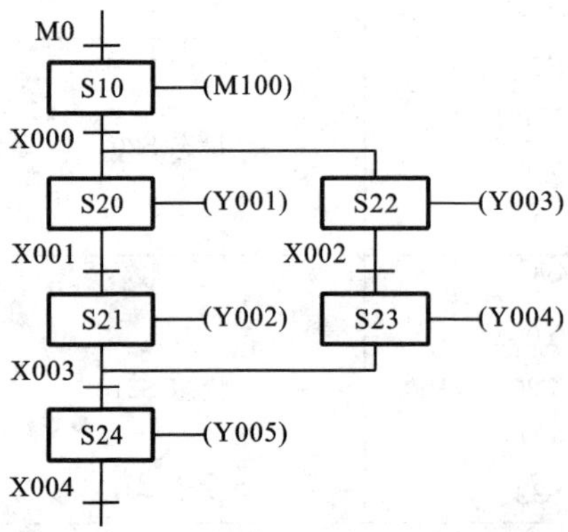

图 7.50 并行性分支流程状态转移图

表 7.9 对应图 7.50 的编程语句表

编程语句	
⋮ LD M0 SET S10 STL S10 OUT M100 LD X000 SET S20 SET S22	分支前及分支处理
STL S20 OUT Y001 LD X001 SET S21 STL S21 OUT Y002	第1分支
STL S22 OUT Y003 LD X002 SET S23 STL S23 OUT Y004	第2分支
STL S21 STL S23 LD X003 SET S24	合并处理
STL S24 OUT Y005 ⋮	合并后

习题与思考题

7.1 PLC 由哪几个主要部分组成？各部分的作用是什么？

7.2 输入、输出接口电路中的光电耦合器的作用是什么？

7.3 何谓扫描周期？试简述 PLC 的工作过程。

7.4 PLC 有哪些主要特点？

7.5 设计 8 个灯亮的 PLC 控制系统。具体控制要求如下：

(1) 一个亮灯的循环；

(2) 两个连续亮灯且两个同时变化的循环；

(3) 两个连续亮灯且一个亮一个灭的循环。

7.6 试设计出习题 6.28 的 PLC 硬件电路和控制程序。

7.7 设计 PLC 控制汽车拐弯灯的梯形图。具体要求是:汽车驾驶台上有一开关,有三个位置分别控制左闪灯亮、右闪灯亮和关灯。

当开关扳到 S1 位置时,左闪灯亮(要求亮、灭时间各为 1 s);当开关扳到 S2 时,右闪灯亮(要求亮、灭时间各为 1 s);当开关扳到 S0 位置时,关断左、右闪灯;当司机开灯后忘了关灯,则过 1.5 min 后自动停止闪灯。

7.8 试用 PLC 设计按行程原则实现机械手的夹紧→正转→放松→反转→回原位的

控制。

7.9 题7.9图所示为由三段组成的金属板传送带，电动机1、2、3分别用于驱动三段传送带，传感器（采用接近开关）1、2、3用来检测金属板的位置。

当金属板正在传送带上传送时，其位置由一个接近开关检测，接近开关安放在两段传送带相邻接的地方，一旦金属板进入接近开关的检测范围，可编程控制器便发出一个控制输出，使下一个传送带的电动机投入工作，当金属板超出检测范围时，定时器开始计时，在达到整定时间时，上一个传送带电动机便停止运行，即只有载有金属板的传送带在运转，而未载有金属板的传送带则停止运行。这样就可节省能源。

试用PLC实现上述要求的自动控制。

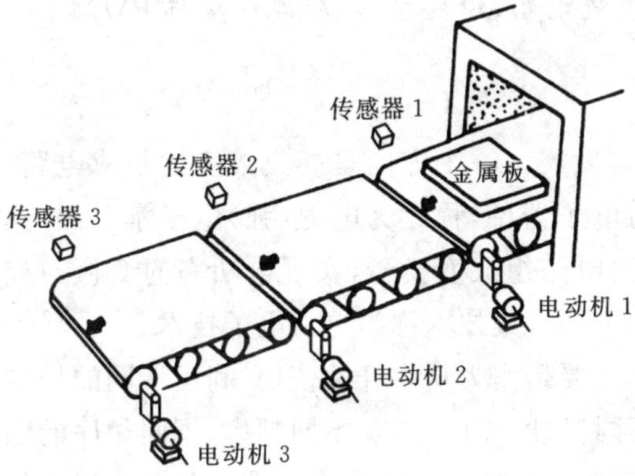

题7.9图

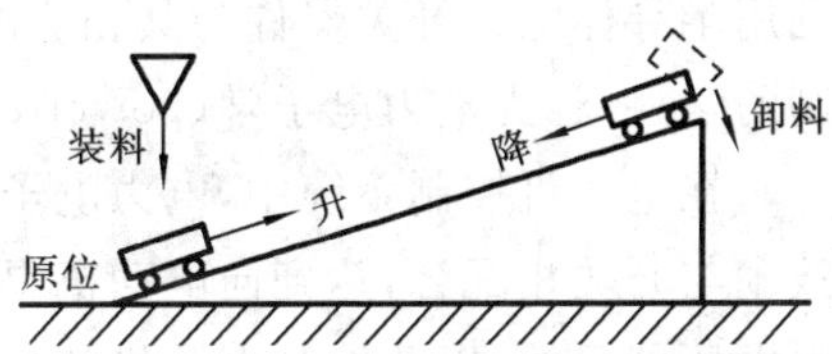

题7.10图

7.10 试设计一条用PLC控制的自动装卸线。自动装卸线结构如题7.10图所示。电动机M1驱动装料机加料，电动机M2驱动料车升降，电动机M3驱动卸料机卸料。

装卸线操作过程为：

① 料车在原位，显示原位状态，按启动按钮，自动线开始工作；

② 加料定时5 s，加料结束；

③ 延时1 s，料车上升；

④ 上升到位，自动停止移动；

⑤ 延时1 s，料车自动卸料；

⑥ 卸料10 s，料车复位并下降；

⑦ 下降到原位，料车自动停止移动。

要求：能实现单周装卸及连续循环操作。

第8章

电力电子学基础

本章要求掌握晶闸管和全控型开关器件的基本工作原理及特性，了解其驱动电路和保护措施，掌握可控整流电路、逆变电路、斩波电路与 PWM 控制技术的基本工作原理。

半导体器件目前正在继续朝两个方向发展。一个方向是高集成度的集成电路，称之为微(弱)电子学；另一个方向是电力电子器件，称之为电力(强)电子学。因此，利用半导体电力开关器件与其相应的控制电路组成变换器，实现电功率的变换与控制的学科，称为电力电子学(power electronics)，其技术称为电力电子技术。

在电动机控制系统中，电力电子器件主要是作为功率开关使用，利用不同的控制技术与开关相配合，达到向电动机提供不同极性、不同电压、不同频率、不同相序的供电电压的目的，以此控制电动机的启停、转向和转速。故电力电子器件是现代机电传动控制技术的基础与核心。随着电力电子器件的层出不穷，机电传动控制系统有了很大的发展。

自 1957 年出现晶闸管到 20 世纪 80 年代中期，交、直流调速装置的功率回路中主要采用晶闸管元件，而中、小容量的交流变频调速装置的效率、可靠性、成本、体积均无法与同容量的直流调速装置相比。

20 世纪 80 年代中期出现了第二代电力电子器件 GTR、GTO、IGBT 等，用这些器件制造的中、小容量变频调速装置在性价比上基本可以与直流调速装置媲美。

随着电力电子器件朝大电流、高电压、高频率、集成化、模块化方向发展，第三代电力电子器件成为 20 世纪 90 年代制造变频器的主流产品，中、小功率的变频调速装置(1～1000 kW)主要采用 IGBT，中、大功率的变频调速装置(1～10 MW)采用 GTO 器件。

20 世纪 90 年代末至今，电力电子器件进入第四代，主要在 IGBT、GTO 的基础上朝高电压、大容量、集成模块化方向发展。

电力电子器件根据其导通与关断可控性的不同可以分为以下三类。

(1) 不可控型器件，即导通与关断都不能控制的器件。仅整流二极管是不可控器件。

(2) 半控型器件，即只能控制其导通，不能控制其关断的器件。普通晶闸管 SCR 及其派生器件属于半控型器件。

(3) 全控型器件，即导通与关断都可以控制的器件。GTR、GTO、P-MOSFET、IGBT 等都属于全控型器件。

全控型电力电子器件按其结构与工作原理可分为双极型、单极型和混合型。

双极型器件是指器件内部的电子和空穴两种载流子同时参与导电的器件，常见的有 GTR、GTO 等，这类器件的特点是容量大，但工作频率较低，且有二次击穿现象等弱点。

单极型器件是指器件内只有一种载流子，即只有多数载流子参与导电的器件，其典型代表是P-MOSFET，这种器件工作频率高，无二次击穿现象，但目前容量尚不如双极型。

混合型器件是指双极型与单极型器件的集成混合，兼备了二者的优点，最具发展前景。IGBT 是其典型代表。

电力电子器件种类繁多，本书仅在"电子技术"课程的基础上介绍几种基本的器件，除对普通晶闸管作较为详细的介绍外，对其他一些器件只作定性的分析。

由电力电子器件与相应控制电路组成的电力变换电路，按其功能可分为下列几种类型。

(1) 可控整流电路。它把固定频率、电压的交流电(一般是电网上工频 50 Hz 的交流电)变成固定的或可调的直流电，可方便地对直流电动机进行调速。它有统一规格的成套产品，广泛用在冶金、机械、造纸、纺织以及高压直流输电等方面。

(2) 交流调压电路。它把固定频率、电压的交流电变成可调电压的交流电，较多地应用于灯光控制、温度控制，或者变成可调频率的交流电，用于交流电动机的调速系统中。

(3) 逆变电路。它把直流电变成频率固定或可调的交流电。如不间断电源(UPS)可以在交流电网停电时，把蓄电池的直流电变为交流电，供某些不能断电的重要设备使用，也可以在高压直流输电的终端将直流电变换为交流电送往电网。

(4) 变频电路。它把固定频率的交流电变成可调频率的交流电。冶炼、热处理中使用的中、高频加热电源，交流电动机的变频调速，都应用了变频电路。

(5) 斩波电路。它把固定的直流电压变成可调的直流电压。斩波电路可使直流电动机的启动、调速、制动平稳，操作灵活，维修方便，并能实现再生制动，广泛用于城市电车、高速电力机车、铲车、电动汽车等车辆的调速。

(6) 电子开关。功率半导体器件工作在开关状态，可以代替接触器、继电器用于频繁开合操作的场合。有的生产机械(如机床)的正、反转控制，开关次数频繁，有触点控制会产生电弧、磨损，开关寿命不长。由电子开关组成的无触点控制装置则反应快、无电弧、无噪声、寿命长，有些场合可以取代有触点开关。

8.1　电力半导体器件

8.1.1　不可控型开关器件

大功率二极管即整流二极管属于不可控型开关器件。其电压、电流的额定值都是比较高的，目前其最大额定电压、电流分别可达 6 kV、6 kA 以上(注意，额定电压最高的二极管，其额定电流不一定最高；反之亦然)。当二极管阳极与阴极加正向电压时，它就导通，正向导通时电压降一般为 0.8～1 V，这比变换电路的额定工作电压要小得多，可以忽略不计，相当于开关的闭合；加反向电压时，它就截止(关断)，反向截止时的反向电流仅为反向饱和电流，其值远小于正向导通时的额定电流(约为正向导通电流的万分之一)，相当于开关的断开，因此半导体电力二极管可视为一个正向导通、反向截止的静态单向电力电子开关。正向导通时尽管电压降很小，但对电力二极管来说，额定正向电流很大时的功耗及其发热不容忽略。这是在使用电力二极管时需要注意的。

在低电压(200 V 以下)、大电流(500 A 以下)的开关电路中，肖特基二极管不仅开关特性好，允许工作频率高，且正向压降相当小(小于 0.5 V)，是十分理想的首选开关器件。

8.1.2　半控型开关器件

1. 普通(逆阻型)晶闸管

晶闸管(thyristor，TH)是晶体闸流管的简称，又称为可控硅整流器(silicon controlled rectifier，SCR)，以前常简称为可控硅。

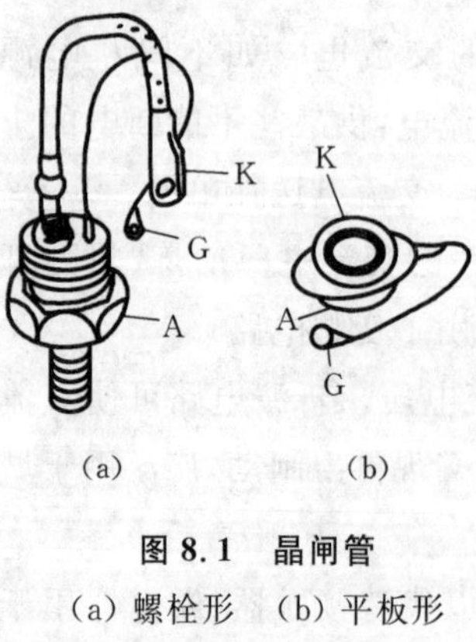

图 8.1　晶闸管
(a) 螺栓形　(b) 平板形

晶闸管是在半导体二极管、三极管之后出现的一种新型大功率半导体器件，分为螺栓形和平板形两种，如图 8.1 所示。

螺栓形晶闸管带有螺栓的一端是阳极 A，它可与散热器固定，另一端的粗引线是阴极 K，细线是控制极(又称门极)G。这种结构的器件更换起来很方便，用于 100 A 以下的场合。平板形晶闸管中间的金属环是控制极 G，离控制极较远的一面是阳极 A，较近的一面是阴极 K。这种结构的器件散热效果比较好，用于电流在 200 A 以上的场合。

晶闸管是由四层半导体构成的。图 8.2(a)所示为螺栓形晶闸管的内部结构,它由单晶硅薄片 P_1、N_1、P_2、N_2 四层半导体材料叠成,形成三个 PN 结。图 8.2(b)、(c)所示分别为其示意图和图形符号。

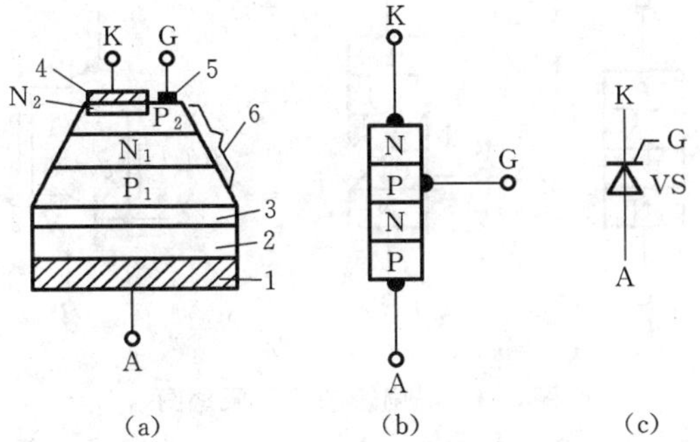

图 8.2　晶闸管的内部结构、示意图和图形符号

(a) 内部结构　(b) 示意图　(c) 图形符号

1—铜底座　2—钼片　3—铝片　4—金锑合金片　5—金硼钯片　6—硅片

1) 晶闸管的工作原理

在晶闸管的阳极与阴极之间加反向电压时,有两个 PN 结处于反向偏置;在阳极与阴极之间加正向电压时,中间的那个 PN 结处于反向偏置。所以,晶闸管都不会导通(称为截止)。下面,通过实验来说明晶闸管的工作情况。

普通晶闸管的控制电路及其波形如图 8.3 所示。主电路加上交流电压,控制极电路接入 E_g,在 t_1 瞬间合上开关 S,在 t_4 瞬间拉开开关 S,则在电阻R_L上产生电压 u_d。

可见,当 $t=t_1$ 时,晶闸管阳极对阴极的电压为正,开关 S 合上时,控制极对阴极的电压为正,所以,晶闸管导通,晶闸管压降很小,电源电压 u_2 加于电阻 R_L 上;当$t=t_2$ 时,由于 $u_2=0$,所以流过晶闸管电流小于维持电流,晶闸管关断,之后,晶闸管承受反向电压不会导通;当 $t=t_3$ 时,u_2 从零变正,晶闸管的阳极对阴极又开始承受正向电压,这时,控制极对阴极有正电压 $u_g=E_g$,所以,晶闸管又导通,电源电压 u_2 再次加于R_L上;当 $t=t_4$ 时,$u_g=0$,但这时晶闸管处于导通状态,维持导通;当 $t=t_5$ 时,$u_2=0$,晶闸管又处于截止状态。这种现象称为晶闸管的可控单向导电性。

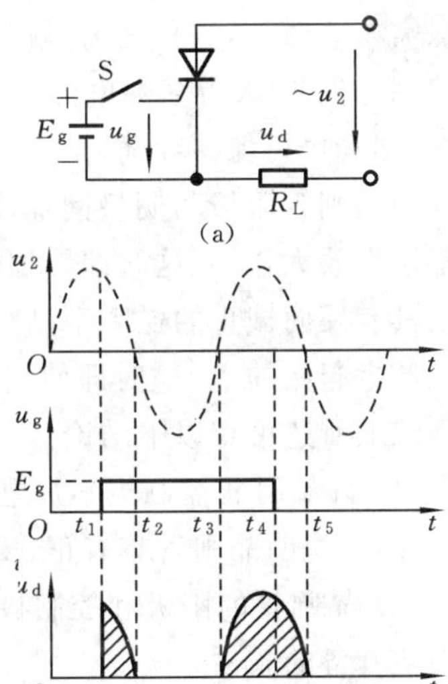

图 8.3　普通晶闸管的控制电路及其波形

(a) 控制电路　(b) 波形

根据晶闸管的内部结构,可以把它等效地看成是两只晶体管组合而成的，其中，一只为 PNP 型晶体管 VT1，另一只为 NPN 型晶体管 VT2，中间的 PN 结为两管共用，其工作原理如图8.4所示。

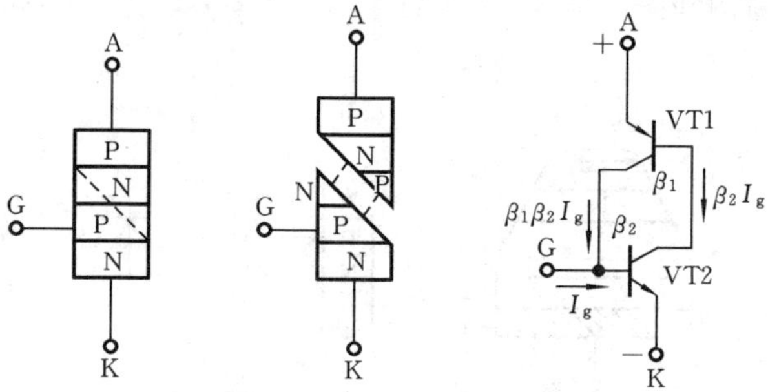

图 8.4　晶闸管的工作原理图

当晶闸管的阳极与阴极之间加上正向电压时，VT1 和 VT2 都承受正向电压，如果在控制极上加一个对阴极为正的电压，就有控制电流 I_g 流过，它就是 VT2 的基极电流 I_{b2}。经过VT2的放大，在 VT2 的集电极就产生电流 $I_{c2}=\beta_2 I_{b2}=\beta_2 I_g$（$\beta_2$ 为 VT2 的电流放大系数)，而这个 I_{c2} 又恰恰是 VT1 的基极电流 I_{b1}，这个电流再经过 VT1的放大，便得到 VT1 的集电极电流 $I_{c1}=\beta_1 I_{b1}=\beta_1\beta_2 I_g$（$\beta_1$ 为 VT1 的电流放大系数)。由于VT1的集电极和 VT2 的基极是接在一起的，所以这个电流又流入 VT2 的基极，再次放大。如此循环下去，形成了强烈的正反馈，即 $I_g=I_{b2}\rightarrow I_{c2}=\beta_2 I_{b2}=I_{b1}\rightarrow I_{c1}=\beta_1\beta_2 I_g$，直至元件全部导通为止。这个导通过程是在极短的时间内完成的，一般只需要几微秒，故称之为“触发导通过程”。在晶闸管导通后，VT2 的基极始终有比控制电流 I_g 大得多的电流流过，因此，晶闸管一经导通，则控制极即使去掉控制电压，晶闸管仍可保持导通。

当晶闸管阳极与阴极间加反向电压时，VT1 和 VT2 都处于反向电压作用下，它们都没有放大作用，这时即使加入控制电压，导通过程也不可能产生，所以普通晶闸管是具有反向截止的逆阻型晶闸管。如果起始时控制电压没加入或极性接反，则不可能产生起始的 I_g，这时即使阳极加上正向电压，晶闸管也不能导通。

综上所述可得以下结论：

(1) 开始时若控制极不加电压，则不论阳极加正向电压还是反向电压，晶闸管均不导通，这说明晶闸管具有正、反向截止能力；

(2) 晶闸管的阳极和控制极同时加正向电压时晶闸管才能导通，这是晶闸管导通必须具备的条件；

(3) 在晶闸管导通之后，其控制极就失去控制作用，欲使晶闸管恢复截止状态，必须把阳极正向电压降低到一定值(或断开，或反向)。

晶闸管的 PN 结可通过几十安至几千安的电流，因此，它是一种大功率的半导体器件。由于晶闸管导通相当于两只三极管饱和导通，因此，阳极与阴极间的管压降为

1 V左右，而电源电压几乎全部加在负载电阻 R_L 上。

2）晶闸管的伏安特性

晶闸管的阳极电压与阳极电流的关系称为晶闸管的伏安特性，如图8.5所示。在晶闸管的阳极与阴极间加上正向电压、晶闸管控制极开路（$I_g=0$）的情况下，元件中开始有很小的电流（称为正向漏电流）流过，晶闸管阳极与阴极间表现出很大的电阻，处于截止状态。这种状态称为正向截止状态，简称断态。当阳极电压上升到某一值时，晶闸管突然由截止状态转为导通状态，简称通态。阳极这时的电压称为断态不重复峰值电压（U_{DSM}）或正向转折电压（U_{BO}）。导通后，元件中流过较大的电流，其值主要由限流电阻（使用时由负载）决定。在减小阳极电源电压或增加负载电阻时，阳极电流随之减小，当阳极电流小于维持电流 I_H 时，晶闸管便从通态转为断态。

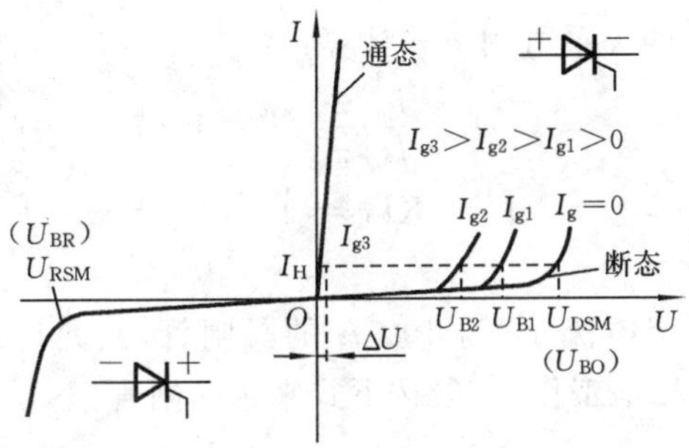

图8.5　晶闸管的伏安特性

由图8.5可看出，当晶闸管的控制极流过正向电流 I_g 时，晶闸管的正向转折电压降低，I_g 越大，转折电压越小。当 I_g 足够大时，晶闸管正向转折电压很小，一加上正向阳极电压，晶闸管就导通。实际规定，当晶闸管元件阳极与阴极之间加上6 V直流电压时，能使元件导通的控制极最小电流（电压）称为触发电流（电压）。

在晶闸管阳极与阴极间加上反向电压时，开始晶闸管处于反向截止状态，只有很小的反向漏电流流过。当反向电压增大到某一值时，反向漏电流急剧增大，这时，所对应的电压称为反向不重复峰值电压（U_{RSM}）或反向转折（击穿）电压（U_{BR}）。可见，晶闸管的反向伏安特性与二极管反向特性类似。

3）晶闸管的主要参数

为了正确选用晶闸管，必须了解它的主要参数。一般，产品目录上给出了这些参数的平均值或极限值，产品合格证上标有它的实测数据。

(1) 断态重复峰值电压 U_{DRM}。在控制极断路和晶闸管正向截止的条件下，可以重复加在晶闸管两端的正向峰值电压，规定其值比正向转折电压小100 V。

(2) 反向重复峰值电压 U_{RRM}。在控制极断路时，可以在晶闸管两端重复加在晶体管两端的反向峰值电压，规定其值比反向击穿电压小100 V。

通常把 U_{DRM} 与 U_{RRM} 中较小的一个值作为器件型号上的额定电压。瞬时过电压会使晶闸管遭到破坏,因而选用晶闸管时,应要求其额定电压为正常工作峰值电压的2～3倍,以保证安全。

(3) 额定通态平均电流(额定正向平均电流)I_T。在环境温度不高于40 ℃和标准散热及全导通的条件下,晶闸管可以连续通过的工频正弦半波电流(在一个周期内)的平均值,称为额定通态平均电流 I_T,简称额定电流。通常所说多少安的晶闸管,就是指这个电流的值。需要指出的是,晶闸管的发热主要是由通过它的电流有效值决定的。正弦半波电流的平均值为

$$I_T = \frac{1}{2\pi}\int_0^{\pi} I_m \sin\omega t \, d(\omega t) = \frac{I_m}{\pi}$$

而其有效值为

$$I_e = \sqrt{\frac{1}{2\pi}\int_0^{\pi} I_m^2 \sin^2\omega t \, d(\omega t)} = \frac{I_m}{2}$$

有效值 I_e 和平均值 I_T 的关系可用下式计算:

$$\frac{I_e}{I_T} = K = \frac{I_m/2}{I_m/\pi} = \frac{\pi}{2} = 1.57$$

即

$$I_e = KI_T = 1.57 I_T \tag{8.1}$$

式中,K——波形系数。

例如,对于一个额定电流 I_T 为100 A的晶闸管,其允许通过的电流有效值为157 A。为确保安全可靠地工作,一般按下式来选晶闸管:

$$I_T = (1.5 \sim 2)\frac{I'_e}{1.57}$$

式中,I'_e——实际通过晶闸管的电流有效值。

显然,波形系数 K 是与电路结构和导通角有关的,使用时可查看有关手册。

(4) 维持电流 I_H。在规定的环境温度和控制极断路时,维持器件继续导通的最小电流称维持电流 I_H,一般为几十毫安到一百多毫安,其数值与器件的温度成反比。在120 ℃时的维持电流约为25 ℃时的一半。晶闸管的正向电流小于这个电流时将自动关断。

(5) 导通时间 t_{on} 与关断时间 t_{off}。晶闸管从断态到通态的时间称为导通时间 t_{on},一般 t_{on} 为几微秒;晶闸管从通态到断态的时间称为关断时间 t_{off},一般 t_{off} 为几微秒到几十微秒。

(6) 断态电压临界上升率 du/dt 与通态电流临界上升率 di/dt。使用中实际值必须低于临界值,若大于 du/dt 则管子容易误导通,若大于 di/dt 则管子容易损坏。为了限制 du/dt 与 di/dt,常采用缓冲电路。

4) 晶闸管的优点

晶闸管之所以能在机电传动控制的各个领域得到极为广泛的应用,是因为它具有以下一系列的优点:

(1) 用很小的功率(电流自几十毫安到一百多毫安,电压自两伏到四伏)可以控制较大的功率(电流自几十安到几千安,电压自几百伏到几千伏),功率放大倍数可以

达到几十万倍；

(2) 控制灵敏、反应快，晶闸管的导通和关断时间都在微秒级；

(3) 损耗小、效率高，晶闸管本身的压降很小（仅 1 V 左右），总效率可达 97.5%，而一般机组效率仅为 85%左右；

(4) 体积小、重量轻。

此外，它没有旋转部分，所以无机械磨损，工作条件得到改善，而且维护方便，工作中一旦出现故障，只需将备用插件换上即可。

5) 晶闸管的缺点

(1) 过载能力弱，在过电流、过电压情况下很容易损坏，要保证其工作可靠，在控制电路中要采取保护措施，在选用时，其电压、电流应适当留有余量；

(2) 抗干扰能力差，易受冲击电压的影响，当外界干扰较强时，容易产生误动作；

(3) 导致电网电压波形畸变，高次谐波分量增加，干扰周围的电气设备；

(4) 控制电路比较复杂，对维修人员的技术水平要求高。

6) 如何判别管子的好坏

制造厂通常提供有关晶闸管特性的各种资料数据或图表，供使用者参考，但是，有时候仍需要自行测试。下面介绍一种利用万用表的欧姆挡来识别管脚和判别管子好坏的办法。其测试方法可按表 8.1 进行。

表 8.1　用万用表测试晶闸管各管脚之间的电阻

测试点	表内电池极性	表测量范围	测试结果
A—K	顺向或逆向均可	$R\times1000$	高电阻（通常万用表指针不动）
A—G	顺向或逆向均可	$R\times1000$	高电阻（通常万用表指针不动）
K—G	顺向电压："+"接 G，"−"接 K	$R\times1$	10～100 Ω
	逆向电压："−"接 G，"+"接 K	$R\times1$	50～500 Ω

一只良好的晶闸管，其阳极 A 与阴极 K 之间应为高阻值，所以，当万用表测试 A—K 间的电阻时，不论万用表如何接都应为高阻值。而 G—K 间的逆向电阻比顺向电阻越大，表示晶闸管性能越好。

7) 晶闸管的型号及其含义

国产晶闸管通常有两种命名标准，一种为 CT 型，一种为 KP 型。其含义如下。

(1) CT 型晶闸管格式：

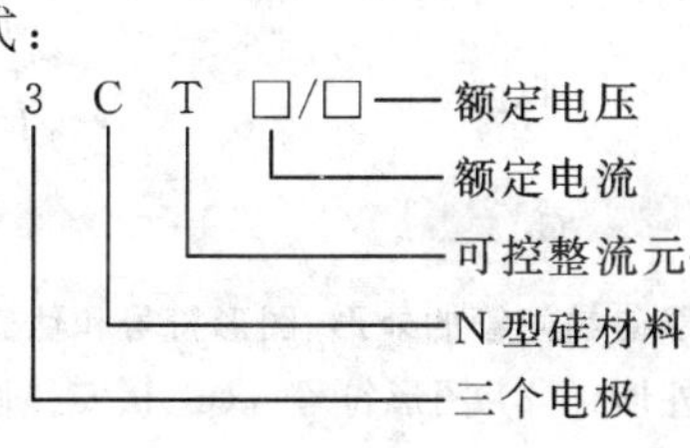

3CT 表示普通晶闸管。例如，3CT50/500 表示额定电流为 50 A、额定电压为 500 V 的晶闸管。

(2) KP 型晶闸管格式：

K P □-□ □

- □（第三个）——通态电压的组别(共有九组 A～I)，额定电流小于 100 A 则可不标出
- □（第二个）——额定电压的等级，该数值乘以 100 为额定电压值
- □（第一个）——额定电流
- P——普通型(可替换的字母有：S 表示双向型，G 表示可关断型，N 表示逆导型)
- K——晶闸管

例如，KP100-12G 表示额定电流为 100 A、额定电压为 1200 V、通态压降小于 1 V的普通晶闸管。

目前，世界上普通晶闸管的最大额定电流可达 4000 A，最大额定电压可达 7000 V，导通压降在 1000 V 的额定电压时为 1.5 V，在 5000 V 的额定电压时也仅为 3 V。晶闸管除了继续朝大电流、高电压方向发展以外，还不断推出一些特殊性能的晶闸管。例如，可快速关断的晶闸管可以在几微秒内关断，光控晶闸管可以用光纤信号触发，功率仅需 5 mW，而且它们的电压、电流等级分别可以达到 4000 V 和 3000 A 左右。此外还有双向、逆导等类型的晶闸管。

2. 双向晶闸管

双向晶闸管(triode AC switch，TRIAC)也是一种三端子 NPNPN 元件，可直接工作于交流电源，其控制极对于电源的两个半周均有触发控制作用，即双方向均可由控制极触发导通，它相当于两只普通的晶闸管反并联，故称为双向晶闸管或交流晶闸管。在交流调压和交流开关电路中使用它，可减少元件，简化触发电路，有利于降低成本和增加装置的可靠性。

图 8.6(a)、(b)所示分别为双向晶闸管的外形与图形符号，图中引线分别为阳极 1(MT1)、控制极(G)、阳极 2(MT2)，通常是以 MT1 作为电压测量的基准点；图 8.6(c)所示为其伏安特性。

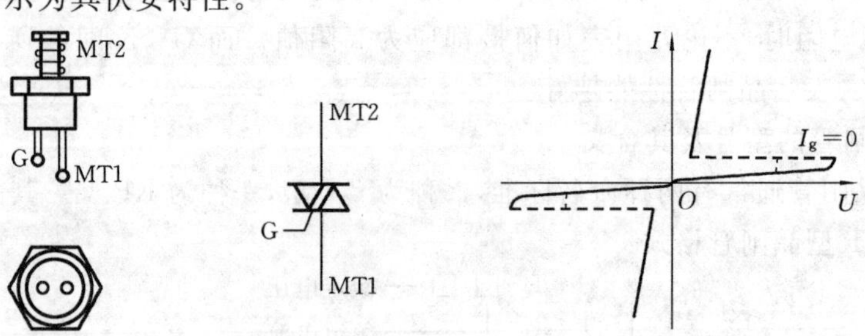

(a)　　(b)　　(c)

图 8.6　双向晶闸管的外形、图形符号和伏安特性

(a) 外形　(b) 图形符号　(c) 伏安特性

当控制极无信号输入时，它与晶闸管相同，MT2 与 MT1 端子间不导电。若 MT2 所施加的电压高于 MT1，而控制极加正极性或负极性信号，则晶闸管导通，电流自 MT2 流向 MT1；若 MT1 所施加的电压高于 MT2，而控制极加正极性或负极性信号，则晶闸管导通，电流自MT1流向 MT2。

由于双向晶闸管通常用在交流电路中，正、负半波都工作，故使用时需特别注意的是：双向晶闸管的额定电流不是像二极管和晶闸管那样按正弦半波电流平均值定义，而是用有效值定义的，即额定值为 100 A 的双向晶闸管只能通过有效值为 100 A 的电流，而额定电流为 100 A 的二极管、逆阻晶闸管则可通过有效值为 157 A 的电流。以 200 A(有效值)双向晶闸管为例，其峰值电流为 $I_m=\sqrt{2}\times 200\ \text{A}=283\ \text{A}$，而普通晶闸管的额定通态平均电流为

$$I_T=\frac{I_m}{\pi}=\frac{283}{\pi}\ \text{A}\approx 90\ \text{A}$$

可知，一个 200 A(有效值)的双向晶闸管可代替两个 90 A(平均值)的普通(逆阻型)晶闸管。

图 8.7 为典型的双向晶闸管控制电路及电源电压 u_2 与负载电压 u_d 的波形图。图中的 θ 为导通角，α 为触发角，总导通角为 θ_1 和 θ_2 之和。该电路可以调节交流电压的大小，主要应用于家用电器的控制，例如灯光控制、电扇控制、暖气设备控制、烤箱的温度控制等，以及固态继电器(solid state relay，SSR)和交流电动机调速等领域。

3. 逆导晶闸管

逆导晶闸管(reverse conducting thyristor，RCT)是将晶闸管反并联一个二极管制作在同一管芯上的功率集成器件，这种器件不具有承受反向电压的能力，一旦承受反向电压即导通。其图形符号和伏安特性如图 8.8 所示。

与普通晶闸管相比，逆导晶闸管具有正向压降小、关断时间短、高温特性好、额定

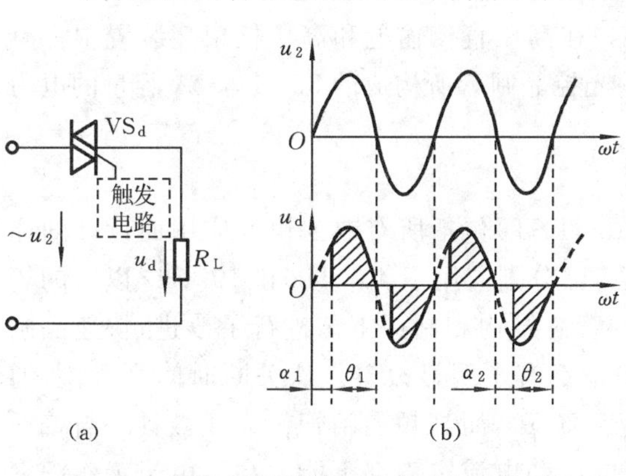

图 8.7　双向晶闸管控制电路及电压波形

(a) 控制电路　(b) 电压波形

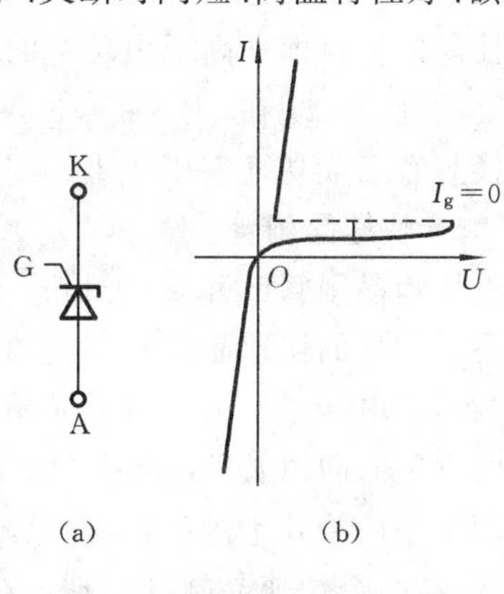

图 8.8　逆导晶闸管的图形符号和伏安特性

(a) 图形符号　(b) 伏安特性

结温高等优点，可用于不需要阻断反向电压的电路中。例如，采用晶闸管的 DC—DC 变换电路中，常需要一个半控型开关与一个二极管反并联，这时采用逆导晶闸管是最好的选择方案。逆导晶闸管的额定电流有两个，一个是晶闸管电流，一个是与之反并联的二极管的电流。

4. 光控晶闸管

光控晶闸管(light triggered thyristor，LTT)是一种利用一定波长的光照信号触发导通的晶闸管，其工作原理类似于光电二极管。光控晶闸管的图形符号、等效电路及伏安特性如图 8.9所示。在阳极有正向外加电压时，中间的 PN 结J2被反向偏置。当光照在反偏的J2结上时，J2 结的漏电流增大，在晶闸管内正反馈作用下，晶闸管由断态转为通态。

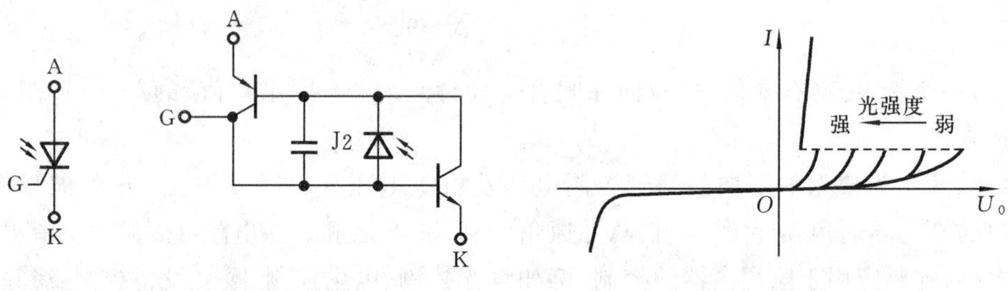

图 8.9　光控晶闸管的图形符号、等效电路及伏安特性

(a) 图形符号　(b) 等效电路　(c) 伏安特性

小功率光控晶闸管只有阳极和阴极两个端子，而大功率光控晶闸管还带有光缆，采用半导体激光器光源产生触发脉冲信号导通光控晶闸管，通过光缆来传输较强大的光信号，并实现信号源与主电路的高压绝缘，而且可以避免电磁干扰的影响。因此光控晶闸管目前在高压大功率的场合，如在高压直流输电和高压核聚变装置中占有重要的地位。现在，由 8 kV/3.5 kA 的光控晶闸管所构成的 30 MV·A 容量的电力变换装置已成功地应用于生产实际中。

5. 快速晶闸管

快速晶闸管(fast switching thyristor，FST)包括所有专为快速应用而设计的晶闸管。常规的快速晶闸管和高频晶闸管，已分别应用于 400 Hz 和 10 kHz 以上的斩波或逆变电路中。由于对普通晶闸管的管芯结构和制造工艺进行了改进，快速晶闸管的开关时间以及 du/dt 和 di/dt 的增量都有了明显改善。从关断时间来看，普通晶闸管一般为几十微秒，快速晶闸管小于 20 μs，而高频晶闸管仅为几微秒。与普通晶闸管相比，快速晶闸管的不足在于其电压和电流定额都不能太高。由于工作频率较高，选择快速晶闸管和高频晶闸管的通态平均电流时不能忽略其开关损耗的发热效应。

8.1.3　全控型开关器件

1. 门极可关断晶闸管

门极可关断晶闸管(gate-turn-off thyristor,GTO)也是晶闸管的一种派生器件,它可以通过在门极施加负的脉冲电流使其关断,因而属于全控型器件。GTO 的基本电路如图 8.10 所示,其图形符号和 SCR 相似,只是在门极上加了一短线,以示区别。

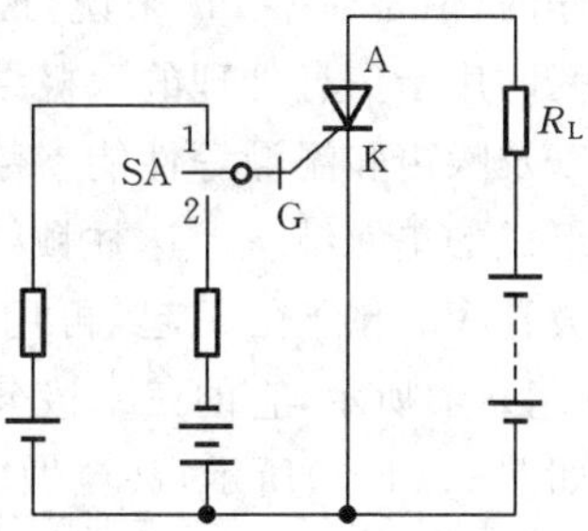

图 8.10　GTO 的基本电路

GTO 的工作特点如下。

(1) 在门极 G 上加正电压或正脉冲(图中的开关 SA 合至位置 1 处),GTO 即导通。其后,即使撤销控制信号,GTO 仍保持导通。

(2) 在门极 G 上加反向电压或较强的反向脉冲(开关 SA 合至位置 2 处),可使 GTO 关断。由于不需用外部电路强迫阳极电流为零而使其关断,仅由门极加负脉冲电流使其关断,所以在直流电源供电的 DC—DC、DC—AC 变换电路中应用时不必设置强迫关断电路。这就简化了电力变换主电路,提高了工作可靠性,减少了关断损耗。

GTO 是一种多元的功率集成器件,虽然外部同样引出三个极,但内部则包含数十个甚至数百个共阳极的小 GTO 元,这些 GTO 元的阴极和门极在器件内部并联在一起。这种特殊结构是为了便于实现门极控制关断而设计的。它不仅对关断有利,还可使 GTO 比普通晶闸管导通过程更快,这就可提高电力变换主电路的最高工作频率,并使 GTO 承受 di/dt 的能力增强。GTO 的开关时间在 25 μs 以内,甚至可以到几百纳秒。

GTO 的许多参数都和普通晶闸管相应的参数意义相同。这里仅特别介绍两个意义不同的参数。

(1) 最大可关断阳极电流 I_{ATO},也是用来标称 GTO 额定电流的参数。这一点与普通晶闸管用通态平均电流作为额定电流是不同的。

(2) 电流关断增益 β_{off},为最大可关断阳极电流与门极负脉冲电流最大值 I_{GM}之比,即

$$\beta_{off}=\frac{I_{ATO}}{I_{GM}}$$

β_{off}值一般很小,只有 5 左右,这是 GTO 的一个主要缺点。一个 1000 A 的 GTO,关断时门极负脉冲电流的峰值达 200 A,这是一个相当大的值。

另外需要指出的是,不少 GTO 都制造成逆导型的,类似于逆导晶闸管。当需要承受反向电压时,应将其和电力二极管串联使用。

现今 GTO 产品的额定电流、电压已分别超过 6 kA、6 kV,它在开关频率要求几

百赫到数千赫、容量为 10 MV · A 以上的特大型电力电子变换装置中广泛应用。

2. 电力晶体管

电力晶体管(giant transistor,GTR)是一种耐高电压、大电流的双极结型晶体管(bipolar junction transistor,BJT)。GTR 与普通的双极结型晶体管的基本原理是一样的,但是对 GTR 来说,最主要的特性是耐压高、电流大、开关特性好,而不像小功率的用于信息处理的双极结型晶体管那样注重单管电流放大系数、线性度、频率响应以及噪声和温漂等性能参数。因此,GTR 通常采用至少由两个晶体管按达林顿接法组成的单元结构。达林顿结构的 GTR 一般都把续流二极管 V1、稳定电阻 R、加速二极管 V2 组合在一起,再用环氧树脂密封成 GTR 模块。其内部的基本电路如图 8.11(a)所示,它的三个极分别是集电极 C、发射极 E 和基极 B。它可做成双管模块,如图 8.11(b)所示,甚至做成六管模块。

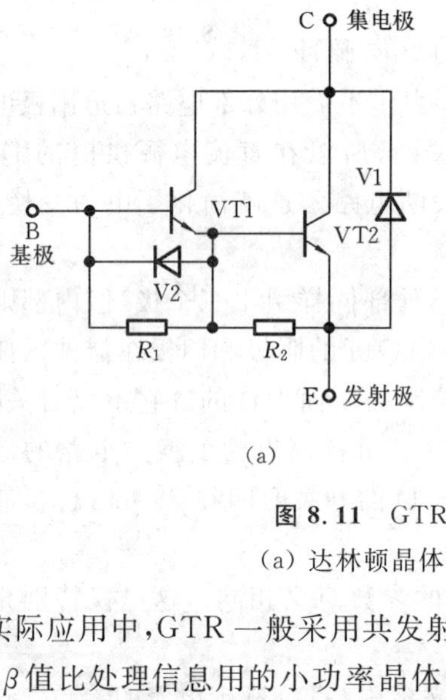

(a)

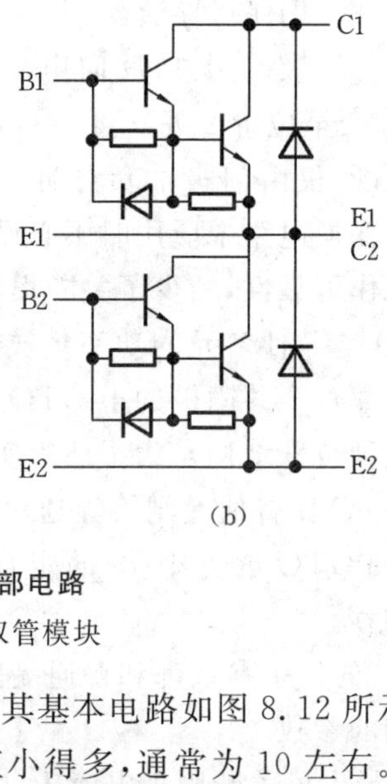

(b)

图 8.11　GTR 模块的内部电路

(a) 达林顿晶体管　(b) 双管模块

在实际应用中,GTR 一般采用共发射极接法,其基本电路如图 8.12 所示。单管 GTR 的 β 值比处理信息用的小功率晶体管的 β 值小得多,通常为 10 左右。采用达林顿接法可以使电流增益增大至几百到几千,这样,很小的外加驱动电流(基极电流)I_B 即可控制几千倍大的集电极电流 I_C。

GTR 通常在频繁开关状态下工作,了解其开关特性对正确使用 GTR 非常重要。GTR 是用基极电流 I_B 来控制集电极电流 I_C 的。图 8.13 所示为 GTR 的开关时间,它反映了基极电流波形和集电极电流波形的关系。可以看出,GTR 处在断态($I_C=0$)时,从基极 B 通入正向信号电流,到集电极电流上升到 $0.9I_{CS}$(饱和导通时集电极电流)时进入通态。欲使 GTR 关断,通常给基极加一个负的电流脉冲,但这时集电极电流不能立即减小,而是要延长一段时间才开始减小,再逐渐下降至 $0.1I_{CS}$,进入断态。要缩短晶体管的关断时间有两种方法,一是减小饱和深度,最好使晶体管导通时工作在临界饱和状态;二是增加基极负电流的幅值和负偏压,这样就可以加快关

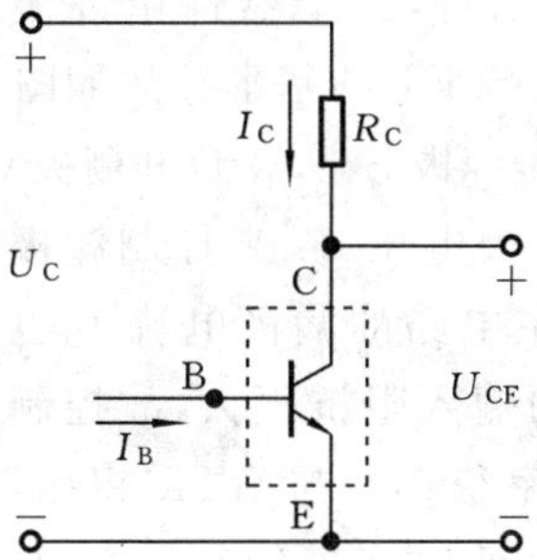

图 8.12　GTR 的基本电路

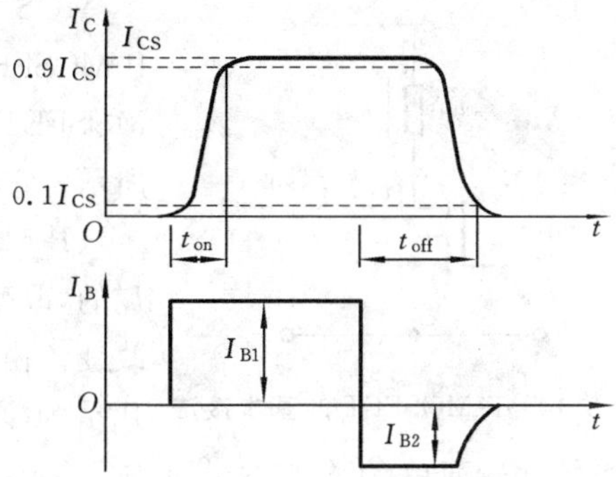

图 8.13　GTR 的开关时间

断速度。GTR 的开关时间在几微秒以内，比晶闸管和 GTO 的开关时间都短。

GTR 的主要特性参数如下。

(1) 开路关断电压。开路关断电压是指基极（或发射极）开路时，另外两个极间能承受的最高电压。对于 380 V 交流电网，大多使用 1200 V 等级的 GTR。

(2) 集电极最大持续电流 I_{CM}。集电极最大持续电流是指基极正向偏置时，集电极能流过的最大电流。额定集电极电流 I_{CN} 通常只有 I_{CM} 的一半左右。

此外，还有电流放大倍数 $h_{FE}=I_C/I_B=50\sim20000$，开关频率（一般为 5 kHz）及最大耗散功率 P_{CM} 等参数。

由于结构所限，GTR 耐压难以超过 1500 V，到目前为止，它的额定电压大都不超过1400 V，额定电流大都不超过 800 A。GTR 常用于工作频率较高、中小容量的电力电子变换装置中。

3. 电力场效应晶体管

与用于信息处理的小功率场效应晶体管（field effect transistor，FET）一样，电力场效应晶体管（P-MOSFET）也分为结型和绝缘栅型，通常主要指绝缘栅型中的 MOS 型（metal oxide semiconductor FET），简称电力 MOSFET（power MOSFET）或P-MOSFET。而结型电力场效应晶体管一般称为静电感应晶体管（static induction transistor，SIT）。SIT 可制成大功率的 SIT 器件，其工作频率与功率容量都比 P-MOSFET 大，目前已在雷达通信设备、超声波功率放大、脉冲功率放大和高频感应加热等高频大功率场合获得了较多的应用。但 SIT 在不加任何信号时栅极是导通的，栅极加负偏压时才关断，属正常导通型器件，使用不太方便。此外，SIT 通态电阻较大，通态损耗也较大，因而 SIT 还未在大多数电力电子设备中得到应用。

P-MOSFET 种类和结构繁多，其导电沟道可分为 P 沟道和 N 沟道。当栅极电压为零时，漏极与源极之间就存在导电沟道的称为耗尽型 P-MOSFET；对于 N(P)沟道器件，当栅极电压大于（小于）零时才存在导电沟道的称为增强型 P-MOSFET。以 N 沟道增强型 P-MOSFET 为主。

P-MOSFET 与小功率 MOS 管导电机理相同，但在结构上有较大的区别。小功

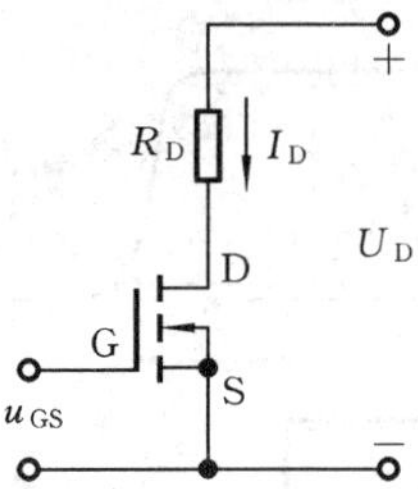

图 8.14　P-MOSFET 的基本接法

率 MOS 管是由一次扩散形成的器件组成的，而 P-MOSFET是多元集成结构，一个器件由许多个小 MOSFET 元组成。P-MOSFET 的基本接法如图 8.14 所示。它的三个极分别是源极 S、漏极 D 和栅极 G。

P-MOSFET 是用栅极电压 u_{GS} 来控制漏极电流 I_D的，改变 u_{GS}的大小，主电路的漏极电流 I_D 也跟着改变。由于 G 与 S 间的输入阻抗很大，故控制电流几乎为零，所需驱动功率很小。与 GTR 相比，其驱动系统比较简单，工作频率也较高。MOSFET 的开关时间在 10～100 ns 之间，其工作频率可达 100 kHz 以上，是主要电力电子器件中最高的。P-MOSFET 的热稳定性也优于 GTR。但是 P-MOSFET 电流容量小，耐压低，一般只适用于功率不超过 10 kW的高频电力电子装置。

P-MOSFET 的主要参数如下。

(1) 开启电压 U_T。当 u_{GS}上升到开启电压 U_T时，开始出现漏极电流 i_D。一般情况下，P-MOSFET的 $U_T=2\sim4$ V。

(2) 漏极电压 U_{DS}。这是标称 P-MOSFET 电压定额的参数。

(3) 漏极直流电流 I_D 和漏极脉冲电流幅值 I_{DM}。这是标称 P-MOSFET 电流定额的参数。

(4) 栅源电压 U_{GS}。栅源之间的绝缘层很薄，$|U_{GS}|>20$ V 将导致绝缘层被击穿。

(5) 极间电容。MOSFET 的三个电极之间分别存在极间电容 C_{GS}、C_{GD} 和 C_{DS}。一般生产厂家提供的是漏极和源极短路时的输入电容 C_{iss}、共源极输出电容 C_{oss} 和反向转移电容 C_{rss}，它们之间的关系是 $C_{iss}=C_{GS}+C_{GD}$、$C_{oss}=C_{DS}+C_{GD}$、$C_{rss}=C_{GD}$。

目前 P-MOSFET 的最高电压为 1000 V，最高电流为 200 A。

4. 绝缘栅双极晶体管

P-MOSFET 器件是单极型、电压控制型开关器件，因此其通断驱动控制功率很小，开关速度快，但通态压降大，难以制成高压大电流器件。电力晶体管 GTR 是双极型、电流控制型开关器件，因此其通断控制驱动功率大，开关速度不够快，但通态压降低，可制成较高电压和较大电流的开关器件。绝缘栅双极晶体管(insulated gate bipolar transistor，IGBT 或 IGT)则是二者结合起来的新一代半导体电力开关器件，它的输入控制部分类似 MOSFET，输出主电路部分则类似双极型三极晶体管。其简化等效电路、图形符号和基本电路如图 8.15 所示。它的三个极分别是集电极 C、发射极 E 和栅极 G。

1) IGBT 的主要特性参数

(1) 额定集电极-发射极电压(U_{CES})。额定集电极-发射极电压是指栅极-发射极短路时，IGBT 的集电极与发射极间能承受的最大电压(如 500 V、1000 V 等)。

(2) 额定集电极电流 I_C。额定集电极电流是指 IGBT 导通时能流过集电极的最

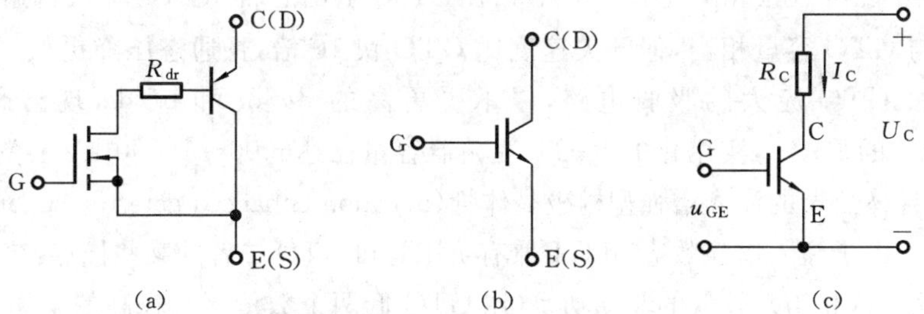

图 8.15　IGBT 的简化等效电路、图形符号和基本电路

(a) 简化等效电路　(b) 图形符号　(c) 基本电路

大持续电流(目前已有 1200 A/3300 V 和 1800 A/4500 V 的 IGBT 器件)。

(3) 集电极-发射极饱和电压(即导通压降)$U_{CE(sat)}$。集电极-发射极饱和电压一般在 2.5～5.0 V 之间,此值越小,管子的功率损耗就越小。

(4) 开关频率。开关频率一般在 10～40 kHz 之间。

现以 MG25N2S1 型 25 A/1000 V 的 IGBT 元件为例,其主要特性参数为:$U_{CES}=1000$ V,$I_C=25$ A,$U_{CE(sat)}=3$ V,开关时间 $t_{on\text{-}off}=2.4$ μs。

2) IGBT 的优点

IGBT 兼有 P-MOSFET 和 GTR 二者的优点,如:

(1) 驱动功率小(输入阻抗高,取用前级的控制电流小,比 GTR 小);

(2) 开关速度快(频率高,比 GTR 高得多);

(3) 导通压降低(功率损耗小,比 MOSFET 小得多,与 GTR 相当);

(4) 关断电压高(耐压高);

(5) 承受电流大(容量大、功率大)。

IGBT 由于具有上述显著的优点,加上它的驱动电路简单,保护容易,而且成本也逐渐下降到接近 GTR 的水平,因此,目前在新设计的电力电子装置中已取代了原来 GTR 和一部分 P-MOSFET,成为中小功率电力电子设备的主导器件。沟槽式结构的绝缘栅晶体管高压IGBT器件(SIEMENS 公司 HVIGBT)已经面世,目前采用高压 IGBT 器件的变频器容量达到6000 kV · A,并还在继续努力提高电压和电流容量,以期再取代 GTO 的地位。

经过 GTO 和 IGBT 等器件制造技术的积累,又出现了一批专门为大功率变流器应用的功率器件。例如,罗克威尔公司研制的高压、大容量、全控型功率器件对称栅极换流晶闸管(symmetrical gate commutated thyristor,SGCT)保留了 GTO 低通态压降的优点,在 GTO 的基础上,集成了门极驱动电路,使得控制变得简单,采用双面压接冷却技术,开关频率比 GTO 要高。它的一个显著优点在于它是双向电压封锁型器件,特别适合电流源逆变器使用。A-B 公司用 SGCT 器件成功开发了 3000 kW 的商业产品,另外,在 GTO 的基础上还发展出了集成门极换流晶闸管

(integrated gate commutated thyristor,IGCT)。IGCT 将 IGBT 与 GTO 的优点结合起来,与 GTO 容量相当,但开关速度比 GTO 快 10 倍,且通态压降更低,驱动功率小,可省去 GTO 庞大的吸收电路,以承受更高的 du/dt 和 di/dt,现已研制成功 4 kA、6 kV 的 IGCT,实用化的 IGCT 变频器容量已达6000～10000 kV·A。另外还有东芝半导体公司的注入增强型栅极晶体管(injection enhanced gate transistor,IEGT)。由于利用了电子注入增强效应,IEGT 兼有 IGBT 和 GTO 二者的某些优点:较低的饱和压降(与晶闸管相当)、较低的驱动功率(比 GTO 低两个数量级)、较高的工作频率和较高的工作电压(与 GTO 相当)。现已有 4.5 kV/1 kA 的器件进入实用化阶段。在高压大功率应用领域,GTO 有被新型大功率器件逐步取代的趋势。随着 SiC 这一新型功率半导体材料的发展,目前高压大功率器件的发展呈现出多种形式,每种器件都具有各自的应用优势,如何选择合适的器件作为主回路功率开关器件,需要考虑多种因素。

近年来,具有驱动、保护、检测功能,含有功率器件的智能功率模块(intelligent power module,IPM)在许多功率变换器中得到使用。进入 20 世纪 90 年代后,大功率 IPM 就成为电力电子科技领域的一个研究重点,目前甚至可以将功率变换器、逆变器的标准电路与电动机控制电路、电源、电路开关等集成为一个模块。如果将这样的模块直接与电动机组合在一起,就称之为智能电动机(smart motor)。

更进一步说,如果将电力电子器件与逻辑、控制、保护、传感、检测、自诊断等信息电子电路集成在同一芯片上,就形成功率集成电路(power intergrated circuit,PIC)。由 PIC 派生的器件较多,例如有高压集成电路(high voltage IC,HVIC)、智能功率集成电路(smart power IC,SPIC)等。功率集成电路实现了电能流与控制流的集成,成为机电一体化的理想接口,具有广泛的应用前景。

常用的电力电子器件的文字符号、图形符号、控制性质、带负载能力和开关频率如表 8.2 所示。表 8.2 中,带负载能力给出一个数量级,因为伏安数还与工作频率有关,且与元件耐压有关;开关频率给出一个大致范围,因为带负载能力较小的话,工作频率就会高一些。

表 8.2　常用电力电子器件

名　称	二极管	晶闸管	门极可关断晶闸管	电力晶体管	电力场效应晶体管	绝缘栅双极晶体管
文字符号	V	TH (SCR)	GTO	GTR (BJT)	P-MOSFET	IGBT
图形符号	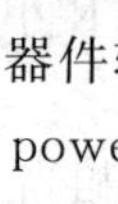	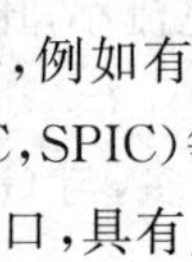	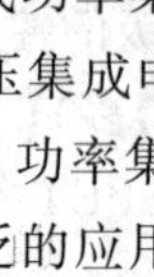	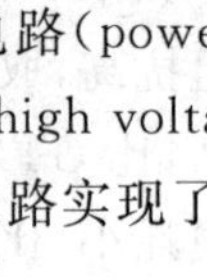	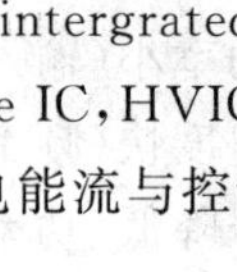	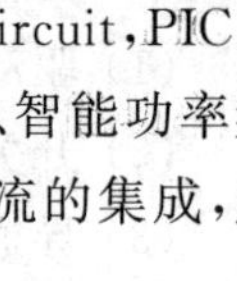

续表

名　称	二极管	晶闸管	门极可关断晶闸管	电力晶体管	电力场效应晶体管	绝缘栅双极晶体管
控制性质	不可控型	半控型	全控型	全控型	全控型	全控型
带负载能力/(kV·A)		10^5（大）	10^4（较大）	10^3（中等）	10^2（小）	10^3（中等）
开关频率		400 Hz（低）	600～1000 Hz（较低）	1～5 kHz（较高）	100 kHz（高）	10～40 kHz（高）

8.2　可控整流电路

由晶闸管组成的可控整流电路同二极管整流电路相类似，依所用交流电源的相数和电路的结构，它可分为单相半波、单相桥式、三相零式和三相桥式等。

8.2.1　单相半波可控整流电路

单相半波可控整流电路实际应用较少，但它电路简单，调整容易，且便于理解可控整流的原理，所以从它开始进行分析。

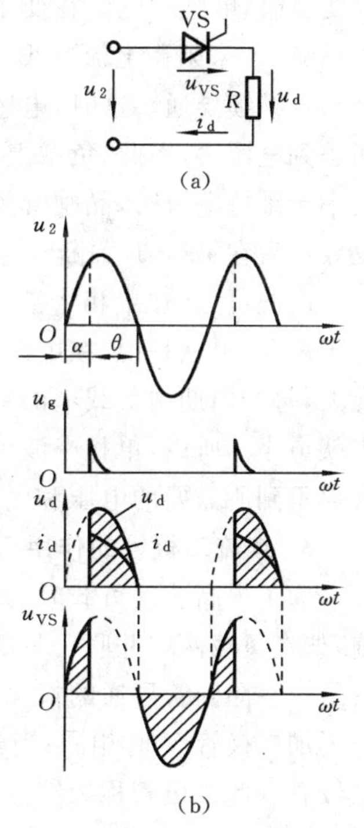

图 8.16　单相半波可控整流电路及其带阻性负载时的电压、电流波形

(a) 电路　(b) 波形

1. 带阻性负载的可控整流电路

图 8.16 所示为单相半波可控整流电路及其带阻性负载时的电压、电流波形。图中，α 为控制角，是晶闸管元件承受正向电压起始点到触发脉冲的作用点之间的电角度；θ 为导通角，是晶闸管在一周期时间内导通的电角度。对单相半波可控整流而言，$\alpha=0\sim\pi$，而对应的 $\theta=\pi\sim0$，由图 8.16(b)可见

$$\alpha+\theta=\pi$$

当不加触发脉冲信号时，晶闸管不导通，电源电压全部加于晶闸管上，负载上电压为零（忽略漏电流），晶闸管承受的最大正向与反向电压为$\sqrt{2}U_2$。当 $\omega t=\alpha$ $(0<\alpha<\pi)$时，晶闸管上电压为正，若控制极加上触发脉冲信号，则晶闸管触发导通，电源电压将全部加于负载（忽略晶闸管的管压降）上。当 $\omega t=\pi$ 时，电源电压从正变为零，晶闸管内流过的电流小于维持电流而关断，之后，晶闸管就承受电源的反向电压，直至下个周期触发脉冲再次加到控制极上时，晶闸管重新导通，改变 α

的大小就可以改变负载上电压波形，也就改变了负载电压的大小。

输出电压平均值的大小可由下式求得：

$$U_{\mathrm{d}} = \frac{1}{2\pi}\int_{\alpha}^{\pi} \sqrt{2}U_2 \sin\omega t \,\mathrm{d}(\omega t) = 0.45U_2 \frac{1+\cos\alpha}{2} \tag{8.2}$$

负载电流平均值的大小由欧姆定律决定，其值为

$$I_{\mathrm{d}} = \frac{U_{\mathrm{d}}}{R} = 0.45\frac{U_2}{R}\frac{1+\cos\alpha}{2} \tag{8.3}$$

2. 带感性负载的可控整流电路

负载的感抗 ωL 与电阻 R 的大小相比不可忽略时称为感性负载，这类负载有各种电机的励磁线圈、整流输出接电抗器的负载等。整流电路带感性负载时的工作情况与带阻性负载时的有很大不同，为了便于分析，把电感与电阻分开。带感性负载无续流二极管的晶闸管整流电路及其电流、电压波形如图 8.17 所示。

由于电感具有阻碍电流变化的作用，当电流上升时，电感两端的自感电动势 e_{L} 阻碍电流的上升，所以，晶闸管被触发导通时，电流要从零逐渐上升。随着电流的上升，自感电动势逐渐减小，这时在电感中便储存了磁场能量。当电源电压下降以及过零变负时，电感中电流在变小的过程中又由于自感效应，产生方向与上述相反的自感电动势 e_{L}，来阻碍电流减小。只要 e_{L} 大于电源的负电压，负载上电流就会继续流通，晶闸管继续导通。这时，电感中储存的能量释放出来，一部分消耗在电阻上，一部分回送到电源去，因此，负载上电压瞬时值出现负值。到某一时刻，当流过晶闸管的电流小于维持电流时，晶闸管关断，并且立即承受反向电压。所以，晶闸管在 $\omega t=\alpha$ 触发导通后在 $\alpha+\theta$ 时关断。

由此可见，在单相半波可控整流电路中，当负载为感性时，晶闸管的导通角 θ 将大于$\pi-\alpha$，也就是说，在电源电压为负时仍可能继续导通。负载电感愈大，导通角 θ 愈大，每个周期中负载上的负电压所占的比重就愈大，输出电压和输出电流的平均值也就愈小。所以，单相半波可控整流电路用于感性负载时，如果不采取措施，负载上就得不到所需要的电压和电流。

3. 续流二极管的作用

为了提高感性负载时的单相半波可控整流电路整流输出平均电压，可以采取措施，如在负载两端并联一只二极管 V，使电源的负电压不加于负载上，如图 8.18(a)所示。在晶闸管导通的情况下，当电源电压为正时，二极管 V 截止，负载上电压波形与不加二极管 V 时相同；当电源电压为负时，V 导通，负载上由电感维持的电流流经二极管。此二极管称为续流二极管。二极管导通时，晶闸管承受反压自行关断，没有电流流回电源，负载两端电压仅为二极管管压降，接近于零，此时，由电感放出的能量消耗在电阻上。有了续流二极管，输出电压 u_{d} 与 α 的关系也与式(8.2)一样。但是，负载电流与阻性负载的电流的波形有很大不同，如图 8.18(b)所示，负载电流i_{d}在晶闸管导通期间由电源提供，而当晶闸管关断时由电感通过续流二极管来提供。当 ωL

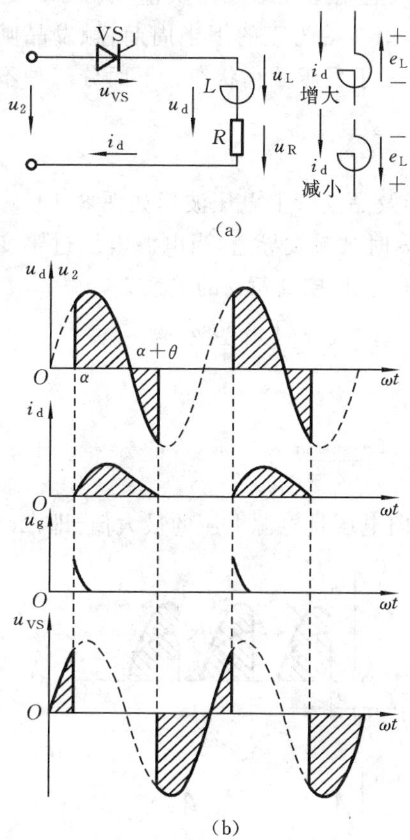

图 8.17　带感性负载无续流二极管的晶闸管整流电路及其电流、电压波形

(a) 电路　(b) 波形

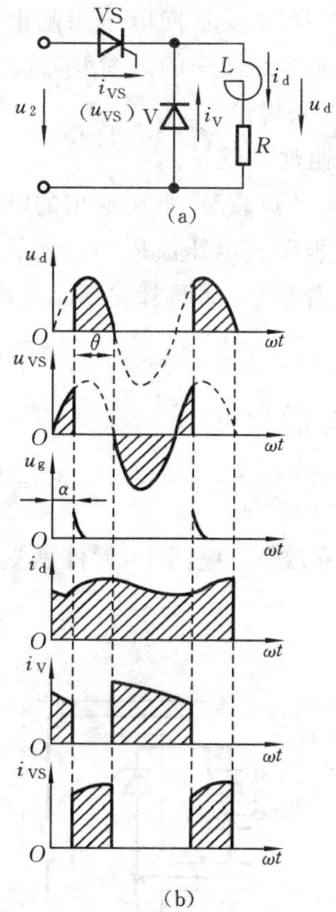

图 8.18　带感性负载有续流二极管的晶闸管整流电路及其电压、电流波形

(a) 电路　(b) 波形

$\geqslant R$ 时，电流的脉动将是很小的，所以，这时电流波形可以近似地看成一条平行于横轴的直线。假若负载电流的平均值为 I_d，则流过晶闸管与续流二极管的电流平均值分别为

$$I_{dVS}=\frac{\theta}{2\pi}I_d \tag{8.4}$$

$$I_{dV}=\frac{2\pi-\theta}{2\pi}I_d \tag{8.5}$$

8.2.2　单相桥式可控整流电路

1. 单相半控桥式整流电路

在单相桥式整流电路中，把其中两只二极管换成晶闸管，就组成了半控桥式整流电路，如图 8.19(a)所示。这种电路在中小容量场合应用很广，它的工作原理如下：

当电源 1 端为正的某一时刻,触发晶闸管 VS1,电流途经如图中实箭线所示。这时 VS2 及V1均承受反向电压而截止。同样,在电源 2 端为正的下半周期,触发晶闸管 VS2,电流途经图中的虚箭线,这时 VS1 及 V2 处于反压截止状态。下面分三种不同负载情况来讨论。

1) 阻性负载

带阻性负载时,整流输出的电流、电压波形及晶闸管上电压波形如图 8.19(b)所示,电流波形与电压波形相似。晶闸管在 $\omega t=\alpha$ 时被触发导通,当电源电压过零变负时,电流降到零,晶闸管关断。输出电压平均值 U_d 与控制角 α 的关系为

$$U_d = \frac{1}{\pi}\int_{\alpha}^{\pi} \sqrt{2}U_2 \sin\omega t\,d(\omega t) = 0.9U_2\,\frac{1+\cos\alpha}{2} \tag{8.6}$$

电流平均值 I_d 为

$$I_d = \frac{U_d}{R} = 0.9\,\frac{U_2}{R}\,\frac{1+\cos\alpha}{2} \tag{8.7}$$

在桥式整流电路中,元件承受的最大正反向电压是电源电压的最大值,即$\sqrt{2}U_2$。

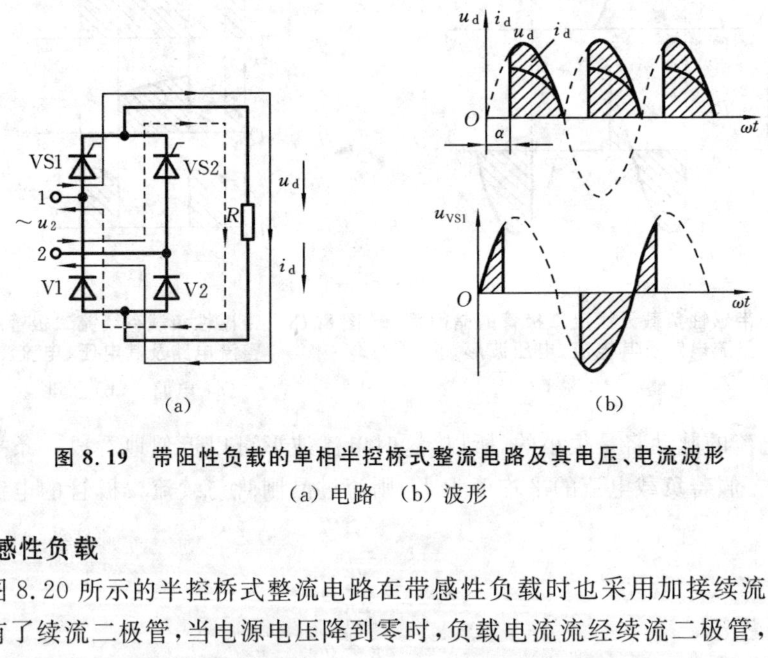

图 8.19　带阻性负载的单相半控桥式整流电路及其电压、电流波形

(a) 电路　(b) 波形

2) 感性负载

如图 8.20 所示的半控桥式整流电路在带感性负载时也采用加接续流二极管的措施。有了续流二极管,当电源电压降到零时,负载电流流经续流二极管,晶闸管因电流为零而关断,不会出现失控现象。

若晶闸管的导通角为 θ,则每周期续流二极管导通时间为 $2\pi-2\theta$,因此,流过每只晶闸管的平均电流为$\frac{\theta}{2\pi}I_d$,流过续流二极管的平均电流为$\frac{\pi-\theta}{\pi}I_d$。

如图 8.21 所示的半控桥式电路在带感性负载时,可以不加续流二极管,这是因为在电源电压过零时,电感中的电流通过 V1 和 V2 形成续流,确保 VS1 或 VS2 可靠

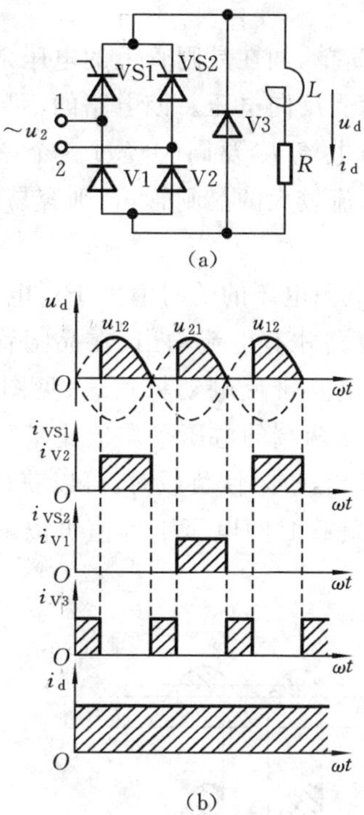

图 8.20　带感性负载的单相半控桥式整流电路及其电压、电流波形

(a) 电路　(b) 波形

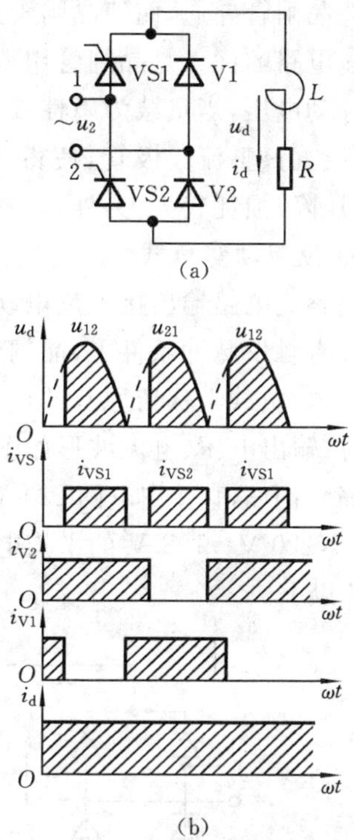

图 8.21　晶闸管串联的半控桥式整流电路及其电压、电流波形

(a) 电路　(b) 波形

关断，这样也就不会出现失控现象。由于省去了续流二极管，整流装置的体积减小了。因两只晶闸管阴极没有公共点，故用一套触发电路触发时，必须采用具有两个线圈的脉冲变压器供电。本线路中流过 VS1、VS2的电流与图 8.20(b)所示的相同，但流过 V1、V2 的电流增大了，其值为

$$I_{dV}=\frac{2\pi-\theta}{2\pi}I_d \tag{8.8}$$

为了节省晶闸管元件，还可采用如图 8.22 所示的电路。它是由四只整流二极管组成的单相桥式电路，将交流电整流成脉动的直流电，然后用一只晶闸管进行控制，改变晶闸管的控制角 α，即可改变其输出电压。晶闸管由触发脉冲使其导通，在电源电压接近于零的短暂时间内，因流过晶闸管的电流小于维持电流而关断。该电路带阻性负载时，其输出电压平均值的计算公式与半控桥式电路的计算公式一样。但带感性负载时，为了避免晶闸管失控，必须在负载两端并接续流二极管，否则，感性电流会在电源电压为零

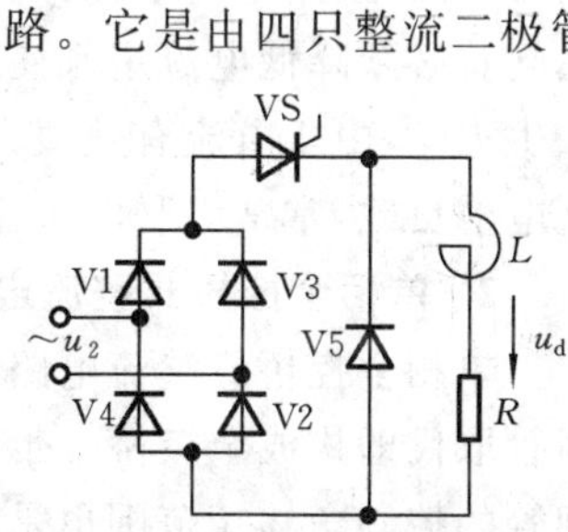

图 8.22　只用一只晶闸管的单相桥式整流电路

时维持晶闸管导通,而使晶闸管无法关断,造成失控。

该电路的优点是晶闸管用得少,因此控制线路简单,加在晶闸管上的电压是整流过的脉动电压,当负载为阻性或感性时,晶闸管不承受反向电压。该电路的不足之处是:需要五只整流二极管,使得装置尺寸加大,输出电流 I_d 要同时经过三个整流元件,故压降、损耗较大;另外,该电路必须选用维持电流较大的晶闸管,否则容易失控。

3) 反电动势负载

当整流电路输出接有反电动势负载时,只有在电源电压的瞬时值大于反电动势,同时又有触发脉冲条件下,晶闸管才能导通,整流电路才有电流输出,在晶闸管关断的时间内,负载上保留原有的反电动势。桥式整流电路带反电动势负载(见图 8.23(a))时,输出电压、电流波形如图 8.23(b)所示。负载两端的电压平均值比带阻性负载时高。例如,直接由电网 220 V 电压经桥式整流输出,带阻性负载时,可以获得最大为 0.9×220 V=198 V 的平均电压,但接反电动势负载时的电压平均值可以增大到 250 V 以上。

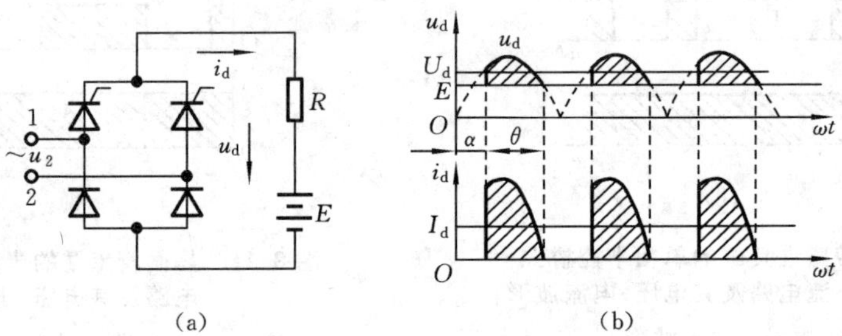

图 8.23　带反电动势负载的单相半控桥式整流电路及其电压、电流波形

(a) 电路　(b) 波形

当整流输出直接加于反电动势负载时,输出平均电流为

$$I_d = \frac{U_d - E}{R}$$

其中,$U_d - E$ 即图 8.23(b)中斜线部分的面积对一周期取平均值。因为导通角小,导电时间短,回路电阻小,所以,电流的幅值与平均值之比相当大,晶闸管工作条件差,晶闸管必须降低电流定额使用。另外,对于直流电动机来说,整流子换向电流大,易产生火花,由于电流有效值大,故要求电源的容量也大。因此,对于大容量电动机或蓄电池负载,常常串联电抗器(见图 8.24(a)),用以平滑电流的脉动(见图 8.24)。

2. 单相全控桥式整流电路

单相全控桥式整流电路如图 8.25(a)所示。把半控桥中的两只二极管用两只晶闸管取代即构成全控桥。带阻性负载时,电路的工作情况与半控桥没有什么区别,晶闸管的控制角移相范围也是 0～π,输出平均电压、电流的计算公式也与半控桥式电路的计算公式相同,所不同的仅是全控桥式电路每半周期要求触发两只晶闸管。在带感性负载且没有续流二极管的情况下,输出电压的瞬时值会出现负值,其波形如图

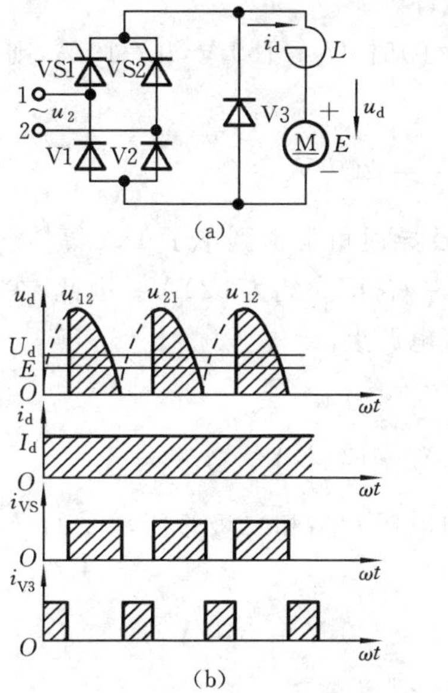

图 8.24　带反电动势负载有电感滤波时的电路及其电流、电压波形

(a) 电路　(b) 波形

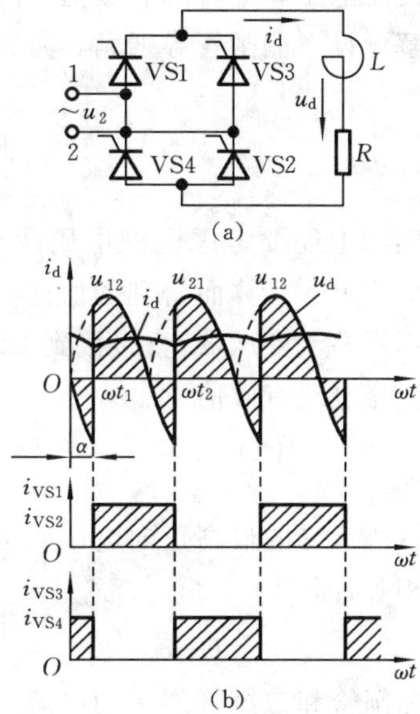

图 8.25　单相全控桥式整流电路及其电流、电压波形

(a) 电路　(b) 波形

8.25(b)所示，这时输出电压平均值为

$$U_d = \frac{2}{2\pi}\int_{\alpha}^{\pi+\alpha} \sqrt{2}U_2 \sin\omega t\,\mathrm{d}(\omega t) = \frac{2\sqrt{2}U_2}{\pi}\cos\alpha = 0.9U_2\cos\alpha \quad \left(0 \leqslant \alpha \leqslant \frac{\pi}{2}\right) \tag{8.9}$$

在全控桥式电路中，元件承受的最大正、反向电压是$\sqrt{2}U_2$。

这个电路的工作过程如下：当 u_{12} 为正的某一时刻 t_1，给晶闸管 VS1 和 VS2 触发脉冲，VS1和 VS2 导通，电源电压加于负载；当 $u_{12}=0$ 时，电感上反电动势的作用维持电流通过VS1和 VS2 及电源，晶闸管继续导通；直至 u_{12} 为负值(即 u_{21} 为正)，在下半周的同一控制角所对应的时刻 t_2，当 VS3 和 VS4 有触发脉冲时，VS3 和 VS4 导通，VS1 和 VS2 因承受反向电压而关断。同样，VS3 和 VS4 要导通到触发 VS1 和 VS2 时才关断。当 α 在 $0\sim\pi/2$ 内变化时，U_d 从 $0.9U_2$ 下降到接近于零，电流 i_d 连续；当 $\alpha>\pi/2$ 时，输出电压平均值接近于零，电流断续且很小。为了提高整流电压，也可在负载两端并接续流二极管。

在一般阻性负载的情况下，由于该电路整流不比半控桥电路优越，但比半控桥线路复杂，所以，一般采用半控桥式电路。它主要用于电动机需要正、反转的逆变电路中。

例 10.1　欲装一台白炽灯泡调光电路，需要可调的直流电源，调节范围：电压 $U_0=0\sim180$ V，电流 $I_0=0\sim10$ A。现采用单相半控桥式整流电路(见图 8.19)，试求最大交流电压和电流的有效值,并选择整流元件。

解 设在晶闸管导通角θ为π(控制角$\alpha=0$)时,$U_0=180$ V,$I_0=10$ A,则交流电压有效值为

$$U=\frac{U_0}{0.9}=\frac{180}{0.9}\text{ V}=200\text{ V}$$

实际上还要考虑电网电压波动、管压降及导通角常常到不了180°等情况,交流电压要比上述计算而得到的值适当加大10%左右,即大约为220 V。因此,在本例中可以不用整流变压器,直接接到220 V的交流电源上。

交流电流有效值

$$I=\frac{U}{R_L}=\frac{220}{180/10}\text{ A}=12.2\text{ A}$$

晶闸管所承受的最高正向电压U_{FM}、最高反向电压U_{RM}和二极管所承受的最高反向电压相等,即

$$U_{FM}=U_{RM}=\sqrt{2}U=1.41\times 220\text{ V}=310\text{ V}$$

流过晶闸管和二极管的平均电流

$$I_{VS}=I_V=\frac{1}{2}I_0=\frac{10}{2}\text{ A}=5\text{ A}$$

为了保证晶闸管在出现瞬时过电压时不致损坏,通常根据下式选取晶闸管的U_{DRM}和U_{RRM}:

$$U_{DRM}>2U_{FM}=2\times 310\text{ V}\approx 600\text{ V}$$
$$U_{RRM}>2U_{RM}=2\times 310\text{ V}\approx 600\text{ V}$$

根据上面的计算,晶闸管可选用3CT10/600,考虑留有余量,故额定电流采用10 A。二极管可选用2CZ10/300,因为二极管的最高反向工作电压一般是取反向击穿电压的一半,已有较大余量,所以选300 V已足够。

8.2.3 三相半波可控整流电路

图8.26所示为三相半波可控整流电路。整流变压器副边接成星形,有个公共零点"0",所以也叫三相零式电路。图中,u_A、u_B、u_C分别表示三相对零点的相电压u_{2p},电源的三个相电压分别通过VS1、VS2、VS3晶闸管向负载电阻R供给直流电流,改变触发脉冲的相位即可以获得大小可调的直流电压。现分阻性负载和感性负载分别加以讨论。

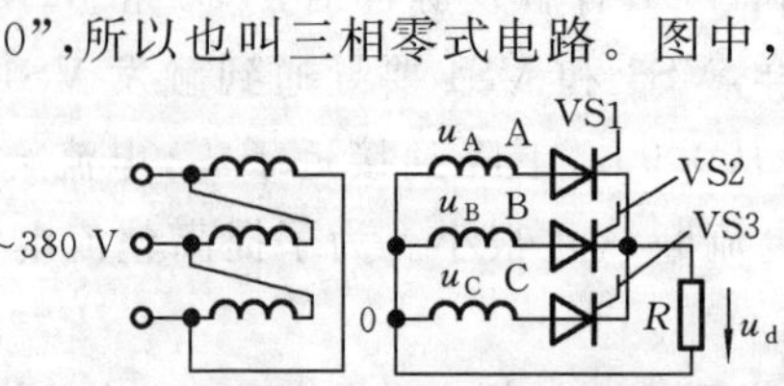

图8.26 三相半波可控整流电路

1. 阻性负载

从图8.27所示三相电源电压的波形可以看出,对于VS1、VS2、VS3,只有在点1、2、3之后对应于该元件承受正向电压期间来触发脉冲,该晶闸管才能触发导通,点

1、2、3 是相邻相电压波形的交点，也是不控整流的自然换相点。对三相可控整流而言，控制角 α 就是从自然换相点算起的。当晶闸管没有触发信号时，晶闸管承受的最大正向电压为 $\sqrt{2}U_{2p}$，可能承受的最大反向电压为 $\sqrt{2}\times\sqrt{3}U_{2p}=\sqrt{6}U_{2p}$。现按不同控制角 α 分下列三种情况进行讨论。

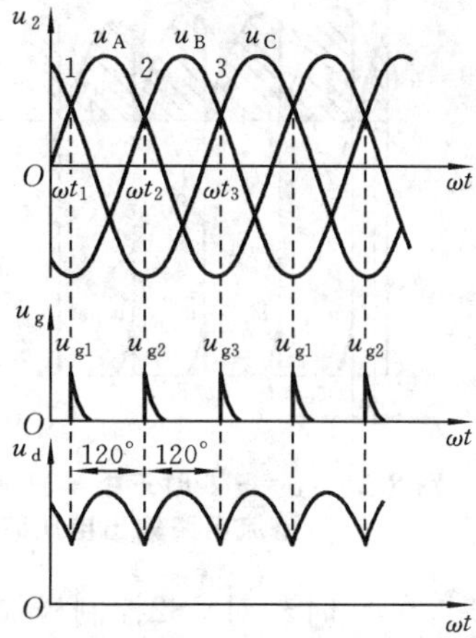

图 8.27　$\alpha=0$ 时三相半波可控整流电路输出电压波形

1）当 $\alpha=0$ 时

当 $\alpha=0$ 时，触发脉冲在自然换相点加入，其波形如图 8.27 所示。在 $t_1\sim t_2$ 时间内，A 相电压比 B、C 相电压都高，如果在 t_1 时刻触发晶闸管 VS1，负载上得到 A 相电压，电流经VS1和负载回到中性点 0。在 t_2 时刻触发晶闸管 VS2，VS1 因承受反向电压而关断，负载上得到 B 相电压。依此类推。负载上得到的脉动电压 u_d 波形与三相半波不控整流一样，在一个周期内每只晶闸管的导通角为 $2\pi/3$，要求触发脉冲间隔也为 $2\pi/3$。从这里可以看出，在三只晶闸管共阴极连接的情况下，触发脉冲到来时，与相电压最高的那一相连接的晶闸管就导通，这只管子导通后将使其他管子承受反压而关断。带阻性负载时，电流波形与电压波形相似。

这时，负载上电压平均值与三相半波不控整流一样，可由下式决定：

$$U_d=\frac{1}{2\pi/3}\int_{\pi/6}^{5\pi/6}\sqrt{2}U_{2p}\sin\omega t\,d(\omega t)=1.17U_{2p}\tag{8.10}$$

2）当 $0<\alpha\leqslant\pi/6$ 时

图 8.28 所示为当 $\alpha=\pi/6$ 时的输出电压波形，u_A 使 VS1 上电压为正，若在 t_1 时刻对VS1控制极加触发脉冲，VS1 就立即导通，而且在 u_A 为正时维持导通。到 t_1' 时刻，如果是不控整流电路，此时第二相导通，并迫使第一相关断；而可控整流电路要求触发脉冲间隔 120°，由于此时 VS2 控制极未加触发脉冲，VS2 不能导通，故 VS1 不能关断，直到 t_2 时刻，对 VS2 控制极加了触发脉冲，VS2 在 u_B 正向阳极电压作用下导通，迫使 VS1 承受反向电压而关断。同理，到 t_3 时刻，VS3 导通而迫使 VS2 关断。依此类推。在一个周期内三相轮流导通，负载上得到脉动直流电压 u_d，其波形是连续的。电流波形与电压波形相似，这时，每只晶闸管导通角为 120°，负载上电压平均值与 α 的关系为

$$U_d=\frac{1}{2\pi/3}\int_{(\pi/6)+\alpha}^{(5\pi/6)+\alpha}\sqrt{2}\,U_{2p}\sin\omega t\,d(\omega t)=1.17U_{2p}\cos\alpha\tag{8.11}$$

3）当 $\pi/6<\alpha\leqslant5\pi/6$ 时

图 8.29 所示为当 $\alpha=\pi/2$ 时的输出电压波形，u_A 使 VS1 上电压为正，若 t_1 时刻向 VS1 控制极加触发脉冲，VS1 立即导通，当 A 相相电压过零时，VS1 自动关断。

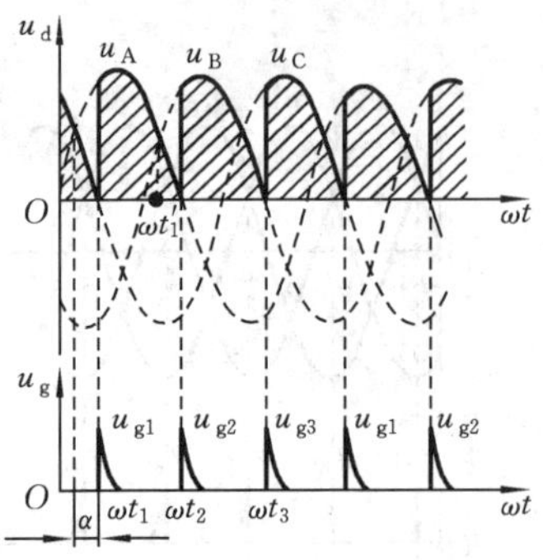

图 8.28　$\alpha=\pi/6$ 时三相半波可控整流电路输出电压波形

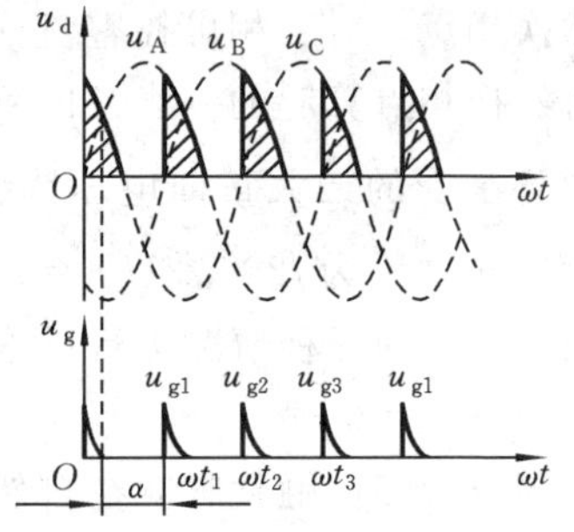

图 8.29　$\alpha=\pi/2$ 时三相半波可控整流电路输出电压波形

同理，在 t_2 时刻对VS2控制极加触发脉冲，VS2 在 u_B 正向阳极电压作用下导通，当 B 相相电压过零时 VS2 自动关断。依此类推。三相轮流导通，负载上电压波形是断续的。这时，输出电压的平均值为

$$U_d=\frac{1}{2\pi/3}\int_{\pi/6+\alpha}^{\pi}\sqrt{2}U_{2p}\sin\omega t\,d(\omega t)=1.17U_{2p}\,\frac{1+\cos(30^\circ+\alpha)}{\sqrt{3}}\tag{8.12}$$

当 $\alpha=5\pi/6$ 时，$U_d=0$。所以，三相半波可控整流电路，其 α 的移相范围为 $0\sim5\pi/6$。

总之，在带阻性负载情况下，当 α 在 $0\sim5\pi/6$ 内移相时，输出平均电压由最大值 $1.17U_{2p}$ 下降到零，输出电流的平均值为 $I_d=U_d/R$，流过每只晶闸管元件的电流平均值为 $I_d/3$。

2. 感性负载

带阻性负载时，当 $\alpha\leqslant\pi/6$ 时整流输出电压波形是连续的，而当 $\alpha>\pi/6$ 时，整流输出电压波形是不连续的，当电源电压下降到零时，电流 i_d 也同时下降到零，所以，导通的晶闸管关断。在带感性负载的情况下，如图 8.30(a)所示，在 VS1 管导通时，电源电压 u_A 加到负载上，当 $t=t_1$ 时，$u_A=0$，由于自感电动势的作用，电流的变化将落后于电压的变化，所以 $t=t_1$ 时负载电流 i_d 并不为零，VS1 要维持导通，如若电感 L 足够大，VS1 要一直导通至 t_2 时刻，当 VS2 控制极来触发脉冲，使 VS2 导通，电源电压 u_B 加于负载时，VS1 才因承受反向电压而关断，这时，由于电感大，电流脉动小，可以近似地把电流波形看成是一条水平线，如图 8.30(b)所示。这时每只晶闸管导通角为 $2\pi/3$，输出电压的平均值为

$$U_d=\frac{1}{2\pi/3}\int_{\pi/6+\alpha}^{5\pi/6+\alpha}\sqrt{2}U_{2p}\sin\omega t\,d(\omega t)=1.17U_{2p}\cos\alpha\tag{8.13}$$

由式(8.13)可知，当 $\alpha=\pi/2$ 时，$U_d=0$，这时，整流电压的波形如图 8.31 所示，电压 u_d 波形正、负面积相等，即 $U_d=0$。故三相半波整流电路带感性负载时，要求触发脉冲的移相范围是 $0\sim\pi/2$。

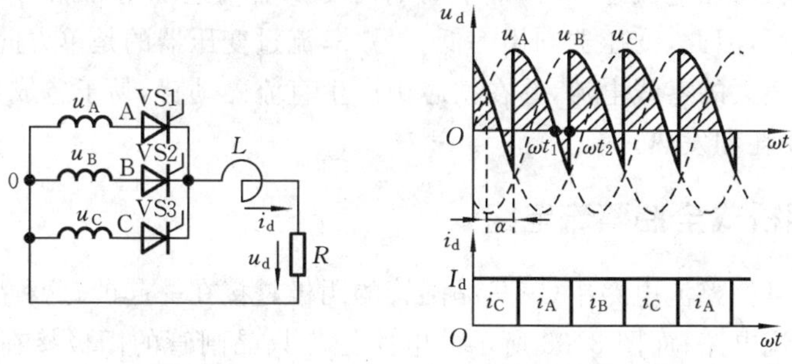

图 8.30　带感性负载时三相半波可控整流电路及其电压、电流波形

(a) 电路　(b) 波形

三相半波可控整流电路带感性负载时，晶闸管可能承受的最大正向电压为$\sqrt{6}U_{2p}$，这是与带阻性负载时承受$\sqrt{2}U_{2p}$的不同之处。

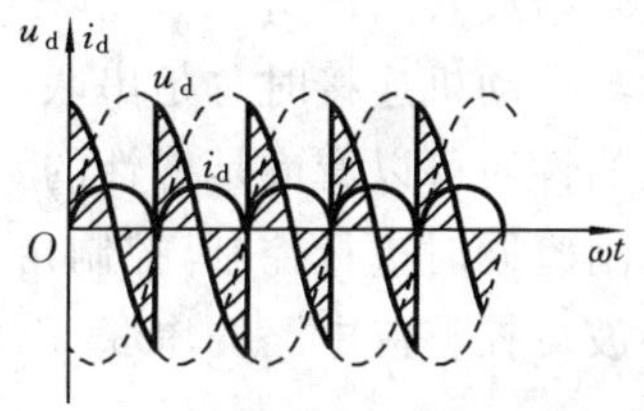

图 8.31　$\alpha=\pi/2$ 时三相半波可控整流电压、电流波形

三相半波可控整流电路带感性负载时，也可加接续流二极管，其电路如图8.32(a)所示，电压、电流波形是对应于 $\alpha=\pi/3$ 时的波形。从图 8.32(b)可看出，有了续流二极管，整流输出电压波形、电压平均值 U_d 与控制角 α 的关系和带纯阻性负载时一样，负载电流波形则与带感性负载时一样，当电感很大($\omega L\gg R$)时电流波形将接近于一条平行于横轴的直线。

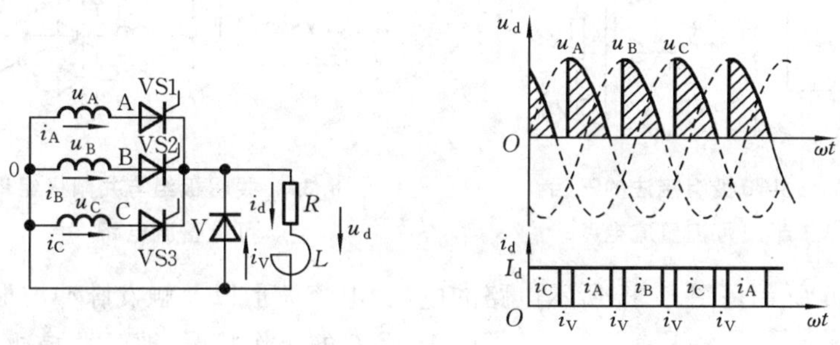

图 8.32　带感性负载加接续流二极管的三相半波可控整流电路及其电压、电流波形

(a) 电路　(b) 波形

三相半波可控整流电路只用三只晶闸管，接线简单，在要求输出电压为 220 V 时，可以不用变压器而直接接于 380 V 的三相交流电源，这时相电压为 220 V。当控制角 $\alpha=0$ 时，可得到最大输出直流平均电压为 $U_{d\max}=1.17\times 220\ \text{V}=257\ \text{V}$，稍加控制即可满足220 V直流负载的要求。但是，三相半波可控整流电路中晶闸管承受的

反向电压高,而且,在电流连续时,每个周期内变压器副边绕组和晶闸管都只有三分之一的时间导通,因此,变压器利用率低。另外,流过变压器的是单方向脉动电流,其直流分量引起很大的零线电流,并在铁芯中产生直流磁动势,易于造成变压器铁芯饱和,引起附加损耗和发热。

8.2.4 三相桥式全控整流电路

三相半波可控整流电路中,三只晶闸管的阴极是接在一起的,这种整流电路称为共阴极组的整流电路;而图 8.33 所示的电路把三只晶闸管的阳极接在一起,称为共阳极组整流电路。把这两组可控整流电路串联起来,如图 8.34 所示,这时,负载上的输出电压等于共阴极组和共阳极组的输出电压之和。若将变压器的两组次级绕组共用一个绕组,如图 8.35 所示,就是三相桥式全控整流电路。其中,VS1、VS3、VS5 晶闸管组成共阴极组,VS2、VS4、VS6晶闸管组成共阳极组。三相桥式全控整流电路一般与电动机连接时总是串联一定的电感,以减小电流的脉动和保证电流连续,这时负载的性质可以看成是感性的。在带感性负载的情况下,如果对共阴极组及共阳极组晶闸管同时进行控制,控制角为 α,那么,由于三相全控桥式整流电路就是两组三相半波可控整流电路的串联,因此,整流电压U_d应比式(8.13)计算的大一倍,即

$$U_d = 2.34U_{2p}\cos\alpha \quad (0 \leqslant \alpha < \pi/3) \tag{8.14}$$

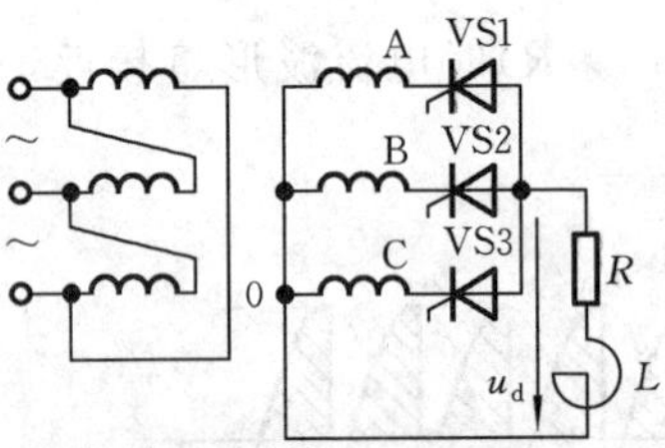

图 8.33 共阳极组接法的三相半波可控整流电路

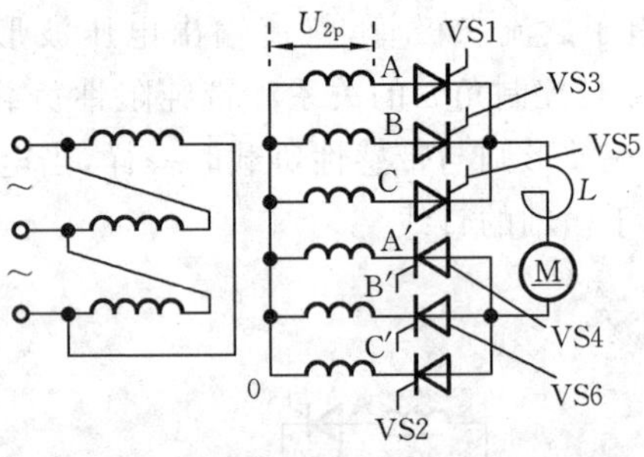

图 8.34 共阴极组与共阳极组串联的可控整流电路

图 8.36 所示是图 8.35 所示电路的电压、电流波形以及触发脉冲波形。图中,对应于 $\alpha=0$ 的工作状况,即触发脉冲在自然换相点发出。对共阴极组的晶闸管而言,某一相电压较其他两相为正,同时又有触发脉冲,该相的晶闸管就触发导通;对共阳极组的晶闸管而言,某一相电压较其他两相为负,同时又有触发脉冲,该相的晶闸管就触发导通。

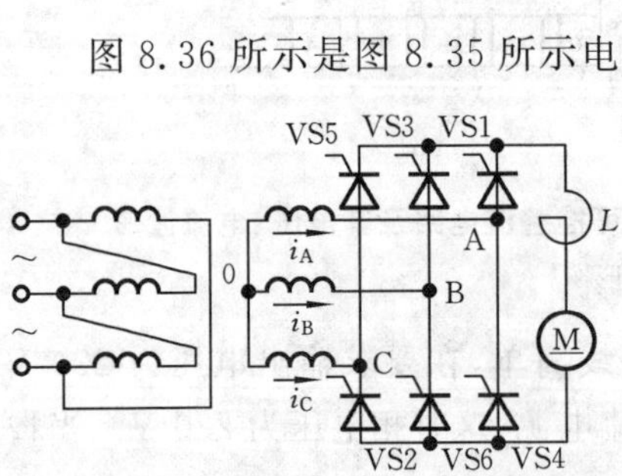

图 8.35 三相桥式全控整流电路

因此,在 t_1 时刻,A 相电压比 C 相电压的正值更大,B 相电压为负,若给VS1、VS6 触发

脉冲,则 VS1、VS6 导通,所以,在$t_1\sim t_2$时间内 VS1、VS6 导通,电流从 A 相经 VS1、负载和 VS6 回到 B 相,A 相电流为正,B 相电流为负(电流为负表示电流的真实方向与图上所标正方向相反)。

在 t_2 时刻,A 相还保持着较大的正电压,C 相电压开始比 B 相电压的负值更大。若在t_2时刻给 VS1、VS2触发脉冲,则 VS1 维持导通,且VS2导通,VS2导通使 VS6 承受反向电压而关断,电流从 A 相经 VS1、负载和 VS2 回到 C 相,所以,在 $t_2\sim t_3$ 时间内 VS1、VS2 导通,A 相电流为正,C 相电流为负。

在t_3时刻,C 相还保持着较大的负电压,B 相电压开始比 A 相电压的正值更大。若在t_3时刻给 VS2、VS3触发脉冲,则 VS2 维持导通,且 VS3 导通,VS3导通使 VS1 承受反向电压而关断,所以,在 $t_3\sim t_4$ 时间内VS2、VS3 导通,电流从 B 相经VS3、负载和 VS2 回到 C 相,B 相电流为正,C 相电流为负。

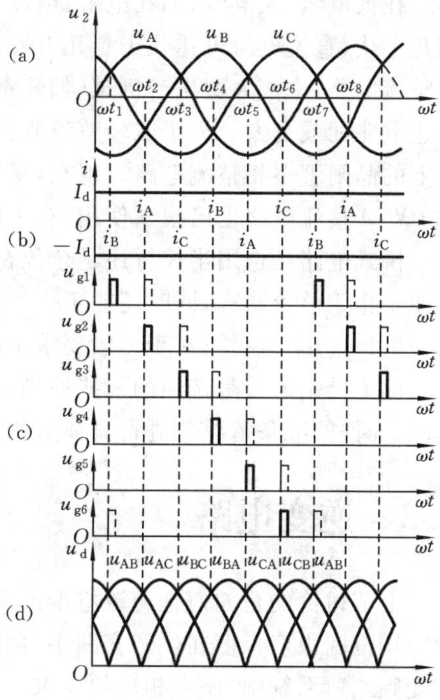

图 8.36　三相桥式全控整流电压、电流和触发脉冲波形图($\alpha=0$ 时)

(a) 交流电源电压　(b) 相电流

(c) 触发脉冲顺序　(d) 整流电路输出电压

依此类推,在 $t_4\sim t_5$ 时间内 VS3、VS4 导通,$t_5\sim t_6$ 时间内 VS4、VS5 导通,$t_6\sim t_7$ 时间内VS5、VS6 导通,$t_7\sim t_8$ 时间内又是 VS1、VS6 导通。各相电流如图 8.36(b)所示。这时整流输出电压最高,对共阴极组而言,其输出电压波形是电压波形正半周的包络线,对共阳极组而言,其输出电压波形是电压波形负半周的包络线,三相桥式全控整流电路输出电压数值上等于共阴极组与共阳极组输出电压之和。图8.36(d)所示为输出电压波形。

当控制角 α 移相时,输出电压的波形和平均值将跟着发生变化。

前面仅讨论了几种有代表性的可控整流电路。可以看出,单相半波电路最简单,但各项指标都较差,只适用于小功率和输出电压波形要求不高的场合。单相桥式电路各项性能较好,只是电压脉动频率较大,故最适合于小功率的电路。晶闸管在直流负载侧组成单相桥式电路时各项性能较好,只用一只晶闸管,接线简单,一般用于小功率的反电动势负载。三相半波可控整流电路各项指标都一般,所以用得不多。三相桥式可控整流电路各项指标都好,在要求一定输出电压的情况下,元件承受的峰值电压最低,最适合较大功率高压电路。所以,一般小功率电路应优先选用单相桥式电路;较大功率电路,则应优先考虑三相桥式电路。只有在某些特殊情况下,才选用其他线路。例如,负载要求功率很小、各项指标要求不高时,可采用单相半波电路。

在低电压、大电流(如在电解、电镀、电焊等工业应用中,要求的直流电压仅几伏到几十伏,直流电流可达几千到几万安)的场合,常采用带平衡电抗器的双反星形可控整流电路;一些大型生产机械(如轧钢机、矿井提升机等)的直流拖动系统,其功率可达数兆瓦或更大。为了减轻整流装置谐波对电网的干扰,可采用十二相或十二相以上的晶闸管多相整流电路。现在,采用全控型开关器件、利用 PWM 控制技术的高频 PWM 整流电路也已投入使用,有关内容请参阅其他文献。

桥式电路是选用半控桥还是全控桥,要根据电路的要求决定。如果不仅要求电路能工作于整流状态,同时还能工作于逆变状态,则选用全控桥;对于直流电动机负载一般也采用全控桥;对于一般要求不高的负载,可采用半控桥。

以上提出的仅是选用的一些原则,具体选用时,应根据负载性质、容量大小、电源情况、元件的准备情况等进行具体分析比较,全面衡量后再确定。

8.3 逆变电路

上节讨论的是如何把交流电变成可调的直流电供给负载,也就是整流的方法,它的应用范围很广。但在生产实践中,例如,直流可逆的电力拖动系统中和交流电动机的变频调速系统中,还有相反的要求,即利用电力电子电路把直流电变成交流电。这种对应于整流的逆向过程称为逆变,把直流电变成交流电的装置称为逆变器。

在许多场合,同一套电力电子电路既可实现整流,又可实现逆变,这种装置通常称为变流器。变流器工作在逆变状态时,如果把变流器的交流侧接到交流电源上,把直流电逆变为同频率的交流电反馈到电网去,则称为有源逆变;如果变流器交流侧接到负载,把直流电逆变为某一频率或可变频率的交流电供给负载,则称为无源逆变。有源逆变器应用于直流电动机的可逆调速、绕线异步电动机的串级调速及高压直流输电等方面,无源逆变器通常用于变频器、交流电动机的变频调速等方面。若不加说明,逆变电路一般多指无源逆变电路。

逆变电路的应用非常广泛。在已有的各种电源中,蓄电池、干电池、太阳能电池等都是直流电源,当需要这些电源向交流负载供电时,就需要逆变电路。另外,交流电动机调速用的变频器、不间断电源、感应加热电源等电力电子装置也使用得非常广泛,其电路的核心部分就是逆变电路。逆变电路在电力电子电路中占有突出的位置。

8.3.1 有源逆变电路

为了了解晶闸管有源逆变电路的工作原理,下面将它与整流工作状态对应起来讨论。常用的变流器一侧连着交流电源,另一侧连着直流电源。为此,“整流”与“逆变”用交流一周期平均电能的流向来定义,即:“整流”是指电能由交流侧传送到直流侧;“逆变”是“整流”的逆过程,电能由直流侧传送到交流侧。现以三相半波逆变电路为例来说明有源逆变的工作原理。

1. 整流状态$(0<\alpha<\pi/2)$

三相半波可控整流电路工作于整流状态，其电路如图 8.37(a)所示。整流输出电压为

$$u_d = E + I_d R + L\frac{di_d}{dt} \tag{8.15}$$

$$U_d = E + I_d R \tag{8.16}$$

$$L\frac{di_d}{dt} = u_d - U_d \tag{8.17}$$

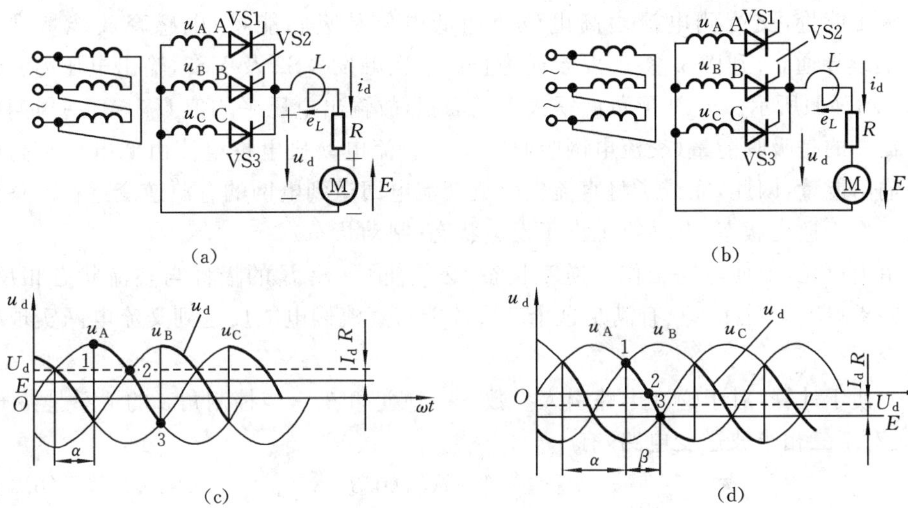

图 8.37　三相半波可控整流电路及电压波形

(a) 整流状态电路　(b) 逆变状态电路　(c) 整流状态波形　(d) 逆变状态波形

假设 $\alpha=\pi/3$，电路工作于整流状态，即 $U_d \geqslant E$。

在 ωt_1 时刻 VS1 被触发导通，忽略管压降时，$u_d=u_A$，在点 1 到点 2 这段区间，$u_d>U_d$。由式(8.17)可知，i_d 是增加的，$L\frac{di_d}{dt}>0$。感应电动势 e_L 的极性是左正右负，电感储存能量。到点 2 时，$u_d=U_d$，$L\frac{di_d}{dt}=0$，i_d 达最大值。过点 2 后，$u_d<U_d$，$L\frac{di_d}{dt}<0$，此时，感应电动势极性为左负右正，将储存的能量释放，在 $u_d<E$ 时仍能维持 VS1 继续导通直到 ωt_3 时刻触发 VS2 导通为止。依次触发 VS2、VS3，在一周期中 u_d 波形如图 8.37(c)所示。由 u_d 波形可知，在一周期中波形的正面积大于负面积，故平均值 $U_d>0$。电源相电压极性在整流工作一周期中大部分是左负右正，流过变压器次级线圈的电流是由低电位流向高电位，所以，一周期中整流电路(交流电源)总的是输出能量，工作于整流状态。流过直流电动机电枢的电流是由高电位流向低电位，电动机吸收电能工作于电动状态。

2. 逆变状态($\pi/2<\alpha<\pi$)

三相半波可控整流电路工作于逆变状态,其电路如图 8.37(b)所示。

现分析 $\alpha=2\pi/3$ 的情况。在 $\omega t_1(\alpha=2\pi/3)$处 VS1 被触发导通,忽略管压降时,$u_d=u_A$,在点 1 到点 2 这段区间 $u_d>0$,根据式(8.17)得 $Ldi_d/dt>0$,电流 i_d 增加,感应电动势 e_L 极性为左正右负,电感吸收能量,交流电网及电动机送出能量。在点 2 到点 3 这段区间,$u_d<0$,但 $|u_d|<|U_d|$,故仍为 $Ldi_d/dt>0$,电感及交流电网吸收能量,电动机输出能量。到点 3,$u_d=U_d$,$Ldi_d/dt=0$,i_d 达最大值。过点 3 后,$|u_d|>|U_d|$,$Ldi_d/dt<0$,电流 i_d 减小,感应电动势 e_L 的极性为左负右正,电感释放能量,电动机输出能量,交流侧电流由高电位流向低电位是吸收能量,电感释放能量维持 VS1 继续导通,直到 VS2 被触发导通为止。依次触发 VS2 及 VS3,输出电压u_d波形如图 8.37(d)所示。u_d 波形负面积大于正面积,故输出电压平均值 $U_d<0$,一周期中变流器总的是吸收能量(交流电网吸收能量),直流电动机电枢电流由低电位到高电位是输出能量,因此,完成了将直流电变成交流电回送到电网的有源逆变过程。整流电路工作于逆变状态,电动机工作于发电状态(制动状态)。

由上可见,要使电路工作于逆变状态,必须使 U_d 及 E 的极性与整流状态相反,并且要求$|E|\geqslant|U_d|$。只有满足这个条件才能将直流侧电能反送到交流电网实现有源逆变。

为便于计算,对于逆变电路引入参数——逆变角 β,它与控制角 α 的关系是:$\alpha+\beta=\pi$。对于三相半波逆变电路,有

$$U_d=-1.17U_{2p}\cos\beta \tag{8.18}$$

当 $\beta=0$ 时,$U_d=U_{d\max}$;当 $\beta=\pi/2$ 时,$U_d=0$。

需要指出的是:变流器处于整流状态时,如果触发电路或其他故障使一相或几相晶闸管不能导通,那么只会引起输出电压降低、纹波变大,最多也只是没有输出电压使电流中断,不会发生太大的事故。但变流器处于逆变状态时,触发脉冲丢失或相序不对、交流电源断电或缺相、晶闸管损坏等原因,会使晶闸管装置不能正常换相,导致电路输出电压U_d与逆变源反电动势 E 顺极性串联叠加,引起短路,产生很大的短路电流,这种情况称为逆变颠覆或逆变失败。它会造成设备与元件的损坏。

另外,要考虑晶闸管关断有延迟时间,交流侧变压器的漏电感阻止电流换相的时间以及电网电压与负载电流的波动等而引起 β 的变化,必须保证有一定的时间来发送触发脉冲。为了不造成逆变失败,对逆变角的最小值 $\beta_{\min}$有一个限制,一般取$\beta_{\min}=\pi/6$,所以,逆变电路 β 的变化范围是:$\pi/6\leqslant\beta<\pi/2$。

整流和逆变,交流和直流,在晶闸管变流器中互相联系着,并在一定条件下互相转化。当变流器工作在整流状态时,就是整流电路;当变流器工作在逆变状态时,就是逆变电路。因此,逆变电路在工作原理、参数计算及分析方法等方面和整流电路是密切联系的,而且在很多方面是一致的。但在分析整流和逆变时,要考虑能量传送方向上的特点,进而掌握整流与逆变的转化规律。

8.3.2　无源逆变电路

1. 逆变电路的基本工作原理

下面以图 8.38(a)所示单相桥式逆变电路为例，说明其最基本的工作原理。图中 S1～S4是桥式电路的四个臂，它们由电力电子器件及其辅助电路组成。当开关 S1、S4 闭合，S2、S3 断开时，负载电压 u_o为正；当开关 S1、S4 断开，S2、S3 闭合时，u_o为负：其波形如图 8.37(b)所示。这样，就把直流电变成了交流电，改变两组开关的切换频率，即可改变输出交流电的频率。这就是逆变电路最基本的工作原理。

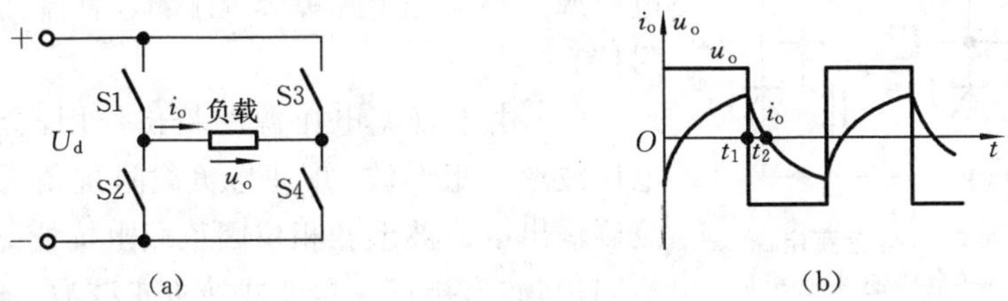

图 8.38　逆变电路及其波形举例

(a) 基本电路　(b) 波形

当负载为阻性时，负载电流 i_o和电压u_o的波形相同，相位也相同。当负载为阻感性负载时，i_o相位滞后于 u_o，二者的波形也不同，图 8.38(b)所示的就是负载为阻感性负载时的 i_o波形。设t_1时刻以前 S1、S4 闭合，u_o和 i_o均为正。在t_1时刻断开 S1、S4，同时闭合 S2、S3，则 u_o的极性立刻变为负。但是，因为负载中有电感，其电流极性不能立刻改变而仍维持原方向。这时负载电流从直流电源负极流出，经 S2、负载和 S3 流回正极，负载电感中储存的能量向直流电源反馈，负载电流逐渐减小，到t_2时刻降为零，之后 i_o才反向并逐渐增大。S2、S3断开，S1、S4 闭合时的情况类似。

变流电路在工作过程中电流不断从一个支路向另一个支路转移，这就是换流。换流方式在逆变电路中占有突出地位。依据开关器件及其关断(换流)方式的不同，换流可分为器件换流(利用全控型器件的自关断能力进行换流)、电网换流(借助于电网电压实现换流，整流与有源逆变都属于电网换流)、负载换流(当负载为电容性负载时，由负载提供换流电压实现换流)与强迫换流(利用附加电容上所储存的能量给欲关断的晶闸管强迫施加反向电压或反向电流实现换流)等。器件换流只适用于全控型器件，其余三种方式主要是针对晶闸管而言的。

以往，中高功率逆变器采用晶闸管开关器件，晶闸管一旦导通，就不能自行关断，要关断晶闸管，需要设置强迫关断(换流)电路。强迫关断电路增加了逆变器的重量、体积和成本，降低了可靠性，也限制了开关频率。现今，绝大多数逆变器都采用全控型的电力半导体器件，中功率逆变器多采用 IGBT，大功率多采用 GTO，小功率则多采用 P-MOSFET；输出频率较低的用 GTO，输出频率较高的用 GTR、P-MOSFET、IGBT。这使得逆变器的结构简单、装置体积小、可靠性高。

逆变电路可以从不同的角度进行分类,如可以按换流方式分,按输出的相数分,也可按直流电源的性质分。若按直流电源的性质分,可分为电压型和电流型两大类:直流侧是电压源的称为电压型逆变电路,直流侧是电流源的称为电流型逆变电路。

2. 电压型逆变电路

电压型逆变电路(voltage source type inverter,VSTI)也称为电压源型逆变电路,图 8.39 所示为电压型逆变电路的一个例子。

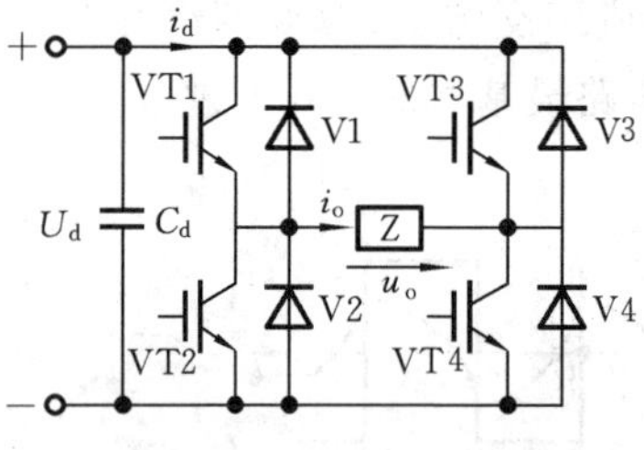

图 8.39　电压型逆变电路(全桥逆变电路)

电压型逆变电路有以下主要特点。

(1) 直流侧为电压源,或并联有大电容,相当于电压源。直流侧电压基本无脉动,直流回路呈现低阻抗。

(2) 由于直流电压源的箝位作用,交流侧输出电压波形为矩形波,并且与负载阻抗角无关。而交流侧输出电流波形和相位因负载阻抗情况的不同而不同,其波形接近三角波或接近正弦波。

(3) 当交流侧为阻感性负载时需要提供无功功率,直流侧电容起缓冲无功能量的作用。为了给交流侧向直流侧反馈的无功能量提供通道,逆变桥各臂都并联了反馈二极管。

对上述有些特点的理解要在后面内容的学习中才能加深。下面分别就单相和三相电压型逆变电路进行讨论。

1) 单相电压型逆变电路

(1) 半桥逆变电路。单相半桥电压型逆变电路如图 8.40(a)所示,它有两个桥臂,每个桥臂由一个可控器件和一个反并联二极管组成。在直流侧接有两个相互串联的足够大的电容,两个电容的连接点便成为直流电源的中点。负载连接在直流电源中点和两个桥臂连接点之间。

设开关器件 VT1 和 VT2 的栅极信号在一个周期内各有半周正偏,半周反偏,且二者互补。当负载为感性时,其工作波形如图 8.40(b)所示。输出电压 u_o 的波形为

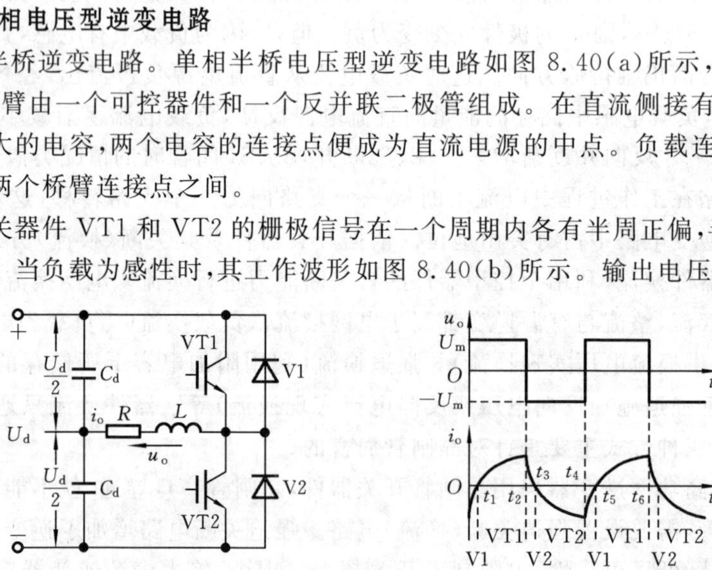

(a)　　　　　　　　　　　　(b)

图 8.40　单相半桥电压型逆变电路及其工作波形

(a) 电路　(b) 波形

矩形波，其幅值为$U_m=U_d/2$。输出电流 i_o波形随负载情况而异。设t_2时刻以前 VT1 为通态，VT2 为断态。t_2时刻给 VT1 截止信号，给VT2导通信号，则 VT1 截止，但感性负载中的电流 i_o不能立即改变方向，于是 V2 导通续流。当 t_3时刻 i_o降为零时，V2 截止，VT2 导通，i_o开始反向。同样，在 t_4时刻给 VT2 截止信号，给 VT1 导通信号后，VT2 截止，V1 先导通续流，t_5时刻 VT1 才导通。各段时间内导通器件的名称如图 8.40(b)的下部所示。

当 VT1 或 VT2 为通态时，负载电流和电压同方向，直流侧向负载提供能量；而当 V1 或V2为通态时，负载电流和电压反向，负载电感中储存的能量向直流侧反馈，即负载电感将其吸收的无功能量反馈回直流侧。反馈回的能量暂时储存在直流侧电容器中，直流侧电容器起着缓冲这种无功能量的作用。因为二极管 V1、V2 是负载向直流侧反馈能量的通道，故称为反馈二极管；又因为 V1、V2 起着使负载电流连续的作用，故又称为续流二极管。

当可控器件是不具有门极可关断能力的晶闸管时，必须附加强迫换流电路才能正常工作。

半桥逆变电路的优点是简单、器件少；其缺点是输出交流电压的幅值 U_m仅为 $U_d/2$，且直流侧需要两个电容器串联，工作时还要控制两个电容器电压的均衡。因此，半桥电路常用于几千瓦或更小功率的逆变电源。

以下介绍的单相全桥逆变电路、三相桥式逆变电路都可看成是由若干个半桥逆变电路组合而成的，因此，正确分析半桥电路的工作原理很有意义。

(2) 全桥逆变电路。电压型全桥逆变电路如图 8.39 所示，它有四个桥臂，可以看成是由两个半桥电路组合而成的。把桥臂 1 和桥臂 4 作为一对，桥臂 2 和桥臂 3 作为另一对，成对的两个桥臂同时导通，两对交替各导通 180°。其输出电压 u_o的波形与图 8.40(b)所示的半桥电路的 u_o波形相同，也是矩形波，但其幅值高出一倍，$U_m=U_d$。在直流电压和负载都相同的情况下，其输出电流 i_o的波形当然也和图 8.40(b)所示的 i_o形状相同，仅幅值增加一倍。单相桥式逆变电路的电压、电流波形如图 8.41 所示(图中也表示了各器件导通情况)。关于无功能量的交换，半桥逆变电路的分析方法也完全适用于全桥逆变电路。

全桥逆变电路是单相逆变电路中应用最多的，下面对其电压波形作定量分析。把幅值为 U_d的矩形波 u_o展开成傅里叶级数，得

$$u_o=\frac{4U_d}{\pi}\left(\sin\omega t+\frac{1}{3}\sin3\omega t+\frac{1}{5}\sin5\omega t+\cdots\right)\tag{8.19}$$

其中基波的幅值 U_{o1m}和基波有效值 U_{o1}分别为

$$U_{o1m}=\frac{4U_d}{\pi}=1.27U_d\tag{8.20}$$

$$U_{o1}=\frac{2\sqrt{2}U_d}{\pi}=0.9U_d\tag{8.21}$$

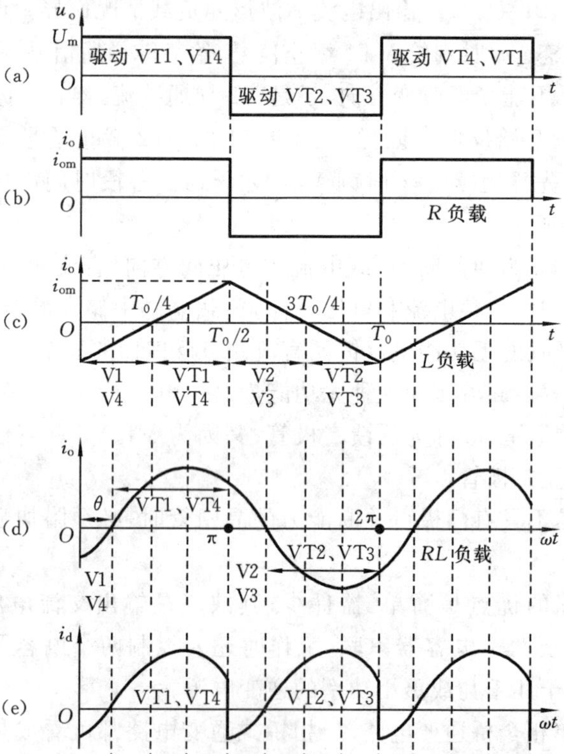

图 8.41　单相桥式逆变电路的电压、电流波形

(a) 负载电压　(b) 纯阻性负载电流波形　(c) 纯感性负载电流波形

(d) RL 负载电流波形　(e) 输入电流波形

上列各式对于半桥逆变电路也是适用的，只是式中的 U_d 要换成 $U_d/2$。当电源电压 U_d 和负载 R 不变时，桥式电路的输出功率是半桥式电路的 4 倍。纯阻性负载时电流 i_o 波形是与电压 u_o 同相的方波，如图 8.41(b)所示；纯感性负载时电流 i_o 是三角波，如图 8.41(c)所示。

在 $0 \leqslant t < T_0/2$ 期间，$L\mathrm{d}i_o/\mathrm{d}t = u_o = +U_d$，$i_o$ 线性上升。

在 $T_0/2 \leqslant t < T_0$ 期间，$u_o = -U_d$，i_o 线性下降。

在 $0 \leqslant t \leqslant T_0/4$ 期间，虽然VT1、VT4 有驱动信号，VT2、VT3截止，但 i_o 为负值，负值 i_o 只能经V1、V4流回电源。只有在 $t \geqslant T_0/4$、$i_o \geqslant 0$ 以后，由于 VT1、VT4 仍有驱动信号，$u_o = +U_d = L\mathrm{d}i_o/\mathrm{d}t$，$i_o > 0$ 且线性上升，直到 $t = T_0/2$ 为止，所以VT1、VT4 仅在 $T_0/4 \leqslant t \leqslant T_0/2$ 期间导通，电源向电感供电。

在 $T_0/2 \leqslant t \leqslant 3T_0/4$ 期间 V2、V3 导通，VT2、VT3 仅在 $3T_0/4 \leqslant t \leqslant T_0$ 期间导通。

对于纯感性负载，有

$$U_d = L\frac{\mathrm{d}i_o}{\mathrm{d}t} = L\frac{\Delta i_o}{\Delta t} = L\frac{i_{om} - (-i_{om})}{T_0/2} = L\frac{2i_{om}}{T_0/2} \tag{8.22}$$

故其负载电流峰值为

$$i_{om}=U_d/4f_0L \tag{8.23}$$

图 8.41(d)所示的为 RL 负载时负载基波电流瞬时值的波形，θ 为 i_o滞后于 u_o的相位角。在 $0\leqslant\omega t\leqslant\theta$ 期间，VT1、VT4 有驱动信号，但 i_o为负值，且 VT2、VT3 截止，因此 V1、V4 导通，$u_o=+U_d$，故直流电源输入电流 i_d为负值（$i_d=-i_o$）；在 $\theta\leqslant\omega t\leqslant\pi$ 期间，i_o为正值，VT1、VT4 有驱动信号而导通，$i_d=i_o$；在 $\pi\leqslant\omega t\leqslant\pi+\theta$ 期间，VT2、VT3 有驱动信号，但此期间 i_o仍为正值，且VT1、VT4 截止，故 V2、V3 导通，所以 $i_d=-i_o$、$u_o=-U_d$，直到 $\omega t=\pi+\theta$、$i_d=i_o=0$；然后在$\pi+\theta\leqslant\omega t\leqslant2\pi$ 期间 VT2、VT3 导通。图 8.41(e)所示的是 RL 负载时直流电源输入电流i_d的波形。

2）三相电压型逆变电路

用三个单相逆变电路可以组合成一个三相逆变电路。但在三相逆变电路中，应用最广的还是三相桥式逆变电路。采用 IGBT 作为开关器件的电压型三相桥式逆变电路如图 8.42 所示，它可以看成由三个半桥逆变电路组成。

图 8.42 所示电路的直流侧通常只有一个电容器就可以了，但为了分析方便，画作串联的两个电容器并标出了假想中点 0。和单相半桥、全桥逆变电路相同，电压型三相桥式逆变电路的基本工作方式也是 180°导电方式，即每个桥臂的导通角度为 180°，同一相（即同一半桥）上下两个臂交替导通，各相开始导通的角度依次相差 120°。这样，在任一瞬间，将有三个桥臂同时导通。可能是上面一个臂下面两个臂，也可能是上面两个臂下面一个臂同时导通。因为每次换流都是在同一相上下两个桥臂之间进行的，因此称为纵向换流。在 $0\leqslant\omega t\leqslant\pi/3$ 期间，VT5、VT6、VT1 导通，此后按 6、1、2，1、2、3，2、3、4，3、4、5，4、5、6，5、6、1 顺序导通，故称六拍逆变器。

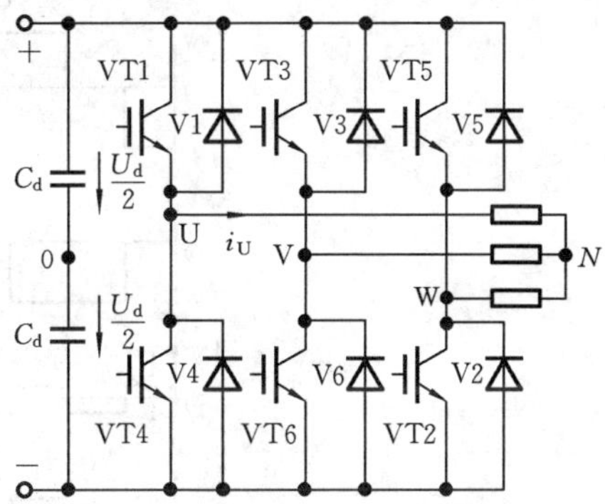

图 8.42　电压型三相桥式逆变电路

下面分析电压型三相桥式逆变电路的工作波形。对于 U 相输出来说，当桥臂 1 导通时，$u_{U0}=U_d/2$，当桥臂 4 导通时，$u_{U0}=-U_d/2$。因此，u_{U0}的波形是幅值为 $U_d/2$ 的矩形波。V、W 两相的情况和 U 相类似，u_{V0}、u_{W0}的波形和 u_{U0}的波形相同，只是相位依次差 120°（见图 8.43 中的 u_{U0}、u_{V0}、u_{W0}的波形）。

负载线电压 u_{UV}、u_{VW}、u_{WU}可由下式求出：

$$\left.\begin{aligned}u_{UV}&=u_{U0}-u_{V0}\\u_{VW}&=u_{V0}-u_{W0}\\u_{WU}&=u_{W0}-u_{U0}\end{aligned}\right\} \tag{8.24}$$

依照上式可画出图 8.43 中的 u_{UV}的波形。

设负载中点 N 与直流电源假想中的点 0 之间的电压为 u_{N0}，则负载各相的相电

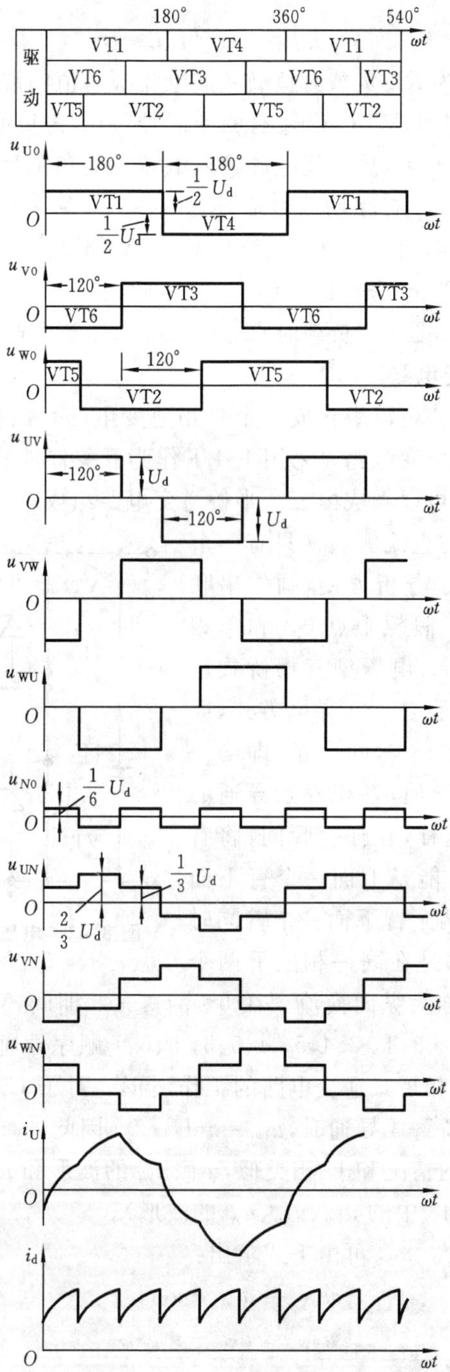

图 8.43　电压型三相桥式逆变电路的工作波形

压分别为

$$\left.\begin{aligned} u_{UN} &= u_{U0} - u_{N0} \\ u_{VN} &= u_{V0} - u_{N0} \\ u_{WN} &= u_{W0} - u_{N0} \end{aligned}\right\} \tag{8.25}$$

把上面各式相加并整理，可求得

$$u_{N0} = \frac{1}{3}(u_{U0} + u_{V0} + u_{W0}) - \frac{1}{3}(u_{UN} + u_{VN} + u_{WN}) \tag{8.26}$$

设负载为三相对称负载，则有

$$u_{UN} + u_{VN} + u_{WN} = 0$$

故可得

$$u_{N0} = \frac{1}{3}(u_{U0} + u_{V0} + u_{W0}) \tag{8.27}$$

图 8.43 中的 u_{N0} 的波形也是矩形波，但其频率为 u_{U0} 频率的 3 倍，幅值为其 1/3，即为 $U_d/6$。

利用式(8.25)和式(8.27)可绘出图 8.43 中的 u_{UN} 的波形，u_{VN}、u_{WN} 与 u_{UN} 的波形相同，仅相位依次相差 120°。

负载参数已知时，可以由 u_{UN} 的波形求出 U 相电流 i_U 的波形。负载的阻抗角 φ 不同，i_U 的波形和相位都有所不同。图 8.43 中的 i_U 波形是在阻感性负载下、$\varphi<\pi/3$ 时得到的。桥臂 1 和桥臂 4 之间的换流过程和半桥电路相似。上桥臂 1 的 VT1 从通态转为断态时，因负载电感中的电流不能突变，下桥臂 4 的 V4 先导通续流，待负载电流降到零，桥臂 4 电流反向时，VT4 才开始导通。负载阻抗角 φ 越大，V4 导通时间就越长。i_U 的上升段即为桥臂 1 导电的区间，其中 $i_U<0$ 时 V1 导通，$i_U>0$ 时 VT1 导通；i_U 的下降段即为桥臂 4 导电的区间，其中 $i_U>0$ 时 V4 导通，$i_U<0$ 时 VT4 导通。

i_V、i_W 的波形和 i_U 的波形相同，相位依次相差 120°。把桥臂 1、桥臂 3、桥臂 5 的电流相加，就可得到直流侧电流 i_d 的波形(见图 8.43)。可以看出，i_d 每隔 60°脉动一次，而直流侧电压是基本无脉动的，因此逆变器从交流侧向直流侧传送的功率是脉动的，且脉动的情况和 i_d 脉动情况大体相同。这也是电压型逆变电路的一个特点。可以证明：

输出线电压有效值为

$$U_{UV} = \sqrt{\frac{1}{2\pi}\int_0^{2\pi} u_{UV}^2 \mathrm{d}(\omega t)} = 0.816U_d$$

负载相电压有效值为

$$U_{UN} = \sqrt{\frac{1}{2\pi}\int_0^{2\pi} u_{UN}^2 \mathrm{d}(\omega t)} = 0.471U_d$$

在上述 180°导电方式逆变器中，为了防止同一相上下两桥臂的开关器件同时导通而引起直流侧电源的短路，要采取“先断后通”的方法。即先给应关断的器件以关断信号，待其关断后留一定的时间裕量，然后再给应导通的器件发出导通信号，即在二者之间留一个短暂的死区时间。死区时间的长短要视器件的开关速度而定,器件的开关速度越快,所留的死区时间就可以越短。这个“先断后通”方法对于工作在上下桥臂通断互补方式下的其他电路也是适用的。显然,前述的单相半桥和全桥逆变电路也必须采取这一方法。

3. 电流型逆变电路

电流型逆变电路也称为电流源型逆变电路(current source type inverter, CSTI)。理想的直流电流源实际上并不多见,一般是在逆变电路直流侧串联一个大电感,因为大电感中的电流脉动很小,因此可近似看成直流电流源。图 8.44(a)所示的电流型三相桥式逆变电路就是电流型逆变电路的一个例子。

电流型逆变电路有以下主要特点。

(1) 直流侧串联有大电感,相当于电流源。直流侧电流基本无脉动,直流回路呈现高阻抗。

(2) 电路中开关器件的作用仅是改变直流电流的流通路径,因此交流侧输出电流的波形为矩形波,并且与负载阻抗角无关。而交流侧输出电压波形和相位则因负载阻抗情况的不同而不同,其波形常接近正弦波。

(3) 当交流侧为阻感性负载时需要提供无功功率,直流侧电感起缓冲无功能量的作用。因为反馈无功能量时直流电流并不反向,因此不必像电压型逆变电路那样要给开关器件反并联二极管。

电流型逆变器在交—直—交变频调速系统中应用较为广泛,下面仅介绍三相电流型逆变电路及其波形(见图 8.44)。

图 8.44(a)所示电路的基本工作方式是 120°导电方式,即每个臂一周期内导通 120°。按图示标号开关管的驱动信号 V_G 彼此依序相差 60°,即按 VT1 到 VT6 的顺序每隔 60°依次导通。各开关器件如图 8.44(b)所示导通 120°,则任何时刻只有两只开关管导通,这样,每个时刻上桥臂组的三个臂和下桥臂组的三个臂都各有一个臂导通。换流时,是在上桥臂组或下桥臂组的组内依次换流,称为横向换流。在 $0\leqslant\omega t\leqslant\pi/3=60°$期间,VT6、VT1 导通,此后按 1、2, 2、3, 3、4, 4、5, 5、6, 6、1 顺序导通,故称六拍逆变器。

像画电压型逆变电路波形时先画电压波形一样,画电流型逆变电路波形时,总是先画电流波形。因为输出交流电流波形和负载性质无关,是正负脉冲宽度各为 120°的矩形波。图8.44(b)所示为逆变电路的三相输出交流电流波形。同样可以证明:

输出线电压有效值

$$U_{ab}=0.707U_{\mathrm{d}}$$

相电压有效值

$$U_{aO}=0.409U_{\mathrm{d}}$$

在实际应用中,很多负载都希望逆变器的输出电压(电流)、功率及频率能够得到有效和灵活的控制,以满足实际应用中各种各样的要求。例如,对于异步电动机的变

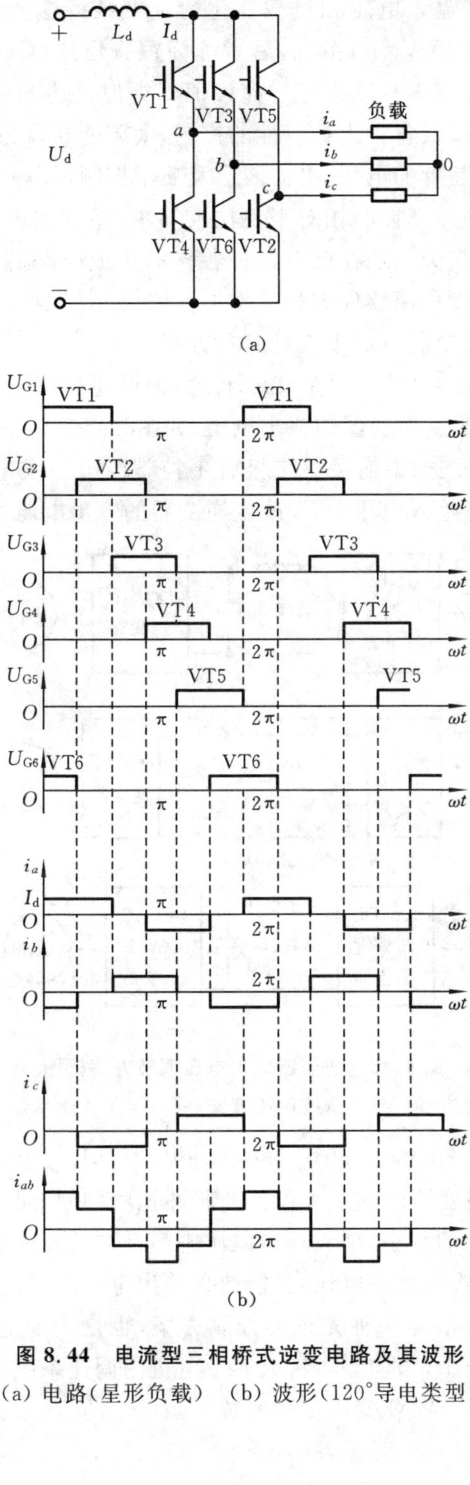

图 8.44　电流型三相桥式逆变电路及其波形

(a) 电路(星形负载)　(b) 波形(120°导电类型)

频调速，要求逆变器的输出电压和频率都能改变，并实现电压、频率的协调控制。对于 UPS 电源，则要求在输入电压和负载变化情况下维持逆变器输出电压和频率恒定。前者称为变压变频(VVVF)系统，后者称为恒频恒压(CFCV)系统，而且，二者都要求输出电压波形正弦失真度不超过允许值。类似上述的例子还很多，如高频逆变电焊机的恒流、恒压以及各种焊接特性的控制，太阳能和风力发电所要求的恒频恒压控制，感应加热电源装置的电压、电流波形及功率控制，等等。

逆变器输出电压的频率控制相对来说比较简单，逆变器电压和波形控制则比较复杂，且二者常常密切相关。现在已有各种各样的集成电路芯片可供逆变器控制系统选择使用，当然也可以利用软件编程技术加以解决。

逆变器输出电压的控制有如下三种基本方案。

(1) 可控整流方案。如果电源是交流电源，则可通过改变可控整流器输出到逆变器的直流电压 U_d 来改变逆变器的输出电压，如图8.45(a)所示。

(2) 斩波调压方案。如果前级是二极管不控整流电源或电池，则可通过直流斩波器改变逆变器的直流输入电压 U_d 来改变逆变器的输出电压，如图 8.45(b)所示。

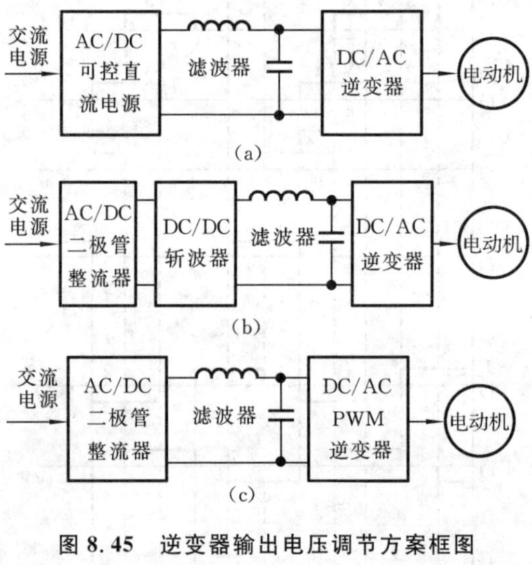

图 8.45　逆变器输出电压调节方案框图

(a) 可控整流方案　(b) 斩波调压方案　(c) PWM 逆变器自调控方案

(3) 脉冲宽度调制(pulse width modulation，PWM)逆变器自调控方案。如图8.45(c)所示，仅通过逆变器内部开关器件的脉冲宽度调制，同时调控电压和频率，调控输出电压中基波电压的大小，增大输出电压中最低次谐波的阶次，并减小其谐波数值，来达到既能调控其输出基波电压，又能改善输出电压波形的目的。逆变器自身调控其输出电压大小和波形是一种先进的控制方案，也是当前应用最广的方案之一。在交流电动机调速系统中，当前除了特大容量电机的调速系统外，几乎全都采用全控型功率开关器件组成的 PWM 变压变频系统。

8.4　斩波电路与PWM控制技术

电力电子技术中的斩波器是利用晶闸管和自关断器件来实现通断控制的。将直流电源电压断续加在负载上，通过改变开关的动作频率或改变直流电流通和断的时间比例，来改变加于负载上的电压、电流平均值的电路，称为直流—直流变换器或直流斩波电路，简称为斩波电路。在直流电动机调速、开关磁阻电动机激磁、步进电动机绕组激磁及脉冲电源中都采用了各式各样的斩波控制技术。随着自关断全控型开关器件的发展，PWM控制的斩波技术更加完善且进一步扩大了应用的范围，使得交流变频调速中使用的PWM逆变器出现了各式各样的电路形式。

8.4.1　斩波电路

斩波电路的种类较多，最基本的是降压斩波电路和升压斩波电路。

1. 降压斩波电路

降压斩波电路(buck chopper)及其工作波形如图8.46所示。该电路使用了一个全控型器件VT(图中为IGBT)，也可使用其他器件。若采用晶闸管，则需设置使晶闸管关断的辅助电路。如图8.46(a)所示，为在VT截止时给负载中的电感电流提供通道，设置了续流二极管V。斩波电路的典型用途之一是拖动直流电动机，也可带蓄电池负载，两种情况下负载中均会出现反电动势(如图中的E)。若负载中无反电动势时，只需令$E=0$，以下的分析及表达式均可适用。

由图8.46(b)所示VT的栅射电压u_{GE}波形可知，在$t=0$时刻驱动VT导通，电源U_d向负载供电，负载电压$u_o=U_d$，负载电流i_o线性(实则按指数曲线，下同)上升。

当$t=t_1$时刻，控制VT截止，负载电流经二极管V续流，负载电压u_o近似为零，负载电流i_o线性下降。为了使负载电流连续且脉动小，通常串接L值较大的电感。

至一个周期T结束，再驱动VT导通，重复上一周期的过程。当电路工作于稳态时，负载电流在一个周期的初值和终值相等，如图8.46(b)所示。负载电压的平均值为

$$U_o=\frac{t_{on}}{t_{on}+t_{off}}U_d=\frac{t_{on}}{T}U_d=\gamma U_d\quad\left(\gamma=\frac{t_{on}}{T}\right)\tag{8.28}$$

式中，t_{on}——VT处于通态的时间；

t_{off}——VT处于断态的时间；

T——开关周期；

γ——导通占空比，简称占空比或导通比。

由此式知，输出到负载的电压平均值U_o最大为U_d，若减小导通占空比γ，则U_o随之减小。因此该电路称为降压斩波电路，也可看成直流降压变压器。

负载电流平均值为

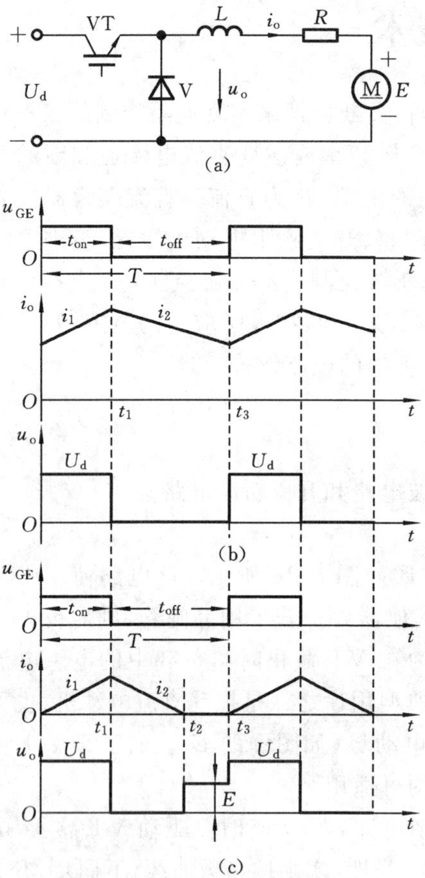

图 8.46　降压斩波电路及其工作波形

(a) 电路　(b) 电流连续时的波形

(c) 电流断续时的波形

$$I_o=\frac{U_o-E}{R} \tag{8.29}$$

若负载中 L 值较小，则在 VT 截止后，到了 t_2 时刻，如图 8.46(c)所示，负载电流已衰减至零，会出现负载电流断续的情况。由波形可见，负载电压 u_o 平均值会被抬高。一般，工作时不希望出现电流断续的情况。

由式(8.24)可见，改变开关管 VT 在一个周期中的相对导通时间，即改变导通占空比 γ，即可调节或控制输出电压 U_o。根据对输出电压平均值进行调制的方式不同，斩波电路可有如下三种控制方式：

(1) 脉冲宽度调制(PWM)方式，即保持 T 不变(开关频率不变)，改变 t_{on} 调控输出电压 U_o；

(2) 脉冲频率调制(pulse frequency modulation，PFM)方式，即保持 t_{on} 不变，改变开关频率或周期调控输出电压 U_o；

(3) 混合型调制方式，即 t_{on} 和 T 都可调，改变导通占空比 γ，从而调控输出电压 U_o。

实际中广泛采用 PWM 方式，因为采用定频 PWM 开关时，输出电压中谐波的频率固定，滤波器容易设计，开关过程所产生电磁干扰容易控制。此外，由控制系统获得可变脉宽信号比获得可变频率信号容易实现。

直流斩波电路输出的直流电压有两种不同的应用。一种是要求输出电压可在一定范围内调节控制，即输出可变的直流电压。例如，负载为直流电动机时，要求采用可变直流电压供电以改变其转速。另一种是要求在电源电压变化或负载变化时输出电压都能维持恒定不变，即输出恒定的直流电压。这两种不同的要求均可通过一定类型的控制系统的反馈控制原理实现，其实际应用分析将在第 9 章中介绍。

2. 升压斩波电路

升压斩波电路(boost chopper)及其工作波形如图 8.47 所示，该电路中也使用了一个全控型器件。

像图 8.46(a)所示那样在电源 U_d 与负载之间串接一个控制开关，绝不可能使负载获得高于电源电压 U_d 的直流电压。为了获得高于电源电压 U_d 的直流输出电压

U_o，一个简单而有效的办法是，利用电感线圈 L 在其电流减小时所产生的反电动势 e_L。当电感电流减小时，$e_L=-L\mathrm{d}i_L/\mathrm{d}t$ 为正值。将此电感反电动势 e_L 与电源电压 U_d 串联相加送至负载，则负载就可获得高于电源电压 U_d 的直流电压 U_o。在这一思想启发下，利用一个全控型开关管 VT 和一个续流二极管 V，再加上电感、电容，构成了直流—直流升压变换器，即升压斩波电路，其电路如图8.47(a)所示。

升压斩波电路是输出直流电压平均值 U_o 高于输入电压 U_d 的单管不隔离直流变换器，图 8.47(a)中电感 L 在输入侧，称为升压电感。开关管 VT 仍为 PWM 控制方式。与降压斩波电路一样，升压斩波电路也有电感电流连续和断流两种工作方式。下面仅分析电感电流连续的工作情况，如图8.47(b)所示。

从 $t=0$ 到 $t=t_1$ 为 t_{on}，在此期间，开关管 VT 导通，二极管 V 截止，电源电压 U_d 加到升压电感 L 上，电感电流 i_L 线性增长。当 $t=t_1$ 时，i_L 达到最大值 $I_{L\max}$。在 VT 导通期间，由于二极管 V 截止，负载由滤波电容 C 供电。

从 $t=t_1$ 到 $t=t_2$ 为 t_{off}，在此期间，VT 截止，V 导通，这时，i_L 通过二极管 V 向输出侧流动，电源功率和电感 L 的储能向负载和电容 C 转移，给 C 充电。此时加在 L 上的电压为 U_o-U_d，因为 $U_o>U_d$，故 i_L 线性减小。当 $t=t_2$ 时，i_L 达到最小值 $I_{L\min}$。

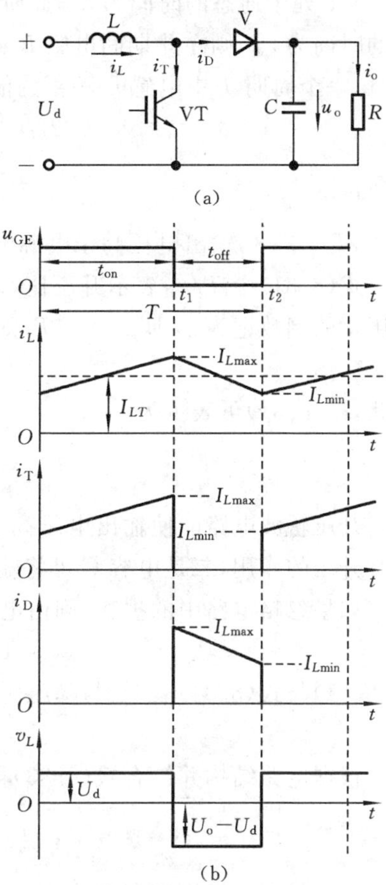

图 8.47　升压斩波电路及其工作波形

(a) 电路　(b) 电感电流连续时波形

此后，VT 又导通，开始下一个开关周期。

由此可见，电感电流连续时升压斩波电路的工作分为两个阶段：①VT 导通时为电感 L 储能阶段，此时电源不向负载提供能量，负载靠储于电容 C 的能量维持工作；②VT 截止时为电源和电感共同向负载供电阶段，同时还给电容 C 充电。图 8.47(b)所示的升压斩波电路电源的输入电流就是升压电感 L 电流，电流平均值 $I_{LT}=(I_{L\max}+I_{L\min})/2$。开关管 VT 和二极管 V 轮流工作：VT 导通时，电感电流 i_L 流过 VT；VT 截止、V 导通时，电感电流 i_L 流过 V。电感电流 i_L 是 VT 导通时的电流 i_T 和 V 导通时的电流 i_D 的合成。在周期 T 的任何时刻 i_L 都不为零，即电感电流连续。稳态工作时电容 C 充电量等于放电量，通过电容的平均电流为零，故通过二极管 V 的电流平均值就是负载电流 I_o。

VT 处于通态的时间为 t_{on}，此阶段电感 L 上积蓄的能量为 $U_d I_{LT} t_{on}$。VT 处于断态的时间为 t_{off}，则在此期间电感 L 释放的能量为 $(U_o - U_d) I_{LT} t_{off}$。当电路工作于稳态时，一个周期 T 中电感 L 积蓄的能量与释放的能量相等，即

$$U_d I_{LT} t_{on} = (U_o - U_d) I_{LT} t_{off} \tag{8.30}$$

化简得

$$U_o = \frac{t_{on} + t_{off}}{t_{off}} U_d = \frac{T}{t_{off}} U_d \tag{8.31}$$

式中，$T/t_{off} \geqslant 1$，输出电压高于电源电压，故称该电路为升压斩波电路。

式(8.31)中 T/t_{off} 表示升压比，调节其大小即可改变输出电压 U_o 的大小。若将升压比的倒数记为 β，即 $\beta = t_{off}/T$，则 β 和导通占空比 γ 有如下关系：

$$\gamma + \beta = 1 \tag{8.32}$$

因此，式(8.31)可表示为

$$U_o = \frac{1}{\beta} U_d = \frac{1}{1-\gamma} U_d \tag{8.33}$$

升压斩波电路能使输出电压高于电源电压，关键原因有两个：一是 L 储能之后具有升压的作用，二是电容 C 可将输出电压保持住。

如果忽略电路中的损耗，则由电源提供的能量仅由负载 R 消耗，即

$$U_d I_{LT} = U_o I_o \tag{8.34}$$

式(8.31)与式(8.34)表明，与降压斩波电路一样，升压斩波电路也可看成是直流变压器。

根据电路结构并结合式(8.33)得出输出电流的平均值为

$$I_o = \frac{U_o}{R} = \frac{1}{\beta} \frac{U_d}{R} \tag{8.35}$$

由式(8.34)即可得出电源电流

$$I_{LT} = \frac{U_o}{U_d} I_o = \frac{1}{\beta^2} \frac{U_d}{R} \tag{8.36}$$

8.4.2 PWM 控制技术

PWM 控制技术是对脉冲的宽度进行调制的技术，它通过对一系列脉冲的宽度进行调制，来等效地获得所需要的波形(含形状和幅值)。

前面介绍的直流斩波电路采用的就是 PWM 控制技术中最为简单的一种。这种电路把直流电压“斩”成一系列脉冲，以改变脉冲的导通占空比来获得所需的输出电压。改变脉冲的导通占空比就是对脉冲宽度进行调制，只是因为输入电压和所需要的输出电压都是直流电压，因此脉冲既是等幅的，也是等宽的，仅仅是对脉冲的导通占空比进行控制。

PWM 控制技术在逆变电路中的应用最为广泛，对逆变电路的影响也最为深刻。在目前大量应用的逆变电路中，绝大部分都是 PWM 型逆变电路。可以说，PWM 控制技术正是有赖于在逆变电路中的应用，才发展得比较成熟，才确定了它在电力电子

技术中的重要地位。正因为如此，本节主要以逆变电路为控制对象来介绍 PWM 控制技术。

1. PWM 控制的基本原理

采样控制理论有一个重要的原理——冲量等效原理：冲量相等而形状不同的窄脉冲加在具有惯性的环节上时，其效果基本相同。这里所说的冲量是指窄脉冲的面积，效果基本相同是指环节的输出响应波形基本相同。此为波形面积相等的原理，也称为面积等效原理。面积等效原理是 PWM 控制技术的重要理论基础。

下面分析如何用一系列等幅不等宽的脉冲来代替一个正弦半波。

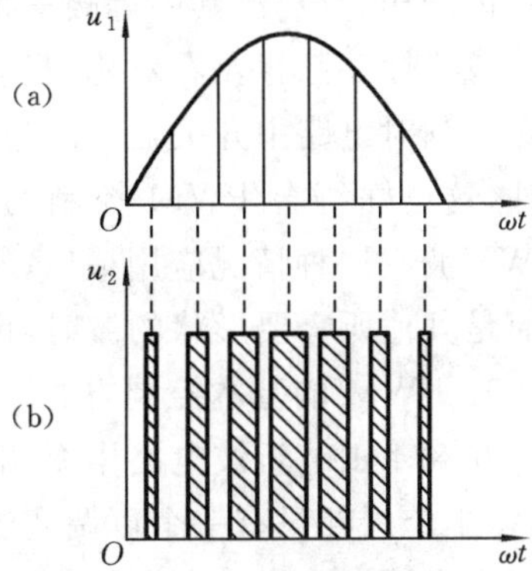

图 8.48　SPWM 波代替正弦半波

(a) 正弦电压　(b) SPWM 等效电压

把图 8.48(a)所示的正弦半波分成 N 等份，就可以把正弦半波看成是由 N 个彼此相连的脉冲序列所组成的波形。这些脉冲宽度相等，都等于π/N，但幅值不等，且脉冲顶部不是水平直线而是曲线，各脉冲的幅值按正弦规律变化。如果把上述脉冲序列（等宽不等幅）利用相同数量的等幅而不等宽的矩形脉冲代替，使矩形脉冲的中点和相应正弦波部分的中点重合，且矩形脉冲和相应的正弦波部分面积（冲量）相等，就得到图 8.48(b)所示的脉冲序列。这就是 PWM 波形。可以看出，各脉冲的幅值相等，而宽度是按正弦规律变化的。根据面积等效原理，PWM 波形和正弦半波是等效的，而且在同一时间段（如半波内）的脉冲数越多、脉冲宽度越窄，不连续的按正弦规律改变宽度的多脉冲电压 u_2 就越等效于正弦电压 u_1。对于正弦波的负半周，也可以用同样的方法得到 PWM 波形。像这种脉冲宽度按正弦规律变化而和正弦波等效的 PWM 波形，称为 SPWM(sinusoidal PWM)波形。

要改变等效输出正弦波的幅值时，只要按照同一比例系数改变上述各脉冲的宽度即可。

PWM 波可分为等幅 PWM 波和不等幅 PWM 波两种。由直流电源产生的 PWM 波通常是等幅 PWM 波。如直流斩波电路及本节介绍的 PWM 逆变电路，其 PWM 波都是由直流电源产生的，由于直流电源的电压幅值基本恒定，因此 PWM 波是等幅的。若其输入电源是交流的，则所得到的 PWM 波就是不等幅的了。直流斩波电路得到的 PWM 波是等幅又等宽的等效直流波形，SPWM 波得到的是等幅不等宽的等效正弦波。这些都是应用十分广泛的 PWM 波。本节介绍的 PWM 控制技术实际上主要是 SPWM 控制技术。

2. PWM 控制的基本方法

PWM 逆变电路也可分为电压型和电流型两种。目前实际应用的 PWM 逆变电路几乎都是电压型电路，因此，本节主要介绍电压型 PWM 逆变电路的控制方法。

根据上面所述的 PWM 控制的基本原理，如果给出了逆变电路的正弦波输出频率、幅值和半个周期内的脉冲数，就可以准确地计算出 PWM 波中各脉冲的宽度和间隔。按照计算结果控制逆变电路中各开关器件的通断，就可以得到所需要的 PWM 波形。这种方法称为计算法。计算法是较烦琐的，当需要输出的正弦波的频率、幅值或相位变化时，计算结果都要变化。

实际中应用较多的是调制法，即把希望输出的波形作为调制信号，把接受调制的信号作为载波，通过信号波的调制得到所期望的 PWM 波形。通常采用等腰三角波或锯齿波作为载波，其中等腰三角波应用最多。等腰三角波上任一点的水平宽度和高度成线性关系且左右对称，当它与任何一个平缓变化的调制信号波相交时，如果在交点时刻对电路中开关器件的通断进行控制，就可以得到宽度正比于信号波幅值的脉冲，这正好符合 PWM 控制的要求。在调制信号波为正弦波时，所得到的就是SPWM波。这种情况应用最广，本节主要介绍这种控制方法。当调制信号不是正弦波而是其他所需要形状的波时，也能得到与之等效的 PWM 波。

3. PWM 的基本控制方式

在 8.4.1 节斩波电路中介绍的单脉冲脉宽调制是一种最简单的 PWM 控制方式，每半个周期只有一个可调宽的方波电压，谐波分量很大。为了减小谐波分量，可采用在半周期内增多电压脉冲数的方法，来改善输出电压波形，即多脉冲脉宽调制。多脉冲脉宽调制分单极性 PWM 控制方式与双极性 PWM 控制方式。下面仅以正弦脉宽调制的几个基本电路为例加以介绍。

1) 单极性 PWM 控制方式

图 8.49(a)所示的是采用 IGBT 作为开关器件的单相桥式电压型逆变电路。设负载为阻感性负载。

为了使逆变电路获得正弦波输出信号，如图 8.49(b)所示，调制电路的输入信号有两个：一个为频率和幅值可调的正弦波调制信号波 $u_r=U_{rm}\sin\omega_r t$，频率 $f_r=\dfrac{\omega_r}{2\pi}=f_1$(逆变器输出电压基波频率)，频率 f_r的可调范围一般为 0～400 Hz；另一个为载波 u_c，它是频率为 f_c、幅值为U_{cm}的单极性三角波，f_c通常较高(它取决于开关器件的开关频率)。调制电路(由比较器组成)的输出信号 $U_{G1}\sim U_{G4}$就是开关器件 VT1～VT4 的栅极信号。用图 8.49(c)所示的正弦波与三角波的交点来确定开关器件的导通与关断。下面结合电路进行具体分析。

(1) 在正弦调制波 v_r正半周中。在图 8.49(c)中三角波瞬时值 u_c高于正弦波瞬时值u_r期间，图 8.49(b)所示的 U_A为负值，U_{G1}使图 8.49(a)中的 VT1 截止，此时 $\overline{U}_A$为正值，U_{G2}驱动 VT2 导通，同时 U_B为正值，U_{G4}驱动 VT4 导通；$\overline{U}_B$为负值，U_{G3}使 VT3 截止。所以在 $u_c>u_r$期间，由于 VT1、VT3 截止，电源电压 U_d不可能加至负载上。VT2、VT4 有驱动信号导通时，如果此时负载电流 i_o为正，则 i_o经 VT4、V2 续流使 $u_o=0$。如果此时负载电流为负，则$-i_o$将经VT2、V4续流使 $u_o=0$，所以在 $u_c>u_r$

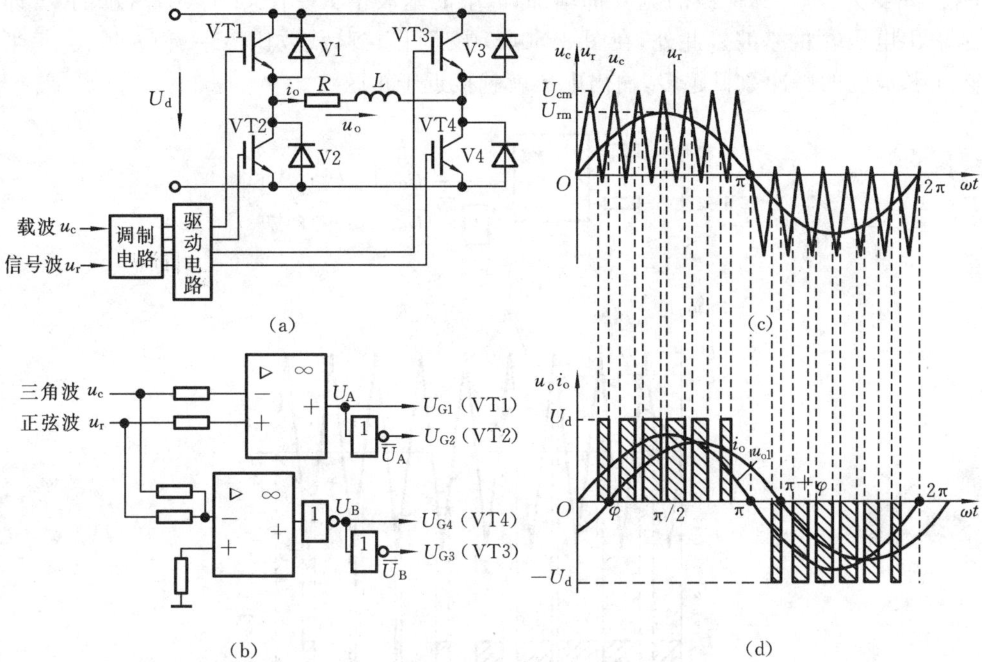

图 8.49　单极性正弦脉宽调制原理及输出波形

(a) 单相桥式 PWM 逆变电路　(b) 调制电路(驱动信号生成电路)

(c) 由 v_c、v_r 相交确定开关点　(d) SPWM 电压(逆变器输出电压)

期间,图 8.49(d)中 $u_o=0$。

在图 8.49(c)中,正弦波瞬时值 u_r 大于三角波瞬时值 u_c 期间,使图 8.49(b)中的 U_A 为正值,U_B 为正值,VT1、VT4 导通,VT2、VT3 截止。如果此时 i_o 为正值,则直流电源 U_d 经 VT1、VT4 向负载供电,使 $u_o=U_d$;如果此时 i_o 为负值,则 $-i_o$ 经 V1、V4 返回直流电源 U_d,此时仍是 $u_o=U_d$。所以在 $u_r>u_c$ 期间逆变器输出电压 $u_o=+U_d$,如图 8.49(d)所示。对每一个区间都进行类似的分析,就可以画出图 8.49(d)所示的正弦调制电压 u_r 正半波期间输出电压 u_o 的完整波形。

(2) 在正弦调制波 u_r 负半周中。根据图 8.49(c)所示的电压波形关系和图 8.49(b)所示的电路关系,可类似地画出图 8.49(d)所示正弦调制电压 u_r 负半波时的输出电压 u_o。

由以上分析可知,输出电压 u_o 是一个多脉冲波组成的交流电压,脉冲波的宽度近似地按正弦规律变化,即 ωt 从 0 到 2π 期间,脉宽从零变到最大正值再变为零,然后从零变到最大负值再变到零。在正半周只有正脉冲电压,在负半周只有负脉冲电压,因此这种 PWM 控制称为单极性正弦脉冲宽度调制控制 SSPWM。输出电压 u_o 的基波频率 f_1 等于正弦调制波频率 f_r,输出电压的大小由电压调制比 $M=U_{rm}/U_{cm}$ 决定。固定 V_{cm} 不变,改变 U_{rm}(改变调制比 M)即可调控输出电压的大小,例如,增大

U_{rm},M 变大,每个脉冲波的宽度都增加,u_o中的基波增大。图 8.50(d)所示的 u_{o1} 即为输出电压 u_o的基波。此外,在图 8.50(c)中还可看到,载波比 $N=f_c/f_r$越大,每半个正弦波内的脉冲数目越多,输出电压就越接近于正弦波。

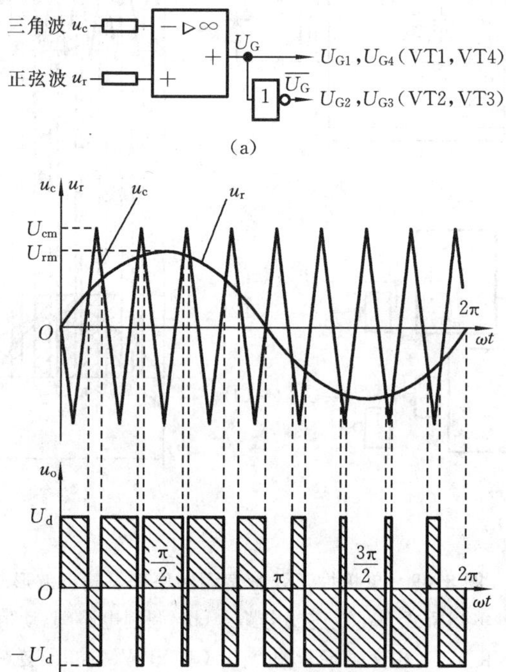

(b)

图 8.50　双极性正弦脉宽调制原理及输出波形

(a) 调制电路(驱动信号生成电路)　(b) 电压波形

2) 双极性 PWM 控制方式

(1) 单相桥式逆变电路。逆变电路图仍为图 8.50(a)所示,调制电路如图 8.50(a)所示,图 8.50(b)所示的调制参考波仍为幅值为 U_{rm}的正弦波 u_r,其频率 f_r就是输出电压基波频率 f_1。高频载波为双极性三角波 u_c,其幅值为 U_{cm},频率为 f_c。图中无论在 u_r的正半周还是负半周,当瞬时值 $u_r>u_c$时,图 8.50(a)所示的比较器输出电压 U_G为正值,U_{G1}、U_{G4}驱动 VT1、VT4 导通,同时,正值 U_G反向后输出$\overline{U}_G$为负值,U_{G2}、U_{G3}使 VT2、VT3 截止,于是逆变器输出电压 $u_o=+U_d$;当瞬时值 $u_r<u_c$时,图 8.50(a)所示的比较器输出电压 U_G为负值,U_{G1}、U_{G4}使 VT1、VT4 截止,于是U_G反向后输出$\overline{U}_G$为正值,U_{G2}、U_{G3}驱动 VT2、VT3 导通,于是逆变器输出电压$u_o=-U_d$。

利用图 8.50(a)所示的简单硬件电路(或改用计算机软件)可以获得图 8.50(b)所示的输出电压 u_o,它由多个不同宽度的双极性脉冲电压方波组成。若载波比 $N=f_c/f_r=f_c/f_1$,则每半个周波中正脉冲和负脉冲共有 N 个。若固定三角载波频率 f_c,改变 f_r,即可改变输出交流电压基波的频率 f_1($f_1=f_r$)。固定三角载波电压幅值U_{cm}，改变正弦调制参考波u_r的幅值U_{rm}，即改变电压调制比M，则将改变u_r与u_c两波形的交点，从而改变每个脉冲电压的宽度，改变u_o中基波和谐波的数值。由于图 8.50(b)所示输出电压在正负半周中都有多个正、负脉冲电压，故称这种 PWM 控制为双极性正弦脉冲宽度调制。可以证明，如果载波比N足够大，调制比$M \leqslant 1$，则基波电压幅值$U_{1m} \approx MU_d = U_d U_{rm}/U_{cm}$，输出电压基波$U_{1m}=U_d(M=1)$最大时，其有效值$U_{o1}$只能达到$U_d/\sqrt{2}=0.707U_d$，这与单极性 SPWM 控制是一样的。对比 180°宽的方波交流电压的基波有效值，即由式(8.21)可知$U_{o1}=0.9U_d$，可见双极性正弦脉冲宽度调制SPWM改善输出电压波形的代价是牺牲了直流电压利用率，即输出电压的基波电压从$0.9U_d$减小到$0.707U_d$。

综上所述，改变信号电压的频率，即可改变逆变器输出基波的频率(频率可调范围一般为 0～400 Hz)；改变信号电压的幅值，便可改变输出电压基波的幅值。逆变器输出的虽然是调制方波脉冲，但由于载波信号的频率比较高(可达 15 kHz 以上)，在负载电感(如电动机绕组的电感)的滤波作用下，可以获得与正弦基波基本相同的正弦电流。

采用 SPWM 控制，逆变器相当一个可控的功率放大器，既能实现调压，又能实现调频，加上它体积小，重量轻，可靠性高，而且调节速度快，系统动态响应性能好，因而在变频逆变器中获得广泛的应用。

以上通过典型的单相逆变器，介绍了 SPWM 控制的工作原理。但实际上，通用的变频器多为三相变频器，下面就对它作进一步的分析。

(2) 三相桥式逆变电路。图 8.51(a)所示是三相桥式 PWM 型逆变电路，这种电路都是采用双极性控制方式。U、V 和 W 三相的 PWM 控制通常公用一个三角波载波u_c，图 8.51(b)和图 8.51(c)中的三相调制参考信号正弦电压u_{Ur}、u_{Vr}、u_{Wr}为

$$u_{Ur}(t) = U_{rm}\sin\omega_r t$$
$$u_{Vr}(t) = U_{rm}\sin(\omega_r t - 120°)$$
$$u_{Wr}(t) = U_{rm}\sin(\omega_r t - 240°)$$

式中，ω_r——调制参考波v_r的角频率，$\omega_r = 2\pi f_r = 2\pi f_1$；

f_r——正弦调制参考电压的频率；

f_1——输出电压基波频率；

U_{rm}——调制参考波电压幅值。

图 8.51(b)所示的调制电路引入了逆变器输出电压V_o的闭环反馈调节控制系统，其中U_o^*为输出电压的指令值，U_o为输出电压的实测反馈值。电压偏差$\Delta U_o = U_o^* - U_o$，经电压调节器 VR 输出调制参考电压波的幅值U_{rm}。U_{rm}与调制参考波的频率f_r(f_r决定了输出电压基波频率f_1，$f_1=f_r$)共同产生三相调制参考波正弦电压$u_{Ur}(t)$、$u_{Vr}(t)$、$u_{Wr}(t)$。$u_{Ur}(t)$、$u_{Vr}(t)$、$u_{Wr}(t)$与双极性三角载波电压$u_c(t)$相比较产生驱动信号U_{G1}、U_{G4}、U_{G3}、U_{G6}、U_{G5}、U_{G2}，控制VT1、VT4、VT3、VT6、VT5、VT2 等六个全控型开关器件的通断状态，从而控制逆变器输出的三相交流电压$u_{U0}(t)$、

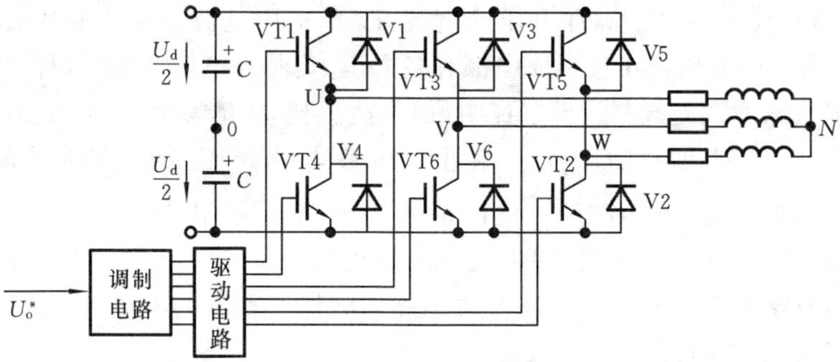

(a)

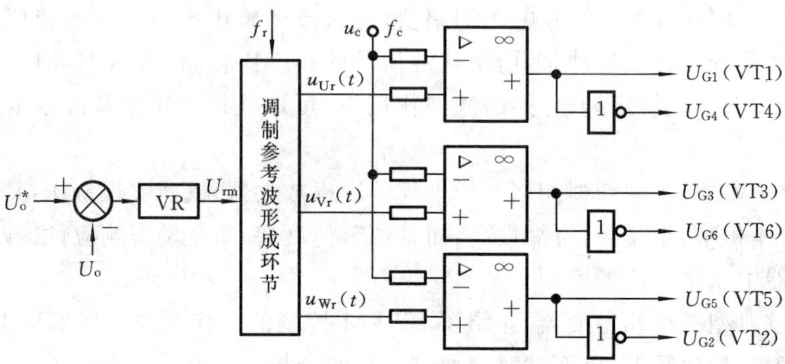

(b)

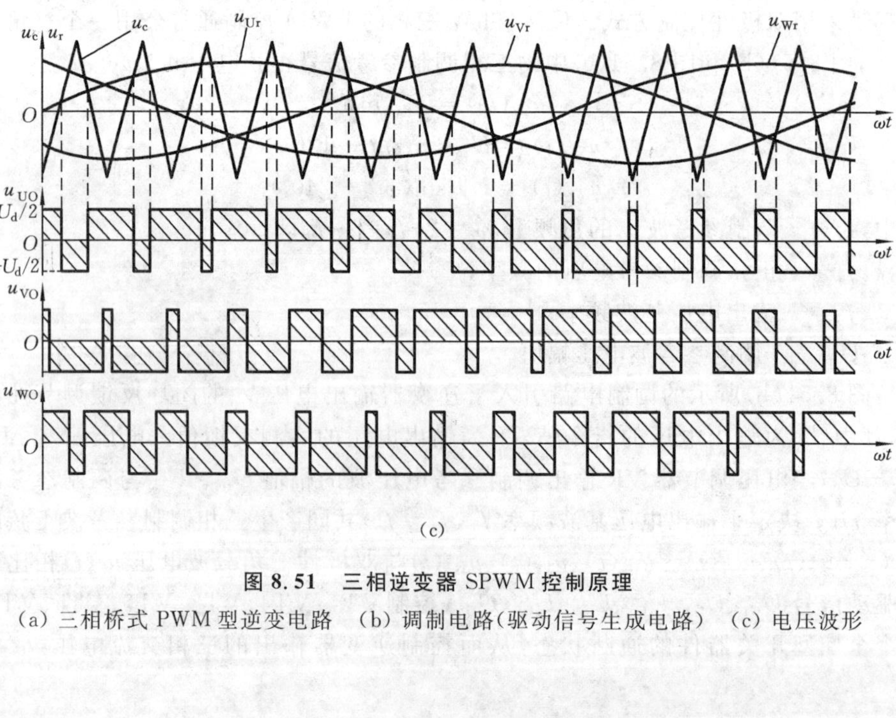

(c)

图 8.51　三相逆变器 SPWM 控制原理

(a) 三相桥式 PWM 型逆变电路　(b) 调制电路(驱动信号生成电路)　(c) 电压波形

$u_{V0}(t)$、$u_{W0}(t)$的瞬时值。U、V和W各相功率开关器件的控制规律相同，现以U相为例来说明。

在图8.51(b)中，比较$u_{Ur}(t)$与载波电压$u_c(t)$可知：当$u_{Ur}>u_c$时，U_{G1}为正值驱动VT1导通，U_{G4}为负值使VT4截止，图8.51(a)中$u_{U0}=+U_d/2$；当$u_{Ur}<u_c$时，U_{G1}为负值使VT1截止，U_{G4}为正值驱动VT4导通，图8.51(a)中$u_{U0}=-U_d/2$。

VT1和VT4的驱动信号始终是互补的。当给VT1(VT4)加导通信号时，可能是VT1(VT4)导通，也可能是二极管V1(V4)续流导通，这要由阻感性负载中电流的方向来决定，和单相桥式PWM型逆变电路在双极性控制时的情况相同。V相及W相的控制方式都与U相的相同。电压的波形如图8.51(c)所示。可以看出，u_{U0}、u_{V0}和u_{W0}的PWM波形都只有$\pm U_d/2$两种电平。线电压u_{UV}的波形可由$u_{U0}-u_{V0}$得出。当臂1和臂6导通时，$u_{UV}=U_d$；当臂3和臂4导通时，$u_{UV}=-U_d$；当臂1和臂3、或者臂4和臂6导通时，$u_{UV}=0$。因此，逆变器的输出线电压PWM波由$\pm U_d$和0三种电平构成。参考式(8.25)至式(8.27)负载相电压u_{UN}可由下式求得：

$$u_{UN}=u_{U0}-\frac{u_{U0}+u_{V0}+u_{W0}}{3}$$

从上式可以看出，负载相电压u_{UN}的PWM波由$\pm\frac{2}{3}U_d$、$\pm\frac{1}{3}U_d$和0等五种电平组成。读者自己可以绘出u_{UV}和u_{UN}的波形。

在电压型逆变电路的PWM控制中，同一相的上、下两个臂的驱动信号都是互补的。但实际上为了防止上、下两个臂直通而造成短路，在上、下两个臂通断切换时要留一小段上、下臂都施加关断信号的死区时间。死区时间的长短主要由功率开关器件的关断时间来决定。这个死区时间将会给输出的PWM波形带来一定影响，使其稍稍偏离正弦波。

输出电压u_o的基波大小与调制系数$M=U_{rm}/U_{cm}$成正比。当实际输出电压基波小于指令值($U_o<U_o^*$)时，电压偏差$\Delta U_o=U_o^*-U_o>0$，电压调节器VR输出的U_{rm}增大，M值增大，使输出电压各脉宽加宽，输出电压U_o增大到给定值U_o^*；反之当$U_o>U_o^*$时，$\Delta U_o<0$，U_{rm}减小，M减小，使输出电压V_o减到U_o^*。如果电压调节器VR为PI调节器(无静差)，则可使稳态时保持$U_o=U_o^*$，即当电源电压U_d改变或负载改变(使变换器主电路中各串联环节电压降改变)而引起输出电压偏离给定值时，电压闭环控制可使输出电压U_o跟踪并保持为给定值U_o^*。这种控制技术也称为PWM跟踪控制技术。

在上面介绍的用正弦信号波对三角波载波进行的调制中，只要载波比N足够大，逆变电路所得到的SPWM波就接近于正弦波，即SPWM波中不含低次谐波，只含和载波频率有关的高次谐波。逆变电路输出波形中所含谐波的多少，是衡量PWM控制方法优劣的基本标志，但不是唯一标志。提高逆变电路的直流电压利用率、减少开关次数也是很重要的。直流电压利用率是指逆变电路所能输出的交流电压基波最大幅值U_{lm}与直流电压U_d之比,提高直流电压利用率可以提高逆变器的输出能力。减少功率器件的开关次数可以降低开关损耗。可以证明,对于正弦波调制的三相PWM逆变电路,直流电压利用率仅为0.866。这个直流电压利用率是比较低的,其原因是正弦调制信号的幅值不能超过三角波幅值。

实际电路工作时,考虑到功率器件的导通和关断都需要时间,如不采取其他措施,采用这种正弦波和三角波比较的调制方法时,实际能得到的直流电压利用率比0.866还要低。为了使逆变电路的输出PWM波更接近正弦波,有效地提高直流电压利用率和减少开关次数,新方法日新月异、层出不穷。目前,SPWM的生成方法还有很多,而且,专门用来产生SPWM波形的大规模集成电路芯片也得到了广泛应用,还可采用微处理器或数字信号处理器(DSP)来生成SPWM波。如SLE4520大规模全数字化CMOS集成电路,在8031单片机相应软件的配合下,只要变更软件就可以实现各种PWM控制方式。目前,各生产厂家更进一步把它做在微机芯片中,生产出多种带PWM信号输出口的电机控制用的8位、16位微机和DSP芯片,供设计者选用。对逆变器主电路而言,在单相、三相桥式逆变电路的基础上也还有多种形式的结构。有关内容请参阅其他文献。

8.5 电力半导体器件的驱动电路

8.5.1 驱动电路的一般结构

现代自动控制系统的主要组成部分如图8.52所示。由电力半导体器件组成的变换器(电力电子电路)是对负载(如电动机)供电的主电路。

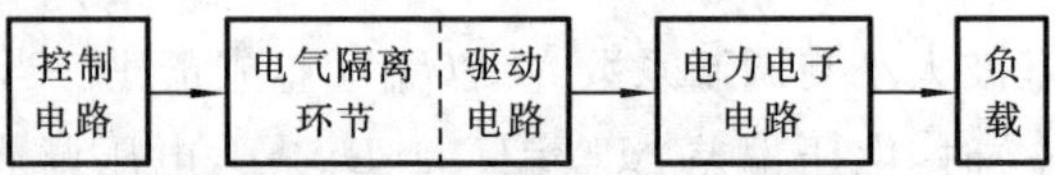

图8.52 控制系统主要结构框图

电力半导体器件的驱动电路是电力电子主电路与控制电路之间的接口,是电力电子装置的重要环节,对整个装置的性能有很大的影响。性能良好的驱动电路,可使电力电子器件工作在较理想的开关状态,缩短开关时间,减小开关损耗,对装置的运行效率、可靠性和安全性都有重要的意义。另外,对电力电子器件或整个装置的一些保护设备往往就近设在驱动电路中,或者通过驱动电路来实现,这使得驱动电路的设计更为重要。

简单地说,驱动电路的基本任务,就是将信息电子电路传来的信号按照其控制目标的要求,转换为加在电力电子器件控制端和公共端之间,可以使其导通或关断的信号。对于半控型器件,只需提供导通控制信号;对于全控型器件,则既要提供导通控制信号,又要提供关断控制信号,以保证器件按要求可靠导通或关断。

驱动电路还要提供控制电路与主电路之间的电气隔离环节，一般采用光隔离或磁隔离。光隔离一般采用光耦合器。光耦合器由发光二极管和光敏晶体管组成，封装在一个外壳内。其类型有普通、高速和高传输比三种，光耦合器的类型及接法如图 8.53 所示。普通型光耦合器的输出特性和晶体管相似，只是其电流传输比 I_C/I_D 比晶体管的电流放大倍数 β 小得多，一般只有 0.1～0.3。高传输比光耦合器的 I_C/I_D 要大得多。普通型光耦合器的响应时间为10 μs左右。高速光耦合器的光敏二极管流过的是反向电流，其响应时间小于 1.5 μs。磁隔离的元件通常是脉冲变压器，当脉冲较宽时，应采取措施避免铁芯饱和。

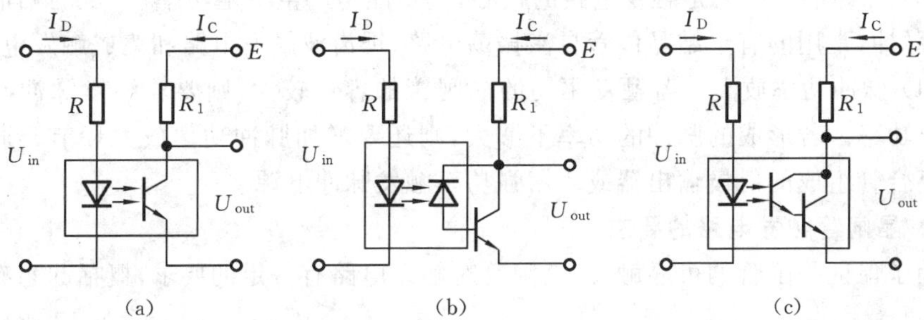

图 8.53　光耦合器的类型及接法

(a) 普通型　(b) 高速型　(c) 高传输比型

按照驱动电路加在电力电子器件控制端和公共端之间信号的性质，可以将电力电子器件分为电流驱动型和电压驱动型两类。晶闸管虽然属于电流驱动型器件，但是它是半控型器件，因此下面将单独讨论其驱动电路，晶闸管的驱动电路常称为触发电路。对于典型的全控型器件 GTO、GTR、P-MOSFET 和 IGBT，则将按电流驱动型和电压驱动型分别讨论。

值得说明的是，驱动电路的具体形式可以是分立元件构成的驱动电路，但目前的趋势是采用专用的集成驱动电路，包括双列直插式集成电路，以及将光耦隔离电路也集成在内的混合集成电路，而且为达到参数最佳配合，各电力电子器件的生产厂家专门为其器件开发有集成驱动电路。

8.5.2　晶闸管的触发电路

晶闸管触发电路的作用是产生符合要求的门极触发脉冲，保证晶闸管在需要的时刻由阻断转为导通。晶闸管触发电路往往包括对其触发时刻进行控制的相位控制电路，触发电路一般由图 8.54 所示的四部分组成。

(1) 同步电路。它的功能是使触发脉冲每次产生的时刻，都能准确地对应着主电路电压波形上的 α 时刻。通常的方法是把主电路的电压信号直接引入，或通过同步变压器(或经过阻容移相电路)从主电路引入，来作为触发同步信号。

(2) 移相控制。它的功能是调节触发脉冲发生的时刻(即调节控制角 α 的大

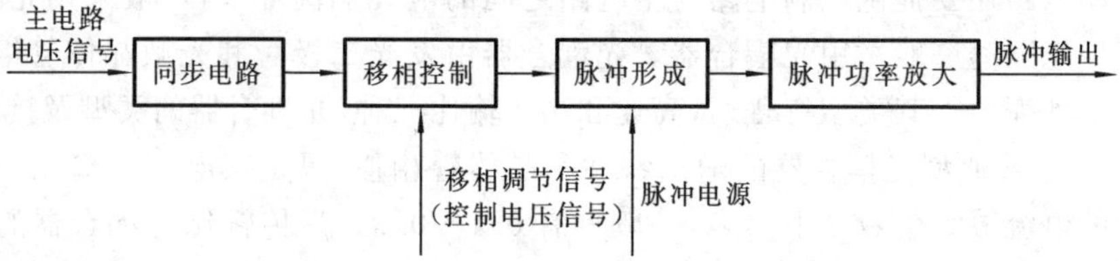

图 8.54　触发电路的组成

小)。常用锯齿波与给定信号电压进行比较来进行移相控制。

(3) 脉冲形成。它是触发电路的核心,其功能是产生一定功率(一定的幅值与脉宽)的脉冲,常用的有单结晶体管自激振荡电路、锯齿波触发电路和集成触发电路等。

(4) 脉冲功率放大。若触发驱动的晶闸管的容量较大,则要求触发脉冲有较大的输出功率。若形成的脉冲的功率不够大,则还要增加脉冲功率放大环节。通常采用由复合管组成的射极输出器或采用强功率触发脉冲电源。

1. 晶闸管触发电路的要求

为了保证晶闸管的可靠触发,晶闸管对触发电路有一定的要求,概括起来有如下几点。

(1) 触发电路应能供给足够大的触发电压和触发电流,一般要求触发电压应该在 4 V 以上、10 V 以下,如图 8.55 所示;脉冲电流的幅度应为器件最大触发电流 I_{GT} 的 3～5 倍。

(2) 由于晶闸管从截止状态到完全导通需要一定的时间(一般在 10 μs 以内),因此,触发脉冲的宽度 t_1(见图 8.55)必须在 10 μs 以上(最好为 20～50 μs),这样才能保证晶闸管可靠地触发;如果负载是大电感,电流上升比较慢,那么,触发脉冲的宽度还应该增大,对于 50 Hz 的交流整流与逆变电路一般为 18°(即 t_1 为 1 ms)。

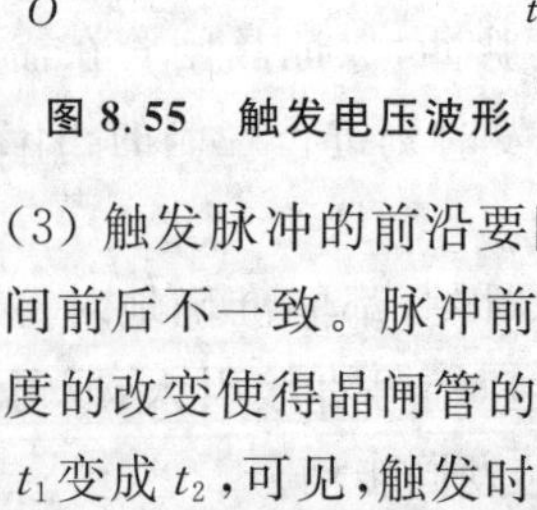

图 8.55　触发电压波形

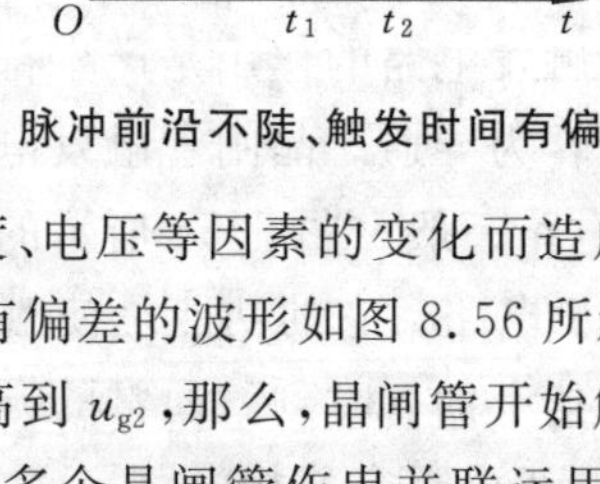

图 8.56　脉冲前沿不陡、触发时间有偏差的波形

(3) 触发脉冲的前沿要陡,否则将会因温度、电压等因素的变化而造成晶闸管触发时间前后不一致。脉冲前沿不陡、触发时间有偏差的波形如图 8.56 所示。如果环境温度的改变使得晶闸管的触发电压从 u_{g1} 提高到 u_{g2},那么,晶闸管开始触发的时间就从 t_1 变成 t_2,可见,触发时间推迟了;同样,在多个晶闸管作串并联运用时,为改善均压和均流,脉冲的前沿陡度也希望大于1 A/μs。理想的触发脉冲电流波形如图

8.57所示。图中，$t_1 \sim t_2$ 为脉冲前沿上升时间（小于 1 μs），$t_1 \sim t_3$ 为强脉冲宽度，I_M 为强脉冲幅值（$3 \sim 5I_{GT}$），$t_1 \sim t_4$ 为脉冲宽度，I 为脉冲平顶幅值（$1.5 \sim 2I_{GT}$）。

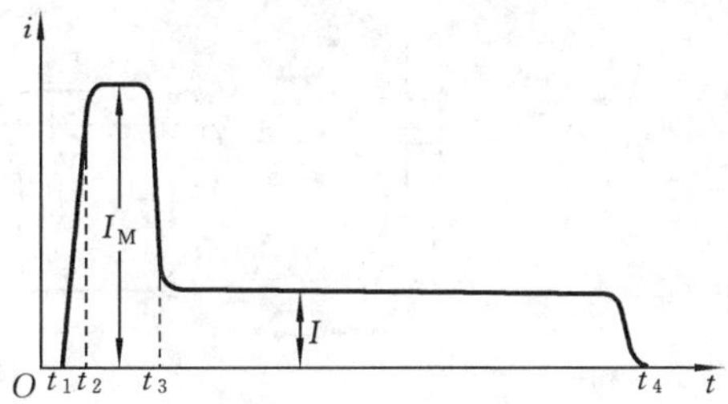

图 8.57　理想的晶闸管触发脉冲电流波形

(4) 不触发时，触发电路的输出电压应该小于 0.15 V，为了提高抗干扰能力，避免误触发，必要时可在控制极上加上一个 1～2 V 的负偏压（就是在控制极上加一个对阴极为负的电压）。

(5) 在晶闸管整流等移相控制的触发电路中，触发脉冲应该和主电路同步，二者的频率应该相同，且要有固定的相位关系，使每一个周期都能在同样的相位上触发，脉冲发出的时间应该能够平稳地前后移动（移相），移相的范围要足够宽。

2. 单结晶体管触发电路

由单结晶体管组成的触发电路具有线路简单、可靠、前沿陡、抗干扰能力强、能量损耗小、温度补偿性能好等优点，所以，在 50 A 以下晶闸管组成的单相或三相半控桥式系统中得到广泛应用。

1）单结晶体管的结构和特性

单结晶体管是一种特殊的半导体器件，它有三个电极，一个发射极和两个基极，故又称为双基极二极管。它的外形与普通三极管相似，但特性与晶体三极管不同，其结构如图 8.58(a)所示。在 N 型硅半导体基片的一侧引出两个基极，b1 为第一基极，b2 为第二基极，在硅片的另一侧用合金或扩散法渗入 P 型杂质，引出发射极 e。因为 e 与 b1 和 b2 之间是一个 PN 结，所以相当于一只二极管。单结晶体管的图形符号和等效电路分别如图 8.58(b)、(c)所示。两个基极之间的电阻是硅片本身的电阻，呈纯电阻性。等效电路中的 r_{b1} 为第一基极与发射极之间的电阻，r_{b2} 为第二基极与发射极之间的电阻。

如果两个基极间加入一定电压 U_{bb}（b1 接负、b2 接正），则点 A 电压为

$$U_A = \frac{r_{b1}}{r_{b1} + r_{b2}} U_{bb} = \eta U_{bb} \tag{8.37}$$

式中，η——单结晶体管的分压系数（或分压比）。

η 是一个很重要的参数，其数值与管子的结构有关，一般在 0.3～0.9 之间。

当发射极 e 上外加正向电压 U_e 小于 U_A 时，由于 PN 结承受反向电压，故发射极只有极小的反向电流；当 $U_e = U_A$ 时，$I_e = 0$；随着 U_e 的继续增加，I_e 开始大于零，这时，

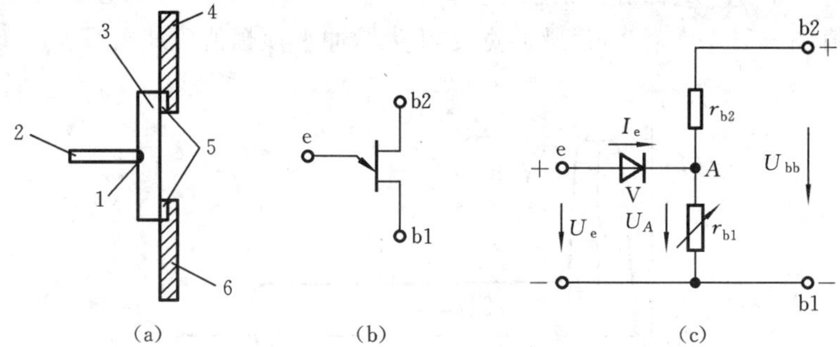

图 8.58 单结晶体管结构、图形符号和等效电路

(a) 结构 (b) 图形符号 (c) 等效电路

1—PN 结 2—发射极 e 3—N 型硅片 4—第二基极 b2 5—欧姆接触电阻 6—第一基极 b1

PN 结虽然处于正向偏压，但由于硅二极管本身有一定的正向压降 U_D（一般为 0.7 V)，因此，在 $U_e-U_A<U_D$时，I_e不会有显著的增加，这时单结晶体管处于截止状态，这一区域称为截止区，如图 8.59 所示。

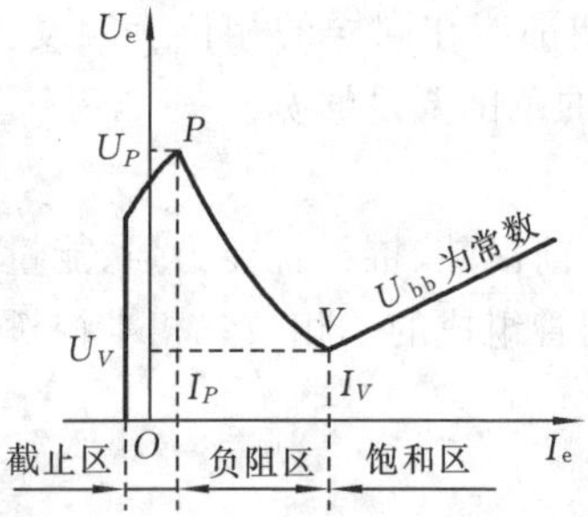

图 8.59 单结晶体管特性曲线

当 $U_e=U_A+U_D$时，由于 PN 结承受了正向电压，e 对b1开始导通，随着发射极电流 I_e的增加，PN 结沿电场方向朝 N 型硅片注入大量空穴型载流子到第一基极 b1 与电子复合，于是 r_{b1} 迅速减小。r_{b1}的减小促使 U_A降低，导致 I_e进一步增大，而 I_e的增大又使 r_{b1} 进一步减小，导致 U_A 急剧下降。因此，随着 I_e的增加，U_e不断下降，呈现出负阻特性，开始出现负阻特性的点 P 称为峰点，该点的电压和电流称为峰点电压 U_P和峰点电流 I_P。随着 I_e的不断增加，当 U_e 下降到某一点 V 时，r_{b1}便不再有显著变化，U_e也不再继续下降，而是随着 I_e成线性关系增加。点 V 称为谷点，该点的电压和电流称为谷点电压 U_V和谷点电流 I_V，对应于由峰点 P 至谷点 V 的负阻特性段称为负阻区。谷点以后的线段称为饱和区。

当 $U_e<U_V$时，发射极与第一基极间便恢复截止。

国产单结晶体管的型号主要有 BT31、BT32、BT33、BT35 系列(其中 B 表示半导体，T 表示特种管，3 表示三个电极，最后的数字表示耗散功率 100 mW、200 mW、300 mW 或500 mW)以及 5S1、5S2 等系列。

2）单结晶体管的自振荡电路

利用单结晶体管的负阻特性和 RC 充放电特性，可组成自振荡电路（又称张弛电路)，如图8.60(a)所示。它的工作原理如下。

假设在接通电源前，电容 C 上的电压为零，当合上电源开关 S 时，电源 E 一方面通过 R_1、R_2 加于单结晶体管的 b1 和 b2 上，一方面又通过充电电阻 R 向电容 C 充

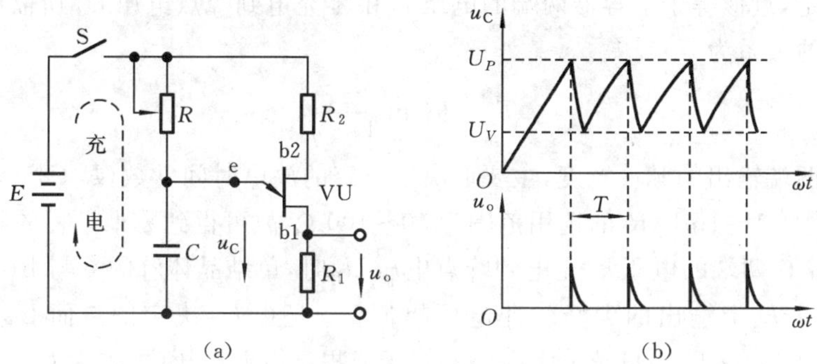

图 8.60　单结晶体管的自振荡电路及其波形

(a) 电路　(b) 波形

电，电压 U_e 便按指数曲线逐渐升高。在 U_e 较小时，发射极电流极小，单结晶体管的发射极 e 和第一基极 b1 之间处于截止状态；当电容两端的电压 u_C 充电到单结晶体管的峰点电压 U_P 时，e 和 b1 间由截止变为导通，电容 C 通过发射极 e 与第一基极 b1 迅速向电阻 R_1 放电，由于 R_1 较小(一般只有 50～100 Ω)，而导通后 e 与 b1 之间的电阻更小，因此，电容 C 的放电速度很快，于是在 R_1 上得到一个尖峰脉冲输出电压 u_o。由于 R 较大，当电容上的电压降到谷点电压时，经 R 供给的电流便小于谷点电流，不能满足导通的要求，于是 e 与 b1 之间电阻 r_{b1} 迅速增大，单结晶体管便恢复截止。此后电源 E 又对电容 C 充电，这样电容 C 反复进行充电放电，结果在电容 C 上形成锯齿波电压，在 R_1 上则形成脉冲电压，如图 8.60(b)所示。

由以上分析可知，要使单结晶体管振荡电路产生振荡，充电电阻 R 必须满足以下两点。

(1) 当发射极电压(即 u_C)等于峰点电压 U_P 时，为确保单结晶体管由截止转为导通，实际通过充电电阻 R 流入单结晶体管的电流 I'_P，必须大于峰点电流 I_P，即

$$I'_P=\frac{E-U_P}{R}>I_P \tag{8.38}$$

(2) 当发射极电压等于谷点电压 U_V 时，为确保单结晶体管导通后能恢复截止，实际通过 R 流入单结晶体管的电流 I'_V 必须小于谷点电流 I_V，即

$$I'_V=\frac{E-U_V}{R}<I_V \tag{8.39}$$

可见，充电电阻 R 的值既不能太大也不能太小，否则都会停止振荡。由式(8.38)和式(8.39)可得出 R 的范围为

$$\frac{E-U_P}{I_P}>R>\frac{E-U_V}{I_V} \tag{8.40}$$

一般，R 为数千欧到数兆欧。

电阻 R_1 两端输出尖峰脉冲电压 u_o 的振荡周期 T，主要由电容 C 的充电时间常数

(RC)所决定，近似等于电容器两端的电压 u_C 由零充电到峰点电压 U_P 所需的时间，T 与 R、C、η 的关系为

$$T = RC\ln\frac{1}{1-\eta} \tag{8.41}$$

在 R_1 两端输出的脉冲宽度，主要取决于电容的放电时间常数(R_1C)。一般 C 的选用范围为 0.1～1 μF，R_1 的选用范围为 50～100 Ω，故可得到数十微秒的脉冲宽度。

当电容 C 两端的电压 u_C 充电到峰点电压 U_P 时，单结晶体管的 e 与 b1 之间立即导通，因此在 R_1 上输出的尖峰脉冲电压幅值 U_{om} 是由 U_P 决定的。而 $U_P=\eta U_{bb}+U_D$，所以，如要增大 U_{om}，可选 η 大一些的管子或提高电源电压(即加大 U_{bb})。

需要说明的是，单结晶体管的分压比 η 是由结构决定的，它是一个常数。但峰点电压 U_P 不是固定值，它主要与分压比 η 及外加电源电压有关，选择不同的 η 或电源电压时均可改变 U_P 值。

图 8.60(a)中的 R_2 用于补偿温度对峰点电压 U_P 的影响。当温度变化时，单结晶体管中 PN 结压降 U_D 随温度升高而降低，因而峰点电压 $U_P=\eta U_{bb}+U_D$ 将随之变化。另外，第一基极与第二基极之间的电阻 $r_{b1}+r_{b2}$ 随温度升高而增加，流过其电阻的电流将减小。接入 R_2 后，其上的压降因流过它的电流的减小而减小，这样加到管子上的电压 U_{bb} 将增加，从而补偿了 U_D 的降低，使 $U_P=\eta U_{bb}\uparrow+U_D\downarrow$ 基本上保持不变，从而使振荡的周期(或频率)得到稳定。一般 R_2 取 200～500 Ω。

3）单结晶体管触发电路

图 8.60 所示的单结晶体管振荡电路不能直接用来作晶闸管的触发电路，因为晶闸管的主电路是接在交流电源上的，二者不能同步。对于实际应用的晶闸管触发电路，必须使触发脉冲与主电路电压同步，要求在晶闸管承受正向电压的半周内，控制极获得第一个正向触发脉冲的时刻都相同，否则，由于每个正半周的控制角不同，输出电压就会忽大忽小地波动。为此，在电源电压正半周经过零点时，触发电路的电容 C 必须把电全部放掉，在下一个正半周再重新从零开始充电，只有这样才能确保每次正半周第一个触发脉冲出现的时间都相等。

图 8.61(a)所示为单结晶体管触发电路，这种电路在中小型可控整流装置中用得十分普遍。向触发电路供电的变压器 T(称为同步变压器)与主电路共一电源，由 T 次级提供的电压，经桥式整流后获得直流脉动电压，再经稳压管削波，在稳压管两端获得梯形波电压 u_s，如图 8.61(b)所示。这一电压在电源电压过零点时也降到零，将此电压供给单结晶体管触发电路，则每当电源电压过零时，b1 与 b2 之间电压也降到零。e 与 b1 之间导通，电容 C 上的电压通过 e－b1—R_1 回路很快地放掉，使电容每次均能从零开始充电，从而能与主电路同步。

触发电路每周期工作两个循环，每次发出的第一个脉冲同时送到两只晶闸管的控制极，但只能使其中承受正向电压的晶闸管导通。第一个脉冲发出后，振荡电路仍在工作，电容继续充电和放电，可能发出第二个或第三个或更多的脉冲(见图 8.61

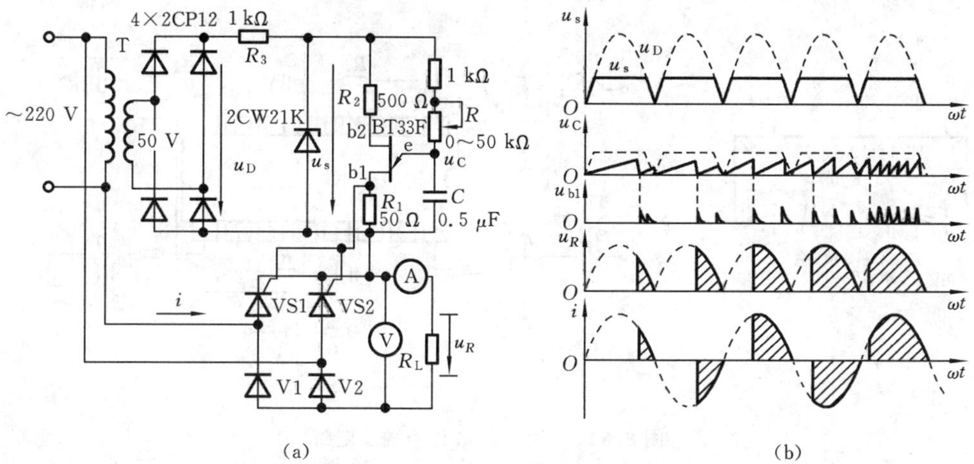

图 8.61　单结晶体管触发电路及其波形

(a) 电路　(b) 波形

(b)),但由于晶闸管已因第一个脉冲触发而导通,所以,后面的脉冲就不起作用了。当电压过零反向时,晶闸管将自行关断。移相控制时只要改变 R,就可以改变电容电压 u_C 上升到 U_P 的时间,亦即改变电容开始放电产生脉冲使晶闸管触发导通的时刻,从而达到移相的目的。

图 8.61(b)还表示了进行移相时,不同控制角 α 的电压和电流波形。

由于 R 的值是有一定限制的,所以,其移相范围受到一定的限制,同时,由于同步电压为梯形波,梯形波电压的两侧使 U_{bb} 太小,满足不了输出脉冲的幅值要求,从而,也限制了移相范围。这种电路的移相范围一般在 $5\pi/6$ 左右。在单结晶体管耐压允许的条件下,提高电源电压的幅值使梯形波两侧更陡,可以增大移相范围,一般同步电源电压在 50 V 以上。

在实际应用中,单结晶体管的触发电路还有其他许多接线方式,这里就不一一介绍了。

3. 晶闸管的集成触发电路简介

单结晶体管触发电路输出的尖脉冲的脉宽较小,脉冲功率也较小,通常用于要求不高的小功率供电线路。随着晶闸管的广泛应用和晶闸管控制技术的发展,触发电路获得了重大的改进,在功率较大或要求较高的场合,常采用锯齿波同步触发电路(第 9 章将结合直流调速系统的实例作具体介绍)等晶体管触发电路。在机电传动控制系统中,现今晶闸管主要应用于交流—直流相控整流和交流—交流相控调压,其驱动触发器都已集成化、系列化,如国产 KC、KJ 和 KG 等系列产品。集成触发电路与分立元件相比具有调试方便、体积小、成本低、功耗低、技术性能好、可靠性高的特点。

图 8.62 所示为 KJ004 集成移相触发电路。

如图 8.62(b)所示,TS 为同步变压器,TP1 和 TP2 为脉冲变压器,R_8、R_9、VT2

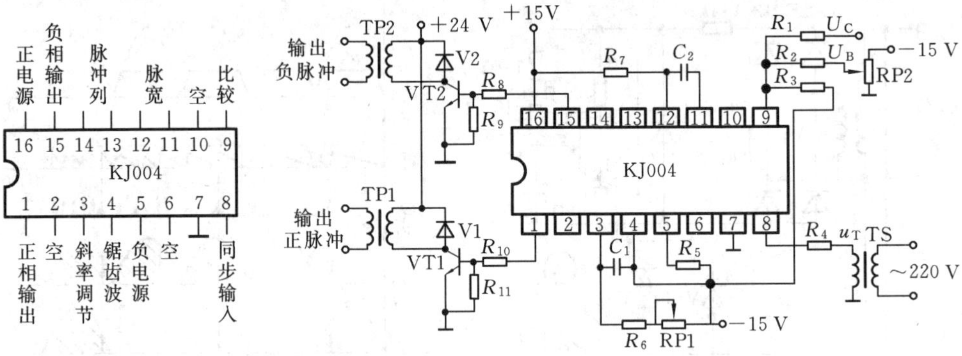

(a)　　(b)

图 8.62　KJ004 集成移相触发电路

(a) 管脚排列图　(b) 由 KJ004 组成的晶闸管触发电路

和 R_{10}、R_{11}、VT1 构成电压放大电路，V1 和 V2 为续流二极管，触发脉冲宽度取决于电阻 R_7 和电容 C_2，锯齿波斜率取决于 R_6、RP1 和 C_1，电位器 RP1 为调节锯齿波斜率，电压 U_C 为移相控制输入电压，电位器 RP2 为调节锯齿波偏置电压 U_B，此电路可输出正、负触发脉冲。

KJ004 晶闸管移相触发器的主要技术数据为：

(1) 电源电压，±15 V±5%；

(2) 电源电流，正电流不大于 15 mA，负电流不大于 8 mA；

(3) 同步电压，任意值；

(4) 移相范围，不小于 170°(同步电压 30 V，同步输入电阻 15 kΩ)；

(5) 脉冲幅度，不小于 13 V(输出接 1 kΩ 电阻负载)；

(6) 输出脉冲电流，100 mA(由引脚 1 和引脚 15 输出的电流)；

(7) 输出管反压，A 挡不小于 18 V，B 挡不小于 30 V；

(8) 正负半周相位不均衡度，不大于±3°。

除了上述的模拟式触发电路外，现今越来越多地采用了数字式触发电路。其原因主要是前者易受电网电压的影响，若同步电压发生波形畸变，就会影响触发精度。例如，当同步电压不对称度为±1°时，输出脉冲不对称度可达 3°～4°，精度低。而采用数字式触发电路，则可获得很好的触发脉冲对称度。例如，基于 8 位单片机的数字式触发器，其精度就可达 0.7°～1.5°。

8.5.3　全控型器件的驱动电路

1. 电流驱动型器件的驱动电路

GTO 和 GTR 是电流驱动型器件。

1) GTO 的驱动电路

GTO 的导通控制与普通晶闸管相似，即要求在其门极施加正脉冲电流，但由于

GTO 关断时要求在门极施加负脉冲电流，因此对 GTO 的驱动电路与 SCR 的驱动电路相比还有如下一些特别的要求。

(1) 若要使 GTO 导通，则对门极正的触发脉冲前沿的幅值和陡度就有较高要求，且一般需在整个导通期间施加正门极电流；

(2) 若要使 GTO 关断，则需施加负门极电流，且对其幅值和陡度的要求更高，幅值需达阳极电流的 1/3 左右，陡度需达 50 A/μs，强负脉冲宽度约为 30 μs，负脉冲总宽约为 100 μs；

(3) 若要使 GTO 可靠关断，则关断后还应在门极施加约 5 V 的负偏压，以提高抗干扰能力。

推荐的 GTO 门极电压电流波形如图 8.63 所示。

GTO 一般用于大容量电路的场合，其驱动电路通常包括导通驱动电路、关断驱动电路和门极反偏电路三部分，可分为脉冲变压器耦合式和直接耦合式两种类型。直接耦合式驱动电路可避免电路内部的相互干扰和寄生振荡，可得到较陡的脉冲前沿，因此目前应用较广，但其功耗大，效率较低。图 8.64 所示为典型的直接耦合式 GTO 驱动电路。该电路的电源由高频电源经二极管整流后提供，二极管 V1 和电容 C_1 提供＋5 V 电压，V2、V3、C_2、C_3 构成倍压整流电路提供＋15 V 电压，V4 和 C_4 提供－15 V 电压。场效应晶体管 VT1 导通时输出正强脉冲，VT2 导通时输出正脉冲平顶部分，VT2 截止而 VT3 导通时输出负脉冲，VT3 截止后由电阻 R_3 和 R_4 分压后提供负门极偏压。

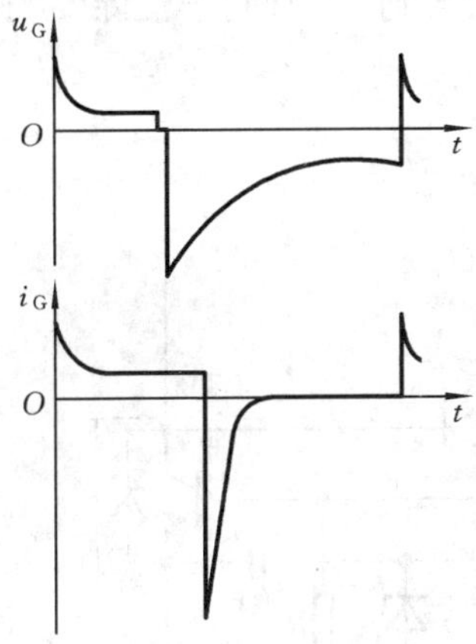

图 8.63　推荐的 GTO 门极电压电流波形

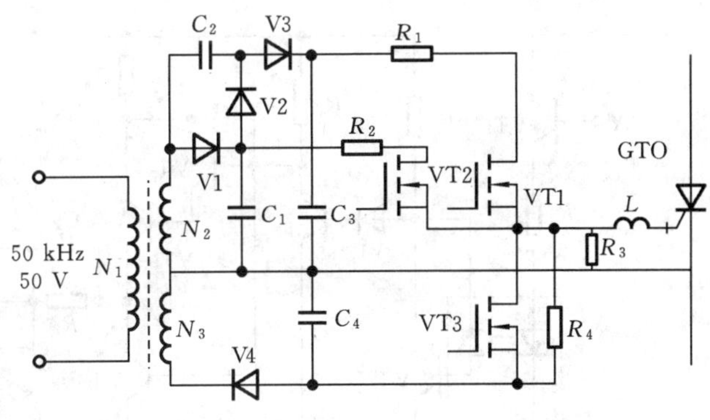

图 8.64　典型的直接耦合式 GTO 驱动电路

2) GTR 的驱动电路

GTR 的基极驱动电路必须提供持续而不是脉冲的驱动电流，以导通 GTR 并保持 GTR 处于可靠的通态，一个好的驱动电路应具有如下特性：

(1) 导通时有较高的基极驱动电流脉冲 i_b，以缩短导通时间；

(2) GTR 导通后基极电流要适当减小,以减小通态时基-射结损耗,同时使 GTR 导通后的基极驱动电流处于临界饱和导通状态,而不进入放大区和深饱和区,因过饱和时其关断时间比临界饱和时间长得多,不利于关断;

(3) 关断 GTR 时,施加一定的负基极电流有利于缩短关断时间和减小关断损耗;

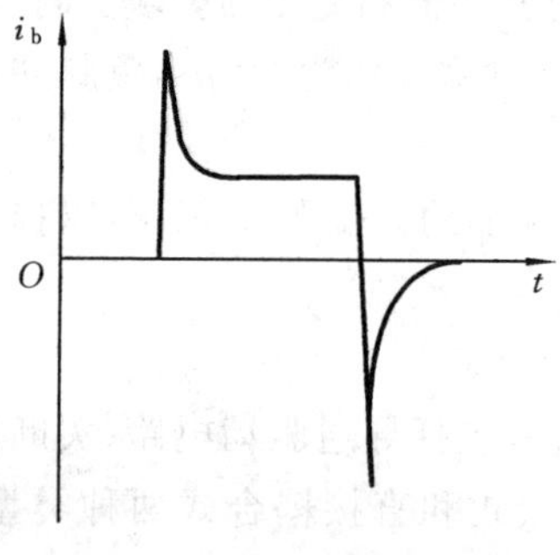

图 8.65 理想的 GTR 基极驱动电流波形

(4) 关断后同样应在基-射极之间施加一定幅值(6 V 左右)的负偏压,以增加三极管的集-射极间电压阻断能力;

(5) GTR 驱动电流的前沿上升时间应在 1 μs 之内,以保证它能快速导通和关断。

理想的 GTR 基极驱动电流波形如图 8.65 所示。

图 8.66 所示为 GTR 的一种驱动电路,它包括电气隔离和晶体管放大电路两部分。其中二极管 V2 和电位补偿二极管 V3 构成所谓的贝克箝位电路,也就是一种抗饱和电路,它可使 GTR 导通时处于临界饱和状态。当负载较轻时,如果 VT5 的发射极电流全部注入 GTR,GTR 会处于过饱和状态,关断时退饱和时间会延长。有了贝克箝位电路之后,当 GTR 过饱和使得集电极电位低于基极电位时,V2 就会自动导通,使多余的驱动电流流入集电极,维持 $U_{bc}\approx 0$。这样,就使得 GTR 导通时始终处于临界饱和状态。图中,C_1 可以消除 VT4、VT5 产生的高频振荡;C_2 为加速导通过程的电容,导通时,R_5 被 C_2 短路,这样可以实现驱动电流的过冲,并增加前沿的陡度,加快导通;C_3 有利于消除 GTR 的高频振荡;R 用来改善 GTR 的电压支撑能力。

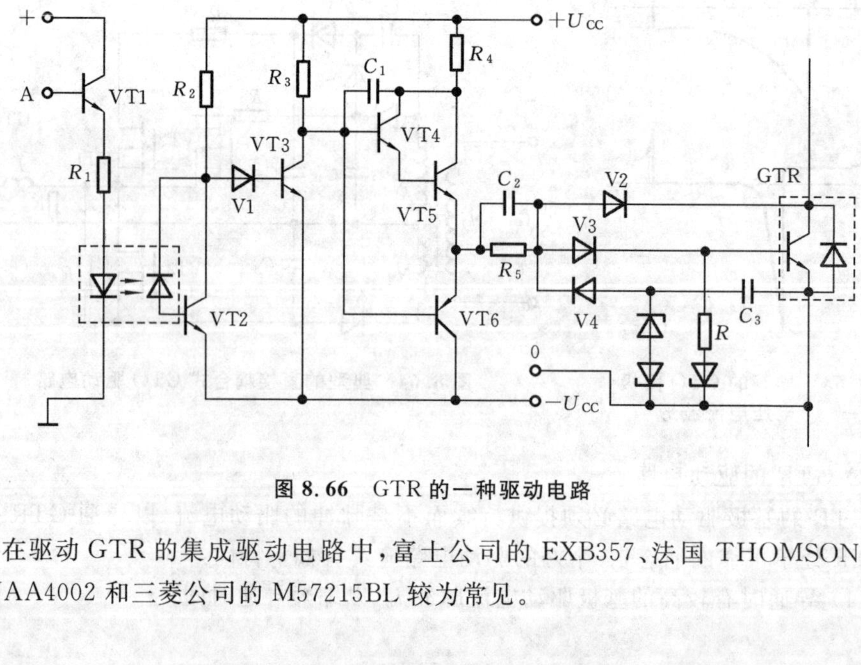

图 8.66 GTR 的一种驱动电路

在驱动 GTR 的集成驱动电路中,富士公司的 EXB357、法国 THOMSON 公司的 UAA4002 和三菱公司的 M57215BL 较为常见。

图 8.67 与图 8.68 所示分别为 UAA4002 芯片结构与应用 UAA4002 芯片驱动 GTR 的实用电路(驱动 400 V、8 A 元件最小导通时间为 2.8 μs)。在图中,引脚 1、16 为输出端并接 GTR 的基极,引脚 15 与 2 分别接芯片的正、负电源,引脚 5 控制信号输入,引脚 9 接地,引脚 12 限流,引脚 13 防止 GTR 饱和程序不足,引脚 14 监测芯片电源电压 U_{CC},引脚 3 输出封锁,引脚 7 与引脚 8 分别控制最小与最大导通时间,引脚 10 有延时功能。详细分析见产品说明书。

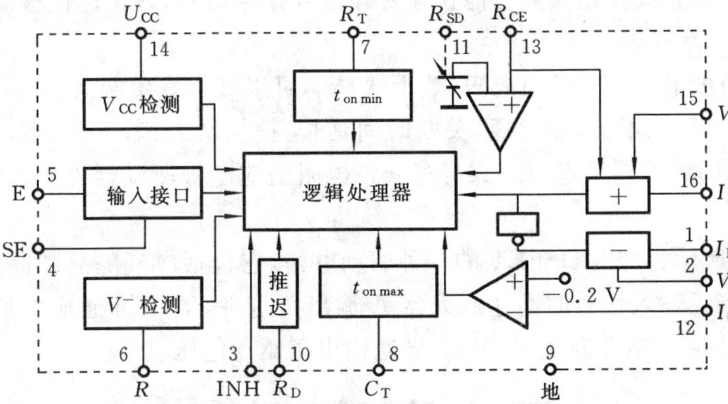

图 8.67　UAA4002 芯片结构示意图

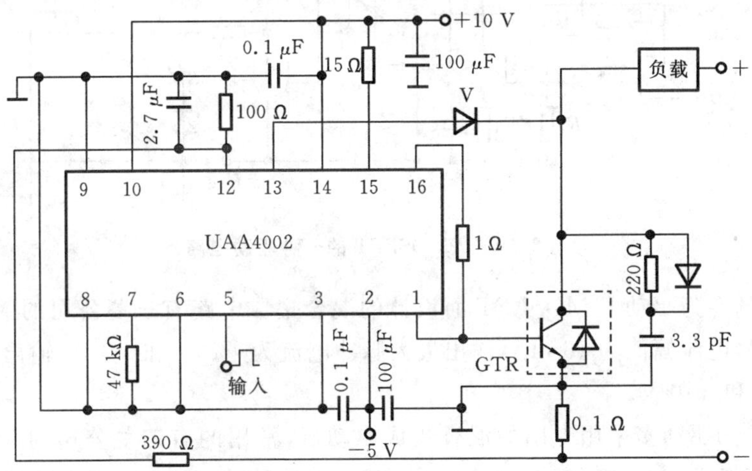

图 8.68　应用 UAA4002 芯片驱动 GTR 的电路图

2. 电压驱动型器件的驱动电路

P-MOSFET 和 IGBT 都是电压驱动型器件,其栅极驱动电路比 GTR 基极驱动电路简单,但是,因它们的输入阻抗极高,且多工作在高频开关状态下,所以对其栅极驱动电路应有如下要求:

(1) P-MOSFET 的栅源极之间和 IGBT 的栅射极之间都有数千皮法的极间电

容,要求驱动电路具有较小的输出电阻,能对极间电容快速充电,提高导通速度,关断时提供低电阻放电回路而快速关断;

(2) 导通或关断时,$U_{GS(E)}$应有足够的上升或下降陡度,P-MOSFET 导通的栅源极间驱动电压一般取 10～15 V,IGBT 导通的栅射极间驱动电压一般取 15～20 V;

(3) 关断时施加一定幅值的负驱动电压(一般取－5～－15 V),以有利于缩短关断时间和减小关断损耗;

(4) 发生过载或短路故障时能快速封锁输入控制信号,并快速使极间电容放电,关断管子;

(5) 在栅极串入一只低值电阻(数十欧)R_G,可以减小寄生振荡,且对开关性能也有很大影响。若 R_G增大,则导通、关断时间延长,损耗增大;若 R_G减小,则漏极电流上升率 di_D/dt 增大,易引起管子误导通。该电阻值应随被驱动器件电流额定值的增大而减小。

图 8.69 所示为 P-MOSFET 的一种驱动电路,它包括电气隔离和晶体管放大电路两部分。当无输入信号时高速放大器 A 输出负电平,VT3 导通输出负驱动电压。当有输入信号时 A 输出正电平,VT2 导通输出正驱动电压。

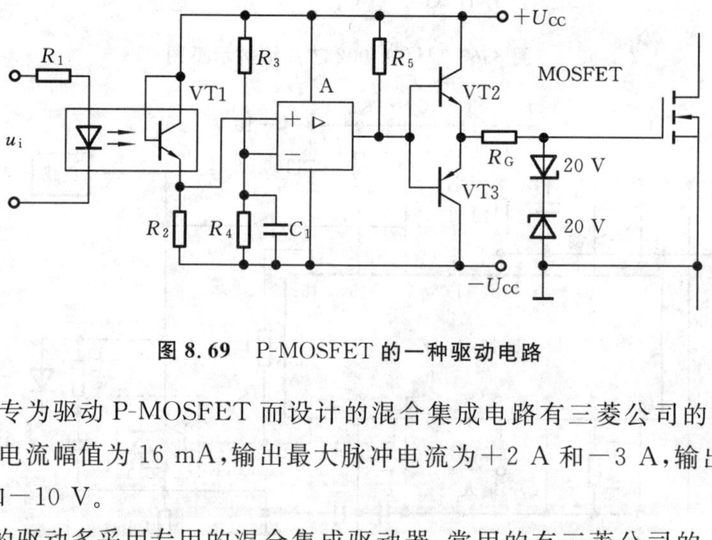

图 8.69　P-MOSFET 的一种驱动电路

常见的专为驱动 P-MOSFET 而设计的混合集成电路有三菱公司的 M57918L,其输入信号电流幅值为 16 mA,输出最大脉冲电流为＋2 A 和－3 A,输出驱动电压为＋15 V 和－10 V。

IGBT 的驱动多采用专用的混合集成驱动器,常用的有三菱公司的 M579 系列(如 M57962L 和 M57959L)和富士公司的 EXB 系列(如 EXB840、EXB841、EXB850 和 EXB851),同一系列的不同型号其引脚和接线基本相同,只是适用被驱动器件的容量和开关频率以及输入电流幅值等参数有所不同。图 8.70 是 EXB841 模块的功能原理图,这些混合集成驱动器内部都具有退饱、检测和保护环节,当发生过电流时能快速响应但慢速关断 IGBT,并向外部电路给出故障信号。图 8.71 为 EXB841 模块驱动 IGBT 的接线图。

EXB841 模块可驱动 300 A/1200 V 的 IGBT 元件,整个电路信号延迟时间不超

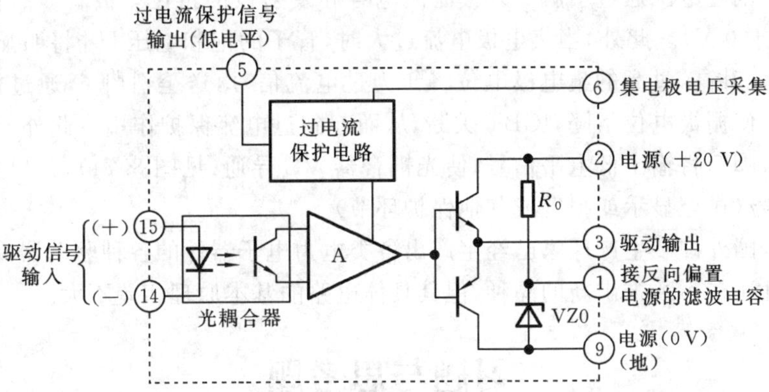

图 8.70　IGBT 的驱动模块 EXB841 功能原理图

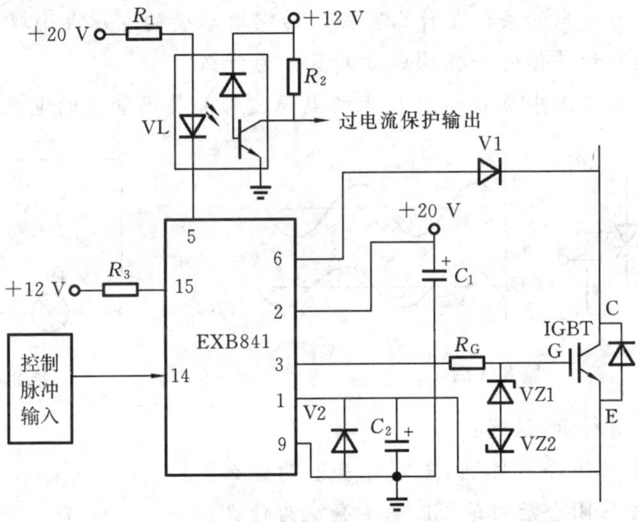

图 8.71　用 EXB841 模块驱动 IGBT 的接线图

过 1 μs，最高工作频率可达 40～50 kHz。它只需要外部提供一个+20 V 的单电源即可(它内部自生反偏电压)。模块采用高速光耦合(隔离)输入，信号电压经电压放大和推挽(射极跟随)功率放大输出。

对照图 8.70 和图 8.71 可以看出，引脚 15 接高电平(+12 V)输入，引脚 14 输入控制脉冲信号(输入负脉冲，将使光耦合器导通)，光耦合信号经电压放大器 A 放大，再经发射极跟随功率放大后，由引脚 3 输出，经限流电阻 R_G 送至 IGBT 的栅极 G，驱动 IGBT 导通。稳压管 VZ1、VZ2 起到栅极电压正向限幅保护作用。集成模块中的电阻 R_0 和稳压管 VZ0 构成的分压，经引脚 1，为 IGBT 的发射极提供一个反向偏置(−5 V)的电压(由于 IGBT 为电压控制型器件，关断时容易因感应电压而误导通，所以通常设置一个较高的反向偏压(−10～−5 V)，使 IGBT 提高抗干扰能力，可靠关断)。反向偏置电源通过引脚 1 外接滤波电容和发射极的箝位二极管 V2(使发射极电位不低于 0 V)。此外,当集电极电流过大时,管子的饱和电压 U_{CE} 将明显增大,使集电极电位升高,过高的集电极电位将作为过电流信号,送至引脚 6,通过模块中的保护电路,使栅极电位下降,IGBT 关断,从而起到过电流保护作用。此外,当出现过电流时,引脚 5 将输出低电平信号,使光耦合器 VL 导通(见图 8.71),输出过电流保护动作信号(送至显示或报警或其他保护环节)。

至今,国外许多生产厂家已经生产出各类电力电子器件的各种驱动器,尽管品种繁多,而且还在不断推出新的品种,但其具体电路的基本原理相差不大。

习题与思考题

8.1　晶闸管的导通条件是什么?导通后流过晶闸管的电流取决于什么?晶闸管由通态转变为断态的条件是什么?关断后它所承受的电压大小取决于什么?

8.2　晶闸管能否和晶体管一样构成放大器?为什么?

8.3　试画出题 8.3 图中负载电阻 R 上的电压波形和晶闸管上的电压波形。

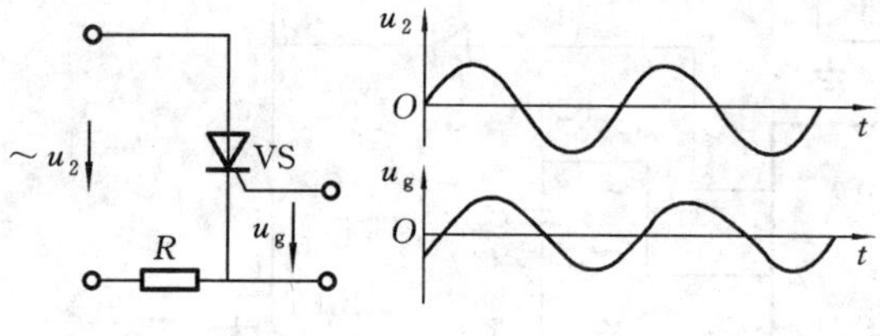

题 8.3 图

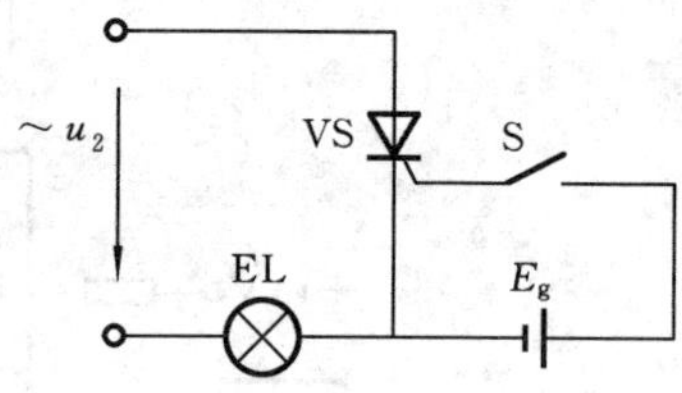

题 8.4 图

8.4　如题 8.4 图所示,试问:

① 在开关 S 闭合前灯泡 EL 亮不亮?为什么?

② 在开关 S 闭合后灯泡 EL 亮不亮?为什么?

③ 再把开关 S 断开后灯泡 EL 亮不亮?为什么?

8.5　如题 8.5 图所示,若在 t_1 时刻闭合开关 S,t_2 时刻断开 S,试画出负载电阻 R 上的电压波形和晶闸管上的电压波形。

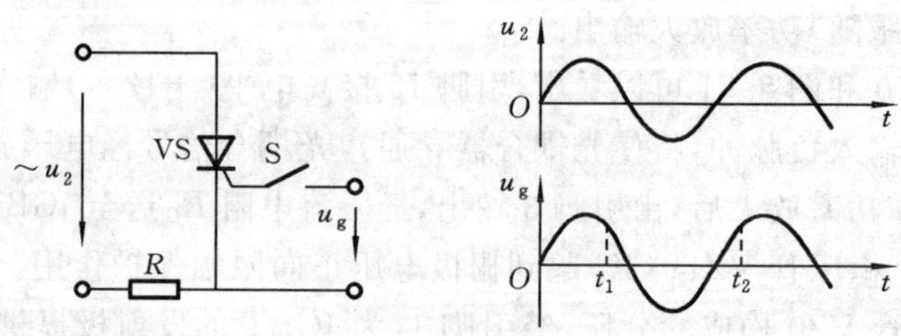

题 8.5 图

8.6　晶闸管的主要参数有哪些?

8.7　如何用万用表粗测晶闸管的好坏?

8.8　晶闸管的控制角和导通角是何含义?

8.9　GTO 和普通晶闸管同为 PNPN 结构,为什么 GTO 能够自关断,而普通晶闸管却不能?

8.10　如何防止 P-MOSFET 因静电感应引起的损坏?

8.11　分别介绍 IGBT、GTR、GTO 和 P-MOSFET 的优缺点。

8.12　晶闸管对触发电路有哪些要求? 触发电路主要有哪三个环节? 每个环节的功能是什么?

8.13　单结晶体管自振荡电路的振荡频率是由什么决定的? 为获得较高的振荡频率,减小充电电阻 R 与减小电容 C 效果是否一样? R 的大小受哪些因素的限制? 为什么?

8.14　为什么晶闸管的触发脉冲必须与主电路电压同步?

8.15　在单结晶体管触发电路中,改变电阻 R 为什么能实现移相? 移相的目的是什么?

8.16　有一单相半波可控整流电路,其交流电源电压 $U_2=220$ V,负载电阻 $R_L=10\ \Omega$,试求输出电压平均值 U_d 的调节范围,当 $\alpha=\pi/3$ 时,输出电压平均值 U_d、电流平均值 I_d 为多少? 试根据要求选用晶闸管。

8.17　续流二极管有何作用? 为什么会有这些作用? 若不小心把它的极性接反了,将会产生什么后果?

8.18　画出单相半波可控整流电路带不同性质负荷时,晶闸管的电流波形与电压波形。

8.19　有一阻性负载,需要直流电压 $U_d=60$ V、电流 $I_d=30$ A 供电,若采用单相半波可控整流电路,直接接在 220 V 的交流电网上,试计算晶闸管的导通角 θ。

8.20　有一阻性负载需要可调直流电压 $U_d=0\sim60$ V、电流 $I_d=0\sim10$ A,现选用一单相半控桥式可控整流电路,试求电源变压器副边的电压和晶闸管与二极管的额定电压和电流。

8.21　单相全控桥式整流和单相半控桥式整流特性有哪些区别?

8.22　单相桥式全控整流电路、三相桥式全控整流电路中,当负载分别为阻性或感性时,晶闸管的 α 角移相范围是多少?

8.23　三相半波可控整流电路,如在自然换相点之前加入触发脉冲会出现什么现象? 画出这时负载侧的电压波形图。

8.24　三相半波带阻性负载的可控整流电路,如果由于控制系统故障,A 相的触发脉冲丢失,试画出控制角 $\alpha=0$ 时的整流电压波形。

8.25　三相桥式全控整流电路带阻性负载,如果有一只晶闸管被击穿,其他晶闸管会受什么影响?

8.26 简述有源逆变器的工作原理、逆变的条件和特点。

8.27 无源逆变电路和有源逆变电路有何不同?

8.28 什么是电压型逆变电路?什么是电流型逆变电路?二者各有何特点?

8.29 论述单相晶闸管桥式逆变器的基本工作原理,如何实现电压控制?

8.30 电压型逆变电路中反馈二极管的作用是什么?为什么电流型逆变电路中没有反馈二极管?

8.31 正弦脉宽调制 SPWM 的基本原理是什么?载波比 N、电压调制比 M 的定义是什么?在载波电压幅值 U_{cm} 和频率 f_c 恒定不变时,改变调制参考波电压幅值 U_{rm} 和频率 f_r 为什么能改变逆变器交流输出基波电压 u_{o1} 的大小和基波频率 f_1?

8.32 单极性和双极性 PWM 调制有什么区别?在三相桥式 PWM 型逆变电路中,输出相电压(输出端相对于直流电源中点的电压)和线电压 SPWM 波形各有几种电平?

8.33 试说明三相电压型逆变器 SPWM 输出电压闭环控制的基本原理。

第 9 章

直流调速系统

本章要求在了解机电传动自动调速系统的组成、生产机械对调速系统提出的调速技术指标要求及调速系统的调速性质与生产机械的负载特性合理匹配重要性的基础上，重点掌握自动调速系统中各个基本环节，各种反馈环节的作用及特点，掌握各种常用的自动调速系统的调速原理、特点及适用场合，以便根据生产机械的特点和要求正确选择和使用机电传动控制系统。

调速系统主要有直流调速系统和交流调速系统两种。直流调速系统以直流电动机为动力，交流调速系统则以交流电动机为动力。直流电动机虽不像交流电动机那样结构简单、制造方便、维修容易、价格便宜等，但具有良好的调速性能，可在很宽的范围平滑调速。目前，直流调速系统仍应用于控制性能要求较高的一些生产机械上，而且从控制技术的角度来看，直流调速系统又是交流调速系统的基础。

9.1 调速系统主要性能指标

调速系统方案主要是根据生产机械对调速系统提出的调速技术指标来选择的。技术指标有静态指标和动态指标两种。

9.1.1 静态技术指标

1. 静差度 S

静差度是指理想的空载转速到额定负载时的转速降落 Δn_N 与理想空转转速 n_0 的比值，记为 S，可用下式表示：

$$S=\frac{n_0-n_N}{n_0}=\frac{\Delta n_N}{n_0}$$

静差度表示生产机械运行时转速稳定的程度。当负载变化时，生产机械转速的变化要能维持在一定范围之内，即要求静差度 S 小于一定值。

不同的生产机械对静差度的要求不同，例如，一般普通设备 $S\leqslant 50\%$，普通车床 $S\leqslant 30\%$，龙门刨床 $S\leqslant 5\%$，冷轧机 $S\leqslant 2\%$，热轧机 $S\leqslant 0.5\%$，精度要求高的造纸机

$S \leqslant 0.1\%$，等等。

2. 调速范围 D

生产机械所要求的转速调节的最大范围称为调速范围，用 D 表示，即

$$D=\frac{n_{\max}}{n_{\min}}=\frac{v_{\max}}{v_{\min}}$$

不同的生产机械要求的调速范围各不相同，当静差度为一定数值时，车床 $D=20\sim120$，龙门刨床 $D=20\sim40$，钻床 $D=2\sim12$，铣床 $D=20\sim30$，轧钢机 $D=3\sim15$，造纸机 $D=10\sim20$，机床的进给机构 $D=5\sim30000$，等等。

3. 调速的平滑性

调速的平滑性通常是用两个相邻调速级的转速差来衡量的。在一定的调速范围内，可以得到的稳定运行转速级数越多，调速的平滑性就越高。若级数趋于无穷大，即表示转速连续可调，即无级调速。不同的生产机械对调速的平滑性要求也不同，有的采用有级调速即可，有的则要求无级调速。

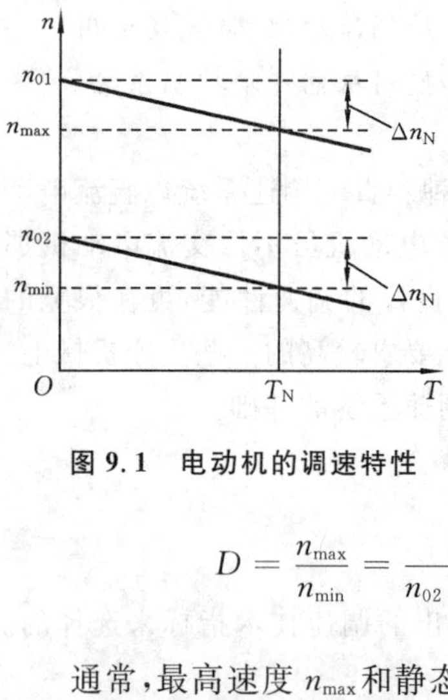

图 9.1　电动机的调速特性

对电动机而言，往往不能同时满足静差度小和调速范围大的要求。如直流电动机改变外加电枢电压调速时，高速和低速时的机械特性如图 9.1 所示。

由于低速下的静差度大于高速下的静差度，因此应取最低速度下的静差度为调速系统的静差度。

现以改变直流电动机电枢外加电压调速为例，说明调速范围 D 与静差度 S 之间的关系。下式表示了最高速度、最低速度、静态速降和静差度四者之间的关系：

$$D=\frac{n_{\max}}{n_{\min}}=\frac{n_{\max}}{n_{02}-\Delta n_{\mathrm{N}}}=\frac{n_{\max}}{n_{02}\left(1-\dfrac{\Delta n_{\mathrm{e}}}{n_{02}}\right)}=\frac{n_{\max}S}{\Delta n_{\mathrm{N}}(1-S)} \tag{9.1}$$

通常，最高速度 $n_{\max}$ 和静态速降 Δn_{N} 由系统中所用电动机的额定转速和结构决定。当这两个量确定后，如果要求静差度 S 小，则调速范围 D 必然小；如果要求调速范围 D 大，则静差度 S 必然大。调速系统往往可以解决这一矛盾，从而满足生产机械的要求。

9.1.2　动态技术指标

生产机械由电动机拖动，在调速过程中，从一种稳定速度变化到另一种稳定速度运转(启动、制动过程仅是特例而已)。由于有电磁惯性和机械惯性，过程不能瞬时完成，而需要持续一段时间，即要经过一段过渡过程才能完成，这个过程称为动态过程。在第 2 章中已讨论了如何缩短开环控制系统过渡过程时间的问题。实际上，生产机械对自动调速系统动态品质指标的要求除过渡过程时间外，还有超调量、振荡次数等。图 9.2 所示为以转速 n 为被调量，系统从 n_1 改变到 n_2 时的过渡过程。

1. 超调量

超调量定义为

$$M_p=\frac{n_{max}-n_2}{n_2}\times 100\%$$

M_p太大，达不到生产工艺上的要求；M_p太小，则会使过渡过程过于缓慢，不利于生产率的提高。一般 M_p为 10%～35%。

2. 过渡过程时间

从输入控制(或扰动)作用于系统开始直到被调量 n 进入(0.05～0.02)n_2 稳定值区间时为止(并且以后不再越出这个范围)的一段时间，称为过渡过程时间。

3. 振荡次数

在过渡过程时间内，被调量 n 在其稳定值上下摆动的次数称为振荡次数。图9.2所示自动调速系统的动态特性振荡次数为 1 次。

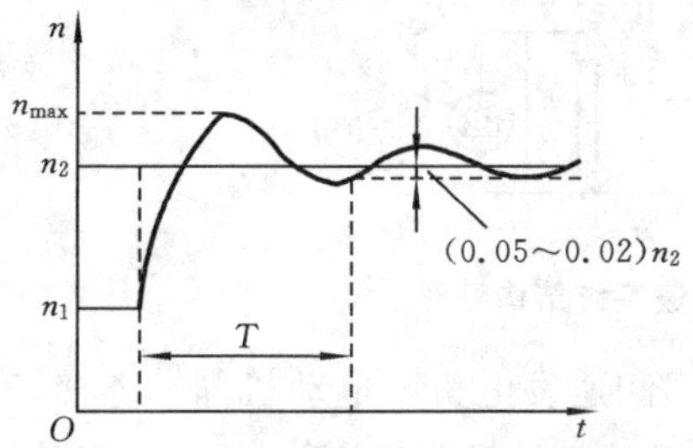

图 9.2　自动调速系统的动态特性

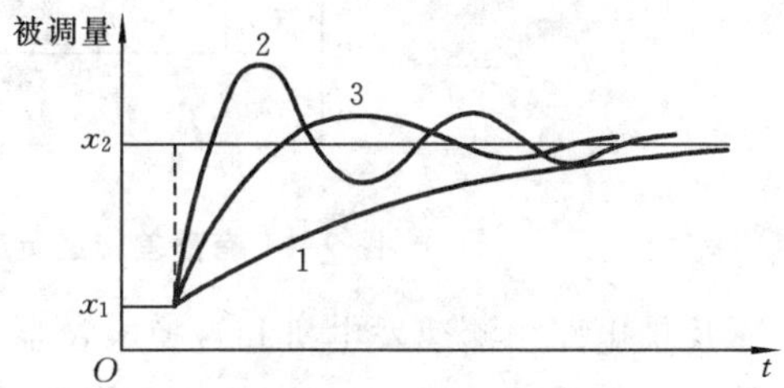

图 9.3　自动调速系统动态性能的比较

上述三个指标是衡量一个自动调速系统过渡过程好坏的主要指标。图 9.3 所示为三种不同调速系统(系统 1、系统 2、系统 3)被调量从 x_1 改变为 x_2 时的变化情况。可见，系统 1 的被调量要经过很长时间才能跟上控制量的变化，达到新的稳定值；系统 2 的被调量虽变化很快，但不能及时停住，要经过几次振荡才能停在新的稳定值上：这两个系统都不能令人满意。系统 3 的动态性能才是较理想的。不同的生产机械对动态指标的要求不尽相同，如龙门刨床、轧钢机等可允许有一次振荡，而造纸机则不允许有振荡的过渡过程。

9.2　晶闸管-电动机直流调速系统

目前，晶闸管-电动机(VS-M)直流调速系统仍在大功率系统中广泛使用。

常用的晶闸管-电动机直流调速系统有单闭环直流调速系统、双闭环直流调速系统和可逆系统等几种。

9.2.1　单闭环直流调速系统

单闭环直流调速系统常分为有静差调速系统和无静差调速系统两类。单纯由被调量负反馈组成的比例控制的单闭环系统属有静差调速系统,按积分(或比例积分)控制的系统属无静差调速系统。

1. 转速负反馈调速系统

1) 有静差调速系统

图 9.4 为晶闸管-电动机有静差转速负反馈调速系统的结构框图。系统由反馈电路、给定电路、放大器、整流电路以及被控制对象直流电动机等几个部分组成。

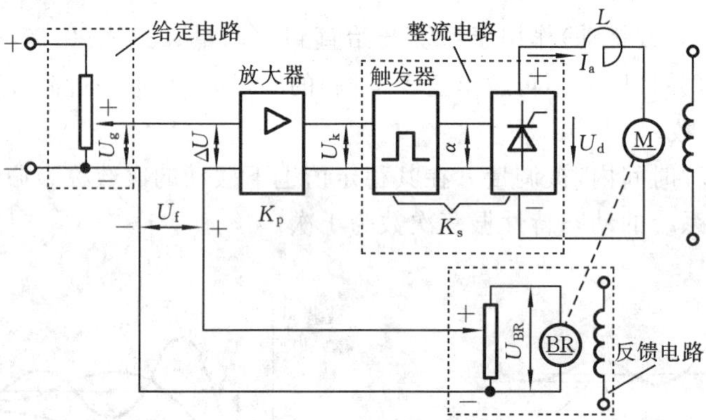

图 9.4　有静差转速负反馈调速系统结构框图

反馈电路由测速发电机和转换电位器组成。测速发电机与电动机同轴连接,直接测量电动机的转速;电位器将测速发电机的转速信号转换为电压信号,调节电位器的位置可调节反馈电压 U_f 的大小,当电位器的位置一定时,反馈电压 U_f 的大小与转速成比例。

给定电位器改变给定电压 U_g 的大小,从而调节电动机外加电枢电压 U_d 的大小,改变电动机的转速。

放大器为比例放大器,将信号放大后控制整流电路的输出。放大器的输出与输入成比例。

整流电路为可控硅整流电路,它将交流电压变为直流电压供给电动机,且电压大小与触发器输入电压大小成比例。

电动机 M 为被控制对象。从图 9.4 可知,电动机的转速只能通过改变外加电枢电压 U_d 的大小来改变,故该系统称为调压调速系统。

该系统中反馈信号是被控制量转速 n 本身,且反馈电压 U_f 与给定电压 U_g 的极性相反,故称之为转速负反馈调速系统。

一个调速系统必须包括调速和稳速两大功能。调速即改变电路参数从而改变电动机的转速;稳速即抑制负载变化或其他不可预见的因素引起的转速变化。

下面定性分析转速负反馈调速系统的工作原理。

假设反馈电压 U_f 不变,当增加给定电压 U_g 时,$\Delta U = U_g - U_f$ 将增加,放大器的输出电压 U_k 也增加,U_k 加在触发器上将减小控制角 α,整流电路的输出增加,电动机电枢外加电压U_d增加，转速n增加；反之，当减小给定电压U_g时，转速n就下降。也就是说，改变给定电压U_g的大小，可实现调速的目的，即系统具有调速的功能。

在某一个规定的转速下，给定电压U_g是固定不变的。假设电动机额定运行($I_a \approx I_N$)时，额定转速为n_N，测速发电机有相应的电压U_{BR}，经过分压器分压后，得到反馈电压U_f，给定量U_g与反馈量U_f的差值ΔU加进比例调节器(放大器)的输入端，其输出电压U_k加入触发器的输入电路，可控整流装置输出整流电压U_d供电给电动机，产生额定转速n_N。当负载增加时，I_a加大，由于$I_a R_\Sigma$的作用，电动机转速下降($n< n_N$)，测速发电机的电压U_{BR}下降，反馈电压U_f下降到U_f'。但这时给定电压U_g并没有改变，于是偏差信号增加到$\Delta U' = U_g - U_f'$，放大器输出电压上升到U_k'。它使晶闸管整流器的控制角α减小，整流电压上升到U_d'，电动机转速又回升到近似等于n_N。负载减小时，其过程与前面相反。也就是说，系统引入负反馈后，具有稳速的功能。

下面用机械特性对转速负反馈有静差调速系统的性能作定量分析。

从图9.4可知

$$\Delta U = U_g - U_f$$

ΔU又称偏差信号。

速度反馈信号电压U_f与转速n成正比，即

$$U_f = \gamma n \tag{9.2}$$

式中，γ——转速反馈系数。

对于放大器回路，有

$$U_k = K_p \Delta U = K_p (U_g - U_f) = K_p (U_g - \gamma n) \tag{9.3}$$

式中，K_p——放大器的电压放大倍数。

把触发器和可控整流器看成一个整体，设其等效放大倍数为K_s，则空载时，可控整流器的输出电压为

$$U_d = K_s U_k = K_s K_p (U_g - \gamma n) \tag{9.4}$$

对于电动机电枢回路，若忽略晶闸管的管压降ΔE，则有

$$U_d = K_e \Phi n + I_a R_\Sigma = C_e n + I_a (R_x + R_a) \tag{9.5}$$

式中，R_Σ——电枢回路的总电阻；

R_x——可控整流电源的等效内阻(包括整流变压器和平波电抗器等的电阻)；

R_a——电动机的电枢电阻。

联立式(9.4)和式(9.5)，得带转速负反馈的晶闸管-电动机有静差调速系统的机械特性方程为

$$n = \frac{K_0 U_g}{C_e(1+K)} - \frac{R_\Sigma}{C_e(1+K)} I_a = n_{0f} - \Delta n_f \tag{9.6}$$

式中，K_0——从放大器输入端到可控整流电路输出端的电压放大倍数，$K_0 = K_p K_s$；

K——闭环系统放大倍数，$K = \frac{\gamma}{C_e} K_p K_s$。

由图 9.4 可看出,若系统没有转速负反馈(即开环系统),则整流器的输出电压为

$$U_d = K_p K_s U_g = K_0 U_g = C_e n + I_a R_\Sigma$$

由此可得开环系统的机械特性方程

$$n = \frac{K_0 U_g}{C_e} - \frac{R_\Sigma}{C_e} I_a = n_0 - \Delta n \tag{9.7}$$

比较式(9.6)与式(9.7),不难看出以下三点。

(1) 在给定电压 U_g 一定时,有

$$n_{0f} = \frac{K_0 U_g}{C_e(1+K)} = \frac{n_0}{1+K} \tag{9.8}$$

即闭环系统的理想空载转速降低到开环时的$\frac{1}{1+K}$倍。为了使闭环系统获得与开环系统相同的理想空载转速,闭环系统所需要的给定电压 U_g 要比开环系统高 $1+K$ 倍。因此,仅有转速负反馈的单闭环系统在运行中,若突然失去转速负反馈,就可能造成严重的事故。

(2) 如果将系统闭环与开环的理想空载转速调得一样,即 $n_{0f}=n_0$,则

$$\Delta n_f = \frac{R_\Sigma}{C_e(1+K)} I_a = \frac{\Delta n}{1+K} \tag{9.9}$$

即在同样负载电流下,闭环系统的转速降仅为开环系统转速降的$\frac{1}{1+K}$,从而大大提高了机械特性的硬度,使系统的静差度减小。

(3) 由式(9.1)可知,在最大运行转速 n_{max} 和最大允许静差度 S 不变的情况下,开环系统的调速范围为

$$D = \frac{n_{max} S}{\Delta n_N (1-S)}$$

闭环系统的调速范围为

$$D_f = \frac{n_{max} S}{\Delta n_{Nf}(1-S)} = \frac{n_{max} S}{\frac{\Delta n_N}{1+K}(1-S)} = (1+K)D \tag{9.10}$$

即闭环系统的调速范围为开环系统的 $1+K$ 倍。

由上可见,提高系统的放大倍数 K 是减小静态转速降、扩大调速范围的有效措施。但是放大倍数也不能过分增大,否则系统容易产生不稳定现象。

由于放大倍数 K 不能过分增加,Δn_f 不可能为零,机械特性不可能为绝对硬特性,即负载发生变化时,速度会有一定的变化,故图 9.4 所示系统称为有静差调速系统。

2) 无静差调速系统

图 9.5 所示为一常用的具有比例积分调节器的无静差调速系统。这种系统的特点是:静态时系统的反馈量总等于给定量,即偏差等于零。要实现这一点,系统中必须接入无差元件,它在系统出现偏差时动作以消除偏差,当偏差为零时停止动作。图中,比例积分(PI)调节器是一个典型的无差元件。下面先介绍比例积分调节器,然后

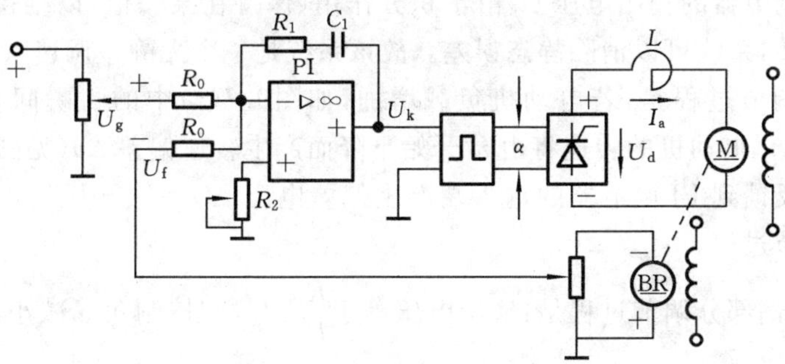

图 9.5　具有比例积分调节的无静差调速系统

再分析系统的工作原理。

(1) 比例积分调节器。把比例运算电路和积分运算电路组合起来就构成了比例积分调节器,简称 PI 调节器,其电路如图 9.6(a)所示。可知

$$U_o = -I_1 R_1 - \frac{1}{C_1}\int I_1 \mathrm{d}t$$

又

$$I_1 = I_0 = U_i / R_0$$

故

$$U_o = -\frac{R_1}{R_0}U_i - \frac{1}{R_0 C_1}\int U_i \mathrm{d}t \tag{9.11}$$

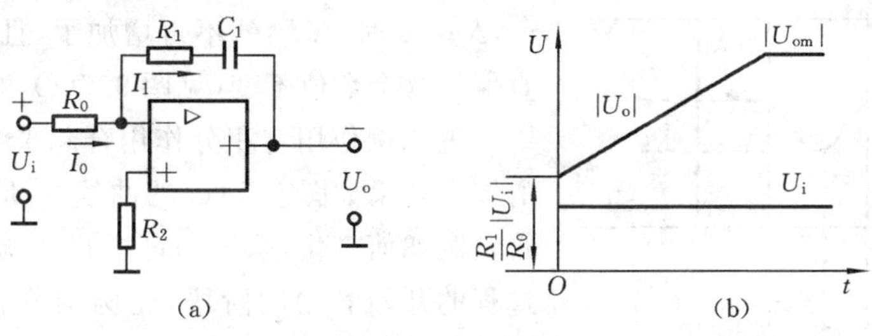

图 9.6　PI 调节器的电路和时间特性
(a) 电路　(b) 时间特性

由此可见,PI 调节器的输出由两部分组成,第一部分是比例部分,第二部分是积分部分。在零初始状态和阶跃输入下,输出电压的时间特性如图 9.6(b)所示。这里 U_o 用绝对值表示,当突加输入信号 U_i 时,开始瞬间电容 C_1 相当于短路,反馈回路中只有电阻 R_1,此时相当于比例调节器,它可以毫无延迟地起调节作用,故调节速度快;而后随着电容 C_1 被充电而开始积分,U_o 线性增长,直到稳态。在稳态时,C_1 相当于开路,运算放大器极大的开环放大倍数使系统基本上达到无静差。

采用比例积分调节器的自动调速系统,综合了比例和积分调节器的特点,既能获得较高的静态精度,又能具有较快的动态响应,因而得到了广泛的应用。

(2) 采用 PI 调节器的无静差调速系统。在图 9.5 中,由于比例积分调节器的存在,只要偏差 $\Delta U = U_g - U_f \neq 0$,系统就会起调节作用,当 $\Delta U = 0$ 时,$U_g = U_f$,调节作

用就停止。调节器的输出电压 U_k 由于积分作用,保持在某一值,以维持电动机在给定转速下运转,系统可以消除静态误差。故该系统是一个无静差调速系统。

系统的调节过程是:若电动机负载增加,如图9.7(a)中的 t_1 瞬间,负载突然由 T_{L1} 增加到 T_{L2},电动机的转速将由 n_1 开始下降而产生转速偏差 Δn(见图 9.7(b)),它通过测速机反馈到 PI 调节器的输入端产生偏差电压 $\Delta U = U_g - U_f > 0$,于是开始消除偏差的调节过程。

首先,比例部分调节过程是:输出电压等于$\dfrac{R_1}{R_0}\Delta U$,使控制角 α 减小,可控整流电压增加 ΔU_{d1}(见图 9.7(c)的曲线 1)。由于比例输出没有惯性,故这个电压使电动机转速迅速回升。偏差 Δn 越大,ΔU_{d1} 就越大,它的调节作用就越强,电动机转速回升也就越快。而当转速回升到原给定值 n_1 时,$\Delta n=0$,$\Delta U=0$,故 ΔU_{d1} 也等于零。

其次,积分部分的调节过程是:积分输出部分的电压等于偏差电压 ΔU 的积分,它使可控整流电压增加,$\Delta U_{d2} \propto \int \Delta U \mathrm{d}t$ 或$\dfrac{\mathrm{d}(\Delta U_{d2})}{\mathrm{d}t} \propto \Delta U$,即 ΔU_{d2} 的增长率与偏差电压 ΔU(或偏差 Δn)成正比。开始时 Δn 很小,ΔU_{d2} 增加很慢;当 Δn 达到最大时,ΔU_{d2} 增加得最快;在调节过程中的后期 Δn 逐渐减小了,ΔU_{d2} 的增加也逐渐减慢了;直到电动机转速回升到 n_1,$\Delta n=0$ 时,ΔU_{d2} 就不再增加了,且在以后就一直保持这个数值不变(见图 9.7(c)的曲线 2)。

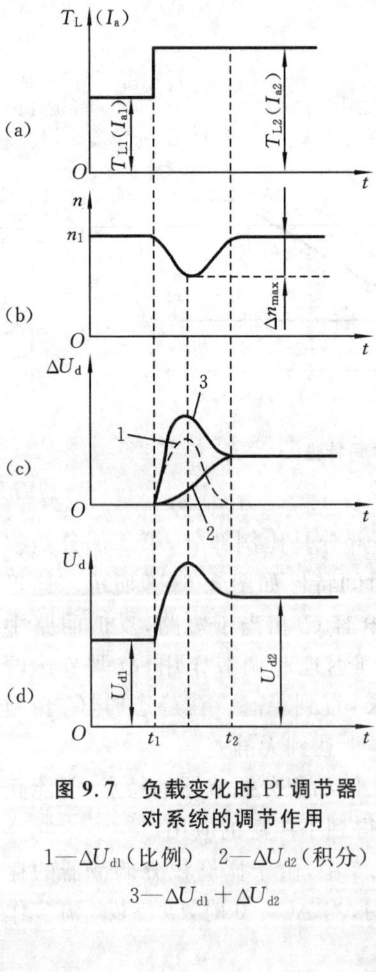

图 9.7　负载变化时 PI 调节器对系统的调节作用

1—ΔU_{d1}(比例)　2—ΔU_{d2}(积分)　3—$\Delta U_{d1}+\Delta U_{d2}$

把比例作用与积分作用合起来考虑,其调节的综合效果如图 9.7(c)的曲线 3 所示,可知,不管负载如何变化,系统一定会自动调节。在调节过程的开始和中间阶段,比例调节起主要作用,它首先阻止 Δn 的继续增大,而后使转速迅速回升;在调节过程的末期 Δn 很小,比例调节的作用不明显了,而积分调节作用就上升到主要地位,依靠它来最后消除转速偏差 Δn,使转速回升到原值。这就是无静差调速系统的调节过程。

可控整流电压 U_d 等于原静态时的数值 U_{d1} 加上调节过程进行后的增量 $\Delta U_{d1}+\Delta U_{d2}$,如图 9.7(d)所示。可见,在调节过程结束时,U_d 稳定在一个大于 U_{d1} 的新的数值 U_{d2} 上。增加的那部分电压(即 ΔU_d)正好补偿由于负载增加引起的那部分主回路压降$(I_{a2}-I_{a1})R_{\Sigma}$。

无静差调速系统在调节过程结束以后,转速

偏差 $\Delta n=0$（PI 调节器的输入电压 ΔU 也等于零），这只是在静态（稳定工作状态）上无偏差，而动态（如当负载变化时，系统从一个稳态变到另一个稳态的过渡过程）上却是有偏差的。

这个调速系统在理论上讲是无静差调速系统，但是，由于调节放大器不是理想的，且放大倍数也不是无限大，测速发电机也还存在误差，因此，实际上这样的系统仍然有一定的静差。

转速负反馈调速系统能克服扰动作用（如负载的变化、电动机励磁的变化、晶闸管交流电源电压的变化等）对电动机转速的影响。只要扰动引起电动机转速的变化能为测量元件——测速发电机等所测出，调速系统就能产生作用来克服它。换句话说，只要扰动是作用在被负反馈所包围的环内，就可以通过负反馈的作用来减小扰动对被调量的影响。但是必须指出，测量元件本身的误差是不能补偿的。例如，当测速发电机的磁场发生变化时，U_{BR} 就要变化，通过系统的作用，电动机的转速会发生变化。因此，正确选择与使用测速发电机是很重要的。如用他励式测速发电机时，应使其磁场工作在饱和状态或者用稳压电源供电，也可选用永磁式的测速发电机（当安装环境不是高温，没有剧烈振动的场合），以提高系统的准确性。在安装测速发电机时还应注意轴的对中不偏心，否则也会对系统带来干扰。

2. 其他反馈调速系统

速度（转速）负反馈是抑制转速变化的最直接而有效的方法，它是自动调速系统最基本的反馈形式。但速度负反馈需要有反映转速的测速发电机，它的安装和维修都不太方便，因此，在调速系统中还常采用其他的反馈形式。常用的有电压负反馈、电流正反馈、电流截止负反馈等反馈形式。

1) 电压负反馈系统

具有电压负反馈环节的调速系统如图 9.8 所示。

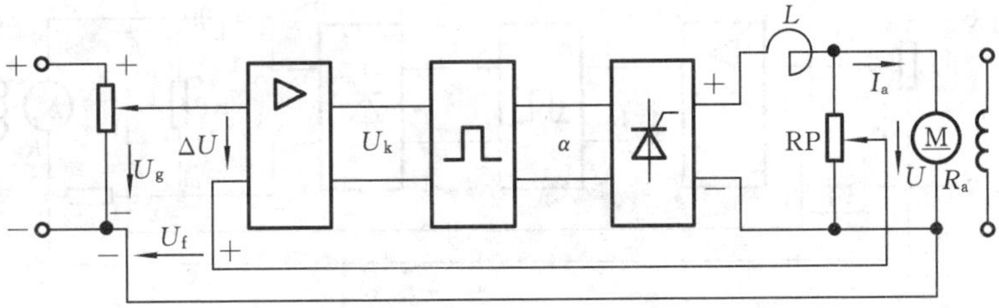

图 9.8　电压负反馈系统

由式(3.12)可知，系统中电动机的转速为

$$n=\frac{U}{K_e\Phi}-\frac{R_a}{K_e\Phi}I_a$$

电动机的转速随电枢端电压的大小而变。电枢电压越高，电动机转速就越高，电枢电压的大小可以近似地反映电动机转速的高低。电压负反馈系统就是把电动机电

枢电压作为反馈量,以调整转速。图 9.8 中 U_g 是给定电压,U_f 是电压负反馈的反馈量,它是从并联在电动机电枢两端的电位计 RP 上取出来的,所以,电位计 RP 是检测电动机端电压大小的检测元件,U_f 与电动机端电压 U 成正比,U_f 与 U 的比例系数(称为电压反馈系数)用 k 表示,即

$$k=\frac{U_f}{U}$$

因 $\Delta U=U_g-U_f$,U_g 和 U_f 极性相反,故为电压负反馈。在给定电压 U_g 一定时,其调整过程如下:

$$\text{负载}\uparrow\rightarrow n\downarrow\rightarrow I_d\uparrow\rightarrow U_f\downarrow\rightarrow\Delta U\uparrow\rightarrow U_k\uparrow\rightarrow\alpha\downarrow\rightarrow U_d\uparrow\rightarrow U\uparrow\rightarrow n\uparrow$$

同理,负载减小时,引起 n 上升,通过调节可使 n 下降,趋于稳定。

电压负反馈系统的特点是线路简单,可是它稳定速度的效果并不明显,因为,电动机端电压即使由于电压负反馈的作用而维持不变,但是负载增加时,电动机电枢内阻 R_a 所引起的内阻压降仍然要增大,电动机速度还是要降低。或者说电压负反馈顶多只能补偿可控整流电源的等效内阻所引起的速度降低。

一般线路中的电压负反馈系统主要不是用来稳速,而是用来防止过压,改善动态特性,加快过渡过程。

2) 电流正反馈与电压负反馈的调速系统——高电阻电桥

由于电压负反馈调速系统对电动机电枢电阻压降引起的转速降低不能予以补偿,因而转速降低较大,静态特性不够理想,使得允许的调速范围减小。为了补偿电枢电阻压降 I_aR_a,一般在电压负反馈的基础上再增加一个电流正反馈环节,如图 9.9 所示。

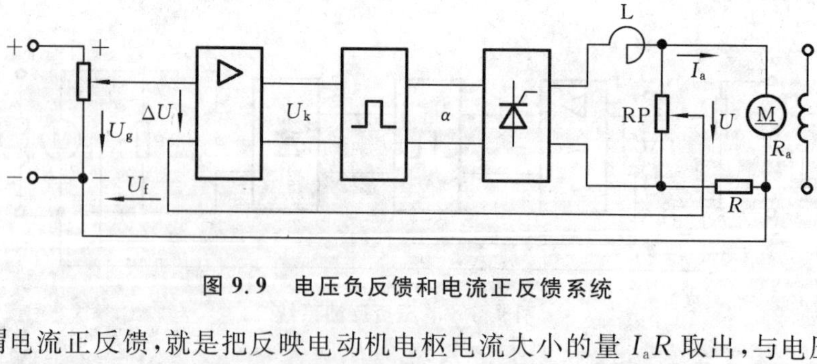

图 9.9　电压负反馈和电流正反馈系统

所谓电流正反馈,就是把反映电动机电枢电流大小的量 I_aR 取出,与电压负反馈一起加到放大器输入端。在加有电流正反馈的系统中,负载电流增大,放大器输入信号就增强,晶闸管整流输出电压 U_d 也增高,以此补偿电动机电枢电阻所产生的压降。由于这种反馈方式的转速降低比仅有电压负反馈时小了许多,因而扩大了调速范围。

为了保证"调整"效果,电流正反馈的强度与电压负反馈的强度应按一定比例组成,如果比例选择恰当,综合反馈将具有转速反馈的性质。

为了说明这种组合，采用简化的高电阻电桥（见图 9.10）。图中，从 a、0 两点取出的是电压负反馈信号，从 b、0 两点取出的是电流正反馈信号，从 a、b 两点取出的则代表综合反馈信号。

在图 9.10 中，a、b 两点之间电压 U_{ab} 可看成是电压 U_{a0} 与电压 U_{0b} 之和，即

$$U_{ab}(U_{\mathrm{f}}) = U_{a0} + U_{0b} \tag{9.12}$$

U_{0b} 与 U_{b0} 极性相反，所以

$$U_{ab} = U_{a0} - U_{b0}$$

这里，U_{a0} 随端电压 U 的变化而变化，如果令

$$k = \frac{R_2}{R_1 + R_2} \tag{9.13}$$

则有 $$U_{a0} = \alpha U$$

式中，U_{a0}——电压负反馈信号；

U——电动机电枢端电压；

k——电压反馈系数。

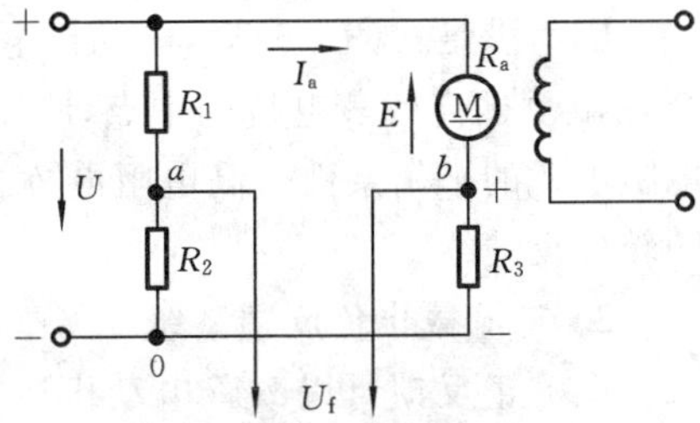

图 9.10　高电阻电桥

U_{b0} 随电流 I_{a} 的变化而变化，它代表 I_{a} 在电阻 R_3 上引起的压降（电流正反馈信号），即

$$U_{b0} = I_{\mathrm{a}} R_3$$

将 U_{a0} 与 U_{b0} 的表达式代入 U_{ab} 的表达式中，得

$$U_{ab} = U_{a0} - U_{b0} = kU - I_{\mathrm{a}} R_3 = \frac{UR_2}{R_1 + R_2} - I_{\mathrm{a}} R_3 \tag{9.14}$$

从电动机电枢回路电动势平衡关系知

$$U = E + I_{\mathrm{a}}(R_{\mathrm{a}} + R_3)$$

即 $$I_{\mathrm{a}} = \frac{U - E}{R_3 + R_{\mathrm{a}}}$$

将 I_{a} 的表达式代入式(9.14)，得

$$\begin{aligned} U_{ab} &= \frac{UR_2}{R_1 + R_2} - \frac{U - E}{R_3 + R_{\mathrm{a}}} R_3 \\ &= \frac{UR_2}{R_1 + R_2} - \frac{UR_3}{R_3 + R_{\mathrm{a}}} + \frac{ER_3}{R_3 + R_{\mathrm{a}}} \end{aligned} \tag{9.15}$$

上式如果满足

$$\frac{UR_2}{R_1 + R_2} - \frac{UR_3}{R_3 + R_{\mathrm{a}}} = 0$$

即 $$\frac{R_2}{R_1 + R_2} = \frac{R_3}{R_3 + R_{\mathrm{a}}}$$

则化简后可以得到电桥的平衡条件

$$\frac{R_2}{R_1} = \frac{R_3}{R_{\mathrm{a}}} \tag{9.16}$$

因此
$$U_{ab}=\frac{R_3}{R_3+R_a}E \tag{9.17}$$

这就是说，满足式(9.16)所示的条件，则从 a、b 两点取出的反馈信号形成的反馈将转化为电动机反电动势的反馈。因为反电动势与转速成正比，$E=C_e n$，所以，U_{ab} 也可以表示为

$$U_{ab}=\frac{R_3}{R_3+R_a}C_e n \tag{9.18}$$

这种反馈也可以称为转速反馈。

因为满足式(9.16)后，电动机电枢电阻 R_a 与附加电阻 R_3、R_2、R_1 组成电桥的四个臂，a、b 两点代表电桥的中点，所以，这种线路称为高电阻电桥线路，式(9.16)为高电阻电桥的平衡条件。高电阻电桥线路实质上是电动势反馈线路，或者说是电动机的转速反馈线路。

3) 电流截止负反馈系统

电流正反馈可以改善电动机运行特性，而电流负反馈会使 ΔU 随着负载电流的增大而减小，使电动机的速度迅速降低。可是，这种反馈却可以人为地造成“堵转”，防止电枢电流过大而烧坏电动机。在加有电流负反馈的系统中，当负载电流超过一定值，电流负反馈足够强时，它足以将给定信号的绝大部分抵消掉，使电动机转速降到零，电动机停止运转，从而起到保护作用。否则，电动机的转速在负载过分增大时也不降下来，会使电枢过流而烧坏。本来，采用过流保护继电器也可以保护这种严重过载，但过流保护继电器要触点断开、电动机断电才行。而采用电流负反馈作为保护手段，就不必切断电动机的电路，只是使它的速度暂时降下来，一旦过负载去掉后，它的速度又会自动升起来，这样有利于生产。

既然电流负反馈有使特性恶化的作用，故在正常情况下，不希望它起作用，应该将它的作用“截止”，在过流时则希望它起作用以保护电动机。满足这两种要求的线路称为电流截止负反馈线路，如图 9.11 所示。

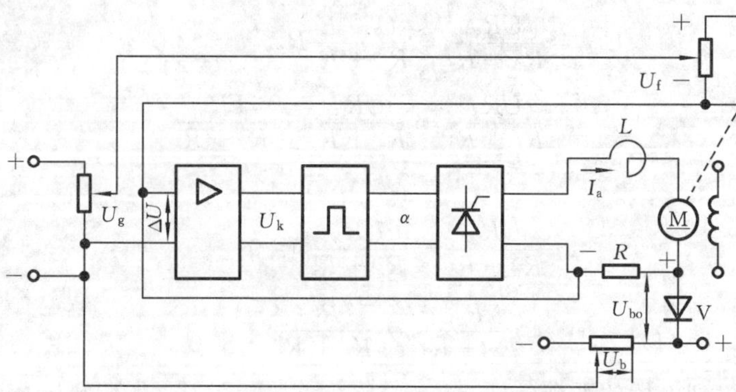

图 9.11 电流截止负反馈作为调速系统限流保护

电流截止负反馈的信号由串联在回路中的电阻 R 上取出（电阻 R 上的压降 I_aR 与电流 I_a 成正比）。在电流较小时，$I_aR<U_b$，二极管 V 截止，电流负反馈不起作用，此时只有转速负反馈的作用，故能得到稳态运行所需要的比较硬的静态特性。当主回路电流增加到一定值使 $I_aR>U_b$ 时，二极管 V 导通，电流负反馈信号 I_aR 经过二极管与比较电压 U_b 比较后送到放大器，其极性与 U_g 极性相反，经放大后控制移相角 α，使 α 增大，输出电压 U_d 减小，电动机转速下降。

如果负载电流一直增加下去，电动机速度最后将降到零。电动机速度降到零后，电流不再增大，这样就起到了“限流”的作用，加有电流截止负反馈的速度特性如图 9.12 所示（这种特性常用于挖土机上，故称为“挖土机特性”）。因为只有当电流大到一定程度反馈才起作用，故称电流截止负反馈。图中，速度等于零时电流为 I_{a0}，I_{a0} 称为堵转电流，一般 $I_{a0}=(2\sim2.5)I_{aN}$。电流负反馈开始起作用的电流称为转折点电流 I_0，一般，转折点电流 I_0 为额定电流 I_{aN} 的 1.35 倍。比较电压越大，则电流截止负反馈的转折点电流越大，比较电压越小，则转折点电流越小。

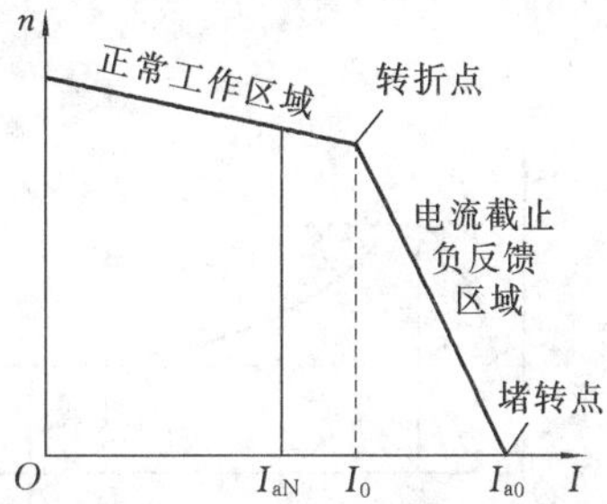

图 9.12　电流截止负反馈速度特性

所以，比较电压的大小如何选择是很重要的。一般按照转折电流 $I_0=KI_{aN}$ 选取比较电压 U_b。当负载没有超出规定值时，起截止作用的二极管不应该开放，也就是比较电压 U_b 应满足

$$U_b+U_{b0}\leqslant KI_{aN}R \tag{9.19}$$

式中，U_b——比较电压；

U_{b0}——截止元件二极管的开放电压；

I_{aN}——电动机额定电流；

K——转折点电流的倍数，即 $K=I_0/I_{aN}$；

R——电动机电枢回路中所串电流反馈电阻。

上述各种反馈信号都是直接反映某一参量大小的，即反馈信号的强弱与其反映的参量大小成正比。另外，还有其他形式的反馈，如电压微分负反馈，它们与某一参量的一阶导数或二阶导数成正比，而且只在动态时起作用，在静态时不起作用。

9.2.2　双闭环直流调速系统

1. 转速、电流双闭环调速系统的组成

采用 PI 调节器的速度调节器 ASR 的单闭环调速系统，既能实现转速的无静差调节，又能获得较快的动态响应。从扩大调速范围的角度来看，它已基本上满足一般生产机械对调速的要求，但有些生产机械（如龙门刨床、可逆轧钢机等）经常处于正反转工作状态，为了提高生产率，要求尽量缩短启动、制动和反转过渡过程的时间。

当然,可用加大过渡过程中的电流即加大动态转矩来实现,但电流不能超过晶闸管和电动机的允许值。为了解决这个矛盾,可以采用电流截止负反馈,而得到如图9.13中实线所示的启动电流波形,波形的峰值 I_{am} 为晶闸管和电动机所允许的最大冲击电流,启动时间为 t_1。为了进一步加快过渡过程而又不增加电流的最大值,若启动电流的波形变成图9.13中虚线所示,波形的充满系数接近1,整个启动过程中就有最大的加速度,启动过程的时间就最短,只要 t_2 就可以了。

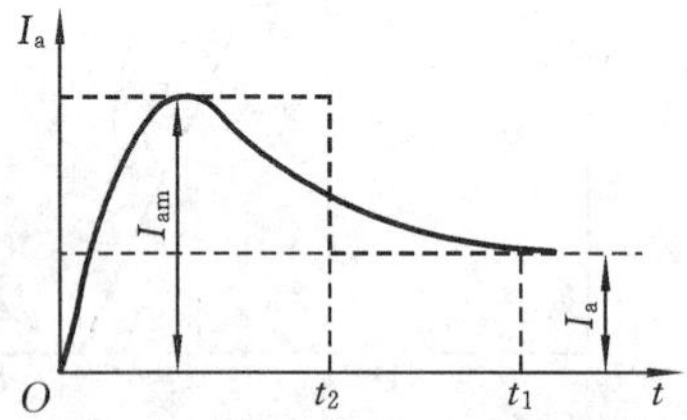

图9.13　启动时的电流波形

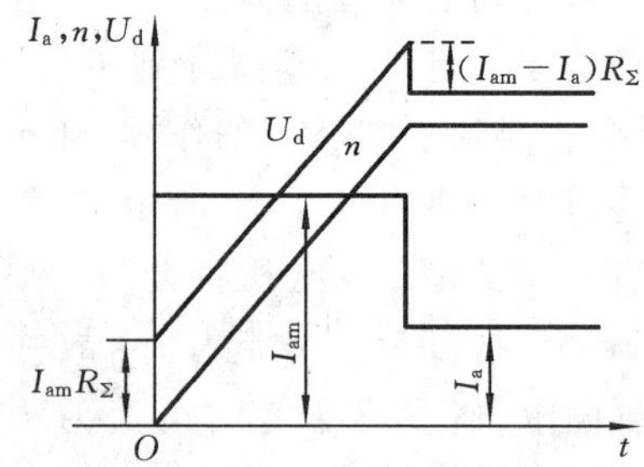

图9.14　理想的启动过程曲线

为此,可把电流作为被调量,使系统在启动过程中维持电流为最大值不变。这样,在启动过程中,电流、转速、可控整流器的输出电压波形就可出现接近于图9.14所示的理想启动过程的波形,以在充分利用电动机过载能力的条件下获得最快的动态响应。它的特点是在电动机启动时,启动电流很快加大到允许过载能力值 I_{am},并保持不变。在这个条件下,转速 n 得到线性增长,当升到所需要的大小时,电动机的电流急剧下降到克服负载所需的电流 I_a 值。对应这种要求,可控整流器的电压开始应为 $I_{am}R_\Sigma$,随着转速 n 的上升,$U_d=I_{am}R_\Sigma+C_en$ 也上升,到达稳定转速时,$U_d=I_aR_\Sigma+C_en$。这就要求在启动过程中,把电动机的电流当做被调节量,使之维持为电动机允许的最大值 I_{am},并保持不变。这就要求有一个电流调节器来完成这个任务。

具有速度调节器ASR和电流调节器ACR的双闭环调速系统就是在这种要求下产生的,如图9.15所示。来自速度给定电位器的信号 U_{gn} 与速度反馈信号 U_{fn} 比较后,偏差为 $\Delta U_n=U_{gn}-U_{fn}$,送到ASR的输入端。ASR的输出 U_{gi} 作为ACR的给

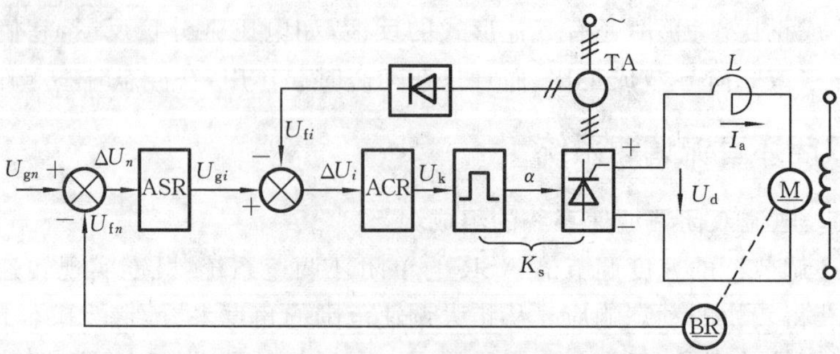

图9.15　转速与电流双闭环调速系统

定信号，与电流反馈信号 U_{fi} 比较后，偏差为 $\Delta U_i = U_{gi} - U_{fi}$，送到 ACR 的输入端，ACR 的输出 U_k 送到触发器，以控制可控整流器，整流器为电动机提供直流电压 U_d。系统中用了两个调节器(一般采用 PI 调节器)分别对速度和电流两个参量进行调节，这样，一方面使系统的参数便于调整，另一方面更能实现接近于理想的过渡过程。从闭环反馈的结构上看，电流调节在里面，是内环；转速调节在外面，是外环。

2. 转速、电流双闭环调速系统的静态与动态分析

1) 静态分析

从静态特性上看，维持电动机转速不变是由速度调节器 ASR 来实现的。在电流调节器 ACR 上使用的是电流负反馈，它有使静态特性变软的趋势，但是在系统中还有转速负反馈环包在外面。电流负反馈对于转速环来说相当于起到一个扰动作用。只要 ASR 的放大倍数足够大而且没有饱和，电流负反馈的扰动作用就受到抑制。整个系统的本质由外环 ASR 来决定，它仍然是一个无静差的调速系统。也就是说，当 ASR 不饱和时，电流负反馈使静态特性可能产生的速降被 ASR 的积分作用所完全抵消了。一旦 ASR 饱和，当负载电流过大，系统实现保护作用使转速下降很大时，转速环即失去作用，只剩下电流环起作用，这时系统表现为恒流调节系统，静态特性便会呈现出很陡的下垂段特性。

2) 动态分析

以电动机启动为例，在突加给定电压 U_{gn} 的启动过程中，速度调节器 ASR 输出电压 U_{gi}、电流调节器 ACR 输出电压 U_k、可控整流器输出电压 U_d、电动机电枢电流 I_a 和转速 n 的动态响应波形如图9.16所示(图中各参量为绝对值)。整个过渡过程可以分成三个阶段，在图中分别标以Ⅰ、Ⅱ和Ⅲ。

(1) 第Ⅰ阶段是电流上升阶段。当突加给定电压 U_{gn} 时，电动机由于机电惯性较大还来不及转动($n=0$)，转速负反馈电压 $U_{fn}=0$，从而 $\Delta U_n = U_{gn} - U_{fn}$ 很大，使 ASR 的输出突增为 U_{gio}，ACR 的输出为 U_{ko}，可控整流器的输出为 U_{do}，电枢电流 I_a 迅速增加。当电枢电流增大到 $I_a \geqslant$

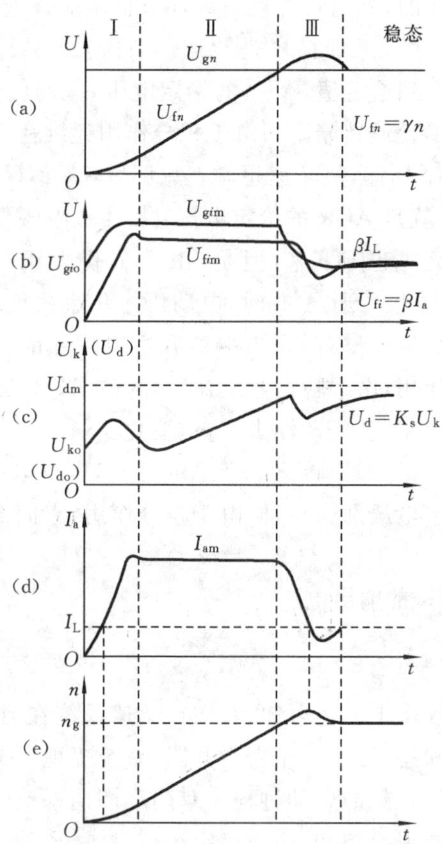

图 9.16　双闭环调速系统启动过程动态波形

(a) ASR 输出电压　(b) ACR 输出电压
(c)可控整流器输出电压
(d)电枢电流　(e)转速

I_L(负载电流)时,电动机开始转动,以后 ASR 的输出很快达到限幅值 U_{gim},从而使电枢电流达到所对应的最大值 I_{am}(在这过程中 U_k、U_d的下降是由于电流负反馈所引起的),到这时电流负反馈电压与 ACR 的给定电压基本上是相等的,即

$$U_{gim} \approx U_{fi} = \beta I_{am} \tag{9.20}$$

式中,β——电流反馈系数。

ASR 的输出限幅值正是按这个要求来整定的。

(2) 第Ⅱ阶段是恒流升速阶段。从电流升到最大值 I_{am}开始,到转速升到给定值为止,这是启动过程的主要阶段。在这个阶段中,ASR 一直是饱和的,转速负反馈不起调节作用,转速环相当于开环状态,系统表现为恒电流调节。由于电流 I_a保持恒值 I_{am},即系统的加速度 $\mathrm{d}n/\mathrm{d}t$ 为恒值,所以转速 n 按线性规律上升,由 $U_d = I_{am}R_\Sigma + C_e n$ 知,U_d也线性增加,这就要求 U_k也要线性增加,故在启动过程中 ACR 是不应该饱和的,晶闸管可控整流环节也不应该饱和。

(3) 第Ⅲ阶段是转速调节阶段。ASR 在这个阶段中起作用。开始时转速已经上升到给定值,ASR 的给定电压 U_{gn}与转速负反馈电压 U_{fn}相平衡,输入偏差 ΔU_n等于零。但其输出却由于积分作用还维持在限幅值 U_{gim},所以电动机仍在以最大电流 I_{am}下加速,使转速超调。超调后,$U_{fn} > U_{gn}$,$\Delta U_n < 0$,使 ASR 退出饱和,其输出电压(也就是 ACR 的给定电压)U_{gi} 才从限幅值降下来,U_k与 U_d也随之降了下来,使电枢电流 I_a也降下来,但是,由于 I_a仍大于负载电流 I_L,在开始一段时间内转速仍继续上升。到$I_a \leqslant I_L$时,电动机才开始在负载的阻力下减速,直到稳定(如果系统的动态品质不够好,可能振荡几次以后才能稳定)。在这个阶段中 ASR 与 ACR 同时发挥作用,由于转速调节在外环,故 ASR 处于主导地位,而 ACR 的作用则力图使 I_a尽快地跟随 ASR 输出 U_{gi}的变化。

稳态时,转速等于给定值 n_g,电枢电流 I_a等于负载电流 I_L,ASR 和 ACR 的输入偏差电压都为零,但由于积分作用,它们都有恒定的输出电压。ASR 的输出电压为

$$U_{gi} = U_{fi} = \beta I_L \tag{9.21}$$

ACR 的输出电压为

$$U_k = \frac{C_e n_g + I_L R_\Sigma}{K_s} \tag{9.22}$$

由上所述可知,双闭环调速系统在启动过程的大部分时间内,ASR 处于饱和限幅状态,转速环相当于开路,系统表现为恒电流调节,从而可基本上实现如图 9.14 所示的理想的启动过程。双闭环调速系统的转速响应一定有超调,只有在超调后,ASR 才能退出饱和,使在稳定运行时 ASR 发挥调节作用,从而使在稳态和接近稳态运行中表现为无静差调速。故双闭环调速系统具有良好的静态和动态品质。

转速、电流双闭环调速系统的主要优点是:系统的调整性能好,有很硬的静态特性,基本无静差;动态响应快,启动时间短;系统的抗干扰能力强;两个调节器可分别设计,调整方便(先调电流环,再调速度环)。所以,它在自动调速系统中得到了广泛应用。

为了进一步改善调速系统的性能和提高系统的可靠性，还可以采用三闭环（在双闭环基础上再加一个电流变化率调节器或电压调节器）调速系统。

9.2.3　可逆直流调速系统

只向直流电动机提供单向电流、使电动机单向运转的调速系统，称为不可逆直流调速系统。它适用于单向运转且对停车快速性要求不高的生产机械。而在实际生产中，除对生产机械有上述要求外，还常要求电动机不但能平滑调速而且能正转、反转，能快速启动、制动等，如龙门刨床的工作台，要求能控制电动机正转、反转的调速系统，这种系统称为可逆调速系统。直流电动机可逆调速系统有电枢反接的可逆电路及励磁反接的可逆电路两类，由于后者用得较少，下面仅介绍电枢反接的可逆电路。

1. 电枢反接可逆电路的类型

1）利用接触器进行切换的可逆电路

利用接触器进行切换的可逆电路如图 9.17(a)所示。晶闸管整流装置 KZ 的输出电压 U_d 极性不变，当正向接触器 FKM 吸合时，电动机电枢得到 A(+)、B(−)的电压，电动机正转；当反向接触器 RKM 吸合时，电动机电枢得到 A(−)、B(+)的电压，电动机反转。

此方案简单、经济，缺点是接触器切换频繁，动作噪声大，寿命短，且需要 0.2～0.5 s 的切换时间，使电动机正、反转中出现切换死区，故仅适用于不经常反转的生产机械。

2）利用晶闸管切换的可逆电路

如图 9.17(b)所示，用晶闸管开关代替接触器，组成晶闸管开关可逆电路。当

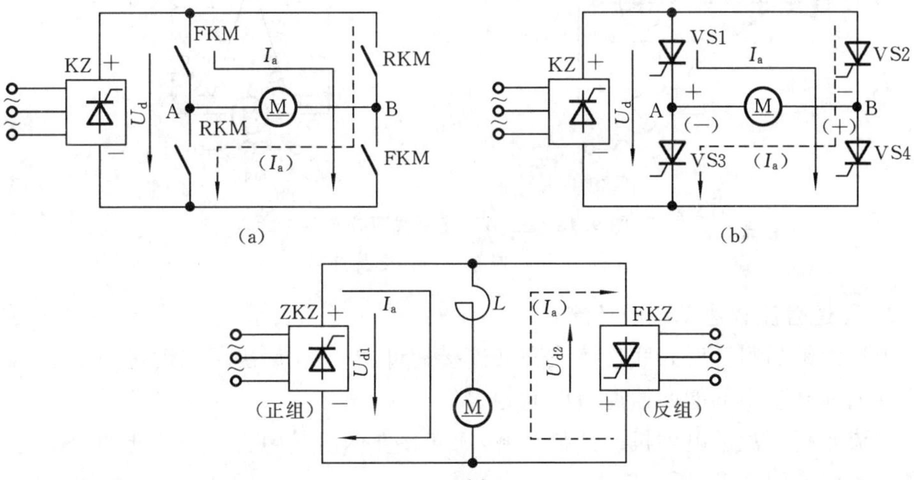

图 9.17　利用接触器进行切换的可逆电路

(a) 用接触器切换　(b) 用晶闸管切换　(c) 两组晶闸管反并联

VS1、VS4导通时,电动机正转;而 VS2、VS3 导通时,电动机反转。此方案线路简单,工作可靠,调整维护方便,但对 VS1 到 VS4 的耐压及电路容量要求较高,使其经济性不高,故适用于几十千瓦或更小的中小容量的系统。

3) 两组晶闸管反并联的可逆电路

如图 9.17(c)所示,两组晶闸管整流装置反极性并联。当正组整流装置 ZKZ 供电时,电动机正转;当反组整流装置 FKZ 供电时,电动机反转。两组晶闸管整流装置分别由两套触发装置控制,能灵活地控制电动机启动、制动,升速、降速和正转、反转,电动机正、反转运行在第一、第三象限,而第二、第四象限为正、反转制动状态。但它对于控制电路要求严格,不允许两组晶闸管同时处于整流状态,以防电源短路。此方案只需一个电源,变压器利用率高,接线简单,适用于要求频繁正、反转的生产机械,如龙门刨床及可逆轧钢机等。

4) 两组晶闸管交叉连接的可逆电路

两台独立的三相变压器或一台具有两套二次绕组的整流交压器,组成交叉连接的可逆电路,图 9.18(a)、(b)分别给出三相半波桥式反并联和三相半波桥式交叉连接的可逆电路,以进行比较。在三相全控桥可逆电路中,交叉连接比反并联连接所用的限制环流大小的均衡电抗器数目可减少一半,因而,在有环流调速系统中,三相全控桥均采用交叉连接组成可逆调速系统。除此以外,一般均采用反并联连接形式。

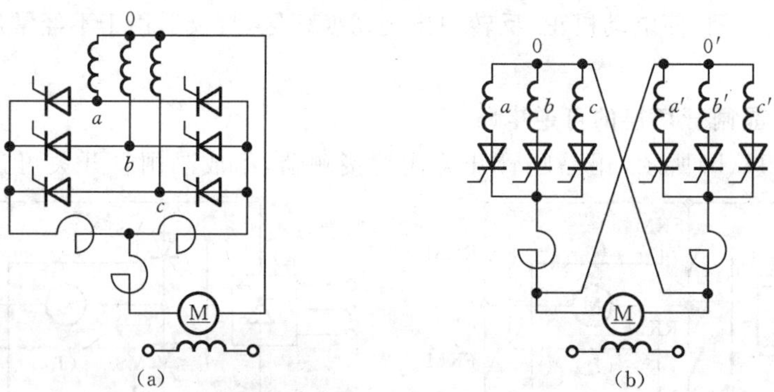

图 9.18 三相半波桥式可逆电路

(a) 反并联连接 (b) 交叉连接

2. 可逆直流调速系统的环流

上述两组晶闸管反并联连接或交叉连接的可逆电路,解决了电动机频繁正、反转运行和回馈制动中电能回馈通道的问题。

环流是指不流经电动机或其他负载,而直接在两组晶闸管之间流通的短路电流,环流的流向如图 9.19 所示。

环流问题是影响系统安全运行及决定系统性质的一个重要问题。环流一方面会显著加重晶闸管和变压器的负担,消耗无用的功率,太大时可能导致晶闸管的损坏;

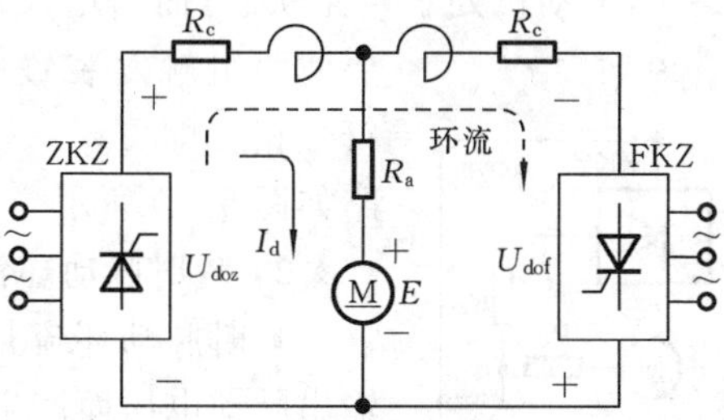

图 9.19 反并联可逆电路中的环流

另一方面，环流又可以作为晶闸管的基本负载电流，即便电动机空载或轻载运行，晶闸管也可工作在电流连续区，从而减小了因电流断续引起的非线性现象对系统静、动态特性的影响，同时可以保证电流的无间断反向以加快反向时的过渡过程。

环流分为静态环流与动态环流两类。静态环流是当可逆电路在一定的控制角下稳定工作时所出现的环流，它又可分为瞬时脉动环流和直流平均环流；至于动态环流，一般系统在稳态运行时不存在，只是在系统处于过渡过程中出现。关于动态环流，本教材不作讨论，读者可参考有关文献。

1) 直流平均环流

直流平均环流是正、反两组晶闸管都处于整流状态，正组整流电压 U_{doz} 和反组整流电压 U_{dof} 正负相连，不流经电动机或其他负载，直接造成两组整流电源短路的电流，如图 9.19 所示。图中，R_c 为整流装置的内阻，R_a 为电枢电阻。

(1) 消除环流的条件。消除直流平均环流的方法是：当正组 ZKZ 整流，其整流电压 U_{doz} 为正时，反组 FKZ 处于逆变状态，输出逆变电压 U_{dof} 为负，且幅值相等，即

$$U_{dof} = -U_{doz}$$

$$U_{dof} = U_{do\,max}\cos\alpha_f,\quad U_{doz} = U_{do\,max}\cos\alpha_z$$

式中，α_f、α_z——反组、正组晶闸管的控制角。

因为两组整流装置完全相同，则 $U_{dof}=U_{doz}$，所以

$$\cos\alpha_f = -\cos\alpha_z \quad 或 \quad \alpha_f + \alpha_z = 180°$$

再由逆变角与控制角的关系，得出

$$\alpha_z = \beta_f$$

按照这样的条件来控制两组晶闸管，就可消除直流平均环流。一般称 $\alpha_z=\beta_f$ 为 $\alpha=\beta$ 工作制的配合控制。

如果使 $\alpha_z>\beta_f$，则 $\cos\alpha_z<\cos\beta_f$，就能确保消除环流。因此，消除直流平均环流的条件为

$$\alpha_z \geqslant \beta_f$$

(2) $\alpha=\beta$ 工作制的实现。实现 $\alpha=\beta$ 工作制配合控制的方法是：将两组晶闸管整流装置触发脉冲的零位都设定在控制角为 90°处，即当控制电压 $U_k=0$ 时，$\alpha_{zo}=\alpha_{fo}=$

$\beta_{fo}=90°$，则有$U_{dof}=U_{doz}=0$，电动机处于停止状态；而当增大控制电压U_k移相时，只要使两组触发装置的控制电压大小相等、符号相反即可。$\alpha=\beta$工作制实现的可逆电路如图 9.20 所示。

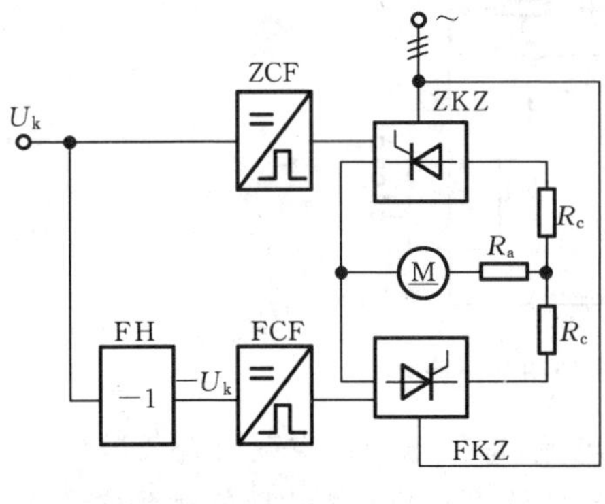

图 9.20　$\alpha=\beta$工作制实现的可逆电路

2）瞬时脉动环流

瞬时脉动环流是由于晶闸管整流装置输出脉动电压而产生的。虽然在$\alpha=\beta$工作制配合控制下，有$U_{dof}=U_{doz}$而没有直流平均环流，但U_{dof}和U_{doz}的瞬时脉动值并不相同，二者之间存在瞬时电压差，从而产生瞬时电流。

瞬时脉动环流始终存在，必须加以抑制，不能使其过大。办法是在环流回路中串入均衡电抗器，或称环流电抗器。系统中，均衡电抗器的电感量及其接法因整流电路而异。设计电抗器的电感量，一般要求把脉动电流平均值限制在额定负载电流的5%～10%之间。在三相全控桥式反并联可逆电路中，共设置四个均衡电抗器，因为每组桥有两条并联的环流通道，而对于三相全控桥式交叉连接及三相零式的可逆电路，只需在正、反两个回路中各设一个均衡电抗器即可，因为它们在环流回路中是串联的。

3. 有环流可逆调速系统

1）自然环流系统

（1）$\alpha=\beta$配合控制的系统。在$\alpha=\beta$配合下，电枢可逆电路中虽然没有直流平均环流，但有瞬时脉动环流，故系统为有环流可逆调速系统；又因为瞬时脉动环流自然存在，故系统又称为自然环流系统。

自然环流系统采用三相全控桥式反并联可逆线路的主电路形式，设置四个均衡电抗器，另设置一个平波电抗器以避免均衡电抗器流过较大的负载电流而饱和。$\alpha=\beta$配合控制的可逆调速系统如图 9.21 所示。

控制线路采用转速、电流双闭环系统，速度调节器 ASR 与电流调节器 ACR 都设置了双向输出限幅，来限制最大动态电流、最小控制角α_{min}和最小逆变角β_{min}；用继电器 ZK 和 FK 来切换给定电压以满足正、反转的需要；因为反馈信号要反映不同的极性，故电流反馈环节采用霍尔电流变换器 LH 直接检测直流电流。

转速给定电压U_{gn}有正、负两种极性，由 ZK 和 FK 来切换。当电动机正转时，正向继电器 ZK 接通，U_{gn}为正极性，经速度调节器 ASR 与电流调节器 ACR 输出的移相控制信号U_k为正，正组触发器 ZCF 输出的触发脉冲$\alpha_z<90°$，正组晶闸管整流装置 ZKZ 处于整流状态，同时$+U_k$信号经反向器 FH 使反组触发器 FCF 输出移相控制信号$-U_k$，输出的触发脉冲$\alpha_f>90°$（$\beta_f<90°$），且$\alpha_z=\beta_f$，使反组晶闸管整流装置 FKZ 处于待逆变状态。

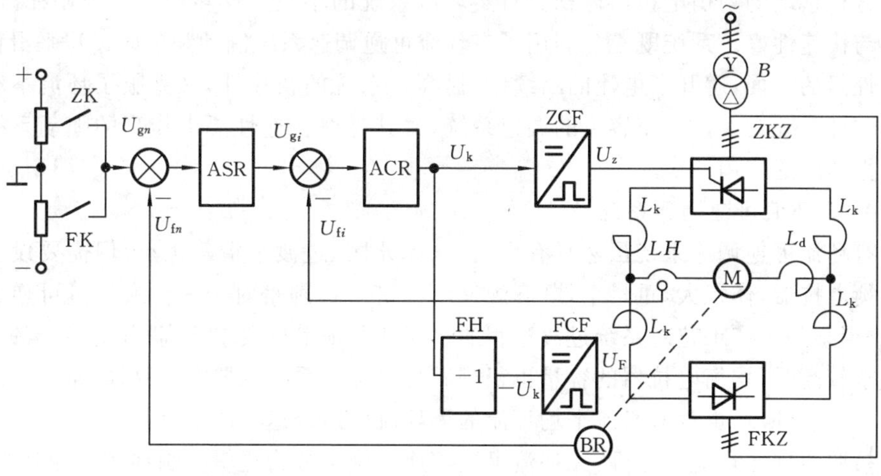

图 9.21　$\alpha=\beta$ 配合控制的可逆调速系统

当电动机反转时，反向继电器 FK 接通，U_{gn} 为负极性，反组晶闸管整流装置 FKZ 处于整流状态，正组晶闸管整流装置 ZKZ 处于待逆变状态。

显然，在 $\alpha=\beta$ 配合控制下，一组晶闸管在工作，而另一组晶闸管处于等待工作的状态。

这种控制方式的优点是控制简单，容易实现，负载电流可以方便地按两个方向平滑过渡，正、反转切换无控制死区，快速性好；缺点是随着参数的变化、元件的老化或其他干扰作用，控制角可能偏离 $\alpha=\beta$ 的关系，一旦变成 $\alpha<\beta$，就会引起直流环流，发生事故。这种控制方式适用于要求快速正、反转的中、小容量系统。

(2) $\alpha>\beta$ 工作制控制的系统。可通过原始脉冲位置整定在大于 90°处，或通过控制正、反两组触发脉冲的移相速度的快慢不等，以保证 $\alpha>\beta$。这种控制方式的优点是瞬时脉动环流比在 $\alpha=\beta$ 配合控制下的小，发生 $\alpha<\beta$ 的可能性小，可靠性高；其缺点是正、反转切换有控制死区。这种控制方式与 $\alpha=\beta$ 工作制的适用场合相同。

2) 给定环流系统

工作在 $\alpha<\beta$ 的状态，系统存在固定的直流环流，避开电流断续区，正、反转切换无控制死区，平滑性与快速性好；因为存在环流，均衡电抗器体积比自然环流系统的大。但由于环流始终存在，故会出现换向冲击。这种系统实际使用较少。

3) 可控环流系统

依照负载电流的断续或连续来控制环流的大小与有无的可逆调速系统称为可控环流系统。当主回路负载电流有可能断续时，采用 $\alpha<\beta$ 的控制方式，有意提供附加的直流平均环流，使电流连续。一旦主回路负载电流连续，再设法实现 $\alpha>\beta$ 的控制方式，遏制环流使其为零。

这种系统的均衡电抗器体积比自然环流系统的小，正、反转切换无控制死区，平滑性与快速性好。系统既充分利用了有环流可逆调速系统制动和反向过程平滑性与连续性好的一面，避开了电流的断续区，提高了系统的快速性，又克服了环流不利之处。这种系统在大、中、小容量的调速系统，尤其是对快速性要求较高的随动系统中日益得到广泛应用。

4. 无环流可逆调速系统

有环流可逆调速系统虽然具有反向快、无死区、过渡平滑等优点，但需要设置几个均衡电抗器，体积大，重量重，既麻烦又不经济。特别是对于一些大容量可逆调速系统，当某些生产工艺对系统过渡过程的快速性及平滑性要求不高、却对生产的可靠性要求较高时，均衡电抗器的容量也很难满足大容量系统的要求。这样，常采用既没有瞬时脉动环流、也没有直流平均环流的无环流可逆调速系统。

按照实现无环流的原理，无环流可逆调速系统可分为逻辑控制和错位控制两类。

1) 逻辑控制的无环流可逆调速系统

当一组晶闸管整流装置工作时，用逻辑电路封锁另一组晶闸管整流装置的触发脉冲，使其完全处于截止状态，从根本上切断环流的通路。这样的系统简称为“逻辑无环流系统”。

(1) 系统的组成。

① 主电路。两组晶闸管反并联的可逆线路，无均衡电抗器，有平波电抗器。

② 控制回路。转速、电流双闭环结构，电流环结构中有两个电流调节器，分别控制正、反两组晶闸管整流装置；采用交流互感器等电流检测器件，因为反馈电压极性不变；最为关键的是增设了逻辑切换装置，根据系统的工作状态，指挥系统自动进行切换，控制两组触发脉冲的开关与封锁，确保无环流。

(2) 工作原理。触发脉冲的零位整定及工作时的移相方法与 $\alpha=\beta$ 工作制时的相同，即零位都设定在控制角为 90°处。当控制电压 $U_k=0$ 时，$\alpha_{zo}=\alpha_{fo}=\beta_{fo}=90°$。系统其他部分的工作原理与自然环流可逆系统相同。

逻辑切换装置的工作原理是重点，为确保无环流，对无环流逻辑控制器提出了万无一失的控制要求。

① 无环流逻辑控制器的输入信号取自电流给定信号和零电流检测信号，经逻辑判断后，控制器发出逻辑切换指令，以封锁正组而开放反组，或封锁反组而开放正组。

② 发出逻辑切换指令后，首先经过封锁延时封锁原导通组脉冲，再经过开放延时开放另一组脉冲。

③ 无论何种情况，两组晶闸管决不允许同时施加触发脉冲。

为确保以上控制要求，无环流逻辑控制器的组成有四个基本环节：电平检测电路、逻辑判断电路、延时电路和联锁保护电路。

电平检测电路的任务是将系统中的电流给定信号和零电流检测信号这两个模拟量分别转换为“0”和“1”状态的数字量，实现电路是通过运算放大器连接成滞回比较电路。

逻辑判断电路由四个与非门组成，它以电平检测电路输出的转矩极性鉴别和零电流检测信号的逻辑电平作为输入信号，按照电动机的各种运行状态和所要求的逻辑判断电路的输出关系，正确地输出切换信号U_z和U_f。封锁正组脉冲时，$U_z=0$；封锁反组脉冲时，$U_f=0$；开放正组脉冲时，$U_z=1$；开放反组脉冲时，$U_f=1$。

延时电路由二极管、电容和四个与非门组成。封锁延时，是从发出切换指令到真正封锁掉原来工作的那组脉冲之间应该留出来的等待时间，其作用主要是防止因导通电流所包含的脉动分量使正处于逆变状态的本组造成逆变颠覆。通常对于三相桥式主电路的可逆系统，取封锁延时为2～3 ms。开放延时，是从封锁原工作组脉冲到开放另一组脉冲之间的等待时间，其作用主要是防止两组晶闸管同时导通造成短路。对于三相桥式主电路，取开放延时为5～7 ms。

联锁保护电路由四个二极管和一个与非门组成，是为了防止电路一旦发生故障时两组晶闸管同时导通造成短路而设置的。若有故障，则同时封锁两组晶闸管的触发脉冲，避免它们同时处于整流状态。

(3) 特点及应用。逻辑无环流系统的优点是：①省去了均衡电抗器，无附加的环流损耗；②节省了变压器和晶闸管的附加设备容量；③因换流失误而造成的事故率比有环流系统低。其缺点是因设置了开放与封锁延时，造成电流换向死区，影响了过渡过程的快速性。逻辑无环流系统适用于对系统过渡过程的平滑性与快速性要求不高的大容量可逆系统。

2）错位控制的无环流可逆调速系统

若一个系统设置两组晶闸管整流装置，当一组工作时并不封锁另一组的触发脉冲，而是借助于触发脉冲相位的错开来实现无环流，那么这样的系统称为错位控制的无环流可逆调速系统，简称为“错位无环流系统”。

错位无环流系统采用$\alpha=\beta$工作制，两组触发脉冲的关系为$\alpha_z=\alpha_f=300°$或$360°$，即初始相位整定在$\alpha_{z0}=\alpha_{f0}=150°$或$180°$。这样，当待逆变组的触发脉冲到来时，其晶闸管阳极一直处于反向截止状态，不能导通，也就不产生静态环流了。

错位无环流系统中不需要逻辑装置，但较为普遍地采用电压内环，它由电压变换器和电压调节器组成。电压内环的主要作用是：①压缩反向时的电压死区，加快系统切换过程；②防止动态环流，保证电流安全换向；③改造控制对象，抑制电流断续等非线性因素的影响，提高系统的静、动态性能。

9.3　直流脉宽调制调速系统

脉宽调速系统早已出现，但因缺乏高速开关元件而未能在生产实际中推广应用。随着大功率全控型电力电子器件的制造成功和成本的不断下降，直流脉宽调制(PWM)调速系统才又受到重视，现已在生产实际中得到广泛的应用，特别是在中、小容量的高动态性能系统中,已经完全取代了 VS-M 调速系统。

9.3.1 PWM 调速系统的工作原理和主要特点

1. 工作原理

目前,应用较广的一种 PWM 调速系统的基本主电路如图 9.22 所示。三相交流电源经整流滤波变成电压恒定的直流电压,VT1～VT4 为四只 IGBT,工作在开关状态,其中,处于对角线上的一对开关管的栅极因接受同一控制信号而同时导通或截止。若 VT1 和 VT4 导通,则电动机电枢上加正向电压;若 VT2 和 VT3 导通,则电动机电枢上加反向电压。当它们以较高的频率(一般为 2000 Hz)交替导通时,电枢两端的电压波形如图 9.23 所示。由于机械惯性的作用,决定电动机转向和转速的仅为此电压的平均值。

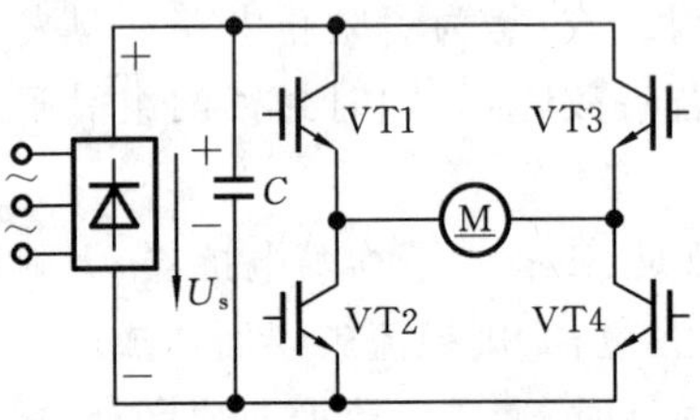

图 9.22　PWM 调速系统的基本主电路

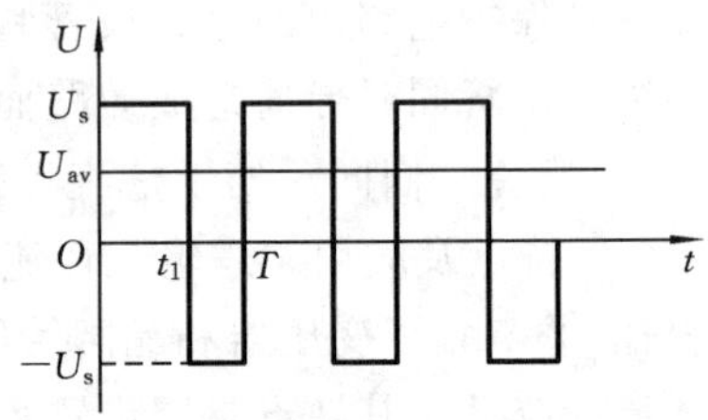

图 9.23　电动机电枢电压的波形

设矩形波的周期为 T,正向脉冲宽度为 t_1,并设 $\gamma=t_1/T$ 为导通占空比。由图 9.23可求出电枢电压的平均值为

$$
\begin{aligned}
U_{av} &= \frac{U_s}{T}[t_1-(T-t_1)] = \frac{U_s}{T}(2t_1-T) \\
&= \frac{U_s}{T}(2\gamma T-T) = (2\gamma-1)U_s
\end{aligned}
\tag{9.23}
$$

由式(9.23)可知,在 T 为常数时,人为地改变正脉冲的宽度以改变导通占空比 γ,即可改变 U_{av},达到调速的目的。当 $\gamma=0.5$ 时,$U_{av}=0$,电动机转速为零;当 $\gamma>0.5$时,U_{av}为正,电动机正转,且在 $\gamma=1$ 时,$U_{av}=U_s$,正向转速最高;当 $\gamma<0.5$ 时,U_{av}为负,电动机反转,且在 $\gamma=0$ 时,$U_{av}=-U_s$,反向转速最高。连续地改变脉冲宽度,即可实现直流电动机的无级调速。

2. 主要特点

与晶闸管直流调速系统比较,PWM 调速系统具有下列特点。

(1) 主电路所需的功率元件少。实现同样的功能,其开关管的数量仅为晶闸管的 1/6～1/3。

(2) 控制电路简单。开关管的控制比晶闸管的控制容易,不存在相序问题,不需要烦琐的同步移相触发控制电路。

(3) PWM 放大器的开关频率一般为 1～5 kHz,有的甚至可达 10 kHz,而晶闸管三相全控整流桥的开关频率只有 300 Hz,因而 PWM 调速系统比晶闸管直流调速系统的频带宽得多。这样,前者的动态响应速度和稳速精度等性能指标都比后者好。

PWM 放大器的开关频率高,电动机电枢电流容易连续,且脉动分量小,因而,电枢电流脉动分量对电动机转速的影响以及由它引起的电动机的附加损耗都小。

(4) PWM 放大器的电压放大系数不随输出电压的改变而变化,而晶闸管整流器的电压放大系数在输出电压低时变小。前者比后者的低速性能要好得多,这样,电动机在很低的速度下稳定运转,其调速范围很宽。

目前,因受大功率开关管最大电压、电流定额的限制,PWM 调速系统的最大功率只有几百千瓦,而晶闸管直流调速系统的最大功率可以达到几兆瓦,因此,前者能在中、小容量的调速系统中取代后者。

9.3.2　PWM 调速系统的组成

图 9.24 所示的系统是采用典型的双闭环原理组成的 PWM 调速系统。下面分别对几个主要组成部分进行分析。

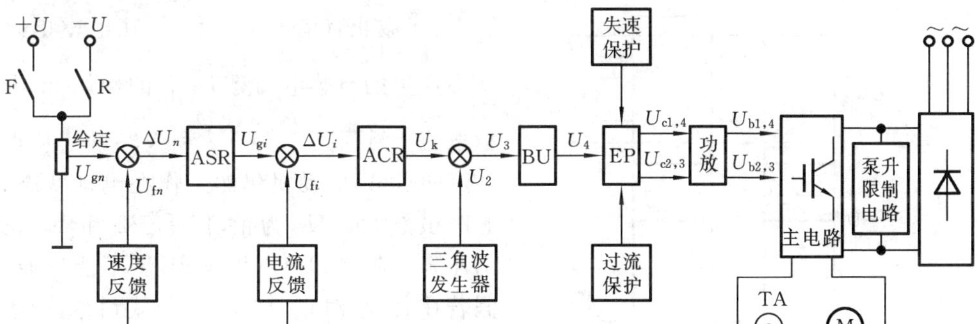

图 9.24　PWM 调速系统

1. 主电路(功率开关放大器)

PWM 调速系统主电路的形式有多种,按输出极性有单极性输出和双极性输出之分,而双极性输出的主电路又分 H 型和 T 型两类,H 型脉宽放大器又可分为单极式和双极式两种。这里仅介绍一种技术性能较好、经常采用的双极性双极式脉宽放大器的电路(见图 9.25),它与图 9.22 所示的电路相似。

图 9.25 中,四只功率开关管分为两组,VT1 和 VT4 为一组,VT2 和 VT3 为另一组。同一组中的两只开关管同时导通,同时截止,且两组开关管之间可以交替地导通和截止。

欲使电动机 M 正向旋转,则要求控制电压 U_k(见图 9.24)为正,各开关管栅极电

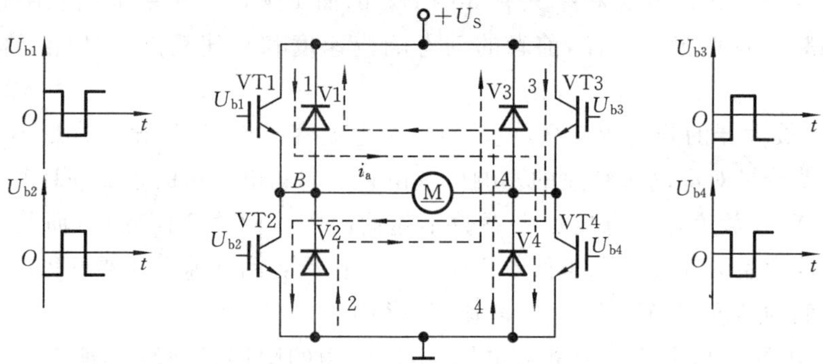

图 9.25 双极性双极式脉宽调制放大器电路

压的波形如图 9.25 与图 9.26(a)、(b)所示。

当电源电压 U_s 大于电动机的反电动势(如反抗转矩负载)时,在 $0 \leqslant t < t_1$ 期间,U_{b1} 和 U_{b4} 为正,开关管 VT1 和 VT4 导通,U_{b2} 和 U_{b3} 为负,VT2 和 VT3 截止。电枢电流 i_a 沿回路 1(经 VT1 和 VT4)从 B 流向点 A,电动机工作在电动状态。

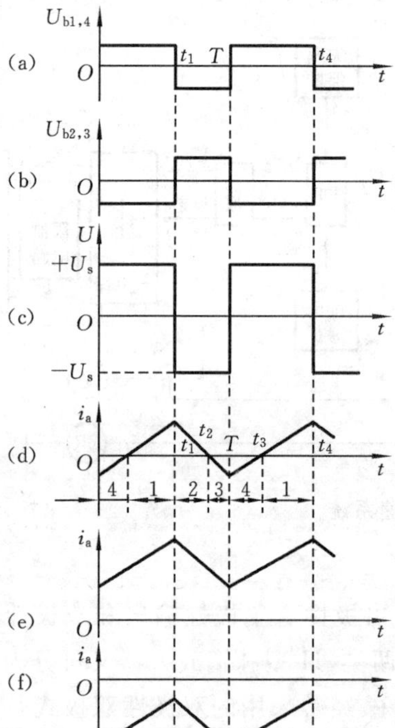

图 9.26 功率开关放大器的电压电流波形

(a)、(b) 开关管栅极电压波形

(c) 电枢电压波形 (d) 电枢电流波形

(e) 重负载时 i_a 波形 (f) $E > U_s$ 时 i_a 波形

在 $t_1 \leqslant t \leqslant T$ 期间,U_{b1} 和 U_{b4} 为负,VT1 和 VT4 截止,U_{b2} 和 U_{b3} 为正,在电枢电感 L_a 中产生的自感电动势 $L_a \dfrac{di_a}{dt}$ 的作用下,电枢电流 i_a 沿回路 2(经 V2 和 V3)继续从点 B 流向点 A,电动机仍然工作在电动状态。此时虽然 U_{b2}、U_{b3} 为正,但受 V2 和 V3 正向压降的限制,VT2 和 VT3 仍不能导通。假若在 $t = t_2$ 时正向电流 i_a 衰减到零,如图 9.26(d)所示,那么,在 $t_2 < t \leqslant T$ 期间,VT2 和 VT3 在电源电压 U_s 和反电动势 E 的作用下即可导通,电枢电流 i_a 将沿回路 3(经 VT3 和 VT2)从点 A 流向点 B,电动机工作在反接制动状态。在 $T < t \leqslant t_4\ (T + t_1)$ 期间,开关管的栅极电压又改变了极性,VT2 和 VT3 截止,电枢电感 L_a 所生自感电动势维持电流 i_a 沿回路 4(经 V4 和 V1)继续从点 A 流向点 B,电动机工作在发电制动状态。此时,虽 U_{b1}、U_{b4} 为正,但受 V1 和 V4 正向压降的限制,VT1 和 VT4 也不能导通。假若在 $t = t_3$ 时,反向电流($-i_a$)衰减到零,那么在 $t_3 < t \leqslant t_4$ 期间,在电源电

压 U_s 作用下，VT1 和 VT4 就可导通，电枢电流 i_a 又沿回路 1(经 VT1 和 VT4)从点 B 流向点 A，电动机工作在电动状态，如图 9.26(d)所示。

如果电动机的负载重，电枢电流 i_a 大，在工作过程中 i_a 不会改变方向，那么，尽管栅极电压 U_{b1}、U_{b4} 与 U_{b2}、U_{b3} 的极性在交替地改变方向，VT2 和 VT3 也不会导通，仅是 VT1 和 VT4 的导通或截止，此时，电动机始终都工作在电动状态。电流 i 的变化曲线如图 9.26(e)所示。

当 $E>U_s$(如位能转矩负载)时，在 $0\leqslant t<t_1$ 期间，电流 i_a 沿回路 4(经 V4 和 V1)从点 A 流向点 B，电动机工作在再生制动状态；在 $t_1\leqslant t<T$ 期间，电流 i_a 沿回路 3(经 VT3 和 VT2)从点 A 流向点 B，电动机工作在反接制动状态。电流 i_a 的变化曲线如图 9.26(f)所示。

由以上分析可知，电动机不论工作在什么状态，在 $0\leqslant t<t_1$ 期间电枢电压 U 总是等于 $+U_s$，而在 $t_1\leqslant t<T$ 期间总是等于 $-U_s$，如图 9.26(c)所示。由式(9.23)可知，电枢电压 U 的平均值为

$$U_{av}=(2\gamma-1)U_s=\left(2\frac{t_1}{T}-1\right)U_s$$

并定义双极性双极式脉宽调制放大器的负载电压系数为

$$\rho=\frac{U_{av}}{U_s}=2\frac{t_1}{T}-1 \tag{9.24}$$

即

$$U_{av}=\rho U_s \tag{9.25}$$

可见，ρ 可在 $-1\sim+1$ 之间变化。

式(9.24)、式(9.25)表明，当 $t_1=T/2$ 时，$\rho=0$，$U_{av}=0$，电动机停止不动，但电枢电压 U 的瞬时值不等于零，而是正、负脉冲电压的宽度相等，即电枢电路中流过一个交变的电流 i_a，相似于图9.26(d)所示的电流波形。这个电流一方面增大了电动机的空载损耗，另一方面使电动机发生高频率微动，可以减小静摩擦，起着动力润滑作用。欲使电动机反转，则使控制电压 U_k 为负即可。

2. 控制电路

除速度调节器和电流调节器(它们均采用比例积分调节器)之外，还有以下电路控制方法。

1) 三角波发生器

三角波发生器的原理如图 9.27 所示，它由运算放大器 N1 和 N2 组成。N1 在开环状态下工作，它的输出电压不是正饱和值就是负饱和值，电阻 R_3 和稳压管 VZ 组成一个限幅电路，限制 N1 输出电压的幅值。N2 为一个积分器，当输入电压 U_1 为正时，其输出电压 U_2 向负方向变化；当输入电压 U_1 为负时，其输出电压 U_2 向正方向变化；当输入电压 U_1 正负交替变化时，其输出电压 U_2 就变成了一个三角波。U_1 和 U_2 的变化曲线分别如图 9.28(a)和(b)所示。

具体分析如下：电阻 R_5 构成正反馈电路，R_6 构成负反馈电路，相应的反馈电流

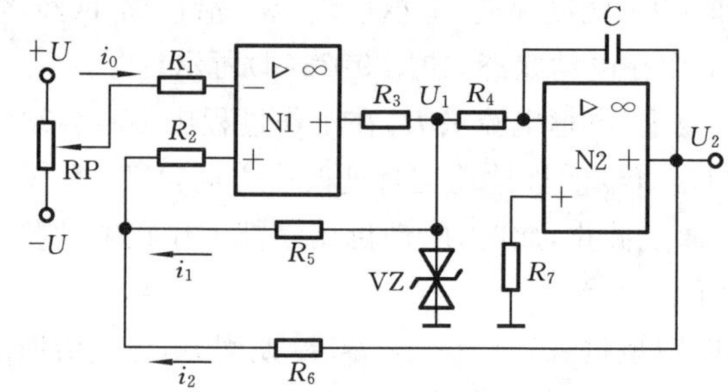

图 9.27　三角波发生器原理图

i_1 和 i_2 在 N_1 的同相输入端叠加。设在 $t=0$ 时，i_0 为正，U_1 为负限幅值，i_1 为负，U_2 从负值向正方向增大，i_2 亦从负值向正方向增大；当 $U_2(i_2)$ 增大到使 $i_1+i_2>i_0$ 时，即在 $t=t_7$ 时，U_1 为正限幅值，i_1 为正，则$U_2(i_2)$从正值向负方向减小；当 $U_2(i_2)$ 减小到使 $i_1+i_2<i_0$ 时，即在 $t=t_8$ 时，$U_1(i_1)$为负，$U_2(i_2)$从负值向正方向增大。重复上述过程，就产生了一连串的三角波。改变积分时间常数 R_4C 的数值可以改变三角波电压 U_2 的频率 f，可以改变电阻 R_5 与 R_6 的比值，可以改变三角波电压 U_2 的幅值，调节电位器 RP 滑点的位置可以获得一个对称的三角波电压 U_2。

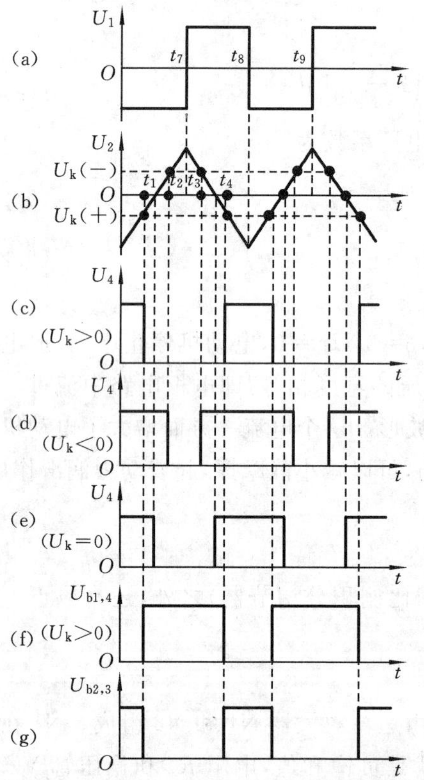

图 9.28　控制电路中各部分的电压波形

(a)、(b) 三角波发生器中的有关电压波形

(c)、(d)、(e) $U_k>0$、$U_k<0$、$U_k=0$ 时电压-脉冲转换器的输出电压波形

(f)、(g) 主电路开关管的栅极电压波形

2) 电压-脉冲变换器

电压-脉冲变换器 BU 的原理如图 9.29 所示，运算放大器 N 工作在开环状态。当它的输入电压极性改变时，其输出电压总是在正饱和值和负饱和值之间变化，这样，它就可实现把连续的控制电压 U_k 转换成脉冲电压，再经限幅器(由电阻 R_4 和二极管 V 组成)削去脉冲电压的负半波，在 BU 的输出端形成一串正脉冲电压 U_4。

具体分析如下：在运算放大器 N 的反向输入端加入两个输入电压，一是三角波电压 U_2，另一个是由系统输入给定电压 U_{gn}经速度调节器和电流调节器后输出的直流控制电压 U_k。当 U_{gn} 为正时，U_k 为正，由图 9.28(b)、(c)可见，在 $t<t_1$ 区间，因 U_2为负，且 $U_k+U_2<0$，故 U_4为正的限

幅值；在 $t_1<t<t_4$ 区间，因 $U_k+U_2>0$，故 U_4 为零(因负脉冲已削去)。依此类推，将重复上述过程，随着三角波电压 U_2 的变化，在 BU 的输出端就形成了一串正的矩形脉冲，BU 的输出电压 U_4 如图 9.28(c)所示。当 U_{gn} 为负时，U_k 为负，则在 $t<t_2$ 区间，$U_k+U_2<0$，U_4 为正；在 $t_2<t<t_3$ 区间，$U_k+U_2>0$，$U_4=0$，所得 U_4 的波形如图9.28(d)所示。当 $U_{gn}=0$ 时，$U_k=0$，则 U_4 的波形如图9.28(e)所示，它为一正、负脉宽相等的矩形波电压。

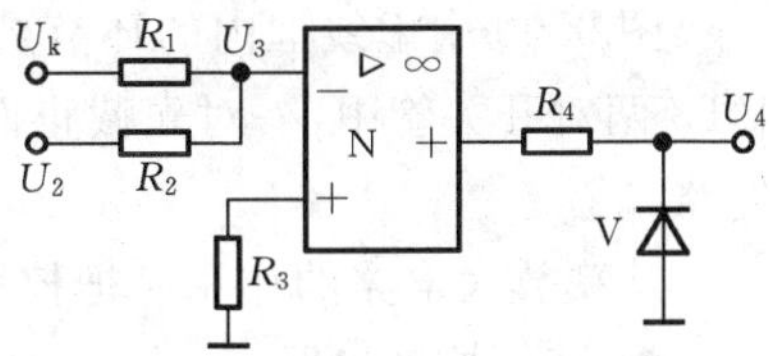

图 9.29　电压-脉冲转换器原理图

3) 脉冲分配器及功率放大电路

脉冲分配器及功率放大电路如图 9.30 所示，其作用是把 BU 产生的矩形脉冲电压 U_4(经光电隔离器和功率放大器)分配到主电路被控开关管的栅极。

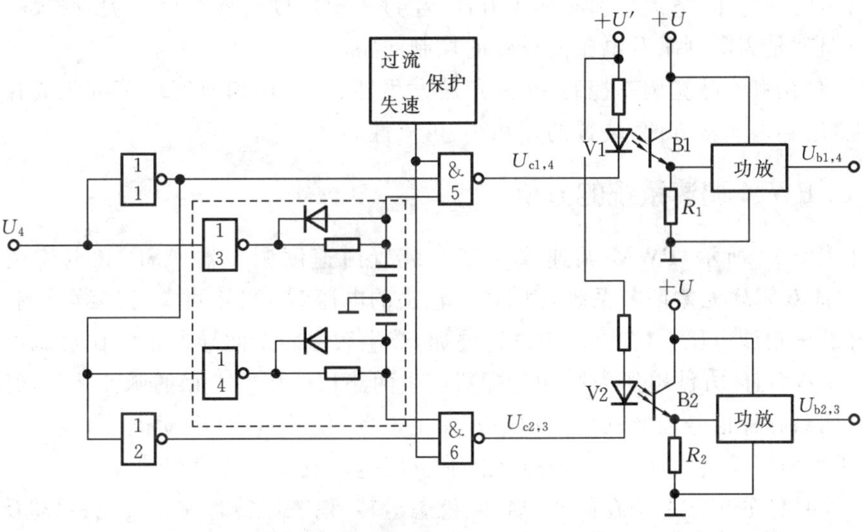

图 9.30　脉冲分配器及功率放大电路

由图 9.30 可知，当 U_4 为高电平时，门 1 输出低电平，一方面，它使门 5 的输出 $U_{c1,4}$ 为高电平，V1 截止，光电管 B1 也截止，则 $U_{R1}=0$，经功率放大电路，其输出 $U_{b1,4}$ 为低电平，使开关管 VT1、VT4(见图 9.25)截止；另一方面，门 2 输出高电平，其后使门 6 的输出 $U_{c2,3}$ 为低电平，V2 导通发光，使光电管 B2 导通，则 U_{R2} 为高电平，经功率放大后，其输出 $U_{b2,3}$ 为高电平，使开关管 VT2、VT3(见图 9.25)导通。反之，当 U_4 为低电平时，$U_{c2,3}$ 为高电平，B2 截止，$U_{b2,3}$ 为低电平，使 VT2、VT3 截止；而 $U_{c1,4}$ 为低电平，B1 导通，$U_{b1,4}$ 为高电平，使 VT1、VT4 导通。$U_{b1,4}$ 和 $U_{b2,3}$ 的波形如图9.28(f)和(g)所示。

可知，随着电压 U_4 的周期性变化，电压 $U_{b1,4}$ 与 $U_{b2,3}$ 正、负交替变化，从而控制开关管 VT1、VT4 与 VT2、VT3 的交替导通与截止。

图 9.30 中虚线框内的环节是个延时环节，它的作用是保证 VT1、VT4 和 VT2、VT3 两对开关管中，一对先截止而后另一对再导通，以防止在交替工作时发生电源短路。

功率放大电路的作用是把控制信号放大，使能驱动大功率开关管。

4) 其他控制电路

图 9.30 上部设置了一个过流、失速保护环节。当电枢电流过大和电动机失速时，该环节输出低电平，封锁门 5 和门 6，其输出 $U_{c1,4}$ 和 $U_{c2,3}$ 均为高电平，$U_{b1,4}$ 和 $U_{b2,3}$ 均为低电平，从而使开关管 VT1～VT4 截止，继而使电动机停转。

泵升限制电路是限制电源电压的。在由整流电源供电的电动机脉宽调制调速系统中，电动机转速由高到低，存储在转子和负载中的动能会变成电能反馈到电源的蓄能电容器中，从而使电源电压 U_s 升高 ΔU_p(即所谓泵升电压值)。电源电压升高会使开关管承受的电压、电流峰值相应也升高，超过一定限度时就会使开关管损坏，泵升限制电路就是为限制泵升电压而设置的控制回路。

目前，在直流脉宽调制控制中，三角波发生器、电流环和速度环等都集成在一个芯片上，用起来非常方便，装置的体积小、可靠性高。

9.3.3　PWM 调速系统的分析

如图 9.24 所示，PWM 调速系统整个装置由速度调节器 ASR 和电流调节器 ACR 组成双闭环无差调节系统，由 ACR 输出的电压 U_k(可正可负且连续可调)和正负对称的三角波电压 U_2 在 BU 中进行叠加，产生频率固定而导通占空比可调的方波电压 U_4，然后，此方波电压由脉冲分配器产生两路相位相差 180°的脉冲信号，经功放后由这两路脉冲信号去驱动桥式功率开关主电路，使其负载(电动机)两端得到极性可变、平均值可调的直流电压，该电压控制直流电动机正反转或制动。

下面具体分析该系统在静态、启动、稳态运转、稳态运转时突加负载、制动及降速时的工作过程。

1. 静态

系统处于静态时电动机停转(说电动机完全停转是不现实的。由于运算放大器有高放大倍数，系统总存在一定的零漂，所以电动机总有一定的爬行。不过这种爬行非常缓慢，一般一小时左右才爬行一圈，因此可以忽略)，由于速度给定信号 $U_{gn}=0$，此时，速度调节器 ASR、电流调节器 ACR 的输出均为零，电压-脉冲变换器 BU 在三角波的作用下，输出端输出一个频率同三角波频率、负载电压系数 $\rho=0$ 的正、负等宽的方波电压 U_4，经脉冲分配器和功放电路产生的 $U_{b1,4}$ 和 $U_{b2,3}$ 加在桥式功率开关管 VT1～VT4 的栅极，使桥式功率开关管轮流导通或截止，此时，电动机电枢两端的平均电压等于零，电动机停止不动。必须说明的是，此时，电动机电枢两端的平均电压及平均电流虽然为零，但电动机电枢的瞬时电压及电流并不为零，在 ASR 及 ACR 的作用下，系统实际上处于动态平衡状态。

2. 启动

由于系统是可逆的，故仅以正转启动为例（反转启动类同）来介绍启动过程。在启动时，速度给定信号U_{gn}送入ASR的输入端之后，由于ASR的放大倍数很大，即使在极微弱的输入信号作用下ASR的输出也能达到其最大限幅值。又由于电动机有惯性作用，电动机达到所给定的转速需要一定的时间，因此，在启动开始的一段时间内，$\Delta U_n=U_{gn}-U_{fn}>0$，ASR的输出$U_{gi}$便一直处于最大限幅值，相当于ASR处于开环状态。

ASR的输出电压就是ACR的给定电压，在ASR输出电压限幅值的作用下，电枢两端的平均电压迅速上升，电动机迅速启动，电动机电枢平均电流亦迅速增大。在ACR的电流负反馈作用下，主回路电流的变化反馈到ACR的输入端，并与ASR的输出进行比较。因为ACR是PI调节器，所以只要输入端有偏差存在，ACR的输出就要积分，使电动机的主回路电流迅速增大，一直到所规定的最大电流值为止。此后，电动机就在这最大给定电流下加速。电动机在最大电流作用下，产生加速动态转矩，以最大加速度迅速升速。随着电动机转速的增大，速度给定电压与速度反馈电压的差值$\Delta U_n=U_{gn}-U_{fn}$跟着减小，但由于ASR的高放大倍数积分作用，U_{gi}始终保持在限幅值，因此电动机在最大电枢电流下加速，转速继续上升。当上升到$\Delta U_n=U_{gn}-U_{fn}<0$时，ASR才退出饱和区使其输出$U_{gi}$下降，在电流闭环的作用下，电枢电流也跟着降低。当电流降到电动机的外加负载所对应的电流以下时，电动机便减速，直到$\Delta U_n=U_{gn}-U_{fn}=0$为止，这时电动机便进入稳定运行状态。简言之，在整个启动过程中，ASR处于开环状态，不起调节作用，系统的调节作用主要由ACR来完成。

3. 稳态运转

在稳态运转时，电动机的转速等于给定转速，ASR的输入$\Delta U_n=U_{gn}-U_{fn}=0$。但由于ASR的积分作用，其输出不为零，而是由外加负载所决定的某一值，此值也就是电流给定值。ACR的输入值$\Delta U_i=U_{gi}-U_{fi}=0$，同样，由于ACR的积分作用，其输出稳定在一个由当时功率开关主电路输出的电压平均值所决定的某一个值，电动机的转速不变。

4. 稳态运转时突加负载

当负载突然增加时，电动机的转速就要下降，ASR的输入电压$\Delta U_n=U_{gn}-U_{fn}>0$，输出电压（即ACR的给定电压）便增加，ACR的输出也增加，使得BU输出的脉冲占空比发生变化，于是功率开关放大器主电路输出的电压平均值也增加，迫使电动机的转速回升，直到$\Delta U_n=U_{gn}-U_{fn}=0$为止。这时的给定电流（即ASR的输出）对应于新的负载电流，系统处于新的稳定运行状态。

5. 制动

当电动机处于某速度的稳态运行时，若突然使速度给定信号降为零，即$U_{gn}=0$，此时由于速度反馈信号$U_{fn}>0$，则ASR的输入$\Delta U_n=U_{gn}-U_{fn}<0$，ASR的输出将立即处于正的限幅值，ASR的输出$U_{gi}$和电流反馈的输出$U_{fi}$一起使得ACR的输出立

即处于负的限幅值,电动机即进行制动,直到速度降为零。以后的过程与系统处于静态时的过程相同。

6. 降速

当电动机处于某种速度的稳态运行时,若使速度给定信号 U_{gn} 降低,则 ASR 的输入 $\Delta U_n = U_{gn} - U_{fn} < 0$,电动机立即进行制动降速,当电动机的转速降低到所给定的转速时,又使 ASR 的输入 $\Delta U_n = U_{gn} - U_{fn} = 0$,系统又在新的转速下稳定运行。以后的过程与系统处于稳态运转时的过程相同。

9.4 微型计算机控制的直流传动系统

最初用分立元件组成控制系统,后来发展到采用运算放大器等集成电路组成的控制系统。随着微机的出现,特别是单片微机的功能不断加强,运算速度不断提高,价格不断降低且可靠性不断增强,电动机传动控制系统逐步趋向采用以单片微机为核心的控制系统。这种系统的控制规律主要由软件实现,只需配备少量的接口电路就能形成一个完整的控制系统;其硬件结构简单,可以通过容易更改的软件来实现不同的控制规律或不同的性能要求。单片微机除了能实现系统的控制外,还具有系统的保护、诊断和自检等功能,所以,单片微机控制不仅使直流传动控制系统由模拟量控制转入数字、模拟量混合控制或者全数字量控制,而且使直流传动控制系统朝集成化、小型化、智能化方向发展。

一般应根据生产机械对传动系统所提出的静、动态性能指标来确定系统控制方案,若采用微机来实现图 9.15 所示双闭环调速系统的控制,则应包括启停控制、输入控制、电流控制、转速控制以及晶闸管触发控制等环节。微机控制系统的结构形式有多种,下面仅列举几种。

9.4.1 用微机取代 ASR、ACR 两个电子调节器的系统

图 9.31 所示的是微机控制的双闭环调速系统。因微机是用数字信号进行控制的,所以,必须把模拟量电压信号通过 A/D 转换器变成数字信号再送入微机,启动、停止、转速给定等运行命令由接口电路 1 输入。转速给定的方法可以采用 BCD 码或十进制码拨盘来实现,把拨盘拨到需要的位置,再用按钮向 CPU 申请中断,就可以把所要求的转速经接口电路读入 CPU 中,而且可以随意输入给定量;转速给定也可以在每次开机前通过键盘直接送入内存中,但它在运转过程中不能随意改变转速。电流检测可采用交流(或直流)电流互感

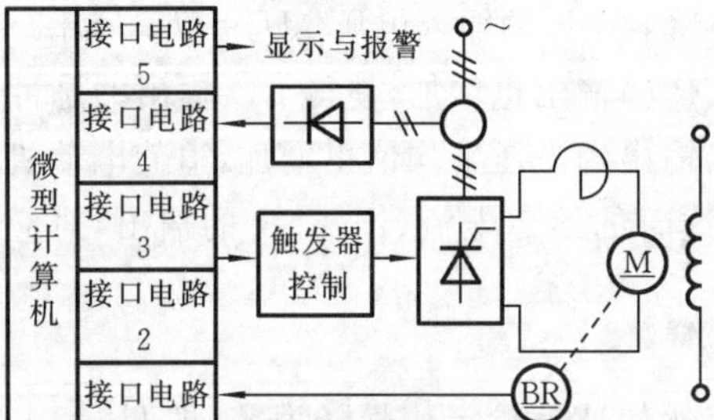

图 9.31　微机控制的双闭环调速系统

器，对电压信号进行 A/D 转换后经接口电路 4 读入 CPU。转速反馈可采用测速发电机（对电压信号进行A/D转换）或采用光电脉冲发生器、光电编码器等，经接口电路 2 读入 CPU。根据系统的静、动态要求，设计一个数字控制器，数字控制器的控制算法可以采用常规设计方法，即连续系统离散化设计方法和离散域设计方法，也可以用状态空间方法设计。由微机内数字控制器运算后输出的数字量移相信号（控制角 α）送至触发器控制环节。晶闸管的触发器控制常有两种形式：一种是常规的模拟触发器，由同步电路、触发控制移相电路、脉冲分配电路及触发功率放大电路组成，它先要把由数字控制器送来的数字量 α 角，经 D/A 转换器（接口电路 3）变为模拟量，再经模拟触发器向晶闸管发触发脉冲；另一种为数字触发器，它不需要 D/A 转换，移相与脉冲分配都是根据同步信号，由软件控制 CPU 与接口电路 3 完成向功率放大电路发送脉冲。经接口电路 5，可实时进行有关数据和故障显示及报警功能。

接口电路可由 PIO、CTC、A/D、D/A 等功能芯片组成。

9.4.2　保留 ASR、ACR 两个电子调节器的微机控制系统

图 9.32 所示是 MCD-Ⅱ型微机控制直流调速系统，它是在原 KT 系列晶闸管电柜的基础上研制出的产品。该系统具有如下特点。

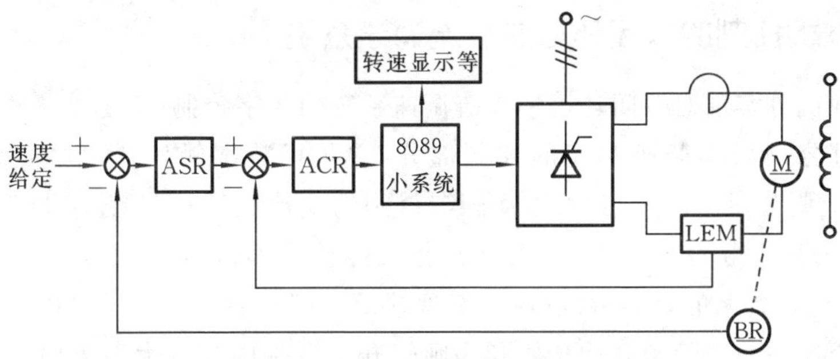

图 9.32　MCD-Ⅱ型微机控制直流调速系统

（1）采用美国 Intel 公司推出的 16 位单片机 8089 小系统完成数字触发器的功能，使硬件电路软件化，克服了硬件电路存在的时漂和温漂，提高了系统的调节稳定性和工作可靠性；还利用 8089 小系统实现转速实时显示和故障类型的数显功能，智能数显功能强，数字准确，便于直观诊断，便于工人操作与维修。

（2）保留传统的速度、电流双闭环调节功能。速度调节器采用 PID 控制，电流调节器采用 PI 控制，两个调节器均采用进口的低漂移运算放大器，系统调节快，动态性能好，调速范围宽。

（3）采用瑞士生产的电流传感器 LEM 模块，它体积小，线性度好，失真度小，提高了反馈信号的质量，增强了调节准确性。

（4）系统具有过流、欠压、零励磁、缺相、相序错误指示等功能，保护功能全，可靠

性高。

图 9.33 是 MCD-Ⅱ型系统接线图。MCD-Ⅱ型系统具有模拟、数字的混合控制特点,既发挥了数字电路的准确性和可靠性,又保留了模拟电路的快速性,是一种高性能的直流调速系统。其主要性能指标如下:

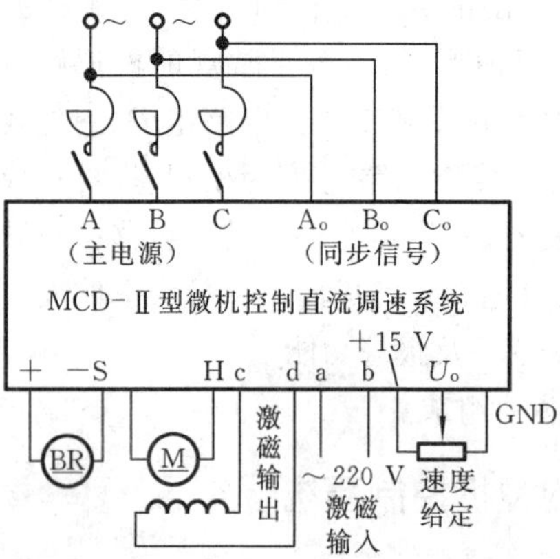

图 9.33 MCD-Ⅱ型系统接线图

① 输出容量 0~30 kW,DC;

② 输入电压 3 相,380 V;

③ 输出电压 0~460 V,DC;

④ 调速范围 1∶1 500;

⑤ 堵转电流 1~1.2I_N;

⑥ 超调量小于 5%;

⑦ 动态速降小于 10%;

⑧ 动态恢复时间小于 500 ms。

该系统调速范围宽、可靠性高、结构紧凑、成本低,被广泛用于冶金、矿山、轻工、纺织、交通运输、石油化工机械,以及机床主轴、进给等各种机械的传动。

9.4.3 微机控制的双闭环可逆直流调速系统

采用微机可实现对双闭环可逆直流调速系统的数字控制(见图 9.34)。图中,虚线框内的部分是采用微机实现的控制部分,它包括数字触发器、数字速度调节器 ASR 和电流调节器 ACR。由电流互感器得到的电流反馈信号经 A/D 转换进入微机,由光电码盘测得的转速脉冲经处理后把实际转速 D_{fn} 反馈到微机中。此外,转速的给定 D_{gn} 也是数字的,用户可以通过键盘进行人机对话,发出启、停指令,修改控制参数。系统控制部分除了脉冲功放和晶闸管开关器件因功率大而采用分立元件外,其余部分均采用了大规模专用集成芯片及软件,因此系统的结构简单,可靠性高。这样的系统称为全数字化直流调速系统,简称 DDC 系统。

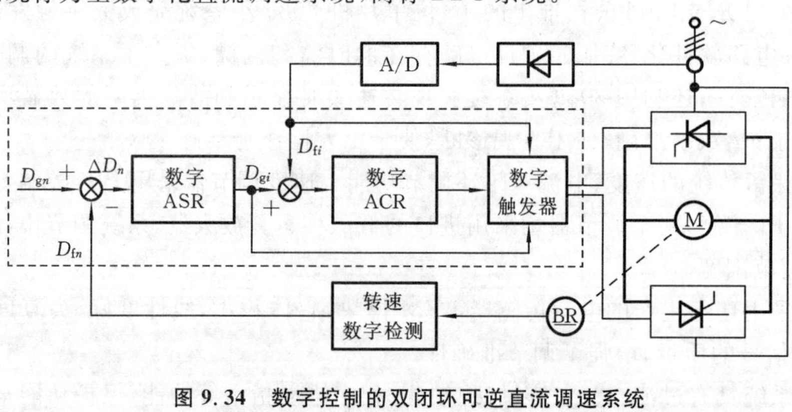

图 9.34 数字控制的双闭环可逆直流调速系统

根据图 9.34 中微机应实现的功能，可以设计出以单片机 8051 为核心的微机控制硬件电路结构，如图 9.35 所示。

图 9.35 所示结构用了两片可编程并行 I/O 扩展接口芯片 8255，一片用于同步信号检测及触发脉冲输出，另一片用于电流 I_1 的 A/D 转换结果输入；另外，还用了两片可编程计数/定时器扩展接口芯片 8253，一片用于测速脉冲计数，另一片用于移相控制角的定时。为了完成反馈电压和电流的模拟量到数字量的转换，使用的 A/D 转换芯片可以是 8 位的 0809 芯片，也可以是 12 位的 AD574 芯片。

微机控制也可以应用在直流脉宽调制调速系统中。

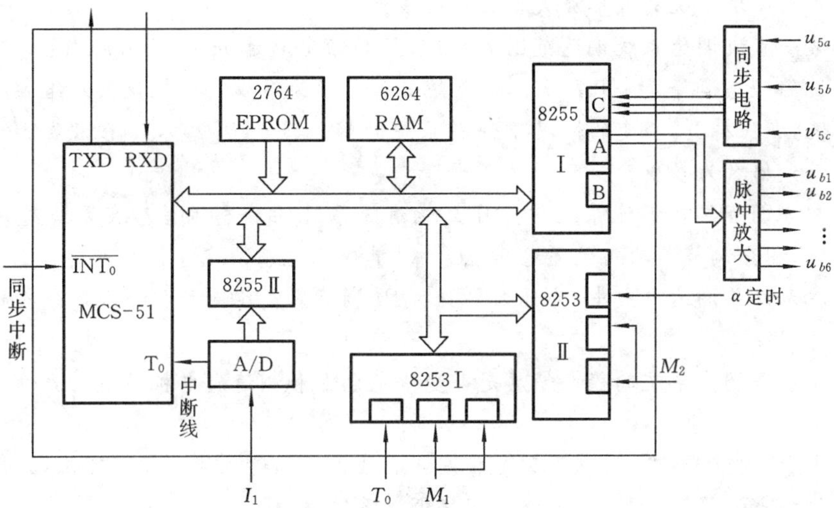

图 9.35　微机控制硬件电路结构

习题与思考题

9.1　何谓开环控制系统？何谓闭环控制系统？二者各有什么优缺点？

9.2　什么叫调速范围？什么叫静差度？它们之间有什么关系？怎样才能扩大调速范围？

9.3　生产机械对调速系统提出的静态、动态技术指标主要有哪些？为什么要提出这些技术指标？

9.4　为什么电动机的调速性质应与生产机械的负载特性相适应？二者如何配合才能相适应？

9.5　有一直流调速系统，其高速时的理想空载转速 $n_{01}=1480$ r/min，低速时的理想空载转速 $n_{02}=157$ r/min，额定负载时的转速降 $\Delta n_N=10$ r/min。试画出该系统的静态特性（即电动机的机械特性），求出调速范围和静差度。

9.6　为什么调速系统中加负载后转速会降低？闭环调速系统为什么可以减小转速降？

9.7　为什么电压负反馈最多只能补偿可控整流电源的等效内阻所引起的速度降？

9.8　电流正反馈在调速系统中起什么作用？如果反馈强度调得不适当会产生什么后果？

9.9　为什么由电压负反馈和电流正反馈一起可以组成转速反馈调速系统？

9.10　某一有静差调速系统的速度调节范围为 75～1500 r/min，要求静差度 S＝2%，该系统允许的静态速降是多少？如果开环系统的静态速降是 100 r/min，那么闭环系统的开环放大倍数应有多大？

9.11　某一直流调速系统调速范围 D＝10，最高额定转速 n_{max}＝1000 r/min，开环系统的静态速降是 100 r/min，该系统的静差度为多少？若把该系统组成闭环系统，在保持 n_{02} 不变的情况下使新系统的静差度为 5%，那么闭环系统的开环放大倍数为多少？

9.12　积分调节器在调速系统中为什么能消除系统的静态偏差？在系统稳定运行时，积分调节器输入偏差电压 ΔU＝0，其输出电压决定于什么？为什么？

9.13　在无静差调速系统中，为什么要引入 PI 调节器？比例和积分两部分各起什么作用？

9.14　无静差调速系统的稳定精度是否受给定电源和测速发电机精度的影响？为什么？

9.15　由 PI 调节器组成的单闭环无静差调速系统的调速性能已相当理想，为什么有的场合还要采用转速、电流双闭环调速系统呢？

9.16　双闭环调速系统稳态运行时，两个调节器的输入偏差(给定与反馈之差)是多少？它们的输出电压是多少？为什么？

9.17　在双闭环调速系统中速度调节器的作用是什么？它的输出限幅值按什么来整定？电流调节器的作用是什么？它的限幅值按什么来整定？

9.18　欲改变双闭环调速系统的转速，可调节什么参数？改变转速反馈系数 γ 行不行？欲改变最大允许电流(堵转电流)，应调节什么参数？

9.19　直流电动机调速系统可以采取哪些办法组成可逆系统？

9.20　简述直流脉宽调制调速系统的基本工作原理和主要特点。

9.21　双极性双极式脉宽调制放大器是怎样工作的？

9.22　在直流脉宽调制调速系统中，当电动机停止不动时，电枢两端是否还有电压，电枢电路中是否还有电流？为什么？

9.23　论述脉宽调制调速系统中控制电路各部分的作用和工作原理。

9.24　微机控制的直流传动系统有哪些主要特点？

第10章

交流自动调速控制系统

本章要求重点掌握各种类型的交流调速系统的基本原理，熟悉系统的基本组成、交流电动机调速的特性、特点以及适用场合。

长期以来，在电动机调速领域中，直流调速方案一直占主要地位。20世纪60年代以后，电力电子技术的发展和应用，现代控制理论的发展和应用，微机控制技术及大规模集成电路的发展和应用为交流调速的飞速发展创造了技术和物质条件。

20世纪90年代以来，机电传动领域面貌焕然一新。各种类型的笼型异步电动机的压频比恒定的变压变频调速系统、同步电动机变频调速系统、交流电动机矢量控制系统、笼型异步电动机直接转矩控制系统等，在各个领域中都得到了广泛应用，覆盖了机电传动调速控制的各个方面。电压从110 V到10000 V、容量从数百瓦的伺服系统到数万千瓦的特大功率传动系统，从一般要求的调速传动到高精度、快响应的高性能的调速传动，从单机调速传动到多机协调调速传动，几乎无所不有。交流调速技术的应用为工农业生产及节省电能方面带来了巨大的经济和社会效益。现在，交流调速系统已在逐步地全面取代直流调速系统。目前在交流调速系统中，变频调速应用最多、最广泛，变频调速技术及其装置仍是21世纪的主流技术和主流产品。

图10.1为现代交流调速系统示意图，它由交流电动机、电力电子功率变换器、控制器和电量检测器等四大部分组成。电力电子功率变换器与控制器及电量检测器集

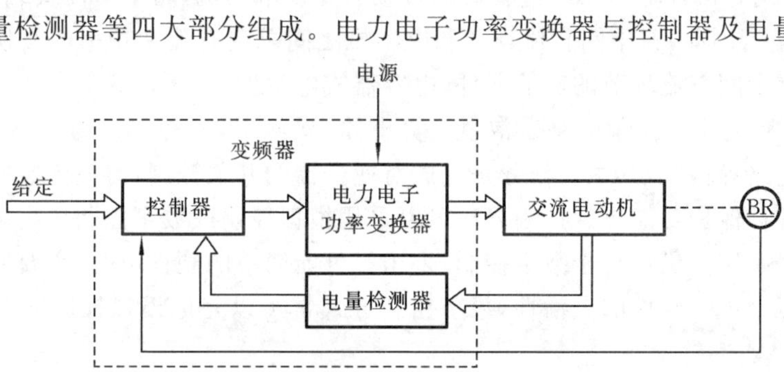

图10.1　现代交流调速系统示意图

于一体,称为变频器(变频调速装置),如图 10.1 虚线框内的部分。

10.1 变压变频调速系统的基本构成与分类

现有的交流供电电源都是恒压恒频的,必须通过变频装置,才能获得变压变频的电源。这类装置通称为变压变频(variable voltage variable frequency,VVVF)装置。

10.1.1 变频器的基本构成

从结构上看,变频器分为交—交和交—直—交两种形式。交—交变频器可将工频交流电直接变换成频率、电压均可控制的交流电,故又称为直接式变频器,如图 10.2 所示。而交—直—交变频器则是先把工频交流电通过整流变成直流电,然后再把直流电变换成频率、电压均可控制的交流电,其中设有中间直流环节,故又称为间接式变频器。目前应用较多的是交—直—交变频器。

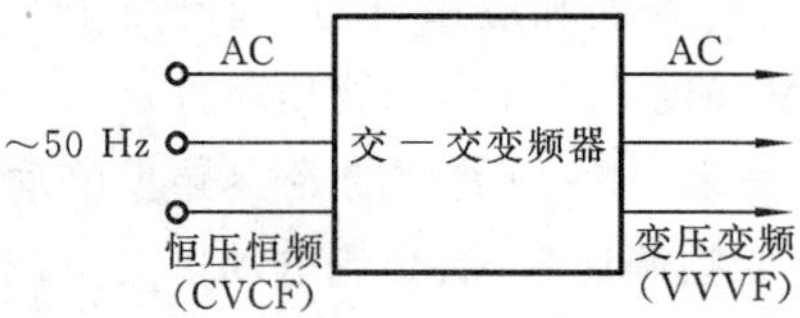

图 10.2 交—交变频器的基本构成

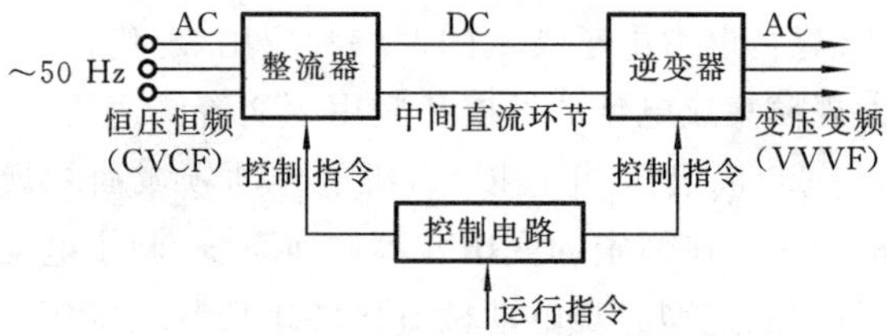

图 10.3 交—直—交变频器的基本构成

交—直—交变频器的基本构成如图 10.3 所示,它由主电路(包括整流器、中间直流环节、逆变器)和控制电路组成。

(1) 整流器。整流器的作用是把三相或单相交流电变成直流电。

(2) 逆变器。最常用的逆变器是三相桥式逆变器。有规律地控制逆变器中主开关元器件的通与断,可以得到任意频率的三相交流电输出。

(3) 中间直流环节。由于逆变器的负载为异步电动机,属于感性负载,其功率因数总不会为 1,因此,在中间直流环节和电动机之间总会有无功功率的交换。这种无功功率要靠中间直流环节的储能元件(电容器或电抗器)来缓冲。

(4) 控制电路。控制电路通常由运算电路,检测电路,控制信号的输入/输出电路和驱动电路等构成,其主要任务是完成对逆变器的开关控制,对整流器的电压控制以及完成各种保护功能等。控制方法可以采用模拟控制或数字控制。高性能的变频器目前已经采用微机进行全数字控制,采用尽可能简单的硬件电路,主要靠软件来完成各种功能。由于软件的灵活性,数字控制方式常可以完成模拟控制方式难以完成的功能。

按照不同的控制方式,交—直—交变频器又可分成图 10.4 所示的三种。

(1) 用可控整流器变压,用逆变器变频(见图 10.4(a))。这种装置的调压和调频

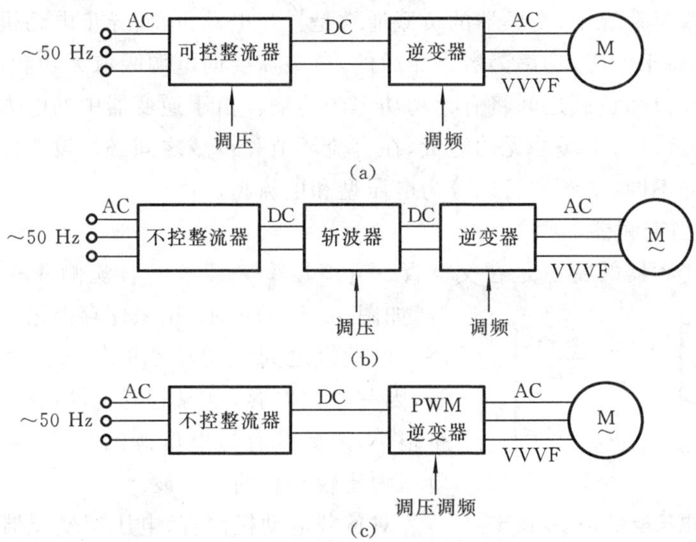

图 10.4　交—直—交变频器的不同结构形式

(a) 用可控整流器变压,用逆变器变频　(b) 用不控整流器整流,用斩波器变压,用逆变器变频

(c) 用不控整流器整流,用 PWM 逆变器同时变压变频

分别在两个环节上进行,二者要在控制电路上协调配合。其优点是结构简单,控制方便,器件要求低;其缺点是功率因数小,谐波较大,器件开关频率低。

(2) 用不控整流器整流,用斩波器变压,用逆变器变频(见图 10.4(b))。这种装置的整流环节采用二极管不控整流器,再增设斩波器,用脉宽调压。其优点是功率因数高,整流和逆变干扰小;其缺点是构成环节多,谐波较大,调速范围不宽。

(3) 用不控整流器整流,用 PWM 逆变器同时变压变频(见图 10.4(c))。用不控整流器整流,则功率因数高;用 PWM 逆变器变压变频,则谐波可以减小。这样,前两种装置的缺点都克服了。谐波能够减小的程度取决于开关频率,而开关频率则受器件开关时间的限制。在采用可控关断的全控式器件以后,开关频率得以大大提高,输出波形几乎可以得到非常逼真的正弦波。若采用 SPWM 逆变器构成变压变频器,则可进一步改善调速系统的性能。SPWM 变压变频器具有如下的主要特点:① 主电路只有一组可控的功率环节,简化了结构;② 采用不控整流器,使电网功率因数接近于 1,且与输出电压大小无关;③ 逆变器同时实现变频与变压,系统的动态响应不受中间直流环节滤波器参数的影响;④ 可获得比常规六拍阶波更接近正弦波的输出电压波形,因而转矩脉冲小,大大扩展了传动系统的调速范围,提高了系统的性能。

交—直—交 SPWM 变压变频装置已成为当前应用最多的一种形式。

10.1.2　变频器的分类

变频器的分类方法很多,下面仅按直流电源的性质分类。

在变频调速系统中,变频器的负载通常是异步电动机,而异步电动机属于感性负载,其电流落后于电压,功率因数是滞后的,负载需要向电源吸取无功能量,在间接变频器的直流环节和负载之间将有无功功率的传输。由于逆变器中的电力电子开关器件无法储能,所以为了缓冲无功能量,在直流环节和负载之间必须设置储能元件。根据储能元件的不同,变频器可以分为电压型和电流型。

1. 电压型变频器

电压型变频器的特点是在交—直—交变压变频装置的直流侧并联一个滤波电容,如图 10.5(a)所示,用来储存能量以缓冲直流回路与电动机之间无功功率的传输。从直流输出端看,因并联大电容,电源的电压得到稳定,其等效阻抗很小,因此具有恒电压源的特性,逆变器输出的电压为比较平直的矩形波。

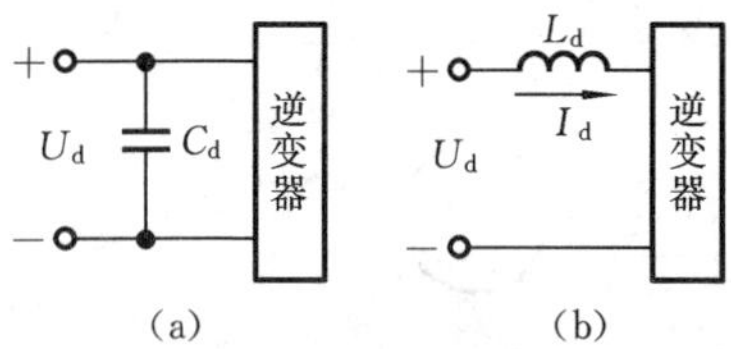

图 10.5 电压型和电流型间接变压变频装置

(a) 电压型 (b) 电流型

对负载电动机而言,电压型变频器是一个交流电压源,在不超过容量限度的情况下,可以驱动多台电动机并联运行,具有不选择负载的通用性。这种电路结构简单,使用比较广泛;其缺点是电动机处于再生发电状态,回馈到直流侧的无功能量难以回馈给交流电网。要实现这部分能量向电网的回馈,必须采用可逆变流器。同时因存在较大的滤波电容,动态响应较慢。

2. 电流型变频器

电流型变频器的特点是在交—直—交变压变频装置的直流回路中串入大电感,如图 10.5(b)所示,利用大电感来限制电流的变化,用以吸收无功功率。因串入了大电感,故电源的内阻很大,类似于恒电流源,逆变器输出的电流为比较平直的矩形波。

电流型变频器的一个较突出的优点是:当电动机处于再生发电状态时,回馈到直流侧的再生电能可以方便地回馈到交流电网,不需在主电路内附加任何设备。这种电流型变频器可用于频繁急加减速的大容量电动机的传动,在大容量风机、泵类节能调速中也有应用。

近年来,电流型变频器拖动受到了广泛的重视,但电流型变频器仅适用于中、大型单机拖动,拖动多电动机尚在研究中。此外,它的逆变范围稍窄,不能在空载状态下工作。

10.2 交—直—交变频调速系统

10.2.1 模拟式 IGBT—SPWM—VVVF 交流调速系统

图 10.6 为采用模拟电路的 IGBT—SPWM—VVVF 交流调速系统原理图。

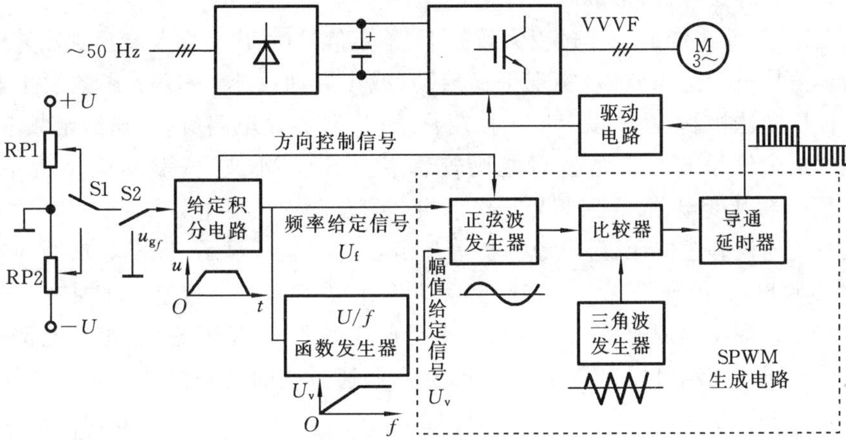

图 10.6　采用模拟电路的 IGBT—SPWM—VVVF 交流调速系统

1. 主电路

系统主电路为由三相二极管整流器——IGBT 逆变器组成的交—直—交电压型变频电路。IGBT 采用专用驱动模块驱动。SPWM 生成电路的主要作用是将由正弦波发生器产生的正弦信号波与三角波发生器产生的载波，通过比较器比较后，产生正弦脉宽调制波（SPWM 波）。以上这些部件的工作原理已在第 8 章中作了介绍，现对其他环节再作一些简单说明。

2. 给定环节

在图 10.6 中，S1 为正、反向运转选择开关。电位器 RP1 调节正向转速，RP2 调节反向转速。S2 为启动、停止开关，停车时，将输入端接地，防止干扰信号侵入。

3. 给定积分电路

给定积分电路的主体是一个具有限幅的积分环节，它将正、负阶跃信号转换成（上升和下降的，斜率均可调的，具有限幅的）正、负斜坡信号。正斜坡信号将使启动过程变得平稳，实现软启动，同时也减小了启动时过大的冲击电流，负斜坡信号将使停车过程变得平稳。

4. U/f 函数发生器

由 8.4.2 节的分析可知，SPWM 波的基波频率取决于正弦信号波的频率，SPWM的基波的幅值取决于正弦信号波的幅值（见图 8.51）。U/f 函数发生器的设置，就是为了在基频以下产生一个与频率 f_1 成正比的电压，作为正弦信号波幅值的给定信号，以实现恒压频比（U/f为恒量）的控制。在基频以上，则实现恒压弱磁升速控制。函数发生器的输出特性即为图 4.39 所示的 U_1-f_1 曲线。

5. 导通延时器

导通延时器使得待导通的 IGBT 管在换相时稍作延时后再驱动（待桥臂上另一只 IGBT 完全关断）。这是为了防止桥臂上的两个 IGBT 管在换相时，一只没有完全关断而另一只却又导通,形成同时导通,造成短路。

综上所述,此系统的工作过程大致如下:给定信号(给出转向及转速大小)→启动(或停止)信号→给定积分器(实现平稳启动、减小启动电流)→U/f 函数发生器(基频以下恒压频比控制,基频以上恒压控制)→SPWM 控制电路(由体现给定频率和给定幅值的正弦信号波与三角波载波比较后产生 SPWM 波)→驱动电路→主电路(IGBT 管三相逆变电路)→三相异步电动机(实现 VVVF 调速)。

此系统还设有过电压、过电流保护等环节,以及电源、显示、报警等辅助环节(图 10.6 中未画出)。因该系统未设转速负反馈环节,故它是一个转速开环控制系统。

此转速开环变频调速系统可以满足平滑调速的要求,但静态、动态性能都有限。转速负反馈闭环控制可以提高静态性能,提高调速系统的动态性能主要依靠控制转速的变化率$\frac{\mathrm{d}n}{\mathrm{d}t}\left(或\frac{\mathrm{d}\omega}{\mathrm{d}t}\right)$。由机电传动系统的运动方程式 $T_{\mathrm{M}}-T_{\mathrm{L}}=J\frac{\mathrm{d}\omega}{\mathrm{d}t}$知,控制$\frac{\mathrm{d}\omega}{\mathrm{d}t}$就是要控制电动机的转矩$T_{\mathrm{M}}$。可以证明,在转差率 S 很小的稳态运行范围内,保持气隙磁通 Φ_{m}不变时,异步电动机的T_{M}近似与转差角频率 ω_{S}($\omega_{\mathrm{S}}=S\omega_0$,$\omega_0$为同步角速度)成正比,控制转差频率就代表控制转矩。所以采用转速闭环转差频率控制的变压变频调速系统就能获得较好的静态、动态性能。具体内容请参阅有关文献。

10.2.2 数字式恒压频比控制交流调速系统

图 10.7 是一种数字控制通用变频器-异步电动机调速系统原理图。它包括主电路、驱动电路、微机控制电路、保护信号采集与综合电路,是一个典型的交—直—交变频调速系统。

主电路由二极管整流器 UR、全控开关器件 IGBT 或功率模块 IPM 组成的 PWM 逆变器 UI 与中间电压型直流电路三部分组成,构成交—直—交电压源型变压变频器。变频器采用单片微机进行控制,主要通过软件来实现变压、变频控制,SPWM控制和发出各种保护指令(包含着上节中各单元的功能),组成单片微机控制的 IGBT—SPWM—VVVF 交流调速系统。它也是一个转速开环控制系统,此系统的控制思路与上节是相同的。

需要设定的控制信息主要有U/f 特性、工作频率、频率升高时间、频率下降时间等,还可以有一系列特殊功能的设定。低频时或负载时的性质和大小不同时,需靠改变U/f 函数发生器的特性来补偿,使系统达到 E_{g}/f_1 恒定的功能,这在通用产品中称为"电压补偿"或"转矩补偿"。实现补偿的方法有两种:一种方法是在微机中存储多条不同斜率和折线段的U/f 函数,由用户根据需要选择最佳特性;另一种方法是采用霍尔电流传感器检测定子电流或直流回路电流,按电流大小自动补偿定子电压。但无论哪种方法都存在过补偿或欠补偿的可能,这是开环控制系统的不足之处。

由于系统本身没有自动限制启动、制动电流的作用,因此,频率必须通过给定积分算法产生平缓的升速或降速信号来设定,升速和降速的积分时间可以根据负载需

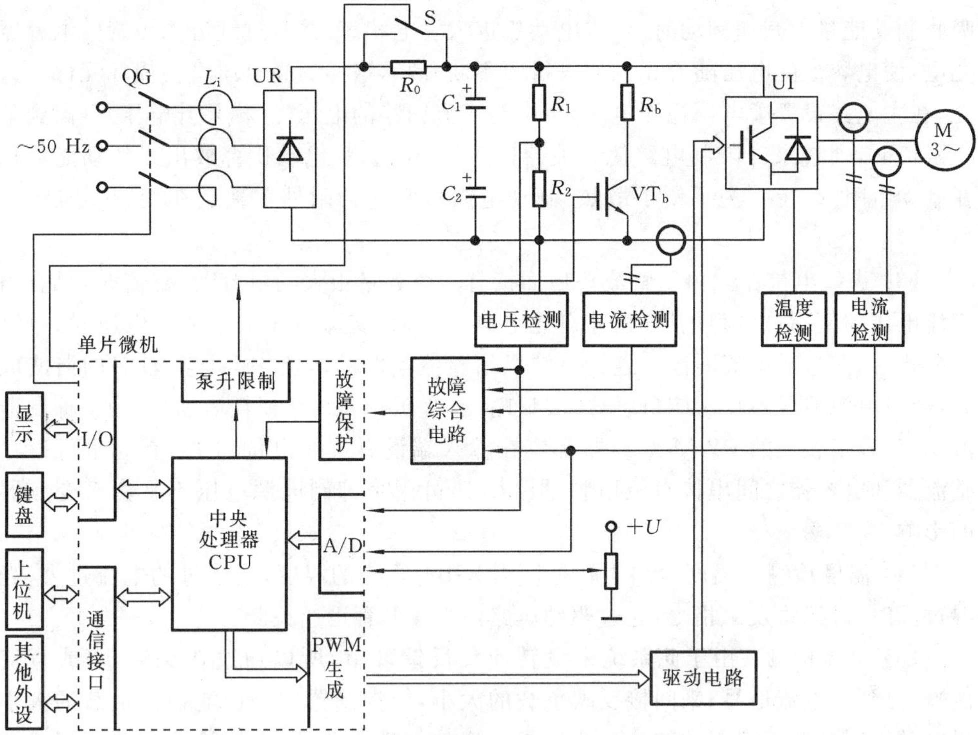

图 10.7　数字控制通用变频器-异步电动机调速系统原理图

要由操作人员分别选择。综上所述，PWM 变压变频器的基本控制作用如图 10.8 所示。

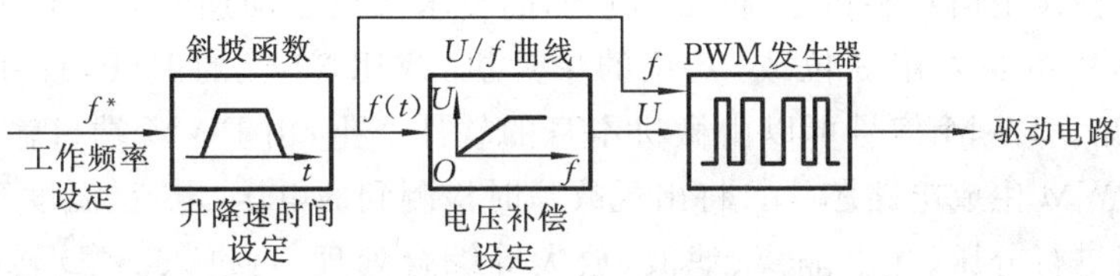

图 10.8　PWM 变压变频器的基本控制作用

以下对系统中的其他环节作简单的介绍。

(1) 限流电阻 R_0 和短接开关 S。由于中间直流电路与容量很大的电容器并联，在突加电源时，电源通过二极管整流桥对电容充电(突加电压时，电容相当于短路)，会产生很大的冲击电流，使元件损坏。为此，在充电回路上设置电阻 R_0(或电抗器)来限制电流。待电源合上，启动过渡过程结束以后，为避免 R_0 上继续消耗电能，可延时以自动开关 S 将 R_0 短接。

(2) 电压检测与泵升限制。由于二极管整流器不能为异步电动机的再生制动提供反向电流的通路，所以除特殊情况外，通用变频器一般都用电阻(图 10.7 中的 R_b)吸收制动能量。减速制动时，异步电动机进入发电状态，并通过续流二极管向电容器充电，使电容上的电压随着充电的进行而不断升高，这样的高电压将会损坏元件。为此，在主电路设置了电压检测电路，当中间直流回路的电压(通称泵升电压)升高到某一限值时，通过泵升限制电路使开关器件 VT_b 导通，将电动机释放出来的动能消耗在制动电阻 R_b 上。为了便于散热，制动电阻器常作为附件单独装在变频器机箱外边。

(3) 进线电抗器。由于整流桥后面接有一个容量很大的电容，在整流时，只有当交流电压幅值超过电容电压时，才有充电电流流通，交流电压低于电容电压时，电流便终止，因此造成电流断续。这样电源供给整流电路的电流中会含有较多的谐波成分，会对电源造成不良影响(使电压波形畸变，变压器和线路损耗增加)。为了抑制谐波电流，容量较大的 PWM 变频器都应在输入端设有进线电抗器 L_i，有时也可以在整流器和电容器之间串接直流电抗器。L_i 还可用来抑制电源电压不平衡对变频器的影响。

(4) 温度检测。温度检测主要是检测 IGBT 管壳的温度，当通过的电流过大、壳温过高时，微机将发出指令，通过驱动电路使 IGBT 管迅速关断。

(5) 电流检测。由于此系统未设转速负反馈环节，所以通过在交流侧(或直流侧)检测到的电流信号，来间接反映负载的大小，使控制器(微机)能根据负载的大小对电动机因负载而引起的转速变化给予一定的补偿。此外，电流检测环节还用于电流过载保护。

以上这些环节，在其他类似的系统(如上节所述的系统)中也都可以采用。

现代 PWM 变频器的控制电路大都是以微处理器为核心的数字电路，其功能主要是接受各种设定信息和指令，再根据它们的要求形成驱动逆变器工作的 PWM 信号。微机芯片主要采用 8 位或 16 位的单片机，或用 32 位的 DSP，现在已有应用 RISC 的产品。PWM 信号可以由微机本身的软件产生，由 PWM 端口输出，也可采用专用的 PWM 生成电路芯片。将出现故障时检测到的电压、电流、温度等信号经信号处理电路进行分压、光电隔离、滤波、放大等综合处理，再进入 A/D 转换器，输给 CPU 作为控制算法的依据，或者作为开关电平产生保护信号，从而对系统进行保护并加以显示。近年来，许多企业不断推出具有更多自动控制功能的变频器，使产品性能更加完善，质量不断提高。

10.3 无刷直流电动机调速系统

由静止变频器给同步电动机提供变压变频电源的调速系统为同步电动机变频调速系统。控制频率的系统可分为两种：一种与异步电动机变频调速一样，由独立的变频装置给同步电动机提供变压变频电源，称为他控变频调速系统；另一种用电动机轴上所带的转子位置检测器来控制变频装置的逆变器换流，从而改变同步电动机的供电频率，同时调速时定子绕组供电频率受电动机转速的自动控制，称为自控变频调速系统。大功率同步电动机均采用与晶闸管交—交变频器或交—直—交变频器组合构成的自控变频调速系统（这种电动机通常称为无换向器电动机），中小功率同步电动机大多采用与晶体管（或可关断晶闸管 GTO、绝缘栅双极晶体管 IGBT 等）交—直—交变频器构成的自控变频调速系统。同步电动机的转子采用永久磁铁励磁，当输入的定子电流为三相正弦电流时，通常称之为三相永磁同步电动机（permanent magnet synchronous motor，PMSM）；当输入的定子电流为方波电流时，它的运行特性与直流电动机相同但无电刷及换向器，通常称之为无刷直流电动机（brushless DC motor，BLM 或 BDCM）。

由于现代永磁材料的性能不断提高，价格不断下降，再加上无刷直流电动机克服了有刷直流电动机因电刷和机械换向器的存在而带来的各种限制，因此，无刷直流电动机在自动化系统中获得广泛应用。

10.3.1　无刷直流电动机调速系统

1）无刷直流电动机调速系统原理

图 10.9 是一种无刷直流电动机调速系统原理图。这种调速系统的主回路仍是交—直—交电压型 PWM 变流器，电力电子器件可根据需要选用 GTR、P-MOSFET 或 IGBT。主回路的任务是在 PWM 作用下产生需要的三相互差 120°电角度的方波电流。控制回路与直流双闭环调速系统类似，也是一个速度外环、电流内环的结构；不同点是无刷直流电动机用电子开关代替机械换向装置。为此，在系统中有多路乘法器、三个通道的电流调节器、比较器和基极驱动电路等。

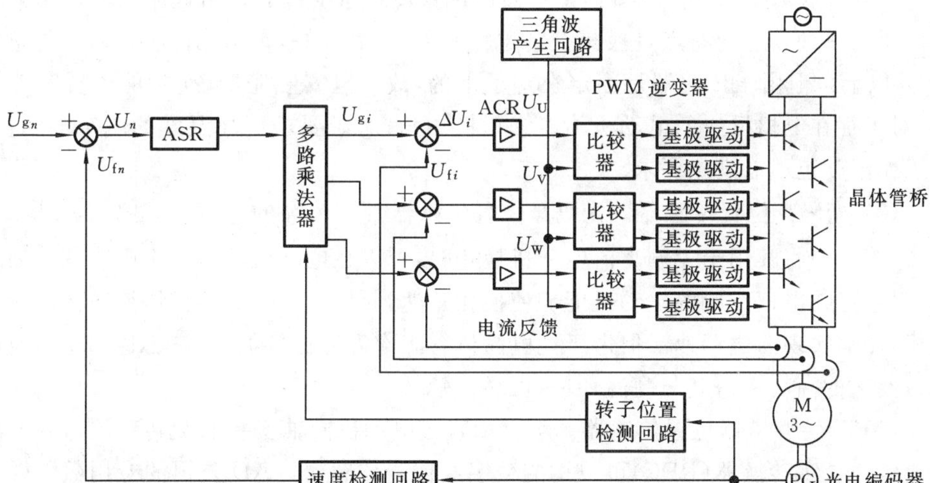

图 10.9　一种无刷直流电动机调速系统原理图

多路乘法器的功能是综合速度调节器 ASR 的输出信号和转子磁极位置信号，通过逻辑判断分配给相应通道的电流调节器 ACR，并确定各通道切换的速度快慢。电流调节器输出的信号为参考信号，三角波产生回路产生载波(三角形)，二者比较后产生 PWM 波，经基极驱动电路后控制晶体管桥中的主功率管通断，产生 PWM 波供电给三相永磁电动机。PWM 波的脉宽由电流调节器的幅值给定信号(即速度调节器的输出)确定，而 PWM 波的频率则由电流调节器的相位给定值(即转子磁极位置信号)确定。

当速度给定值信号 U_{gn} 增大时，由于机械惯性，电动机的转速来不及变化，速度调节器 ASR 的输入速度偏差信号 ΔU_n 变大，从而 ASR 的输出信号 U_{gi}(即电流调节器 ACR 的幅值给定信号)变大。由于电磁惯性导致电流未能及时变化，故 ACR 的输入电流偏差信号 ΔU_i 会增大，其输出信号也增大，与载波三角形比较后，输出 PWM 波的脉宽变大。多路乘法器综合转子磁极位置信号和增大的 ASR 的输出信号后，输出信号以加快各通道的切换速度，使 PWM 波的频率加快，并保证和脉宽增加成比例。经过基极驱动电路后，控制晶体管桥中的主功率管的输出 PWM 波的脉宽和频率成比例增加，从而使施加在电动机定子绕组上的 U/f 成比例增加，使电动机的旋转速度增大；反之，当 U_{gn} 降低时，电动机的旋转速度会减小。

控制系统可由模拟元件和集成电路组成模拟控制系统，也可以由单片机等组成全数字控制系统或数-模混合控制系统。由于转子位置信号、速度信号、逻辑单元及 PWM 控制更适合于计算机控制，因此目前的无刷直流伺服系统大多采用全数字方案或数-模混合控制方案。DSP 控制器也已在直流无刷电动机控制系统中应用。

2) 用于无刷直流电动机的位置传感器

(1) 霍尔元件位置传感器。霍尔元件位置传感器是目前无刷直流电动机中应用最广泛的一种。它的特点是换相控制逻辑简单，可靠性好，霍尔元件工作温度可达到 80 ℃以上。但由于传感器是固定在定子上的，故一旦安装完毕，换相的位置不能调节，对于存在电枢反应的电动机不能修正换相角；对于要求更高温度的航空电动机，其工作温度也不能满足要求。

(2) 光码盘位置传感器。光码盘位置传感器具有较高的分辨率，通常为 2^{10}、2^{12} 或 2^{14} 等。当将其用于无刷直流电动机换相时，可以在电动机的运行中随时调节换相角，对于存在电枢反应的电动机能够使换相角达到最优；对于需要扩展调速范围的电动机，能够实现弱磁调速。但由于光电晶体管工作温度比较低，故它不适用于航空电动机要求的高功率密度与高温环境，可靠性较低。

(3) 旋转变压器位置传感器。与无刷直流电动机同轴安装的旋转变压器和专用集成电路数字转换器(RDC)可以构成数字式位置传感器。AD 公司的专用数字转换器型号有并行输出接口形式的 AD2S80/81，也有同步串行接口形式的 AD2S90。AD2S90 结构简单，并且能同时输出速度信号，得到较广泛的应用。

3) 无刷直流电动机及其调速系统

(1) 稀土永磁方波同步电动机通入逆变器供给的、与电动势同相的 120°方波电流后，就成了无刷直流电动机。它比正弦波电动机出力大，且理论上无电磁转矩脉动现象。

(2) 无刷直流电动机和一般直流电动机的调速原理相同，组成的调速系统类似，并且可以借鉴传统的直流伺服系统的设计经验，因此，容易被人们接受和普及，适合我国的国情。

(3) 无刷直流电动机比正弦波永磁同步电动机控制简单，逆变器产生方波比正弦波容易，转子只需带有 A、B、C 三个敏感元件的磁极位置检测器即可，因此大大降低了控制系统的成本。

(4) 实验证明，由无刷直流电动机组成的伺服系统具有转矩平滑、响应快、控制精度高的特点，适用于数控机床及机器人等伺服驱动，以及对动、静态性能要求较高的电力拖动领域。

10.3.2　无刷直流电动机驱动控制的专用芯片

应当指出，近几年来无刷直流电动机得到迅速推广应用的主要原因之一，是大量的专用控制电路芯片和功率集成电路芯片的出现。国外许多著名的半导体厂商推出了多种不同规格和用途的无刷直流电动机专用芯片，这些功能齐全、性能优良的专用集成电路芯片，为无刷直流电动机的大量推广应用创造了条件。

大多数专用芯片的功率控制采用的是 PWM 方式。电路内设置有频率可设定的锯齿波振荡器、误差放大器、PWM 比较器和温度补偿基准电压源等。对于桥式全波驱动电路，常只对下桥臂开关进行脉宽调制。

少数低功率的专用芯片中，末级功率晶体管工作于线性放大区，线性放大器工作方式的功耗比 PWM 开关工作方式的功耗高得多，但噪声会明显减小。

表 10.1 中列出了目前常用的一些无刷直流电动机控制专用芯片的型号、生产厂商和工作特性等。

表 10.1　无刷直流电动机控制专用芯片的型号、生产厂商和工作特性

<table>
<tr><th>型　号</th><th>厂　商</th><th>电压/V</th><th>电流/A</th><th>特　点</th><th>封　装</th></tr>
<tr><td>MC33033</td><td rowspan="4">—</td><td>30</td><td>—</td><td rowspan="3">三相控制器，霍尔，全波，PWM，正反转，制动，两相、四相可用</td><td>DIP20</td></tr>
<tr><td>MC33034</td><td>30</td><td>—</td><td>DIP24</td></tr>
<tr><td>MC33035</td><td>30</td><td>—</td><td>DIP24</td></tr>
<tr><td>MC33039</td><td>5</td><td>—</td><td>电子测速器，F/V</td><td>DIP8</td></tr>
<tr><td>LM621</td><td>NS</td><td>45</td><td>—</td><td>3/4 相控制器，全波，半波</td><td>DIP18</td></tr>
</table>

续表

型　号	厂　商	电压/V	电流/A	特　点	封　装
LS7260	LSI Computer	28	—	3/4 相控制器,PWM,正反转,制动,限流	DIP20
LS7261	LSI Computer	28	—	3/4 相控制器,PWM,正反转,制动,限流	DIP20
LS7262	LSI Computer	28	—	3/4 相控制器,PWM,正反转,制动,限流	DIP20
LS7263	LSI Computer	28	—	3/4 相,速度控制器	DIP18
LS7264	LSI Computer	28	—	3/4 相,速度控制器	DIP20
LS7362	LSI Computer	28	—	3/4 相,速度控制器	DIP20
TDA5140	Philips	12	0.6	三相全波,EMF 传感,测速输出,驱动器	DIP18
TDA5141	Philips	12	1.5	三相全波,EMF 传感,测速输出,驱动器	DIP18
TDA5142	Philips	14.5	—	三相全波控制器,EMF 传感,测速输出	S024
TDA5143	Philips	18	1	三相全波驱动器,EMF 传感,测速输出	S020
TDA5144	Philips	14.5	1.8	三相全波驱动器,EMF 传感,测速输出	DIP20
TDA5145	Philips	14.5	2.0	三相全波驱动器,EMF 传感,测速输出	DIP28
ML4411	Micro Linear	12	—	三相全波控制器,EMF 传感,测速频率信号	S028
ML4412	Micro Linear	12	—	三相全波控制器,EMF 传感,测速频率信号	—
ML4420	Micro Linear	12	—	三相全波控制器,EMF 传感,测速频率信号	S028
ML6035	Micro Linear	5	1	三相全波控制器,EMF 传感,测速频率信号	QFP32
ML4510	Micro Linear	5	—	三相全波控制器,EMF 传感,测速频率信号	S028
UC3620	UNITRODE	40	2	三相,开关型驱动器	DIP24
UC3622	UNITRODE	40	2	三相,开关型驱动器,PWM	ZIP15
UC3623	UNITRODE	40	1	三相,低噪声开关型驱动器	ZIP15
UC3625	UNITRODE	20	—	三相,开关型控制器,软启动,测速	DIP28
UC3655	UNITRODE	40	3	三相,低饱和电压线性驱动器	ZIP15
L6230	SGS	18	3	三相全波、线性电流驱动,双向三相全波、线性电流驱动,主导轴驱动	ZIP15
L6231	SGS	18	3	三相全波、线性电流驱动,双向三相全波、线性电流驱动,主导轴驱动	ZIP15
L6232	SGS	12	2.5	三相全波、线性电流驱动,双向三相全波、线性电流驱动,主导轴驱动	LDCC40

10.4　由交—交变频器供电的同步电动机调速系统

交—交变压变频器的基本构成如图 10.2 所示，它只有一个变换环节，是不经过直流环节、直接把一种频率的交流电变换为另一种频率交流电的变流器。它把恒压恒频(CVCF)的交流电直接变换成 VVVF 的交流电输出，因此又称为直接式变压变频器。有时为了突出其变频功能，也称其为周波变换器(cycloconverter)。

10.4.1　交—交变频器的基本工作原理

常用的交—交变压变频器输出的每一相都是一个由正、反两组晶闸管可控整流装置反并联的可逆线路，也就是说，每一相都相当于一套直流可逆调速系统的反并联可逆整流器，如图 10.10(a)所示。正、反两组按一定周期相互切换，在负载上就获得

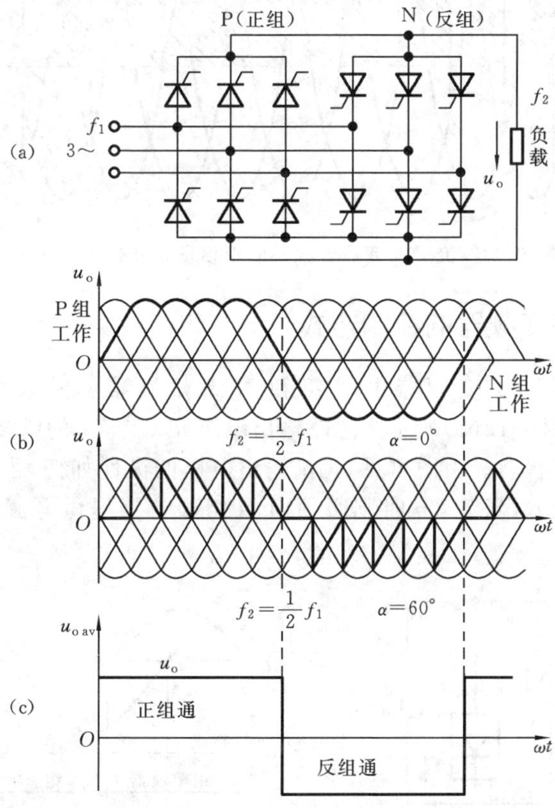

图 10.10　交—交变频器的主电路、负载电压波形和平均输出电压波形

(a) 主电路　(b) 负载电压波形

(c) 平均输出电压波形

交变的输出电压u_o，u_o的幅值取决于各组可控整流装置的控制角α，u_o的频率取决于正、反两组整流装置的切换频率，如图 10.10(b)所示。如果控制角α一直不变，则平均输出电压$u_{o\,av}$是方波，如图10.10(c)所示。要获得正弦波输出，就必须在每一组整流装置导通期间不断改变其控制角。例如，在正向组导通的半个周期中，控制角α由$\pi/2$(对应于输出电压$u_o=0$)逐渐减小到零(对应于u_o最大)，然后再逐渐增加到$\pi/2$(u_o再变为零)，如图10.11所示。当α按正弦规律变化时，半周中的平均输出电压$u_{o\,av}$即为图中虚线所示的正弦波。对反向组负半周的控制也是这样。不难看出，交—交变频器实现变频的方法是，用较高频率(f_1)的交流电压波形的若干适当部分拼成较低频率(f_2)电压波形。

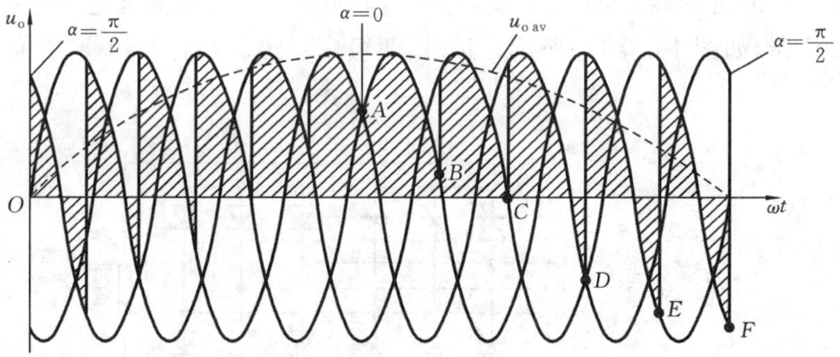

图 10.11　交—交变压变频器的单相正弦波输出电压波形

10.4.2　交—交变频器的控制方式

单相输出的交—交变频器由 P 组和 N 组整流器反并联组成，其电路如图 10.12(a)所示。图10.12(b)所示为忽略输出电压u_o、电流i_o的谐波，在变频器给感性负载供电时的工作状态。由图可见，无论输出电压的极性如何，当$i_o>0$时必须由 P 组整流器提供电流i_o，当$i_o<0$时则必须由 N 组整流器提供电流i_o。各组整流器必

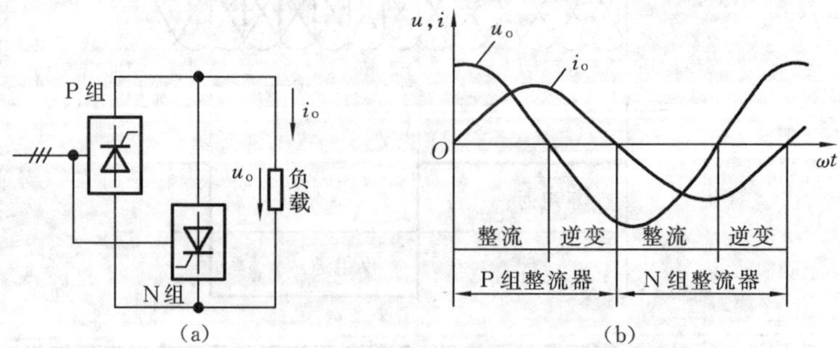

图 10.12　感性负载下交—交变频器的电路及其谐波

(a) 电路　(b) 谐波

须有一段时间在逆变状态下工作。在 $i_o=0$ 时，P 组和 N 组整流器进行切换，称为交—交变频器的换组。换组可以采用无环流方式或有环流方式进行。

1. 无环流控制方式

这种控制方式是一组整流器工作时，把另一组整流器的触发脉冲封锁，使其处于阻断状态。这样就不会在两组整流器之间产生环流。

换组信号由零电流检测和电流极性鉴别装置发出，并控制电子开关，把触发脉冲送到相应整流器晶闸管的门极，如图 10.13 所示。由于零电流检测装置不可能绝对精确地在电流过零时发出信号，同时当晶闸管阳极电流过零关断后还需要一段时间才能恢复正向截止能力，因此，在检测到换组信号后要等待一段时间(2～3 ms)，以保证处于逆变状态的整流器电流确实已降到零，再封锁该组整流器的脉冲。为了使触发脉冲被封锁后的晶闸管能够恢复正向截止能力，还需延迟一段时间(5～7 ms)才允许给另一组整流器发出触发脉冲。可见，无环流控制的交—交变频器在换组时，输出的电流将在一小段时间 Δt 内为零。Δt 称为电流换组死区。

无环流控制的交—交变频器的优点是，主回路中不用限环流电抗器，没有附加的环流损耗，从而可以节省整流变压器和晶闸管装置的附加设备容量。

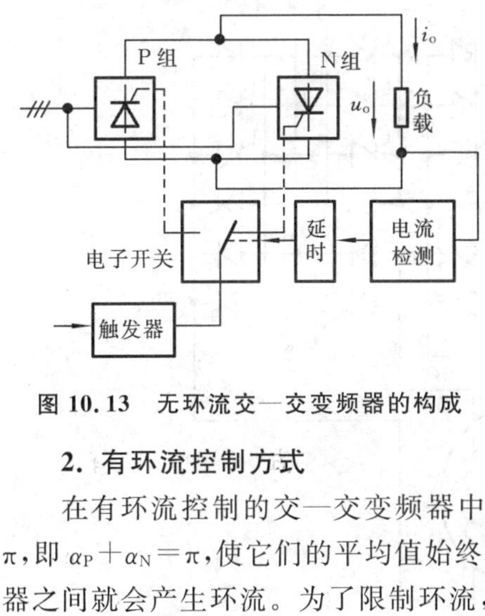

图 10.13　无环流交—交变频器的构成

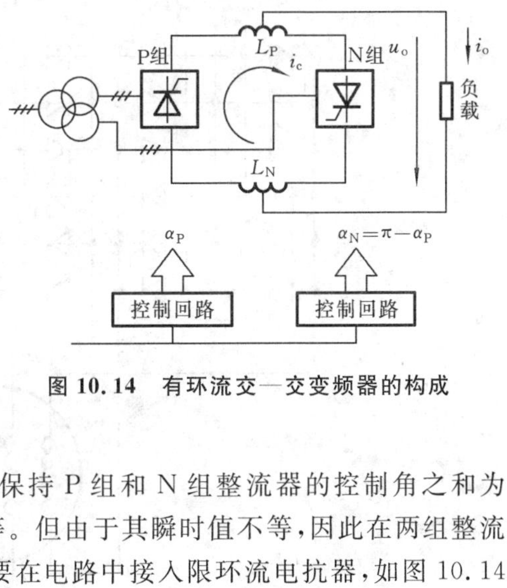

图 10.14　有环流交—交变频器的构成

2. 有环流控制方式

在有环流控制的交—交变频器中，应保持 P 组和 N 组整流器的控制角之和为 π，即 $\alpha_P+\alpha_N=\pi$，使它们的平均值始终相等。但由于其瞬时值不等，因此在两组整流器之间就会产生环流。为了限制环流，需要在电路中接入限环流电抗器，如图 10.14 所示。

在实际的有环流交—交变频器中，由于 P 组和 N 组整流器的输出电压中都含有高次谐波，加在电抗器 L_P 和 L_N 上，在两个整流器中间会产生环流。这个环流与直流桥式反并联可逆电路中产生的环流一样，称为脉动环流。此外，由于交—交变频器的负载电流是交流，这个电流流过 L_P 和 L_N 时，将产生自感电动势，在自感电动势的作用下又产生自感环流。通过分析可知，自感环流的平均值可达到总电流平均值的 57%。

通过以上分析可知,有环流交—交变频器除供给负载电流外,还要负担环流电流,因此增加了变频器的额外附加容量。它只适用于负载电流较小、允许较大环流的特定场合。与无环流交—交变频器相比,它的缺点是:必须接入限环流电抗器,输入的无功功率大;P组、N组整流器的输入端必须绝缘,系统结构复杂;等等。它的优点是在换组时不会出现电流死区,换组控制方便,此外,输出电压 u_o中高次谐波较小。

10.4.3 三相输出的交—交变频器主电路

用于交流电动机变频调速的交—交变频器一般都有三相输入、三相输出的电路形式。三相输出的交—交变频器由三套单相输出的交—交变频器组成,它们的输出电压幅值相等,相互之间有 120°的相位差。交流电动机变频调速所用的三相输出交—交变频器通常采用无环流控制方式,常见的两种主电路接线方式如图 10.15 和图 10.16 所示。

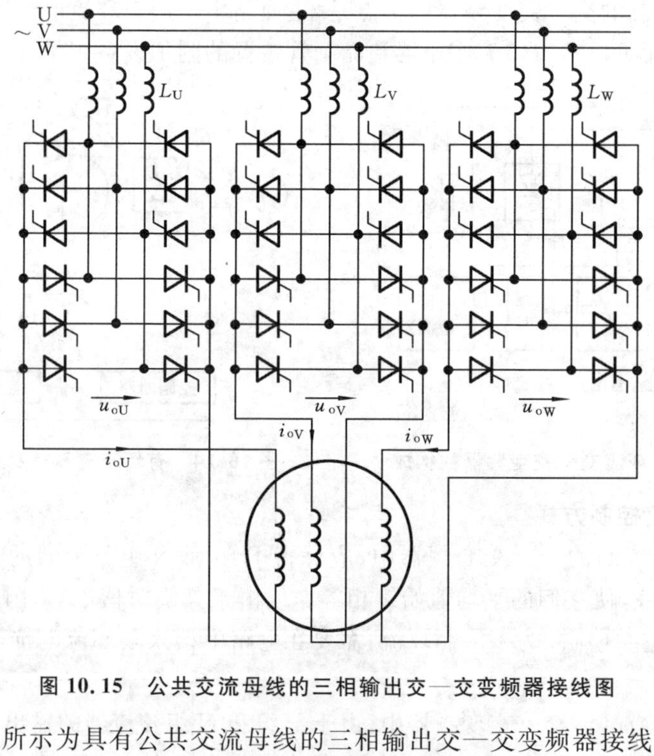

图 10.15 公共交流母线的三相输出交—交变频器接线图

图 10.15 所示为具有公共交流母线的三相输出交—交变频器接线图。它的三套单相输出交—交变频器的输入端,通过进线电抗器接在同一个 50 Hz 交流母线上,但它的三相负载必须是相互绝缘的。如果负载是三相交流电动机,那么三相绕组必须分开,每个单相交—交变频器给一相绕组供电。所以这种三相输出的交—交变频器实际上是三套独立的单相输出交—交变频器,它与直流电动机用的可逆整流装置没

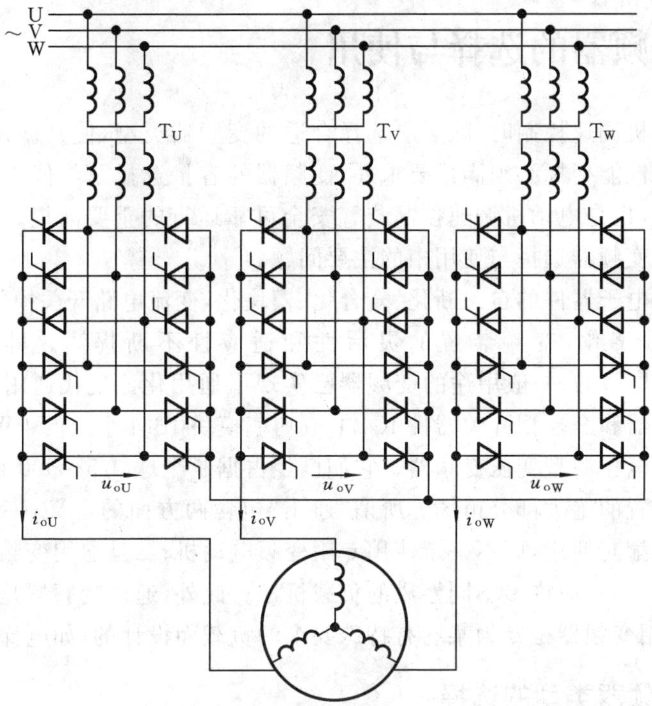

图 10.16　输出端接成 Y 形的三相输出交—交变频器接线图

有什么差别,主要用于中等功率的交流电动机变频调速。

图 10.16 所示为由三套单相输出交—交变频器组成、且输出端接成 Y 形的三相输出交—交变频器接线图。负载电动机的三相绕组不需绝缘,变频器的中点也不必与电动机绕组中点接在一起,但三套单相交—交变频器的 50 Hz 输入端必须互相隔离。这种三相输出的交—交变频器主要用于大功率交流电动机变频调速。由于变频器中的点不与负载中的点连接,所以至少要有两个整流桥、四个晶闸管同时有触发脉冲才能构成回路流通电流。每个整流桥中的两个晶闸管靠双脉冲保证触发,两个桥之间需靠脉冲宽度保证触发。这样,每个触发脉冲的宽度必须大于 30°才行。

三相桥式可逆线路共需 36 个晶闸管,即使采用零式电路也需 18 个晶闸管。因此,这样的交—交变压变频器虽然在结构上只有一个变换环节,省去了中间直流环节,看似简单,但所用的器件数量却很多,总体设备相当庞大。不过这些设备都是直流调速系统中常用的可逆整流装置,在技术上和制造工艺上都很成熟,目前国内已有质量可靠的产品。

这类交—交变频器的其他缺点有输入功率因数较低,谐波电流含量大,频谱复杂等,因此须配置滤波和无功补偿设备,其最高输出频率不超过电网频率的 1/2。它一般主要用于轧机主传动、球磨机、水泥回转窑等大容量、低转速的调速系统,供电给低速电动机直接传动时,可以省去庞大的齿轮减速箱。

10.5　变频器的选择与使用

交流电动机调速控制时，除了应选择合适的变频器类型，使其调速范围、调速精度等主要技术性能指标必须满足要求外，变频器的容量选择及与使用有关的一些事项的合理运用，也是电动机调速控制装置安全可靠运行的重要前提。本节以通用变频器为例说明变频器选择与使用中的主要问题。

随着电力电子器件的自关断化、复合化、模块化，变流电路开关模式的高频化，控制手段的全数字化，变频装置的灵活性和适应性不断提高。目前，中小容量(600 kV·A以下)的、一般用途的变频器已实现了通用化。现代通用变频器大都采用二极管整流器和全控型开关器件 IGBT 或功率模块 IPM 组成的 PWM 逆变器，构成交—直—交电压源型变压变频器。它们已经占据了全球 0.5～500 kV·A 中小容量变频调速装置的绝大部分市场。所谓“通用”包含两方面的含义：一是可以和通用型交流电动机配套使用，而不一定使用专用变频电动机；二是通用变频器具有各种可供选择的功能，能适应许多不同性质的负载机械。此外，通用变频器是相对专用变频器而言的，专用变频器是专为某些有特殊要求的负载而设计的，如电梯专用变频器。

10.5.1　变频器类型的选择

根据控制功能，可以将通用变频器分为三种类型：除本章已介绍的普通功能型 U/f 控制变频器、具有转矩控制功能的 U/f 控制变频器这两种以外，还有矢量控制变频器。矢量控制(vector control)又称为磁场定向控制(field-oriented control)，其控制的基本思想是在异步电动机中对负载电流和励磁电流分别控制，其方法是仿照直流电动机的控制方式，利用坐标变换，解决异步电动机的调速问题。通常根据负载的要求来选择变频器的类型。

(1) 恒转矩类负载。挤压机、搅拌机、带式输送机、起重机、机床进给系统、压缩机等，均属恒转矩类负载。目前，国内外大多数变频器厂家都提供应用于恒转矩负载的通用变频器，如日本富士公司的 G11，安川电机公司的 G5、G7 系列，ABB 的 ACS600 系列等。这类变频器的主要特点是：过电流能力强，控制方式多样化；开环、闭环既有 U/f 控制也有矢量控制和转矩控制，低速性能好，控制参数多。选择了恒转矩负载的变频器后，还要根据调速系统的性能指标要求，选择恰当的控制方式。一般有两种情况：一是调速范围要求不大，速度精度不高的多电动机传动(如轧机辊道变频调速等)，宜采用带有低频补偿的普通功能型变频器，但为了实现恒转矩调速，常用增加电动机和变频器容量的办法来提高启动与低速时转矩；二是对要求调速范围宽、速度精度高的设备，采用具有转矩控制功能的高功能型变频器或矢量控制变频器，这对实现恒转矩负载的调速运行比较理想。这种变频器启动与低速转矩大，静态机械特性硬度大，能承受冲击性负载，而且具有较好的过载截止特性。

(2) 风机、泵类负载。它们的阻力转矩与转速的二次方成正比，启动及低速运转时阻力转矩较小，通常可以选择普通功能型 U/f 控制变频器(如安川公司的 P5、西门子公司的 Eco 等)，它们与标准电动机的组合使用是十分经济的。但不要用 U/f 为常数的控制方式，而是用二次方递减转矩 U/f 控制模式。值得注意的是，传动这类负载，速度不能提高到工频所对应的速度以上，因为风机、泵的轴功率与速度的二次方(或三次方)成正比例，速度提高会使功率急剧增加，可能超过电动机、变频器的容量，导致生产机械过热，甚至不能工作。

(3) 恒功率负载和对一些动态性能要求较高的生产机械，如轧机、塑料薄膜加工线、机床主轴等，可采用矢量控制型变频器。

10.5.2　变频器容量的选择

1. 变频器容量的表示方法

变频器容量通常以适用电动机容量(kW)、输出容量(kV・A)、额定输出电流(A)来表示。其中额定电流为变频器允许的最大连续输出的电流有效值，无论什么用途都不能连续输出超过此值的电流。

输出容量为额定输出电压及额定输出电流时的三相视在输出功率，根据实际情况，此值只能作为变频器容量的参考值。这是因为：第一，随输入电压的降低，此值无法保证；第二，不同厂家的变频器都可适用同样的电动机容量(kW)，而其输出容量(kV・A)却有较大差距，其根本问题在于同一电压等级的变频器的输出容量(kV・A)的计算电压不同。因此，不同厂家适合同一容量(kW)电动机的变频器的输出容量无可比性。

例 10.1　适合电动机容量 15 kW，甲公司的变频器适应工作电压为 380～480 V，额定电流为27 A，输出容量为 22 kV・A；而乙公司的适应工作电压为 380～440 V，额定电流为34 A，输出容量为 22.8 kV・A。两项比较，额定电流相差 20%，而输出容量几乎相当，因为前者是以 480 V、后者是以 400 V 为基准计算的。即使不同公司均以 440 V 为基准计算输出容量，适合电动机容量 15 kW，丙公司的输出容量为 26 kV・A，而丁公司的输出容量仅为22.8 kV・A，原因在于两者的额定电流不同，前者为 34 A，后者为 30 A(见表 10.2)。

表 10.2　不同厂家生产适合 15 kW 电动机的变频器额定电流和输出容量的参考值

公　　司	计算输出容量的基准电压/V	额定电流/A	输出容量/(kV・A)
甲	480	27	22
乙	400	34	22.8
丙	440	34	26
丁	440	30	22.8

2. 选择变频器容量的基本依据

对于连续恒载运转机械所需的变频器,其容量可用下式近似计算:

$$P_{CN} \geqslant \frac{kP_N}{\eta \cos\varphi} \tag{10.1}$$

$$I_{CN} \geqslant kI_N \tag{10.2}$$

式中,P_N——负载所要求的电动机的轴输出额定功率;

η——电动机额定负载时的效率,通常 $\eta=0.85$;

$\cos\varphi$——电动机额定负载时的功率因数,通常 $\cos\varphi=0.75$;

I_N——电动机额定电流(有效值)(A);

k——电流波形的修正系数,PWM 方式时取 $k=1.05\sim1.1$;

P_{CN}——变频器的额定容量(kV·A);

I_{CN}——变频器的额定电流(A)。

3. 选择变频器容量时还需考虑的几个主要问题

1) 同容量不同极数电动机的额定电流不同

不同生产厂家的电动机,不同系列的电动机,不同极数的电动机,即使同一容量等级,其额定电流也不尽相同。不同极数电动机的额定电流参考值如表 10.3 所示。

表 10.3 不同极数电动机的额定电流参考值 单位:A

极 数	功率/kW												
	7.5	11	15	18.5	22	30	37	45	55	75	90	110	132
4	15.5	21	29	36.8	43.7	58	70	84	105	136	162	200	235
6	18	26	34	38	45	60	72	85	108	140	168	205	245
8	19	26	36	39	47	63	76	92	118	153	182	220	265

变频器生产厂家给出的数据都是对四极电动机而言的。如果选用八极电动机或多极电动机传动,不能单纯以电动机容量为准选择变频器,要根据电动机额定电流选择变频器容量。由表 10.3 可以看出,如果要求八极 15 kW 电动机满负荷(额定电流为 36 A)运行,就要选适合 18.5 kW(四极)电动机的变频器。同样,对采用变极电动机时也要注意:因为变极电动机采用变频器供电可以在要求更宽的调速范围内使用。变极电动机在变极与变频同时使用,同容量变极电动机要比标准电动机机座号大,电流大,所以要特别注意应按电动机额定电流选变频器,其容量可能要比标准电动机匹配的容量大几个档次。

2) 多电动机并联运行时要考虑追加电动机的启动电流

用一台变频器使多台电动机并联运转且同时加速启动时,决定变频器容量的是

$$I_{CN} \geqslant \sum_n KI_N \tag{10.3}$$

式中,I_{CN}——变频器的额定输出电流(A);

I_N——电动机的额定输出电流(A);

K——系数，一般 $K=1.1$，由于变频器输出电压、电流中所含高次谐波的影响，电动机的效率、功率因数降低，电流增加 10%左右；

n——并联电动机的台数。

因此可按式(10.3)选择变频器容量。如果要求部分电动机同时加速启动后再追加其他电动机启动的状况，就必须加大变频器的容量。因为后一部分电动机启动时变频器的电压、频率均已上升，此时部分电动机追加启动将引起大的冲击电流。追加启动时变频器的输出电压、频率越高，冲击电流越大。这种情况下，可按下式确定变频器的容量：

$$I_{\mathrm{CN}} \geqslant \sum_{n_1} KI_{\mathrm{N}} + \sum_{n_2} I_{\mathrm{S}} \tag{10.4}$$

式中，n_1——先启动的电动机的台数；

n_2——后追加启动的电动机的台数；

I_{S}——追加投入电动机的启动电流。

这种情况需要特别注意，因为追加启动的启动电流可能达到电动机额定电流的 6～8倍，变频器容量可能增加很多。这就需要分析，或许用两台变频器会更经济。

例 10.2　4 台 15 kW 的电动机同时启动运行，需要的变频器的额定输出电流为

$$I_{\mathrm{CN}}=1.1\times4\times29\ \mathrm{A}=128\ \mathrm{A}$$

选一台75 kW的变频器即可。若按式(10.4)，$n_1=3$，$n_2=1$，则

$$I_{\mathrm{CN}} \geqslant (1.1\times3\times29+5\times29)\ \mathrm{A}=240.7\ \mathrm{A}$$

需要选 132 kW 的变频器。这时可以考虑用一台 55 kW 的变频器满足 $n_1=3$ 同时启动需要，另选一台 15 kW 的变频器满足 $n_2=1$ 的追加启动电动机的需要，经济上要合算得多。

3) 经常出现大过载或过载频度高的负载时变频器容量的选择

因通用变频器的过电流能力通常为在一个周期内允许 125%或 150%、60 s 的过载，超过过载值就必须增大变频器容量。例如，对于 150%、60 s 的过载能力的变频器，要求用于 200%、60 s 过载时，必须按式(10.3)计算出总额定电流的倍数(200/150=1.33)，按其选择变频器容量。

另外，通用变频器规定 125%、60 s 或 150%、60 s 的过载能力的同时，还规定了工作周期。有的厂家规定 300 s 为一个过载工作周期，而有的厂家规定 600 s 为一个过载工作周期。严格按规定运行，变频器就不会过热。

虽过流能力不变，但如要缩短工作周期，则必须加大变频器容量，频繁启动、制动的生产机械，如高炉料车、电梯、各类吊车等，其过载时间虽短，但工作频率却很高。一般选用变频器的容量应比电动机容量大一两个等级。

10.5.3　变频器外围设备的应用及注意事项

变频器的外围设备有电源、无熔丝断路器、电磁接触器、AC 电抗器、输入侧滤波

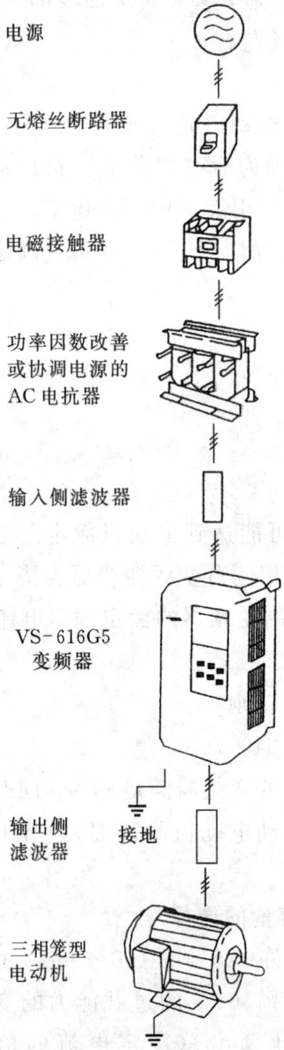

图 10.17　通用变频器外围设备

器及输出侧滤波器，如图 10.17 所示。其注意事项分别如下。

1. 电源

(1) 注意电压等级是否正确，以免损坏变频器；

(2) 交流电源与变频器之间必须安装无熔丝断路器。

2. 无熔丝断路器

(1) 使用符合变频器额定电压及电流等级的无熔丝断路器作变频器的电源 ON/OFF 控制，并作变频器的保护；

(2) 无熔丝断路器勿作变频器的运转/停止切换。

3. 电磁接触器

(1) 一般使用时可不加电磁接触器，但作外部控制，或停电后自动再启动等功能，或使用制动控制器时，需加装电磁接触器；

(2) 电磁接触器勿作变频器的运转/停止切换。

4. AC 电抗器

若使用大容量(600 kV · A 以上)的电源时，为改善电源的功率因数可外加 AC 电抗器。

5. 输入侧滤波器

变频器周围有电感负载时，请加装滤波器。

6. 变频器

(1) 输入电源端子 R、S、T，无相序分别可任意换相连接；

(2) 输出端子 U、V、W，接至电动机的 U、V、W 端子，如果变频器执行正转时，电动机欲逆转，只要将 U、V、W 端子中任意两相对调即可；

(3) 输出端子 U、V、W，请勿接交流电源，以免变频器损坏；

(4) 接地端子请正确接地，200 V 级为第三种接地，400 V 级为特种接地。

7. 输出侧滤波器

减小变频器产生的高次谐波，以避免影响其附近的通信器材。

10.6　异步电动机调压调速系统

异步电动机的转矩与定子电压的二次方成正比，因此，改变异步电动机的定子电压也就是改变电动机的转矩及机械特性，从而实现调速。这是一种比较简单而方便的方法。过去利用笨重的饱和电抗器或利用交流调压器(自耦变压器)来改变电压,自从电力电子技术兴起以后,这些笨重的电磁装置就被由晶闸管“交流开关”元件组成的交流调压器取代了。

10.6.1　采用晶闸管的交流调压电路

晶闸管交流调压电路与晶闸管整流电路一样,也有单相与三相之分。

1. 单相晶闸管交流调压电路

单相晶闸管交流调压电路的种类很多,但应用最广的是反并联电路。现以此电路为代表分析它带阻性负载及感性负载的工作情况。

图 10.18 所示为单相交流反并联电路及其带阻性负载时的电压电流波形。由图可见,当电源电压为正半周时,在控制角为 α 的时刻触发 VS1 使之导通,电压过零时,VS1 自行关断;当电源电压为负半周时,在同一控制角 α 下触发 VS2。如此不断重复,负载上便得到正负对称的交流电压。改变晶闸管控制角 α 的大小,就可以改变负载上交流电压的大小。对于带阻性负载的电路,其电流波形与电压波形同相。

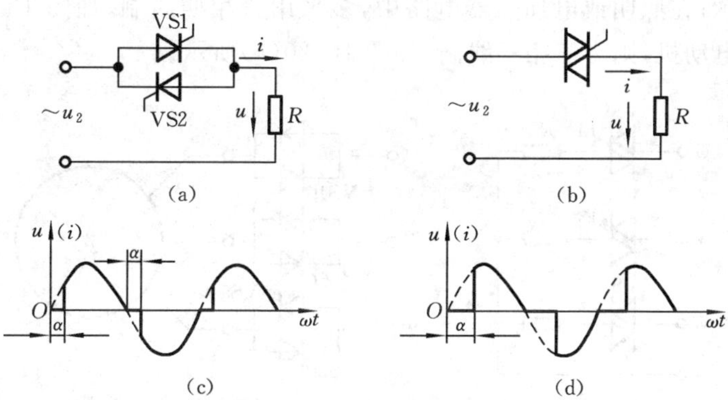

图 10.18　单相交流反并联电路及波形

(a) 反并联晶闸管电路　(b) 双向晶闸管

(c) α 较小的电压电流波形　(d) α 较大的电压电流波形

晶闸管交流调压的触发电路在原理上与晶闸管整流所用的触发电路相同,只是要使每周期输出的两个脉冲彼此没有公共点且要有良好的绝缘。

如果晶闸管调压电路带感性负载(如异步电动机),那么其电流波形由于电感上电流不能突变而有滞后现象,其电路及波形如图 10.19 所示。

由于感性负载中电流的波形滞后于电压的波形,因此,当电压过零变为负值后电流经过一个延迟角才能降到零,从而晶闸管也要经过一个延迟角才能关断。延迟角的大小与控制角 α、负载功率因数角 φ 都有关系,这一点和单相整流电路带感性负载相似。

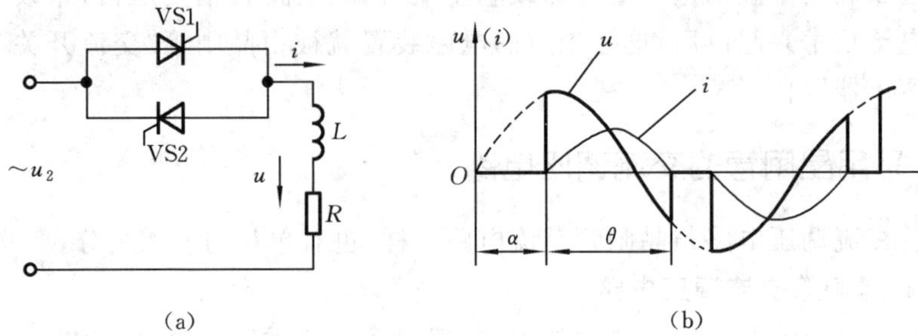

图 10.19　带感性负载的电路及波形

(a) 电路　(b) 波形

2. 三相晶闸管交流调压电路

与单相交流调压电路一样,也可采用反并联晶闸管或双向晶闸管来调节三相交流电压的大小。图 10.20 所示为两种常用的三相交流调压电路。功率较小的通常采用双向晶闸管,如图 10.20(a)所示;功率较大的通常用两只普通晶闸管反并联,如图 10.20(b)所示;在照明或电加热器电路中,多采用三相四线制,如图 10.20(a)所示;而对于交流电动机,则为三相三线制,如图 10.20(b)所示。

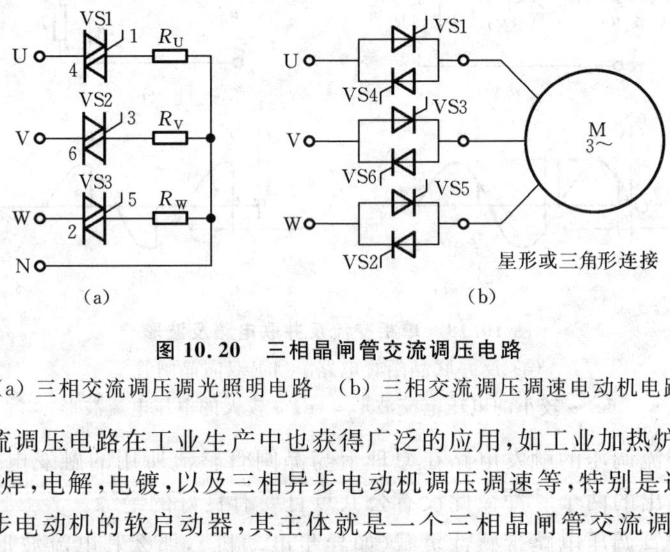

图 10.20　三相晶闸管交流调压电路

(a) 三相交流调压调光照明电路　(b) 三相交流调压调速电动机电路

三相交流调压电路在工业生产中也获得广泛的应用,如工业加热炉、大型照明系统的控制,电焊,电解,电镀,以及三相异步电动机调压调速等,特别是近年来用于启动大功率异步电动机的软启动器,其主体就是一个三相晶闸管交流调压装置,如图 10.20(b)所示。负载可以是星形连接,也可以是三角形连接。

三相交流调压电路的分析与单相电路的分析大同小异,但必须注意它的特殊性。就三相交流调压电路来说,为保证输出电压对称并有相应的控制范围,首先要求触发信号必须与交流电源有一致的相序和相位差;其次是在感性负载或小导通角情况下,为了确保晶闸管可靠触发,如同三相全控桥式整流电路一样,要求采用控制角大于 60°的双脉冲或宽脉冲触发电路。

10.6.2　闭环控制的变压调速系统及其静态特性

图 10.21(a)所示为带转速负反馈闭环控制的调压调速系统的结构。

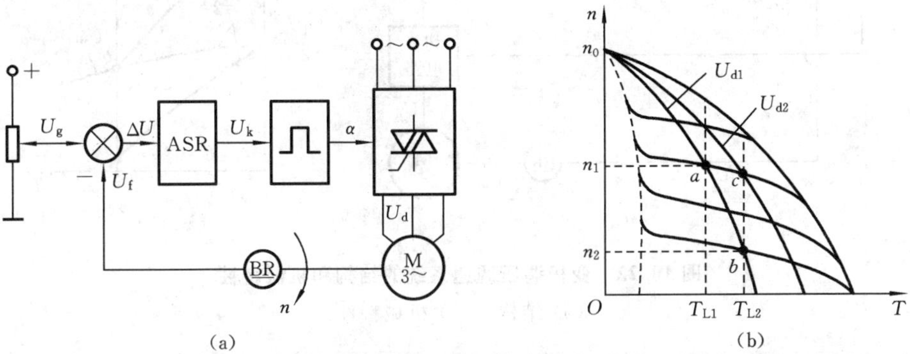

图 10.21　带转速负反馈闭环控制的交流调压调速系统

(a) 结构　(b) 静态特性

下面简单介绍这种闭环控制的调速系统提高电动机机械特性硬度的原理。将转速的给定电压U_g与反馈电压U_f进行比较，得到偏差电压$\Delta U = U_g - U_f$，经速度调节器输出控制电压U_k，再经触发器输出控制晶闸管的控制角α，且α与U_k成反比。α的大小决定了双向晶闸管的输出电压值U_d，从而决定了电动机的转速；α愈小，输出电压U_d就愈大，电动机的转速就愈高。

闭环调压调速系统可以得到比较硬的机械特性，其静态特性如图 10.21(b)所示。对应于不同的转速给定值，它是一组上下平移的曲线，若转速调节器为 PI 调节器，则静态运行时转速是无差的。当电网电压或负载转矩出现波动时，转速不会因扰动而出现大幅度波动。例如，若给定的转速为图 10.21(b)中的点a，则对应的转速为n_1。当负载转矩由原来的T_{L1}变为T_{L2}时，若系统为开环控制系统，电动机的转速必然会下降到图中的点b，其对应的转速为n_2。闭环控制系统则会发生下列变化：由于转速n下降，转速负反馈信号电压U_f下降，而转速给定信号电压U_g不变，转差信号电压ΔU变大，调压器的控制角前移，α减小，输出电压由U_{d1}上升到U_{d2}，而电动机的转速重新上升到接近n_1的点c。可见闭环控制可得到比较硬的机械特性。

10.6.3　异步电动机变极调压调速系统

为了克服调压调速系统在低速运行时能量损耗大、运行效率低的缺点，可以采用调压调速与变极调速相结合的调速方式，即所谓变极调压调速，其结构如图10.22(a)所示。由异步电动机同步转速表达式$n_0 = 60f/p$知，当极对数p增加一倍时，同步转速n_0下降一半，其机械特性如图 10.22(b)所示。若在此基础上再采用降压调速，则在相同的低速下转差能量损耗将较之仅采用调压调速时小得多。

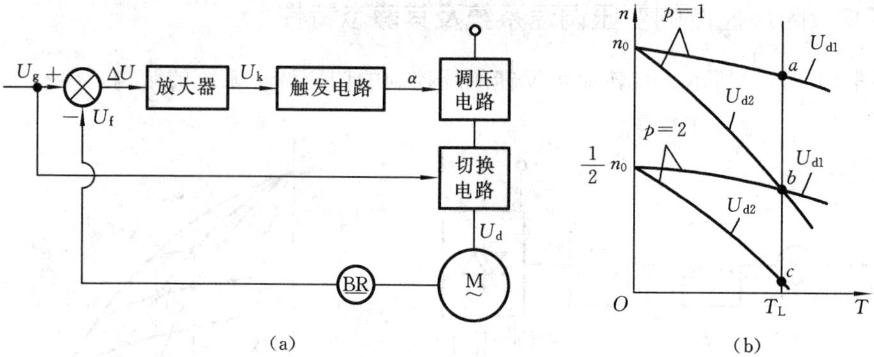

图 10.22　变极调压调速系统的结构和机械特性

(a) 结构　(b) 机械特性

变极调压调速系统由调压调速电路和极对数切换电路两部分组成。其工作原理如下：设电动机带有恒转矩负载T_L，在图 10.22(b)中的点 a 状态下稳定运行，此时 $p=1$，定子电压为U_{d1}；当降低其转速给定值U_g，使U_{d1}下降为U_{d2}时，电动机稳定转速下降，稳定运行点由点 a 移至图 10.22(b)中的点 b。若选定与U_{d2}对应的U_g作为极对数切换电路的动作电压，使换极开关动作，电动机极对数将由 $p=1$ 换接成 $p=2$，在切换瞬间，运行点有下降至图 10.22(b)中的点 c 的趋势。但由于速度负反馈的调节作用，晶闸管调压电路的控制角 α 减小，定子电压迅速回升至U_{d1}，并且系统的运行点将保持在点 b 不变。此后，若继续减小U_g，则系统将在 $p=2$ 的基础上继续降低转速，从而可以在较小损耗下获得较大的调速范围。

习题与思考题

10.1　交—直—交变频器与交—交变频器有何异同？

10.2　交—直—交变频器由哪几个主要部分组成？各部分的作用是什么？

10.3　SPWM 变压变频器有哪些主要特点？

10.4　为什么说用变频调压电源对异步电动机供电是比较理想的交流调速方案？

10.5　在脉宽调制变频器中，逆变器各开关元件的控制信号如何获取？试画出波形图。

10.6　如何区别交—直—交变压变频器是电压源变频器还是电流源变频器？它们在性能上有什么差异？

10.7　采用二极管不控整流器和功率开关器件脉宽调制(PWM)逆变器组成的交—直—交变频器有什么优点？

10.8　在 IGBT—SPWM—VVVF 交流调速系统中，在实行恒压频比控制时，是通过什么环节、调节哪些量来实现调速的？

10.9　在变压变频的交流调速系统中，给定积分器的作用是什么？

10.10　如何改变由晶闸管组成的交—交变压变频器的输出电压和频率？这种变频器适用于什么场合？为什么？

10.11　通用变频器有哪几类？各用于什么场合？

10.12　通用变频器的外部接线通常包括哪些部分？

10.13　如何根据负载性质的要求来选择变频器的类型？

10.14　选择变频器容量的基本依据是什么？除此以外，还要注意哪些主要问题？

10.15　三相调压电路如题10.23图所示，试画出$\alpha=120°$时负载电流的波形。

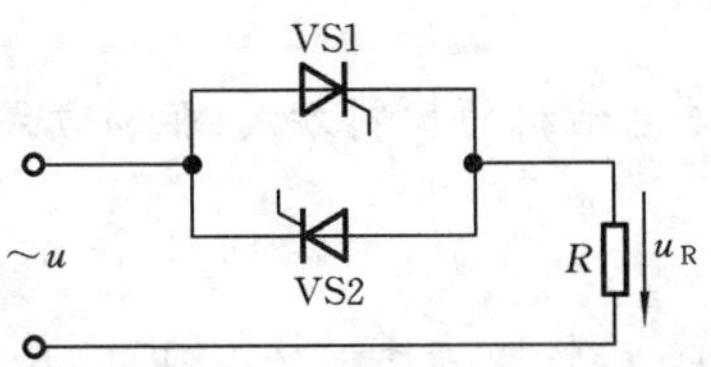

题10.23图

10.16　为什么说调压调速方法不太适合于长期工作在低速的工作机械？

10.17　为什么调压调速必须采用闭环控制才能获得较好的调速特性？其根本原因何在？

第 11 章

步进电动机控制系统

本章要求掌握步进电动机的控制方式、驱动方式、各种驱动电路及运行中应注意的问题。

步进电动机是受其输入信号(即一系列的电脉冲)控制而动作的,脉冲发生器所产生的电脉冲信号,通过环形分配器按一定的顺序加到电动机的各相绕组上。为使电动机能够输出足够的功率,经环形分配器产生的脉冲信号还需进行功率放大。环形分配器、功率放大器以及其他控制电路的组合称为步进电动机的驱动电源,它对步进电动机来说是不可缺少的部分。步进电动机、驱动电源和控制器构成步进电动机控制系统,如图 11.1 所示。

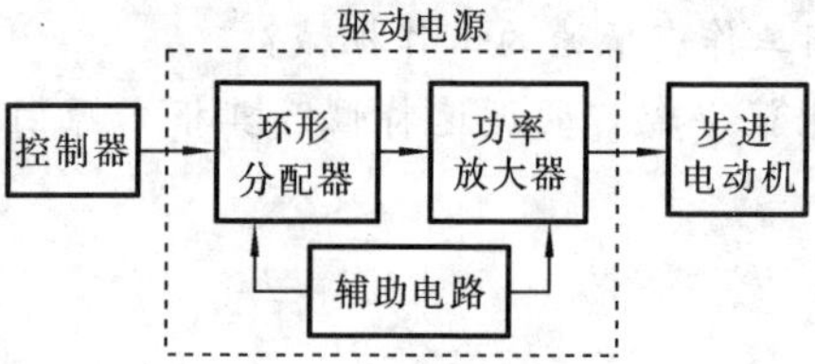

图 11.1　步进电动机控制系统框图

11.1　步进电动机的环形分配器

步进电动机驱动电源的环形分配器有硬件分配器和软件分配器两种。硬件环形分配器可分为集成触发器型、专用集成电路芯片型和通用可编程逻辑器件型等。集成元器件的使用,使环形分配器的体积大大缩小,可靠性和抗干扰能力提高,具有较好的响应速度,且直观、维护方便。软件环形分配器采用微型计算机用软件实现脉冲分配,它往往受到微型计算机运算速度的限制,有时难以满足高速实时控制的要求。

11.1.1　硬件环形分配器

1. 集成触发器型环形分配器

硬件环形分配器需根据步进电动机的相数和通电方式设计,图 11.2 所示是一个三相六拍的环形分配器电路图。

分配器的主体是三个 J-K 触发器。三个 J-K 触发器的 Q 输出端分别经各自的功率放大器与步进电动机 A、B、C 三相绕组连接。当 $Q_A=1$ 时,A 相绕组通电;

$Q_B=1$时，B 相绕组通电；$Q_C=1$ 时，C 相绕组通电。$W_{+\Delta x}$ 和 $W_{-\Delta x}$ 是步进电动机的正、反转控制信号。

正转时，各相通电顺序为 A→AB→B→BC→C→CA。

反转时，各相通电顺序为 A→AC→C→CB→B→BA。

根据上述通电顺序，可以得到环形分配器的逻辑状态真值表如表 11.1 所示（表中以正向分配为例）。正转时，$W_+=1$，$W_-=0$；反转时，$W_+=0$，$W_-=1$。

根据真值表以及 J-K 触发器的逻辑关系，可以得出三个 J-K 触发器 J 端和 K 端的控制信号，从而得到分配器逻辑图（见图 11.2）。

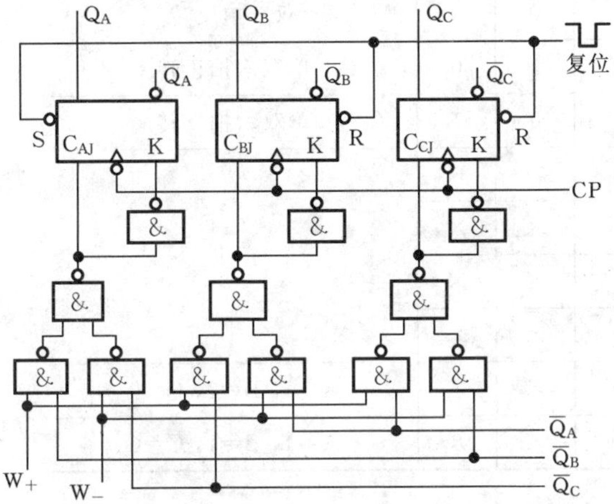

图 11.2　三相六拍环形分配器电路图

表 11.1　环形分配器逻辑真值表

序号	控制信号状态			输出状态			导电绕组
	C_{AJ}	C_{BJ}	C_{CJ}	Q_A	Q_B	Q_C	
0	1	1	0	1	0	0	A
1	0	1	0	1	1	0	AB
2	0	1	1	0	1	0	B
3	0	0	1	0	1	1	BC
4	1	0	1	0	0	1	C
5	1	0	0	1	0	1	CA
6	1	1	0	1	0	0	A

2. 专用集成电路芯片或通用可编程逻辑器件组成的环形分配器

目前广泛使用的是专用集成电路芯片或通用可编程逻辑器件组成的环形分配器。如CH250是专为三相反应式步进电动机设计的环形分配器，国内有许多厂家可以生产。这种集成电路采用 CMOS 工艺，集成度高，可靠性好。它的管脚分布及三相单双六拍工作时的接线如图 11.3 所示，状态如表 11.2 所示。

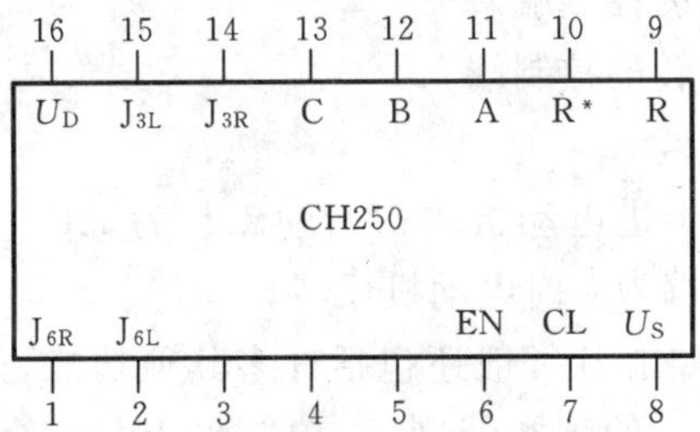

(a)

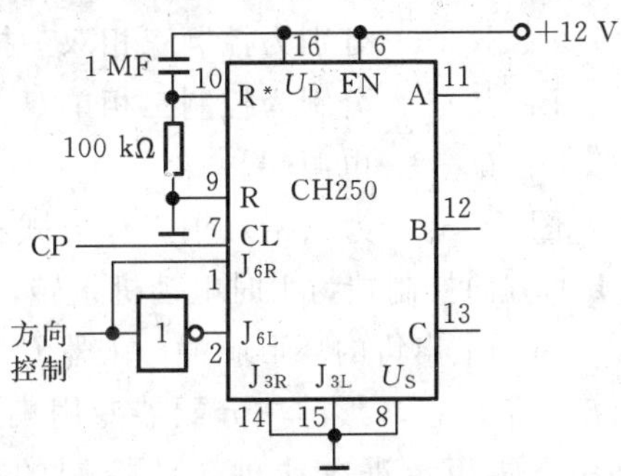

(b)

图 11.3　CH250 环形分配器管脚图和接线图

(a) 管脚图　(b) 三相单双六拍工作方式接线图

表 11.2 CH250 状态表

R	R*	CL	EN	J_{3R}	J_{3L}	J_{6R}	J_{6L}	功　能
0	0	↑	1	1	0	0	0	双三拍正转
		↑	1	0	1	0	0	双三拍反转
		↑	1	0	0	1	0	单双六拍正转
		↑	1	0	0	0	1	单双六拍反转
		0	↓	1	0	0	0	双三拍正转
		0	↓	0	1	0	0	双三拍反转
		0	↓	0	0	1	0	单双六拍正转
		0	↓	0	0	0	1	单双六拍反转
		↓	1	×	×	×	×	锁定
		×	0	×	×	×	×	
		0	↑	×	×	×	×	
		1	×	×	×	×	×	
1	0	×	×	×	×	×	×	A=1, B=0, C=0
0	1	×	×	×	×	×	×	A=1, B=1, C=0

CH250 主要端子及其作用如下。

A、B、C——三相励磁信号输出端。R、R* 确定初始励磁相，R=0、R* =1 时，A、B、C 的初始励磁相为 1 1 0；R=1、R* =0 时，A、B、C 的初始励磁相为 1 0 0；R=0、R* =0 时，环形分配器工作。

CL、EN——进给脉冲输入端，若 EN=1，则进给脉冲接 CL，脉冲上升沿使环形脉冲分配器工作；若 CL=0，则进给脉冲接 EN，脉冲下降沿使环形脉冲分配器工作。不符合上述规定则环形分配器状态锁定(保持不变)。

J_{3R}、J_{3L}——分别为控制三相双三拍正、反转的控制端。

J_{6R}、J_{6L}——分别为控制三相单双六拍正、反转的控制端。

U_D、U_S——电源端。

图 11.3(b)为三相六拍工作方式接线图。步进电动机的初始励磁相为 ABC=1 1 0，方向控制端为 1 时电动机正转，方向控制端为 0 时电动机反转。

市场上出售的环形脉冲分配器专用集成电路芯片一般还包括许多其他功能，如斩波控制等。环形脉冲分配器专用集成电路芯片的种类特别多，功能也十分齐全。如用于两相步进电动机斩波控制的 L297(L297A)、PMM8713 和 PM03(三相)、PM04(四相)、PM05(五相)、PMM8714(五相)等。

利用逻辑通用可编程逻辑器件型芯片(PAL、GAL)构成的环形分配器具有更简单的结构和更高的性能。

3. EPROM 在环形分配器中的应用

按类型、相数划分，步进电动机的种类繁多，且不同种类、不同相数、不同通电方式的步进电动机必须有不同的环形分配器，可见所需要的环形分配器品种很多。

用 EPROM 设计的环形分配器，一种线路可实现多种通电方式的分配，硬件电路不变动，只需改变软件内存储器的地址即可。图 11.4 为含有 EPROM 的环形分配器原理图。

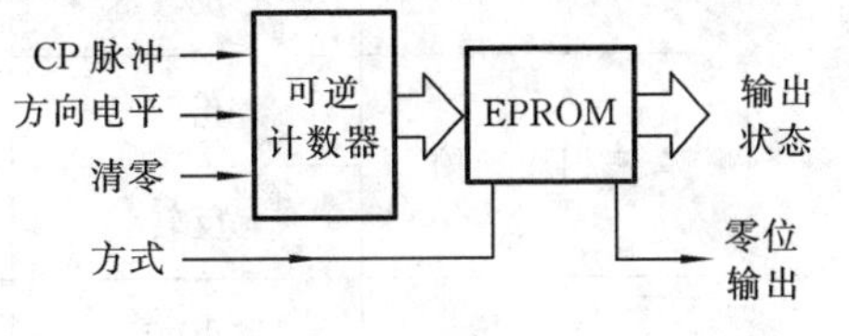

图 11.4　含有 EPROM 的环形分配器原理图

根据驱动要求，求出环形分配器的输出状态表，以二进制码的形式依次存入 EPROM 中，在线路中只要依照地址的正向或反向顺序依次取出地址的内容，即可实现正向或反向通电的顺序。通电方式不同，状态表也不同，可将存储器地址划分为若干区域，每个区域储存一个状态表。运行时，用 EPROM 的高位地址线选通这些不同区域。这样，用同样的计数器输出就可以运行不同的通电状态。

用 EPROM 设计的环形分配器具有以下特点：

① 线路简单，仅有可逆计数器和存储器两部分；

② 一种线路可实现多种励磁方式的分配，只要在不同的地址区域存储不同的状态表，除软件工作外，硬件线路不变；

③ 可彻底排除非法状态；

④ 可有多种输入端，便于同控制器连接。

11.1.2　软件环形分配器

一个硬件环形分配器只能适应相数相同的步进电动机，而软件环形分配器只要编制不同的软件环形分配程序，将其存入程序存储器中，调用不同的程序段就可控制不同相数的步进电动机按不同的方式工作。

用软件进行环形分配时，采用不同的计算机和接口器件就可得到不同的分配形式。单片机 8031 和接口 8155 构成的系统结构如图 11.5 所示。下面以三相步进电动机为例，阐述其控制方法。

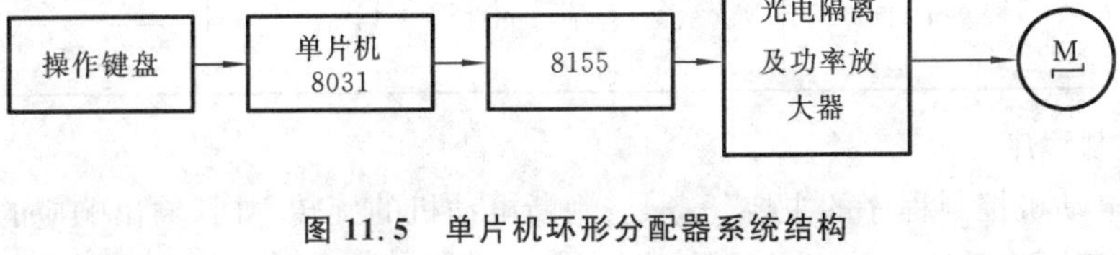

图 11.5　单片机环形分配器系统结构

表 11.3 所示为三相步进电动机常见的几种工作方式。

表 11.3　三相步进电动机常见的几种工作方式

工作方式	旋转方向	通电顺序
三相单三拍	正转	A→B→C→A…
	反转	A→C→B→A…
三相双三拍	正转	AB→BC→CA→AB…
	反转	AB→CA→BC→AB…
三相单双六拍	正转	A→AB→B→BC→C→CA→A…
	反转	A→CA→C→BC→B→AB→A…

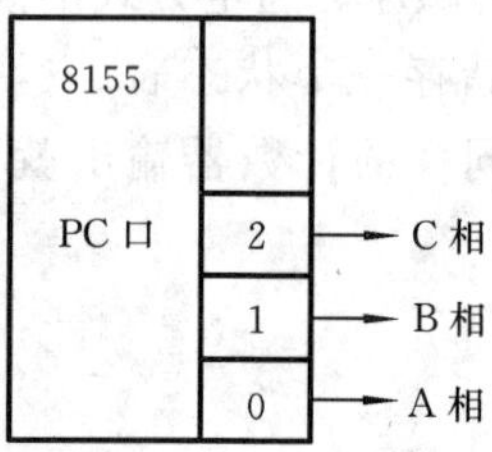

图 11.6　I/O 简单结构

1. 输出接口

单片机的一位输出口控制步进电动机的某一相绕组,例如,可以用 8155 的 PC0、PC1、PC2 分别控制三相步进电动机的 A 相、B 相和 C 相绕组等。其简单结构如图 11.6 所示。根据控制方式规定的顺序向步进电动机发送脉冲序列,即可控制步进电动机的旋转方向。

2. 建立环形分配表

不同的工作方式对应有不同的环形分配表,表11.4是三相步进电动机的各种环形分配表。将不同通电方式所对应的环形分配表分别存放在不同的存储区内。

表 11.4　三相步进电动机的各种环形分配表

三相单三拍		三相双三拍		三相六拍	
通电相	输出数据	通电相	输出数据	通电相	输出数据
A	01H	AB	03H	A	01H
				AB	03H
B	02H	BC	06H	B	02H
				BC	06H
C	04H	CA	05H	C	04H
				CA	05H

3. 控制程序

步进电动机控制程序的主要任务是:判断电动机的旋转方向,输出响应的控制脉冲序列,判断要求的脉冲信号是否输出完毕。也就是说,控制程序首先要判断电动机的旋转方向,再根据旋转方向选择响应的控制模型,然后按要求输出控制脉冲序列。

根据步进电动机的工作原理和控制方式，可很容易地设计出步进电动机的控制程序。

下面以三相单三拍为例说明步进电动机控制程序的设计。假设要求的步数为 N，电动机旋转的方向标志存储单元 FLAG＝1 时，表示正转，FLAG＝0 时，表示反转。模型 01H、02H、04H 存放在以 S 为起始地址的内存单元中；反转时只需反向读取模型。图 11.7 为三相单三拍环形分配控制程序流程图。

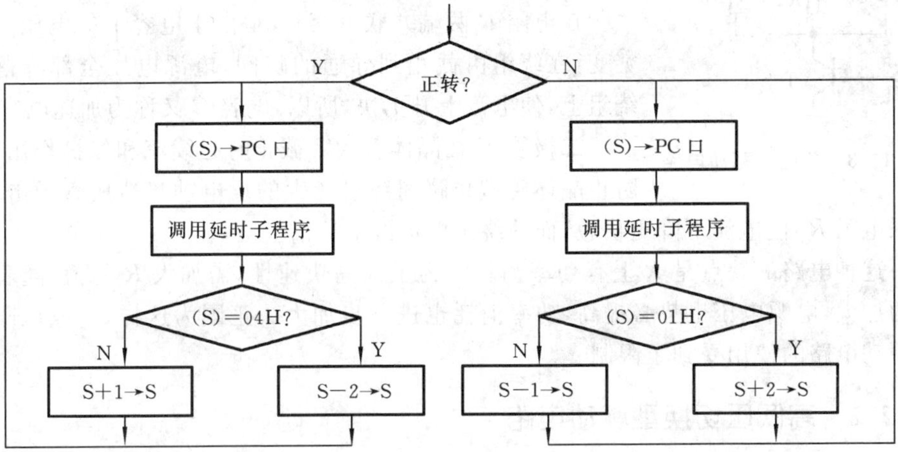

图 11.7　三相单三拍环形分配控制程序流程图

11.2　步进电动机驱动电源的功率放大电路

功率驱动器也称为功率放大器。由于从环形分配器来的脉冲电流只有几毫安，而步进电动机的定子绕组需要很大的电流（一般为 1～10 A），才足以驱动步进电动机旋转。一般采用功率放大器将环形分配器送来的脉冲电流进行放大，且功率放大器的负载为步进电动机的绕组，是感性负载，故与一般功率放大器相比，步进电动机使用的功率驱动器有其特殊性，如电感较大会影响快速性，感性负载会带来功率管保护问题等。可见，功率放大电路的性能对步进电动机的运行性能影响很大。驱动电路的核心问题是如何提高步进电动机的快速性和平稳性。

功率驱动器最早采用的是单电压驱动电路，后来又出现了高低压驱动电路、斩波电路等。

11.2.1　单电压限流型驱动电路

图 11.8 所示是步进电动机的单电压驱动电路，L 是电动机绕组，晶体管 VT 可以认为是一个无触点开关，它的理想工作状态应使电流流过绕组 L 的波形尽可能接近矩形波。但电感线圈中的电流不能突变，接通电源后绕组中的电流按指数规律上升，其时间常数 $\tau=L/r$，须经 3τ 时间后才能达到稳态电流（L 为绕组电感，r 为绕组

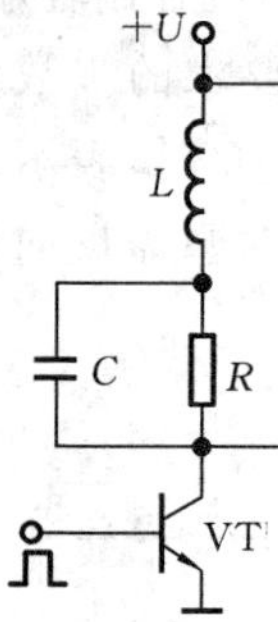

图 11.8　单电压驱动电路

电阻)。由于步进电动机绕组本身的电阻很小(零点几欧),所以,时间常数很大,从而严重影响电动机的启动频率。为了减小时间常数,在励磁绕组中串以电阻 R,这样,时间常数 $\tau=L/(r+R)$就大大减小,缩短了绕组中电流上升的过渡过程,从而提高了工作速度。

在电阻 R 两端并联电容 C,是由于电容上的电压不能突变,在绕组由截止到导通的瞬间,电源电压全部降落在绕组上,使电流上升更快,所以,电容 C 又称为加速电容。

二极管 V 在晶体管 VT 截止时起续流和保护作用,以防止晶体管截止瞬间绕组产生的反电动势造成管子击穿,串联电阻 R_D使电流下降更快,从而使绕组电流波形后沿变陡。

这种电路的缺点是 R 上有功率消耗。为了提高快速性,需加大 R 的值,随着阻值的加大,电源电压也势必提高,功率消耗也进一步加大。正因为这样,单电压限流型驱动电路的使用受到了限制。

11.2.2　高低压切换型驱动电路

高低压切换型驱动电路(最后一级)原理图为图 11.9(a),相应的电压、电流波形如图 11.9(b)所示。这种电路采用高压和低压两种电压供电,一般高压为低压的数倍。若加在 VT1 和 VT2 基极的电压 U_{b1}和 U_{b2},则在 $t_1\sim t_2$ 时间内,VT1 和 VT2 均饱和导通,+80V 的高压电源经 VT1 和 VT2 加到步进电动机的绕组 L 上,使其电流迅速上升;当时间到达 t_2(定时方式)或电流上升到某一数值时(定流方式),U_{b2}变为低电平,VT2 截止,步进电动机绕组的电流由+12V 电源经 VT1 来维持,此时电流下降到电动机的额定电流,直到 t_3 时,U_{b1}也为低电平,VT1 截止,步进电动机绕组电流下降到零。一般,电压 U_{b1}由脉冲分配器经几级电流放大获得,电压 U_{b2}由单稳定

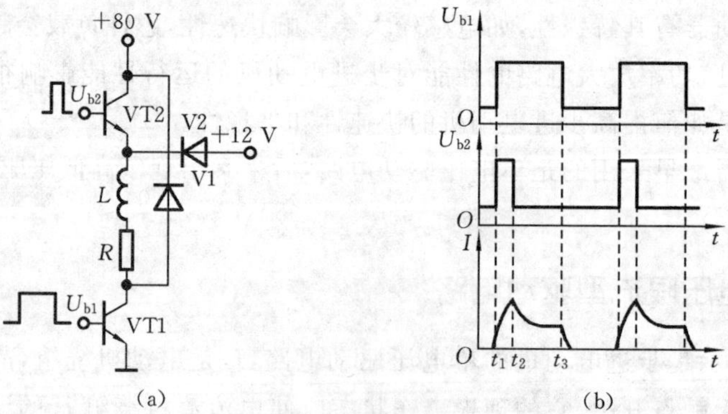

图 11.9　高低压切换型驱动电路原理图和电压、电流波形

(a) 电路原理图　(b) 电压、电流波形

时或定流装置再经脉冲变压器获得。

高低压驱动电路的优点是功耗小，启动力矩大，突跳频率和工作频率高；其缺点是大功率管的数量要多用一倍，增加了驱动电源，电流波形呈凹形，低频时振荡严重，运行平稳性较差，输出转矩下降。

11.2.3　斩波恒流驱动电路

高低压驱动电路的电流波顶会出现凹形，而斩波恒流功放电路是利用斩波方法将电流恒定在额定值附近。

斩波恒流驱动电路原理图和电流波形如图 11.10 所示。它的工作原理是：环形分配器输出的脉冲作为输入信号，若为正脉冲，则 VT1、VT2 导通。由于 U_1 电压较高，绕组回路又没有电阻，所以绕组中的电流迅速上升。当绕组中的电流上升到额定值以上某个数值时，由于采样电阻 R_e 的反馈作用，经整形、放大后电流送至 VT1 的基极，使 VT1 截止。接着绕组由 U_2 低压供电，绕组中的电流立即下降，但刚降至额定值以下时，由于采样电阻 R_e 的反馈作用，整形电路无信号输出，此时高压前置放大电路又使 VT1 导通，电流又上升。如此反复进行，形成一个在额定电流值上下波动、呈锯齿状的电流波形，近似恒流，所以斩波电路也称为斩波恒流驱动电路。锯齿波的频率可通过调整采样电阻 R_e 和整形电路的电位器来调整。

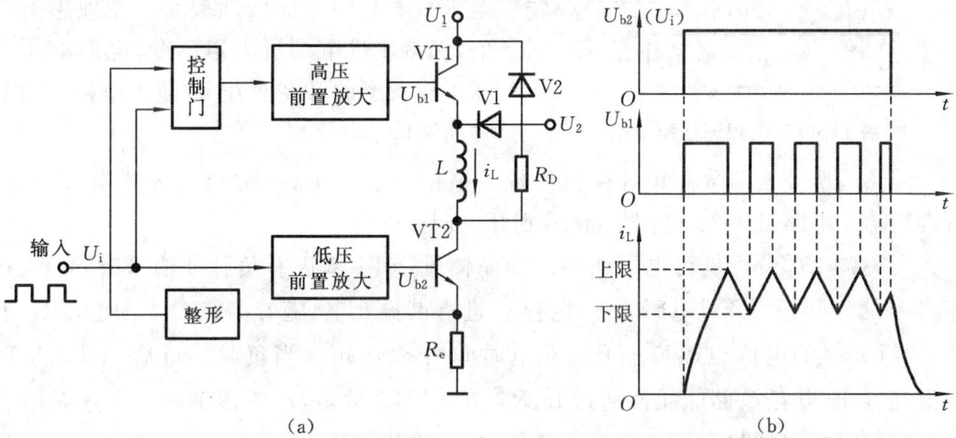

图 11.10　斩波恒流驱动电路原理图和电流波形

(a) 电路原理图　(b) 电流波形

斩波恒流驱动电路虽然复杂，但它使步进电动机的运行矩频特性、启动矩频特性和惯频特性都有明显提高，使绕组中的脉冲电流边沿陡，快速响应好。该电路无外接电阻，而采样电阻 R_e 又很小（一般为 0.2 Ω 左右），所以整个系统的功耗下降很多，相应地提高了效率。由于采样电阻 R_e 的反馈作用，绕组中的电流可以恒定在额定的数值附近，而且不随步进电动机转速的变化而变化，从而保证在很大的频率范围内，步进电动机都能输出恒定的转矩，因此，斩波恒流驱动电路在要求较高的控制系统中得到广泛应用。

11.2.4 调频调压驱动电路

从上述驱动方式可以看出，无论是高低压驱动电路还是斩波恒流驱动电路，为了提高驱动系统的高频响应，都采用了提高供电电压、加快电流上升前沿的措施。但是，这些措施一般都会带来低频振动加剧的不良后果。从原理上讲，为了减小低频振动，低速时绕组电流上升的前沿应较平缓，这样才能使转子在到达新的稳定平衡位置时不产生过冲。而在高速时电流则应有较陡的前沿，以产生足够的绕组电流，这样才能提高步进电动机的负载能力。这就要求驱动电源对绕组提供的电压与电动机运行频率建立直接联系，即低频时用较低电压供电，高频时用较高电压供电。调频调压驱动方式可以较好地满足这一要求。调频调压驱动电路如图 11.11 所示，它可分成三部分：开关调压、调频调压控制和功率放大。电压一般与频率成线性关系。在理想条件下，保持步进电动机力矩不变，电源电压将随工作频率的升高而升高，随工作频率的下降而下降。

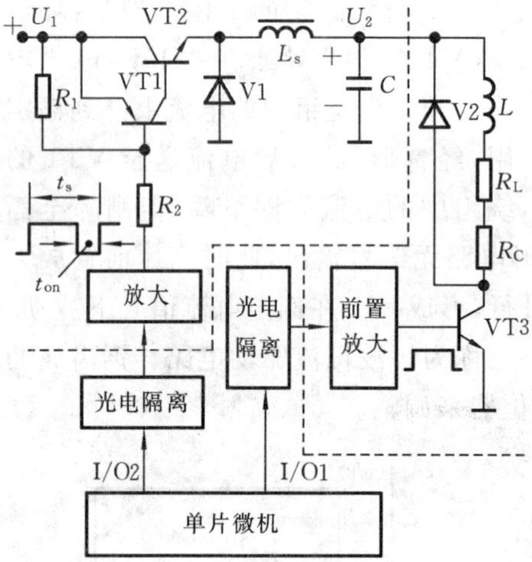

图 11.11 调频调压驱动电路

调频调压控制部分由单片微机组成。根据要求由 I/O1 输出步进控制信号，然后再到功放电路；I/O2 输出调压信号到开关调压部分。

开关调压部分可进行电压调节。当晶体管 VT1 基极有负脉冲输入时，VT1 和 VT2 导通；同时 U_1经过电感 L_s向电容 C 进行谐振充电，随着电容 C 上的电压 U_2上升，绕组 L 上的电流也逐步上升。充电时间由 t_{on}决定。当负脉冲过后，VT1、VT2 截止，但这时电容 C 储能元件通过 L、R_L、R_C、VT3 放电，电流逐渐减小。这时电感 L_s中储存了磁场能量。由于存在自感效应，电感将产生一个感应电动势，于是 U_2处为正，电流从 U_2流向 L、R_L、R_C、VT3，然后通过二极管V1返回 L_s。这样，在负载上就可以得到一个顶部呈锯齿形的电压。在 L_s和 C 足够大时，电压顶波波动很小，这时的 U_2为一平滑稳定的直流电压。

电压 U_2的大小可以通过改变 t_{on}来调节。单片微机控制从 I/O1 输出的步进信号频率和从I/O2输出的脉冲时间。步进信号频率高，从 I/O2 输出的负脉冲 t_{on}变大，U_2也随之变大。这样起到了调频调压的作用，使步进电动机工作在平滑良好的工作状态。

11.3　步进电动机的控制与应用

11.3.1　步进电动机步距角的细分控制

以上提到的步进电动机驱动电路都是按照环形分配器决定分配方式的，控制步进电动机各相绕组的导通或截止，电动机就将产生步进运动。步距角的大小只有两种，即整步工作和半步工作，步距角已由步进电动机结构所限定。但在实际中为了提高数控设备等生产过程的控制精度，应减小脉冲当量 δ。这可采用如下方法来实现：①减小步进电动机的步距角；②加大步进电动机与传动丝杠间齿轮的传动比和减小传动丝杠的螺距；③将步进电动机的步距角 β 进行细分。

所谓细分电路，就是在控制电路上采取一定措施把步进电动机的每一步分得细一些。可用硬件，也可由微机通过软件来实现这种分配。细分的常用方法是用阶梯波控制。

目前实现阶梯波供电的方法有两种。

(1) 先放大后叠加(见图 11.12(a))。这种方法就是将通过细分环形分配器所形成的各个等幅等宽的脉冲分别进行放大，然后在步进电动机绕组中叠加起来形成阶梯波。在这种情况下，驱动电动机的功率管工作于开关状态，效率较高，但用的元件较多，体积大，因此适用于大功率步进电动机。

(2) 先叠加后放大(见图 11.12(b))。这种方法利用运算放大器来叠加，或采用公共负载的方法，把方波合成为阶梯波，然后对阶梯波进行放大再去驱动步进电动机。在这种情况下，驱动电路的功率管工作于放大区，损耗较大，因此只适用于小功率步进电动机。

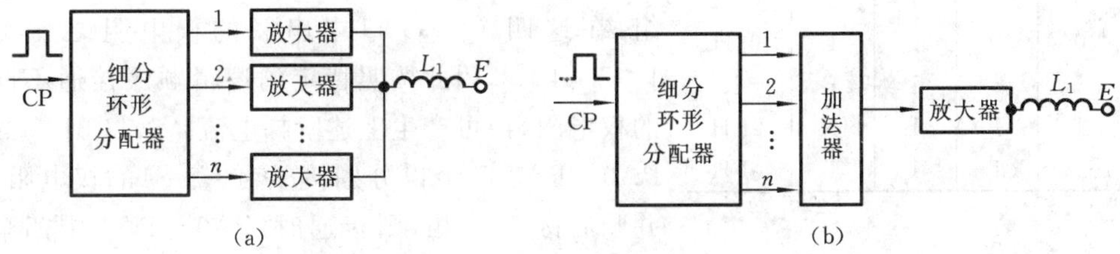

图 11.12　阶梯波叠加电路图

(a) 先放大后叠加　(b) 先叠加后放大

1. 用集成环形分配器芯片构成细分电路

用集成化的步进电动机环形分配器可构成细分驱动电路。用 HF-2 三相六拍环形分配器构成三相十八拍细分驱动电路时，必须采用三片 HF-2 电路。三相步进电动机的步距角为3°/1.5°(即三相三拍工作时的步距角为 3°，三相六拍工作时的步距角为 1.5°)，三相十八拍的细分驱动电路可使每一拍的驱动步距减为 0.5°。步进电动机每相电流的波形如图 11.13 所示。

采用细分电路后，电动机绕组中的电流不是由零跃升到额定值，而是经过若干小步的变化才达到额定值；也不是由额定值陡降至零，而是经过若干小步的变化才达到零。所以绕组中的电流变化比较均匀。细分技术使步进电动机步距角变小，转子到达新的稳定点所具有的动能变小，从而使振动显著减小。细分电路不但可实现微量进给，而且可保持系统原有的快速性，提高步进电动机在低频段运行的平滑性。

2. 用微机控制步进电动机的步距角细分

用微机实施细分，关键是设计一个软件的移位分配器。对于三相步进电动机，要形成三相六拍的驱动信号，就要从三个 I/O 口周期地输出信号。

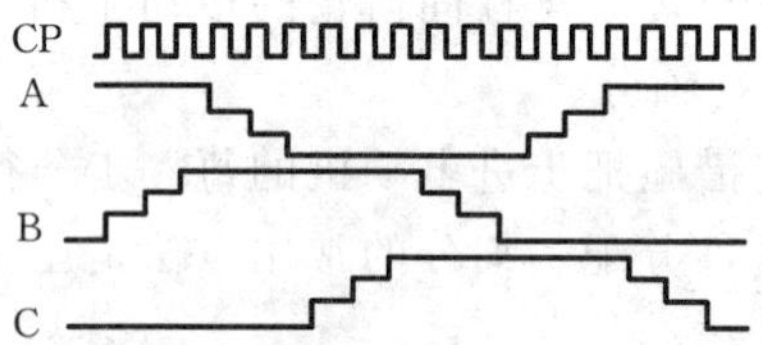

图 11.13　细分后电动机每相电流波形(正转)

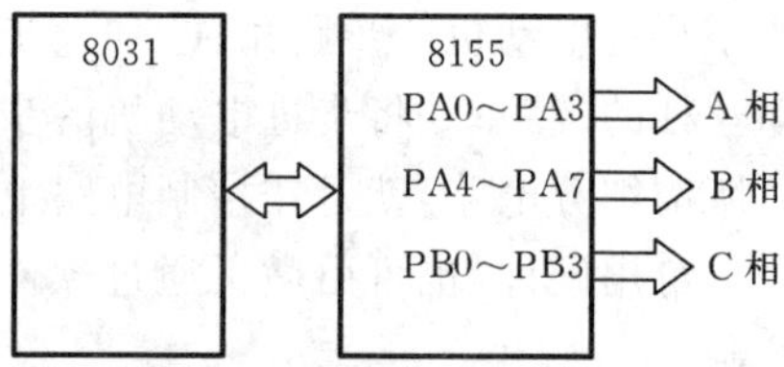

图 11.14　微机控制步进电动机的细分接口

要实现细分，接口电路 I/O 口必须增加，接口电路如图 11.14 所示，其中 8155 的 PA0～PA3 中四个 I/O 口并联控制 A 相绕组，A 相分配如表 11.5 所示，PA4～PA7、PB0～PB3 分别用四个 I/O 口并联控制 B 相、C 相绕组。

表 11.5　A 相分配表

连接方式(A 相)				状态字
PA3	PA2	PA1	PA0	
0	0	0	1	01H
0	0	1	0	02H
0	0	1	1	03H
⋮	⋮	⋮	⋮	⋮
1	1	1	0	0EH
1	1	1	1	0FH

例如，要实现步进电动机的三相六拍 15 细分控制，就应该使每相绕组中产生从零开始到额定工作电流的 15 个等间距的上升电流阶梯波形，或从额定工作电流到零的 15 个等间距的下降电流阶梯波形。这时，由四个 I/O 口并联控制一相绕组，在这四个 I/O 口中串联的权电阻之比为 1∶2∶4∶8，因此按照特定的逻辑顺序接通不同的权电阻，便可产生上述阶梯电流。若将 8155 的 PA0～PA3 四个口分别接8∶4∶2∶1的权电阻，并联后接于 A 相，则接通时，PA0～PA3 中四个口的电流之比为 1∶2∶4∶8。顺序从 PA 口输出 01H、02H……0FH 时，A 相中便得到从零开始到额定工作电流的 15 个等间隔的上升阶梯电流；当顺序从 PA 口输出 0FH、0EH……01H 时，A 相电流为从额定工作电流到零的 15 个等间隔的下降阶梯电流。三相六拍 15 细分时有对应的 90 个特殊组合的逻辑状态。硬件线路确定后，相应的 90 个四位数据及其顺序也就确定了。用软件实现移位分配时，将这些数计算好，按一定顺序存在存储器中，即可建立一个环形分配表，用查表指令，依次顺序取出。改变地址指针的增减方向，也就可改变取数据的顺序方向，从而达到电动机的

正、反转控制。

目前，利用单片机数字信号处理技术和 D/A 转换控制技术产生步进电动机运行所需的 PWM 细分控制信号，再对各相绕组电流通过 PWM 控制，就可按规律改变其幅值的大小和方向，从而将步进电动机一个整步均匀分为若干个更细的微步。每个微步距可能是原来基本步距的数十分之一甚至数百分之一。PWM 细分能明显地提高步进电动机的步距角分辨率和运行平稳性，提高步进电动机动态、静态输出转矩和矩频特性，使步进电动机在高级控制系统中获得更大的竞争力。如美国精密工业公司(American Precision Industries)制造的高功率微分步进驱动器的分辨率就可做到 50000 步/r，达到很高的精确度。

11.3.2　步进电动机的开环控制

步进电动机的控制方式一般分为开环控制和反馈补偿闭环控制(见图 11.15)。

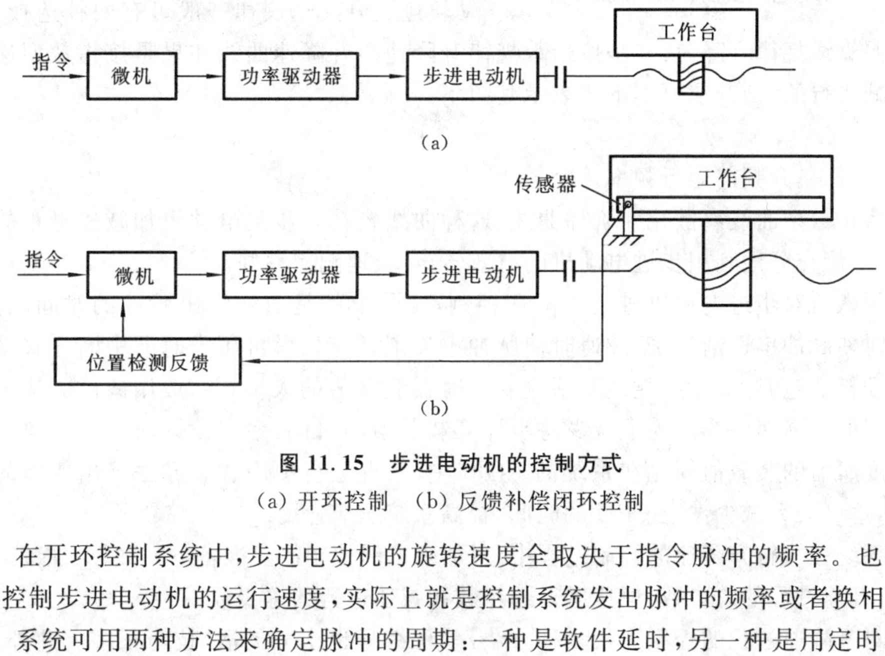

图 11.15　步进电动机的控制方式

(a) 开环控制　(b) 反馈补偿闭环控制

在开环控制系统中，步进电动机的旋转速度全取决于指令脉冲的频率。也就是说，控制步进电动机的运行速度，实际上就是控制系统发出脉冲的频率或者换相的周期。系统可用两种方法来确定脉冲的周期：一种是软件延时，另一种是用定时器延时。软件延时方法是通过调用延时子程序的方法实现的，它占用 CPU 时间；定时器延时方法是通过设置定时时间常数的方法来实现的。对于图 11.15(a)所示的步进电动机的点-位控制系统，从起点至终点的运行速度都有一定要求。如果要求运行的速度小于系统极限启动频率，则系统可以按要求的速度直接启动，运行至终点后可直接停发脉冲串而令其停止，系统在这样的运行方式下速度可认为是恒定的。但在一般的情况下，系统的极限启动频率是比较低的，而要求的运行速度往往很高。如果系统以要求的运行速度直接启动，则可能发生失步或根本不运行的情况，因为该速度已经超过极限启动频率而导致系统不能正常启动。系统运行起来之后，如果到达终点时突然停发脉冲串,令其立即停止,则因为系统的惯性原因,会发生冲过终点的现象,使点-位控制发生偏差。

因此,必须用低速启动,然后再慢慢加速到高速,实现高速运行。同样,停止时也要从高速慢慢降到低速,最后停止下来。要满足这种升降速规律,步进电动机必须采用变速方式工作。点-位控制的加减速过程如图 11.16 所示。行速度都需要有一个“加速—恒速—减速—低恒速—停止”的加减速过程,各种系统在工作过程中,都要求加减速过程时间尽量短,而恒速时间尽量长。如果移动距离比较短,为了提高速度,可以无高速恒定运行阶段。在一半距离内加速,而在另一半距离内减速,形成三角形变化的运动轨迹。升降速规律一般可有两种选择:一是按照直线规律升降速,二是按指数规律升降速。升降速曲线如果是按指数型递增或递减进行的,则升速可用下式表示其频率:

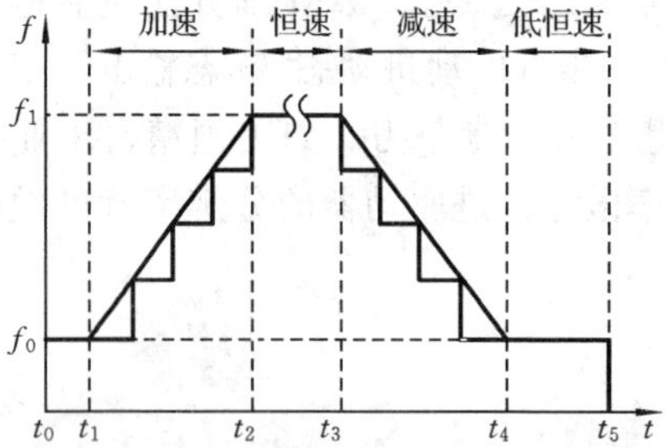

图 11.16　点-位控制的加减速过程

$$f = f_0 e^{t/T}$$

式中,f_0——升频前运行频率。

将指数型曲线离散化为阶梯曲线,这种曲线较符合步进电动机加减速过程的运行规律,能充分地利用步进电动机的有效转矩,快速响应性好。

用微机对步进电动机进行加减速控制,实际上就是改变输出脉冲的时间间隔。升速时使脉冲串逐渐加密,减速时使脉冲串逐渐稀疏。微机用定时器中断方式来控制电动机变速时,实际上就是不断改变定时器装载值的大小。一般用离散方法来逼近理想的升降速曲线。为了减少每步计算装载值的时间,系统设计时就把各离散点的速度所需的装载值固化在系统的 ROM 中,系统运行中用查表方法查出所需的装载值,这可大大减少占用 CPU 的时间,提高系统响应速度。

系统在执行升降速的控制过程中,对加减速的控制需要准备下列数据:加减速的斜率、升速过程的总步数、恒速运行总步数和减速运行的总步数。

对升降速过程的控制有很多种方法,软件编程也十分灵活,技巧很多。此外,利用 A/D 集成电路也可实现升降速控制,但缺点是实现起来较复杂且不灵活。

步进电动机的控制也完全可以用 PLC 来实现,改变 PLC 的控制程序,可实现步进电动机灵活多变的运行方式。

11.3.3　步进电动机的闭环控制

开环控制的步进电动机驱动系统,其输入的脉冲不依赖于转子的位置,而是事先按一定的规律给定的,其缺点是电动机的输出转矩加速度在很大的程度上取决于驱动电源和控制方式。对于不同的电动机或者同一种电动机的不同负载,很难找到通用的加速和减速规律，因此，步进电动机的性能指标的提高受到限制。

闭环控制是指直接或间接地检测转子的位置和速度，位置检测装置将测得的工作台实际位置信号与指令位置信号相比较，然后用它们的差值(即误差)进行控制，即由此差值自动给出驱动的脉冲串。采用闭环控制，不仅可以获得更加精确的位置控制和高得多、平稳得多的转速，而且可以使闭环控制技术在步进电动机的其他许多领域内具有更大的通用性。

步进电动机的输出转矩是励磁电流和失调角的函数。为了获得较高的输出转矩，必须考虑电流的变化和失调角的大小，这对开环控制来说是很难实现的。

根据不同的使用要求，步进电动机的闭环控制有不同的方案，主要有核步法、延迟时间法、带位置传感器的闭环控制系统法等。

采用光电脉冲编码器作为位置检测元件的闭环控制系统如图11.17所示，其中编码器的分辨率必须与步进电动机的步距角相匹配。该系统不同于通常控制技术中的闭环控制，步进电动机由微机发出的一个初始脉冲启动，后续控制脉冲则取决于编码器的检测信号。

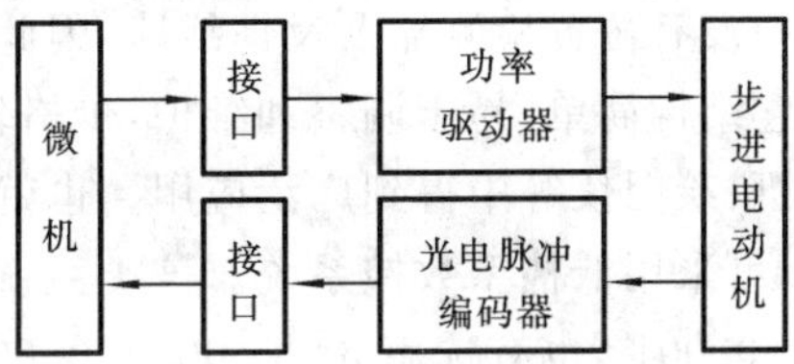

图11.17　步进电动机闭环控制系统框图

编码器直接反映切换角这一参数，然而编码器相对于电动机的位置是固定的，因此发出相切换的信号也是一定的，只能是一种固定的切换角数值。采用时间延迟的方法可获得不同的转速。在闭环控制系统中，为了扩大切换角的范围，有时还要插入或删去切换脉冲。通常在加速时要插入脉冲，而在减速时要删除脉冲，从而实现电动机的加速和减速控制。

在固定切换角的情况下，如负载增加，电动机转速将下降。要实现匀速控制，可利用编码器测出电动机的实际转速(编码器两次发出脉冲信号的时间间隔)，以此作为反馈信号不断地调节切换角，从而补偿由负载所引起的转速变化。

11.3.4　应用步进电动机驱动应注意的问题

1. 步进电动机的驱动系统的显著优点

(1) 其步距值不受电压、电流及温度等变化的影响，位移量仅取决于脉冲的个数。步进电动机的输出转角与输入的脉冲个数成严格的比例关系，控制输入步进电动机的脉冲个数就能控制位移量或转角大小。

(2) 尽管步进电动机存在齿间相邻误差，有步距角误差，它的大小是由制造精度、齿槽的分布和气隙等因素决定的，但是，每一圈的积累误差将为零，即步距误差不会产生累积误差。

(3) 启动、停止、反转等运行方式的改变，都可在几个脉冲内完成，且不会失步。当停止送入脉冲时，只要维持绕组内电流不变，电动机的轴可以保持在某个固定位置上,不需要采用机械等制动装置,因而其控制性能好。

(4) 步进电动机的转速与输入脉冲频率成正比,通过控制脉冲频率可以在很宽的范围内调节步进电动机的转速;驱动精度高,响应速度快,系统结构简单(可开环控制),控制方便。正是由于有上述独特的优点,步进电动机在高精度的位置跟随系统(如数控机床、加工中心、磁盘驱动器、绘图仪、自动记录仪等)中获得广泛的应用。

必须根据生产机械的要求和步进电动机在整个系统中的实际工作情况来确定如何选用步进电动机伺服驱动系统。各种数控机械设备所完成的工作任务不同,所以它们对进给驱动的要求也不尽相同,必须经过分析计算后才能正确使用。

2. 应用步进电动机最基本的一些问题

(1) 步进电动机开环进给系统的位移或转角大小由指令脉冲数所决定。由于系统中没有位置检测器及反馈线路,因此开环系统的驱动控制精度一般仅有0.01 mm。但它结构简单,易于调整和维护,价格较低,故在一些经数控改造的普通机床、电脑绣花机、绘图仪等中得到广泛应用。也就是说,在定位精度和加工精度要求不太高的场合,可采用低档型数控系统。该类系统能达到的脉冲当量一般取为 $\delta=0.01$ mm 或 $\delta^{\circ}=0.001^{\circ}$,也有选用 $\delta=0.005\sim0.002$ mm 或者 $\delta^{\circ}=0.005^{\circ}\sim0.002^{\circ}$的,这时脉冲位移的分辨率和精度较高。但是由于进给速度 $v=60f\delta$ 或 $\omega=60f\delta^{\circ}$,在同样的最高工作频率 f 时,δ 越小,最大进给速度之值也越小。最高进给速度一般在 6 m/min 以下。要注意,步进电动机的进给系统有时也会使用齿轮传动,这不仅是为了得到必需的脉冲当量,而且还为了满足结构要求和增大转矩。

步进电动机闭环伺服系统是根据来自检测装置的反馈信号与指令信号比较的结果来进行速度和位置控制的。对于部分数控机床,其检测反馈信号是从伺服电动机轴或滚珠丝杠上取得的;对于高精度机床或大型机床,可直接从安装在工作台等移动部件上的检测装置中取得反馈信号。为区别两者,前者称为半闭环系统,后者称为全闭环系统。全闭环系统直接测量工作台等移动部件的位移,可实现高精度的反馈控制,但这种测量装置的价格较高,安装及调整都比较复杂且不易保养。相比之下,半闭环系统中的转角测量就比较容易实现,但由于后继传动链传动误差的影响,测量补偿精度比全闭环系统差。半闭环系统由于系统简单而且调整方便,现在已广泛地应用在数控机床等生产设备的数控系统中。一些高性能的生产机械设备要求驱动控制精度为 1 μm,甚至达 0.1 μm,并要求跟踪指令信号的响应要快,具有良好的快速响应特性。这就要采用高性能的高档型数控系统。

(2) 为使步进电动机正常运行(不失步,不越步)、正常启动并满足对转速的要求,必须保证步进电动机的输出转矩大于负载所需的转矩,所以应计算机械系统的负载转矩,并使所选电动机的输出转矩有一定的余量,以保证可靠运行。因此,必须考虑以下两点。

① 启动转矩应选择为

$$T_{\mathrm{st}} \geqslant T_{\mathrm{L\,max}}/(0.3\sim0.5)$$

一般
$$T_L = (0.3 \sim 0.5) T_{s\max}$$
根据步进电动机相数、拍数，启动转矩选择如表 11.6 所示，其中，$T_{s\max}$ 为步进电动机的最大静转矩，是步进电动机技术数据中给出的参数。

表 11.6　步进电动机启动转矩选择表

运行方式	相　数	3	3	4	4	5	5	6	6
	拍　数	3	6	4	8	5	10	6	12
$T_{st}/T_{s\max}$		0.5	0.866	0.707	0.707	0.809	0.951	0.866	0.866

② 在要求的运行范围内，步进电动机运行转矩应大于它的静载转矩与转动惯量(包括负载的转动惯量)引起的惯性矩之和。

(3) 必须使步进电动机的步距角 β 与机械负载相匹配，以得到步进电动机驱动部件所需要的脉冲当量，步距角应满足 $\beta \leqslant i\delta^{\circ}_{\min}$；步进电动机一周内最大的步距角积累误差应满足其精度的要求 $\Delta\beta \leqslant i \cdot \Delta\beta_L$。因此，合理选择传动比 i 是非常重要的。

(4) 选电动机必须与机械系统的负载惯量及所要求的启动频率相匹配，并留有一定余量，其最高工作频率应能满足机械系统移动部件加速移动的要求。

(5) 驱动电源的优劣对步进电动机控制系统的运行影响极大，使用时要特别注意，需根据运行要求，尽量采用先进的驱动电源，以满足步进电动机的运行性能。

(6) 若所带负载转动惯量较大，则应在低频下启动，然后再上升到工作频率，停车时也应从工作频率下降到适当频率再停车。在工作过程中，应尽量避免由于负载突变而引起的误差。

(7) 步进电动机在运行中存在着振荡，它有一个固有频率 f_1，当输入脉冲频率 $f = f_1$ 时就会产生共振，使步进电动机振荡。对于同一电动机，不同负载及不同机床情况下的共振区是不同的，必要时可调节阻尼器，以保证工作正常进行。

(8) 若在工作中发生失步现象，首先应检查负载是否过大，电源电压是否正常，再检查驱动电源输出波形是否正常，在处理问题时不应随意变换元件。

习题与思考题

11.1　列出三相六拍环形分配器的反向环形分配表。

11.2　步进电动机对驱动电路有何要求？常用驱动电路有什么类型？各有什么特点？

11.3　步进电动机步距角细分控制的基本原理是什么？用哪些方法来实现？

11.4　步进电动机为什么要进行加减速控制？如何实现加减速控制？

11.5　步进电动机开环控制与闭环控制各有什么特点？各用在什么场合？

11.6　使用步进电动机需注意哪些主要问题？

附录　常用电气图形符号

选自国家标准《电气简图用图形符号》(GB/T 4728—2008)

名　　称	图形符号	名　　称	图形符号
导线的连接		带磁心的电感器	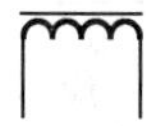
端子		有两个抽头的电感器	
可拆卸的端子		原电池或蓄电池	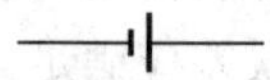
T型连接	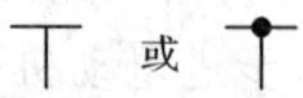	加热元件	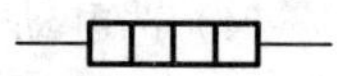
导线的双T连接	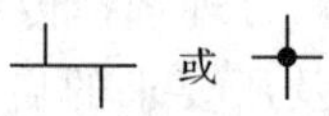	直流发电机	
导线的不连接		直流电动机	
直流		交流电动机	
交流		直线电动机	
交直流		步进电动机	
接地		三相笼型感应电动机	
接机壳或接底板		三相绕线转子感应电动机	
电阻器		自耦变压器	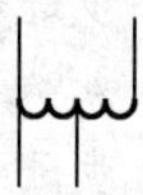
可调电阻器	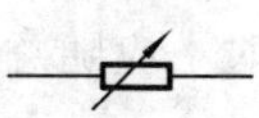	电抗器	
压敏电阻器	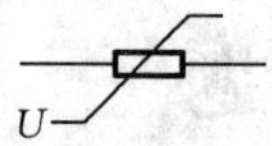		
滑动触点电位器	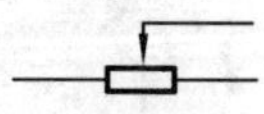		
电容器	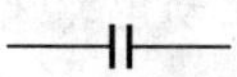		
极性电容器	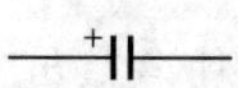		
可变电容器	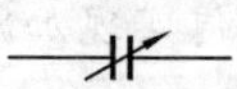		
线圈			

续表

名　　称	图形符号	名　　称	图形符号
双绕阻变压器	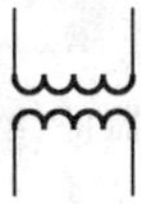	中间断开的双向转换触点	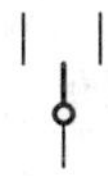
电流互感器	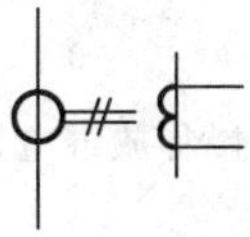	自动空气断路器 （自动开关）	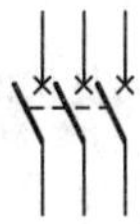
三相变压器 （Y-△连接）	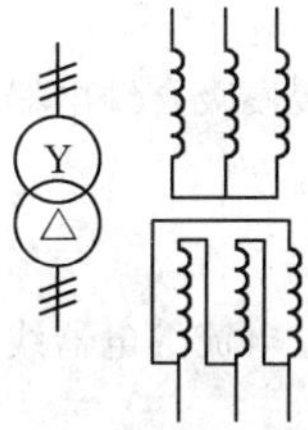	接触器（常开主触点）	
		接触器（常闭主触点）	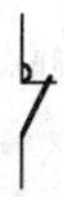
三相自耦变压器	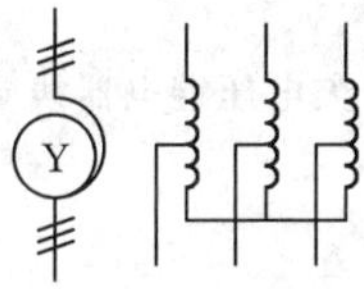	延时闭合的动合触点	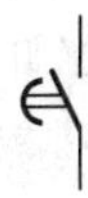
整流器		延时断开的动合触点	
桥式全波整流器		延时断开的动断触点	
逆变器		延时闭合的动断触点	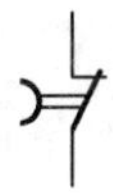
动合（常开）触点		手动开关	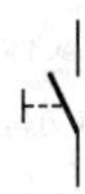
动断（常闭）触点	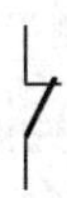	自动复位的手动按钮开关	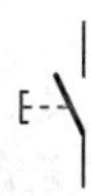
先断后合的转换触点		停止按钮	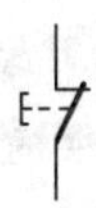
先合后断的转换触点	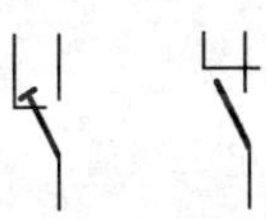		

续表

名　　称	图形符号	名　　称	图形符号
复合按钮	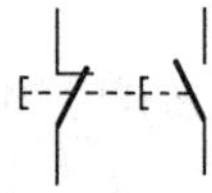	操作器件、继电器线圈	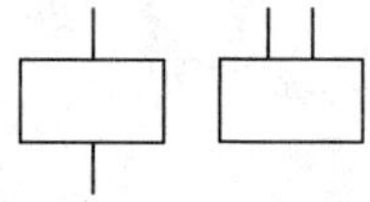
无自动复位的旋转开关	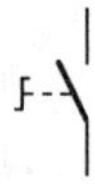	缓慢释放继电器的线圈	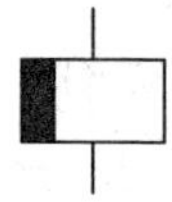
带动合触点的位置开关		缓慢吸合继电器的线圈	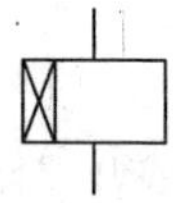
带动断触点的位置开关		过电流继电器线圈	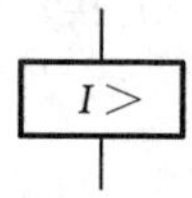
组合位置开关	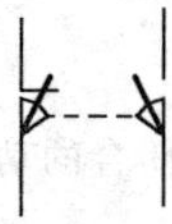	欠电压继电器线圈	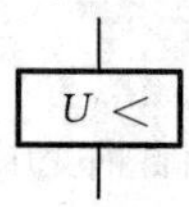
热继电器的驱动器件	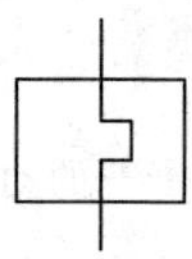	电磁铁线圈	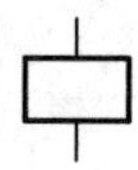
热继电器的触点	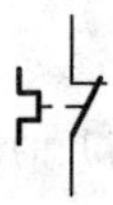	熔断器	
		半导体二极管	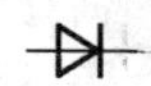
速度继电器的动合触点	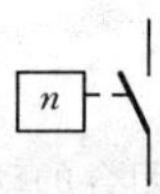	单向击穿二极管	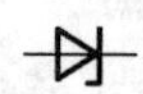
控制器或操作开关（图中表示操作手柄有五个位置）	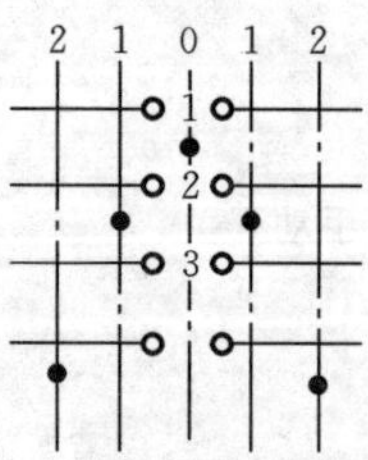	反向阻断三极闸流晶体管，P 栅（阴极侧受控）	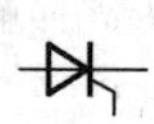
		可关断三极闸流晶体管，P 栅（阴极侧受控）	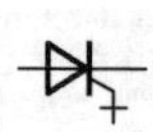
接近开关的动合触点	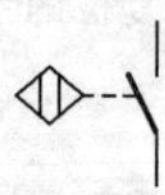	发光二极管	
接近开关的动断触点	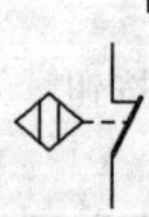	光电二极管	

续表

名　　称	图形符号	名　　称	图形符号
光电晶体管		“与”元件	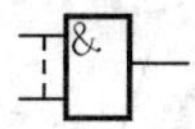
PNP 晶体管		“或”元件	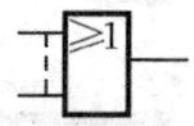
NPN 晶体管		“非”元件	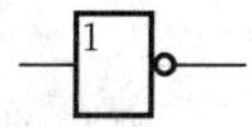
P-MOSFET		“与非”元件	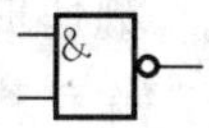
IGBT		“或非”元件	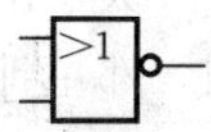
单结晶体管		高增益差分放大器（运算放大器）	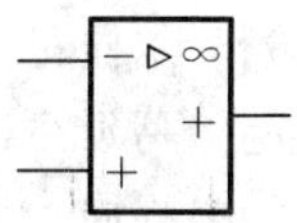

参考文献

[1] 廖晓钟. 电力电子技术与电气传动[M]. 北京:北京理工大学出版社,2000.

[2] 魏炳贵. 电力拖动基础[M]. 北京：机械工业出版社,2006.

[3] 徐邦荃,李浚源,詹琼华. 直流调速系统与交流调速系统[M]. 武汉：华中理工大学出版社，2000.

[4] 邓星钟. 机电传动控制[M]. 4 版. 武汉:华中科技大学出版社,2007.

[5] 张海根. 机电传动控制[M]. 北京：高等教育出版社，2001.

[6] 尔桂花，窦日轩. 运动控制系统[M]. 北京：清华大学出版社，2002.

[7] 葛延津，钱晓龙. 电力电子技术[M]. 沈阳：东北大学出版社，2004.

[8] 程周. 电机拖动与电控技术[M]. 2 版. 北京：电子工业出版社，2007.

[9] 李宁，刘启新. 电机自动控制系统[M]. 北京：机械工业出版社，2003.

[10] 李德华. 交流调速控制系统[M]. 北京：电子工业出版社，2003.

[11] 廖兆荣. 机床电气自动控制[M]. 2 版. 北京：化学工业出版社，2008.

[12] 王兆安，刘进军. 电力电子技术[M]. 5 版. 北京：机械工业出版社，2009.

[13] 陈伯时. 电力拖动自动控制系统[M]. 3 版. 北京：机械工业出版社，2009.

[14] 范正翘. 电力传动与自动控制系统[M]. 北京：北京航空航天大学出版社，2003.

[15] 孔凡才. 自动控制原理与系统[M]. 北京：机械工业出版社,2008.

[16] 肖英奎，尚涛，陈殿生. 伺服系统实用技术[M]. 北京：化学工业出版社，2004.

[17] 李建勇，孙卫青. 机电一体化技术[M]. 北京：科学出版社，2009.

[18] 陈坚. 电力电子学[M]. 2 版. 北京：高等教育出版社，2004.

[19] 许建国. 电机与拖动基础[M]. 2 版. 北京:高等教育出版社,2009.

[20] BIMAL K B. 现代电力电子学与交流传动[M]. 王聪，赵金，于庆广，等译. 北京:机械工业出版社,2005.

[21] 李先允. 电力电子技术[M]. 北京:中国电力出版社,2006.

[22] 李发海，王岩. 电机与拖动基础[M]. 3 版. 北京:清华大学出版社,2005.